高性能架构

——多级网关与多级缓存实践

李晨翔（@风间影月） 著

中国水利水电出版社
www.waterpub.com.cn
·北京·

内 容 提 要

“缓存”——在计算机领域中无处不在，几乎在任何项目中都能看到“缓存”的影子。不论是移动互联网、云计算还是大数据领域，“缓存”都可以提供更快速、更可靠、更高效的性能和体验。正因如此，“多级缓存”这样的架构理念在复杂的分布式或微服务系统中也被逐步地演变与应用。

本书依托实际案例，从基础技术开始逐步深入探讨多级缓存架构与多级网关的架构原理与应用，并且最终使用 KubeSphere 进行云原生的项目部署。本书也会引导读者从基础架构逐步进阶为高级架构，并整体涵盖基础项目架构的搭建、缓存的应用、分布式架构、网关设计与应用、并发优化等方面的相关技术知识，从而使读者对多级架构有更深入的了解。

本书主要分为三大部分。第一部分“基础篇”会搭建基础架构，并且实现本地缓存 Caffeine 与分布式缓存 Redis 的应用以及 Redis 进阶。第二部分“进阶篇”对项目的架构进行演变，结合 Lua 脚本实现网关业务逻辑，从而构建多级网关与多级缓存架构，以此实现基于网关的高并发操作。第三部分“云原生与 DevOps”会对 Kubernetes 进行介绍，并且围绕 KubeSphere 来落地，进行项目的流水线发布。

本书适合软件开发工程师、系统架构师、运维工程师、测试工程师以及对构建高性能系统架构感兴趣的读者阅读，不论你是初学者还是经验丰富的专业技术人员，本书都将提供有价值的技术与知识。

图书在版编目（CIP）数据

高性能架构 ： 多级网关与多级缓存实践 / 李晨翔著
. -- 北京 ： 中国水利水电出版社， 2024.8
ISBN 978-7-5226-2438-9

Ⅰ. ①高… Ⅱ. ①李… Ⅲ. ①计算机网络－网络结构
Ⅳ. ①TP393.02

中国国家版本馆CIP数据核字(2024)第083243号

策划编辑：王新宇　　　责任编辑：王开云　　　封面设计：苏　敏

书　名	高性能架构——多级网关与多级缓存实践 GAOXINGNENG JIAGOU—DUOJI WANGGUAN YU DUOJI HUANCUN SHIJIAN
作　者	李晨翔（@风间影月）　著
出版发行	中国水利水电出版社 （北京市海淀区玉渊潭南路 1 号 D 座　100038） 网址：www.waterpub.com.cn E-mail：mchannel@263.net（答疑） sales@mwr.gov.cn 电话：（010）68545888（营销中心）、82562819（组稿）
经　售	北京科水图书销售有限公司 电话：（010）68545874、63202643 全国各地新华书店和相关出版物销售网点
排　版	北京万水电子信息有限公司
印　刷	三河市鑫金马印装有限公司
规　格	184mm×260mm　16 开本　24 印张　583 千字
版　次	2024 年 8 月第 1 版　2024 年 8 月第 1 次印刷
印　数	0001—3000 册
定　价	98.00 元

推 荐 序

如今互联网技术飞速发展，高性能和高可用的系统设计已经成为每个开发者面临的重要方向。而在这其中，缓存和网关的设计尤为关键。为了帮助广大开发者应对各种挑战，本书应运而生。

我与本书的作者已经相识十多年，我们的友谊源于十多年前的一次技术交流大会。那时，我们因共同的技术兴趣一见如故，并在随后的一次合作项目中，进一步加深了对彼此的了解与信任。本书作者的技术造诣深厚，实践经验丰富，他总能以深入浅出的方式解决项目中遇到的复杂问题。我们的合作不仅成就了一个个成功的项目，也成为我在技术道路上不断前行的重要动力。也正因如此，本书作者对我的某些人生转折点有着相当重要的帮助。

本书分为三个部分，内容丰富且系统性强。第一部分从基础知识入手，涵盖了多级缓存和多级网关的基础环境、软件配备以及 Docker 容器化等内容，帮助读者打下坚实的基础。第二部分深入探讨了缓存与网关的进阶技术，包括微服务网关、nginx 中间件、Lua 脚本以及 OpenResty 网关平台等。通过阅读这些章节，读者可以全面掌握高性能系统的设计与实现。第三部分则聚焦于云原生技术，详细介绍了 Kubernetes、KubeSphere 和 DevOps 等前沿技术，帮助读者理解并实践现代化流行的云原生架构。

阅读本书，读者不仅能深入理解分布式多级架构系统，还能在实际项目中灵活运用这些知识。此外，本书还提供了大量的实践案例，通过代码的实践与运用，读者在学习过程中能够进行实际操作，加深对相关知识的理解和应用。

本书无疑是对开发者的无私贡献。我坚信，本书将成为每一个关注系统高性能和高可用性的开发者的必备之书，帮助他们在技术道路上不断进步。

相信本书必将为更多的技术从业者带来启发和帮助。希望读者在阅读本书的过程中，能够获得知识的提升和技能的飞跃，在技术的道路上越走越远。

——Eric.W 王刚 SHOP.COM 首席架构师

前　言

写作缘起

2017 年，我们团队的项目在长期运营后遇到了技术瓶颈，不论采购多好的服务器，并发量与性能始终上不来，而采购多台服务器组成集群虽然能提高一定的并发量，但是始终不尽如人意，而且硬件成本相当高。在这样的情况下，我们团队与架构组共同研讨尝试使用多级网关与多级缓存相互结合的方式来为项目提供服务。经过大量的测试与试运行，最终顺利生产发布并获得了很不错的效果，发布一周后，我们的日流水达到了 800 万，这相当令人兴奋，让老板对我们刮目相看，团队也获得了巨大的成就感。

正因如此，在近几年的在线教育经历中，我也在极力地向学员和身边的公司推荐多级解决方案，以此解决性能与并发的痛点。在目前的互联网大环境下，并发的情况几乎随处可见，所以当有极致并发出现的时候，我们不能仅通过 Java 后端来优化，而是要对环境和项目来进行全局性、综合性的设计和优化。多级网关与多级缓存架构在如今的互联网领域中起着至关重要的作用，对于高性能、高可扩展、高并发都具有重要的意义。

出于对技术教育的热忱和对知识分享的欲望，我决定撰写本书，也希望通过将多级架构的方案以概念、原理和实践经验融合的方式，为广大读者朋友提供一本系统的且易于理解的参考资料。我也希望通过本书为相关的技术从业者、在校学生、老师以及互联网研究人员提供一个全面而准确的技术参考。

此外，我相信多级架构方案的重要性将会持续增加。随着云计算、大数据、物联网、人工智能、云原生等技术的快速发展，对于高效、高性能的数据读写和处理解决方案的需求也越来越迫切。我希望通过本书，能够帮助读者更好地理解和应用多级网关与多级缓存架构，从而使得大家可以在各自的技术领域中取得竞争优势与技术成果。

最后，我希望本书能够作为技术知识的传递媒介，激发读者的技术思维与技术创造力，并且帮助读者更好地理解和应用这一重要技术架构。我也非常希望读者能够深入研究和动手实践，把本书中的各类方案实操应用到实际项目中。

如何正确阅读本书

为了大家能够充分利用本书的内容，笔者给出如下建议，确保大家可以有更好的阅读以及学习体验。

- 储备基础知识：本书是面向技术专业人士而编写的，主要方向为 Java 编程和技术架构。如果读者对多级网关与多级缓存感兴趣，在开始阅读之前，可以了解一些相关的基础知识，这将有助于读者更好地理解和消化本书的相关技术内容。

- 循序渐进：如果读者对本书大多数的技术都不太了解，那么建议逐章阅读本书，作者会从零讲授，深入浅出地把各个相关技术点的方方面面进行讲解，确保读者获得系统的知识技能。
- 输入输出并行学习：大家在学习的过程中通过阅读来获取知识，这是“输入性操作”（也就是被动接收）；而学习的同时如果能够通过书中的各类实操，以及将代码编写应用到自己的项目中进行实现，那么则是“输出性操作”（也就是主动实践）。只有输入输出相互结合，大家才能更好地学习到多级网关与多级缓存架构的技术理念，而不会过了一个月甚至一周就忘却。如此便能够掌握学习的要点，甚至做出创新性的功能并将其应用到现实中。
- 结合其他资源阅读：本书可以用来作为大家学习多级网关与多级缓存架构的催化剂，但建议大家阅读本书的同时结合各类专项技术类书籍共同学习，比如 RabbitMQ 消息队列、MySQL 数据库、SpringBoot&MyBatis 等，通过多方面的学习，可以更好地促进自己的技术进步。另外，多在技术社区与论坛还有 github 参与交流以及 issue 提交，从而获得更全面的学习效果。
- 按需阅读：如果大家对书中部分章节已经非常熟悉并能熟练运用，那么可以选择性跳过，直接去阅读更有需求的其他章节，以此节约时间并提高阅读效率。
- 提问交流：如果大家在阅读本书和学习实操的过程中遇到一些问题或有不解之处，可以随时随地向作者提问，不论是通过作者的邮箱、github 还是公众号，都可以进行交流和讨论，大家的互动和学习经验也有助于作者对本书进行更好地改进。

期望大家在阅读的过程中可以更好地享受多级网关与多级缓存架构这个技术领域，也期望本书能够为大家打开技术落地的新思路和架构的拓展创新思维。祝大家阅读愉快，并从中获得实质性进步。

如何获取源代码、如何跟作者沟通、读者勘误如何反馈等

欢迎大家对本书勘误，可以关注作者公众号“风间影月”留言，也可以发邮件到 leechenxiang@163.com，甚至读者在工作的过程中遇到各类业务方案或者技术相关的难题，也都可以和作者交流相互探讨。

此外，对于书中提及的所有代码片段以及相关配置，笔者都将提交到如下 git 仓库：https://github.com/leechenxiang/multi-level-architecture，欢迎大家随时浏览。

大家的反馈和意见对于笔者来说将会是非常宝贵的动力和促进。

致　谢

衷心感谢在创作本书过程中对我提供帮助的所有人，你们对本书的内容和质量提升起到了至关重要的作用。

这里要特别感谢我的一位美国架构师朋友——王刚（Eric.W），从开始写书到完结，陪我校对并给予各方面的建议，共同讨论和商议，一起绘制出更优雅的架构图与流程图，把在国外的一些落地方案融入书中，给予笔者很大帮助，也让笔者有了更好的写作灵感。

我还要感谢出版社的王新宇老师，在写作的过程中给予我很多的建议和帮助，为我提供了写好一本书的重要前提。同时，也感谢所有参与书稿编辑的各位老师，你们的宝贵建议和反馈对于本书的改进有着至关重要的促进作用。

此外，我还要感谢我的家人和朋友，他们在整个写作过程中给予了我无尽的鼓励和支持，他们的支持是我完成这本书的动力源泉。

最后，我也要向所有读者表示诚挚的感谢。希望本书能为大家提供有价值的技术方案和明朗的见解，并帮助大家可以更好地去理解和应用高性能的多级网关与多级缓存架构。

感谢所有支持我的人，你们的帮助和鼓励使得本书能够撰写完成并分享给众人。同时也希望本书能促进大家的技术进步与成长，开拓技术视野，并为高性能高并发的技术架构提供一定的参考价值。

由衷感谢！

李晨翔

2024 年 5 月

目　录

基　础　篇

进　阶　篇

云原生与 DevOps

基础篇

第 1 章　基础环境与软件配备

本章主要内容

- Windows 系统安装 JDK8
- MacOS（Intel）系统安装 JDK8
- MacOS（arm64）系统安装 JDK8
- Windows 系统安装 Maven
- MacOS 系统安装 Maven

在互联网领域，我们在开发一个系统之前，必须要结合自身的 IT 系统或者网站平台来构建基础开发环境。本章我们会结合软件的主流版本，来构建开发环境。如果有 Java 开发经验的读者，可以跳过本章，从下一章开始阅读。

1.1　Java 的历史发展简介

Java 是一种编程开发语言，并且可以被视作一种革命性的编程语言，因为 Java 有着跨平台、安全、可靠、易用等特点，在刚刚进入市场的时候，就引起了全球性的轰动，几乎所有的程序员都对 Java 有着强烈的热情。

Sun 公司，在 1995 年正式发布了 Java。而在 2009 年 4 月，Oracle 公司收购了 Sun 公司，并且获得了 Java 的所有权。虽被收购，但是此时的 Java 依然是开源的。

1.2　JDK8 的安装

1.2.1　Java 运行时环境 JDK

JDK（Java Development Kit）是 Java 编程开发语言的运行时环境，所有通过 Java 编程语言所构建的软件、应用等都离不开 JDK，不论是开发环境还是生产环境，JDK 都是必备的基础环境。可以把各类软件、应用等比作不同品牌的汽车，而 JDK 则是汽油（汽车的运行离不开汽油），JDK 的版本则是汽油的标准，比如国五、国六 B 就是 JDK8 或者 JDK17。所以应用软件和 JDK 是“鱼与水”的关系，互相离不开。

Java 从发布至今，历经了将近 30 个年头。JDK 版本也由起初的 1.0 版本迭代到目前的 JDK20。而在目前的大环境下，绝大多数的 IT 互联网公司都在采用 JDK8 作为基础运行环境，这个版本的 JDK 也是目前相当稳定的一个版本，所集成的工具以及适配的软件中间件也是较多的，并且官方的支持时间会到 2030 年。所以，笔者在本书里会采用 JDK8 这个版本来作为

基础运行时环境来进行项目的构建（如若有读者对 JDK17 比较熟，那么也可以自行使用 JDK17，只是需要注意后续采用的技术框架需要进行版本匹配）。

此外，需要注意的是，JDK 的安装在不同操作系统上都是不同的，如 Windows、MacOS、Linux 等，因为每个不同的计算机操作系统都需要对其进行编译和构建。考虑到 Windows 与 MacOS 是目前最主流的两大开发机的选型阵容，在本书中，笔者主要以 Windows 及 MacOS 进行安装演示。

1.2.2　Windows 系统安装 JDK8

Windows 官方 JDK 软件包下载地址为 https://www.oracle.com/java/technologies/downloads/#java8-windows，打开该链接如图 1-1 所示。

Java SE Development Kit 8u371

Java SE subscribers will receive JDK 8 updates until at least **December 2030.**

Manual update required for some Java 8 users on macOS.

The Oracle JDK 8 license changed in April 2019

The Oracle Technology Network License Agreement for Oracle Java SE is substantially different from prior Oracle JDK 8 licenses. This license permits certain uses, such as personal use and development use, at no cost -- but other uses authorized under prior Oracle JDK licenses may no longer be available. Please review the terms carefully before downloading and using this product. FAQs are available here.

Commercial license and support are available for a low cost with Java SE Universal Subscription.

JDK 8 software is licensed under the Oracle Technology Network License Agreement for Oracle Java SE.

Java SE 8u371 checksums

Linux　**macOS**　**Solaris**　**Windows**

Product/file description	File size	Download
x86 Installer ❶	136.77 MB	jdk-8u371-windows-i586.exe
x64 Installer ❷	145.50 MB	jdk-8u371-windows-x64.exe

图 1-1　Windows 系统 JDK8 的下载页面

图 1-1 中❶处与❷处的 x86 与 x64 分别代表 32 位和 64 位操作系统，目前来说，基本都是 64 位的开发机，大家根据自己的实际情况下载即可。

笔者以 Windows 7 操作系统来进行 JDK8 的安装与配置演示，如果读者所使用的 Windows 版本为 Win10 或 Win11，步骤也都是相同的。

下载“x64 Installer”到本地后，先在某个盘符下创建专门给 Java 提供的安装目录，因为默认的安装层级太深，建议在 C 盘手动创建目录位“C:\java”，如此会便于后续的配置使用。随后，复制（或剪切）JDK8 的安装器（exe 可执行文件）到指定的“C:\java”路径中，并且双击安装器（或右键单击打开），如图 1-2 所示。

双击后的弹出框为 JDK8 的欢迎界面，包含一些许可协议，如果涉及企业上生产以及商用，建议看一下，如图 1-3 所示。

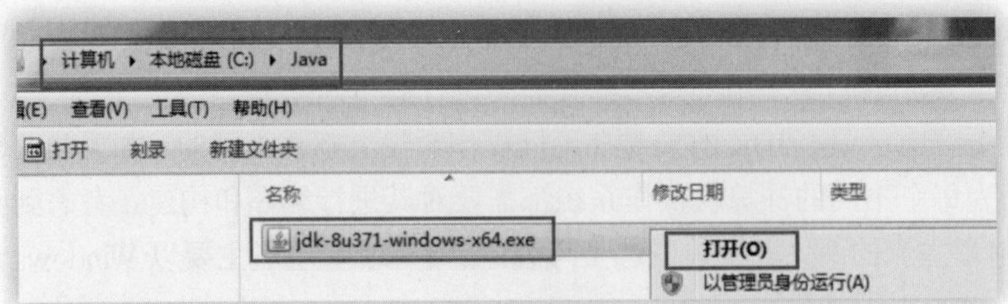

图 1-2　JDK8 安装所在路径

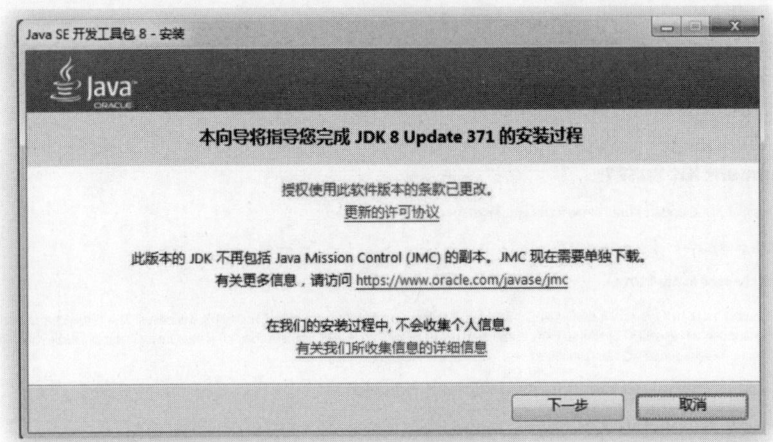

图 1-3　JDK8 安装器欢迎页

选择“下一步”进入安装路径的选择页，由于之前在 C 盘创建了 Java 目录，所以此处更改为之前的目录，如图 1-4 所示。

图 1-4　更改 JDK8 安装路径

如图 1-5 所示，使用自定义的新路径即可。

图 1-5　JDK8 的安装新路径

在图 1-5 中单击“确定”按钮前往下一步进行安装，随后还需要安装 jre，jre 的路径可以保持默认，或者与 JDK 安装在同一级目录，如图 1-6 所示。

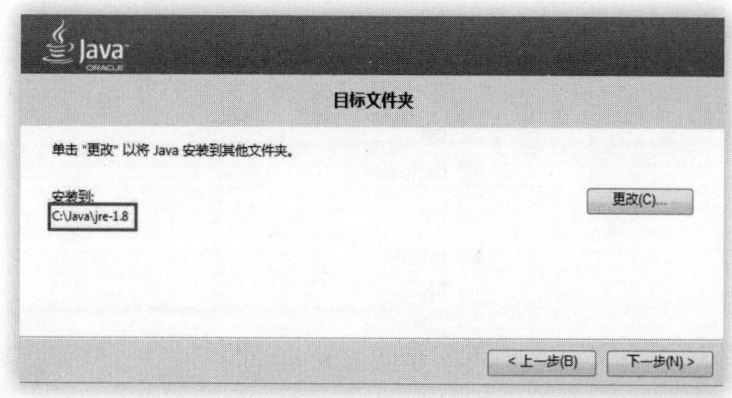

图 1-6　jre8 安装路径选择

单击“下一步”按钮，此时将进行 JDK 与 jre 的安装，如图 1-7 所示，耐心等待几秒则会安装成功。

图 1-7　安装 JDK 进度等待页

安装成功后，读者可以观察计算机当前的路径，是否增加了两个文件夹，一个为 jdk，另一个为 jre，如图 1-8 所示。如果没有看到，则表明安装路径错误，可以在控制面板中卸载重新安装。

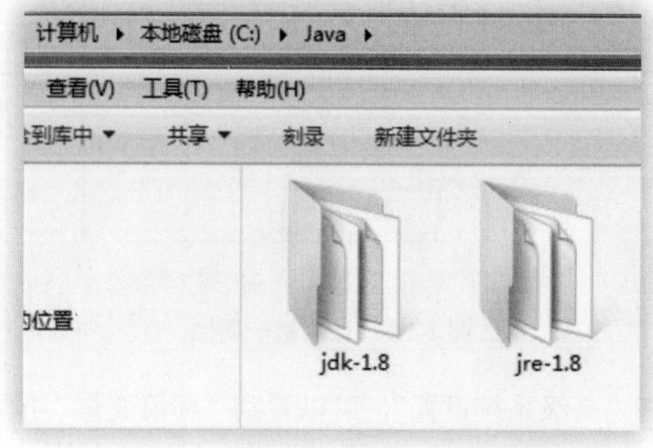

图 1-8　释放的 jdk 与 jre 文件资源

进入 jdk-1.8 文件夹内，观察当前的目录结构，如图 1-9 所示。

图 1-9　JDK8 的目录结构

- bin：该目录包含了 JDK 的工具包和应用程序，包括 java、javac、javadoc 等常用的可执行文件。
- include：该目录包含供 C 语言使用的“.h”头文件。
- jre：提供 Java 的运行时环境目录。
- legal：法律文件，授权文档说明。
- lib：该目录包含 jar 包，也就是 Java 的类库文件，实际的工具与命令执行实际上是通过使用 Java 类库实现的。而 JDK 中所提供的工具以及功能程序，绝大多数也是由 Java 来进行编写的。

虽然 JDK8 已经在 Windows 中安装完毕，但是还未在操作系统中配置环境变量，只有配置完环境变量，才可以使得 Java 程序使用相关操作命令。

如图 1-10 找到计算机（我的电脑），右键选择“属性”。

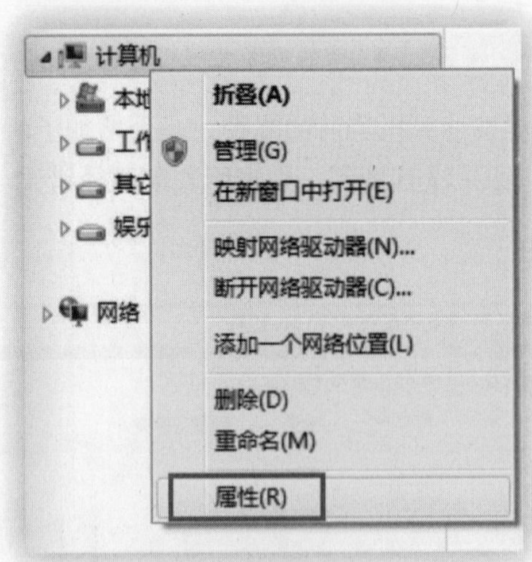

图 1-10　计算机—属性

在弹出的界面中选择“高级系统设置”，可以看到“环境变量”按钮，如图 1-11 所示，单击“环境变量”按钮。

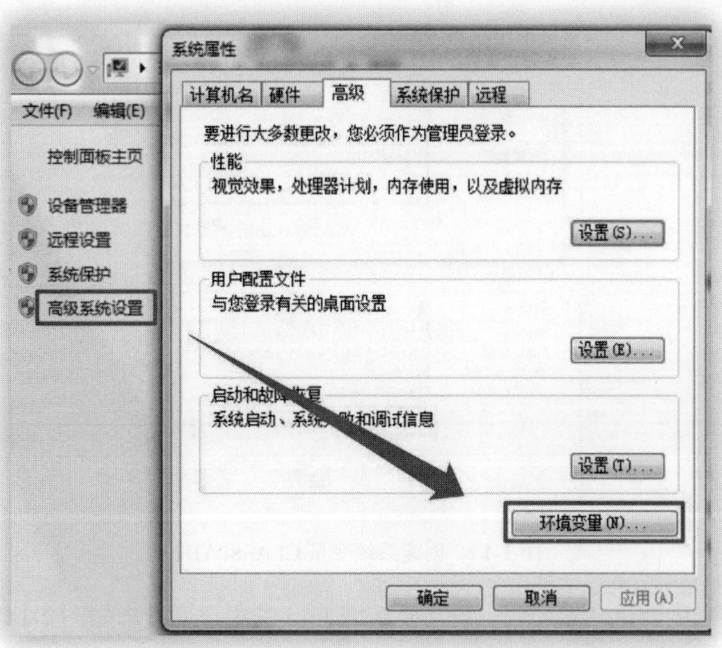

图 1-11　系统属性选择环境变量

在下侧“系统变量”中单击“新建”按钮，此处需要创建“JAVA_HOME”这个变量，变量的值为 JDK 的安装路径，也就是“C:\Java\jdk-1.8”，如图 1-12 所示。

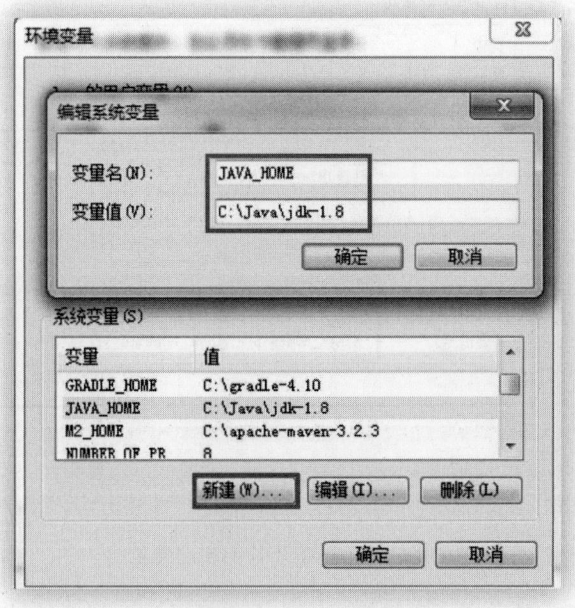

图 1-12　创建系统变量 JAVA_HOME

创建好系统变量“JAVA_HOME”后，还需要创建系统变量“CLASSPATH”，这个变量的值为“.;%JAVA_ HOME%\lib\dt.jar;%JAVA_HOME%\lib\tools.jar”，如图 1-13 所示。

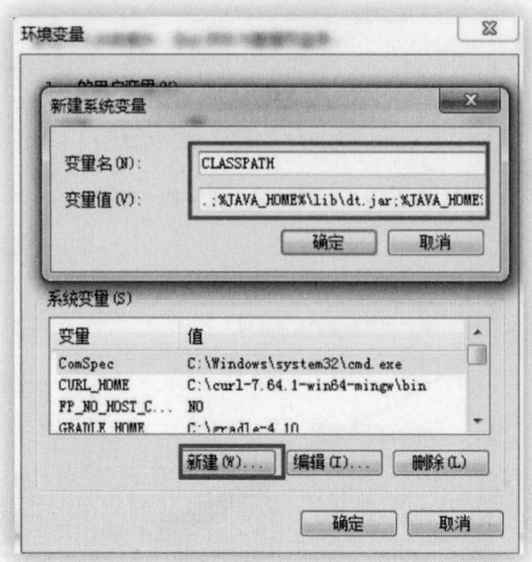

图 1-13　创建系统变量 CLASSPATH

在两个系统变量创建完毕之后，还需要新增 Java 的用户变量。如图 1-14 所示，新增 Path 中的值，单击“编辑”按钮，新增“%JAVA_HOME%\bin;”，如此可以在当前操作系统中映射 JDK 的可执行文件所在目录。配置完毕后直接单击“确定”按钮即可。

图 1-14　新增 JDK 的用户变量

为了验证 JDK 是否安装成功，我们可以在命令行通过 Java 的命令来查看版本号。如图 1-15 所示，打开 cmd 命令行工具。

可以在命令行中输入“java –version”，如图 1-16 所示，如若显示“1.8.0_371”则表示当前系统安装 JDK8 成功，而且 JDK8 的小版本号也是和下载的安装器版本是一致的。

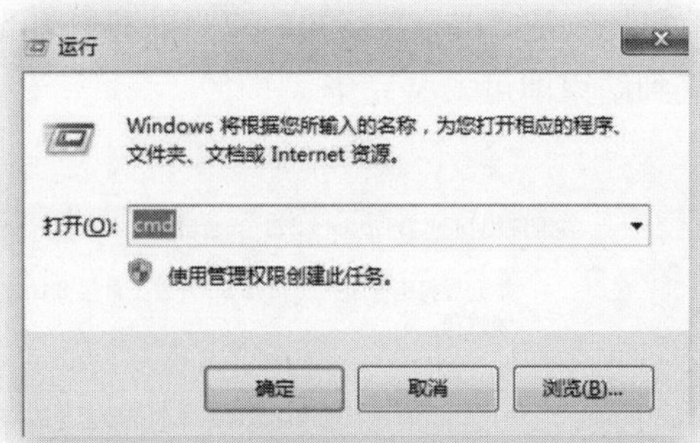

图 1-15　打开命令行工具

```
C:\Users\lee>java -version
java version "1.8.0_371"
Java(TM) SE Runtime Environment (build 1.8.0_371-b11)
Java HotSpot(TM) 64-Bit Server VM (build 25.371-b11, mixed mode)
```

图 1-16　验证 JDK 的安装版本

至此，JDK8 在 Windows 系统中安装完毕。需要注意，Win10 与 Win11 的步骤与上述一致，只是操作界面略有不同。

1.2.3　MacOS（Intel）系统安装 JDK8

MacOS 操作系统由于有两种不同类型的芯片，所以需要安装的 JDK 版本也是不同的。一种是基于 Intel 芯片的，另一种是基于苹果最新研制的 M1/M2 芯片的，也就是 arm64 架构的版本。本小节先基于 Intel 芯片的版本来安装 JDK8。

MacOS（Intel）软件包下载地址为 https://www.oracle.com/java/technologies/downloads/#java8-mac，打开页面如图 1-17 所示，下载“x64 DMG Installer”安装包。

Java 8　Java 8 Enterprise Performance Pack　Java 11

Java SE Development Kit 8u371

Java SE subscribers will receive JDK 8 updates until at least **December 2030**.

Manual update required for some Java 8 users on macOS.

The Oracle JDK 8 license changed in April 2019

The Oracle Technology Network License Agreement for Oracle Java SE is substantially different from prior Oracle JDK 8 licenses. This license permits certain uses, such as personal use and development use, at no cost -- but other uses authorized under prior Oracle JDK licenses may no longer be available. Please review the terms carefully before downloading and using this product. FAQs are available here.

Commercial license and support are available for a low cost with Java SE Universal Subscription.

JDK 8 software is licensed under the Oracle Technology Network License Agreement for Oracle Java SE.

Java SE 8u371 checksums

Linux　macOS　Solaris　Windows

Product/file description	File size	Download
x64 DMG Installer	205.53 MB	jdk-8u371-macosx-x64.dmg

图 1-17　MacOS 基于 Intel 芯片的 JDK8 下载页

“x64 DMG Installer”安装包是“dmg”格式，双击即可打开直接安装。如图 1-18 所示，按照默认提示“下一步”直到结束即可安装完毕。

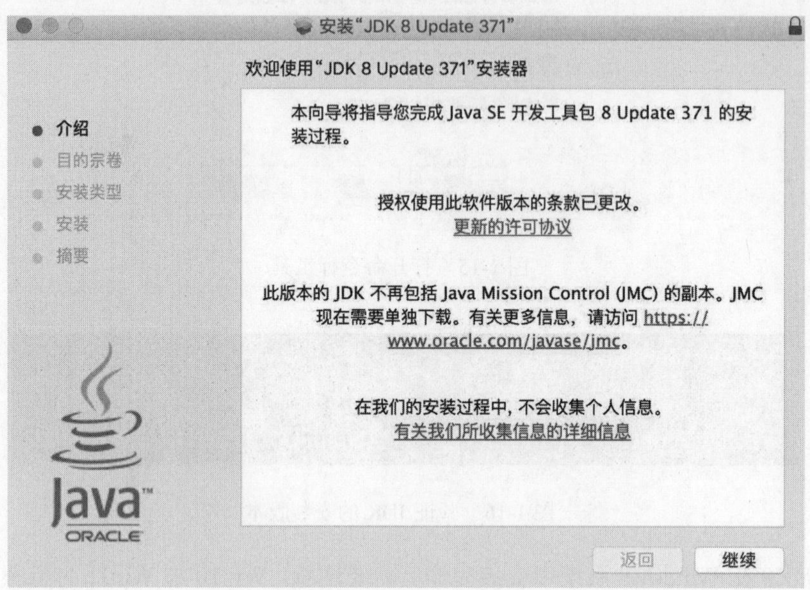

图 1-18　JDK8 安装欢迎页

安装后的 JDK8 文件资源释放位置为：/Library/Java/JavaVirtualMachines/jdk-1.8.jdk/Contents/Home，读者可以自行前往并打开查看。那么接下来的步骤和 Windows 安装 JDK8 一致，也需要配置 JDK8 的环境变量，使得 Java 的命令在任意位置都可以被执行。

打开 MacOS 的控制命令行脚本界面，输入脚本“vim ~/.bash_profile”，并且输入字母“a”进入“编辑模式”（MacOS 脚本编辑同 Linux 的 Vim）。在编辑模式下配置 JDK8 的变量参数，配置脚本如下所示。

```
export JAVA_HOME=/Library/Java/JavaVirtualMachines/jdk-1.8.jdk/Contents/Home
export PATH=$JAVA_HOME/bin:$PATH
```

- 第一行脚本命令：设置 java 的环境变量并取名为 JAVA_HOME，指向的地址为 JDK8 的安装目录。
- 第二行脚本命令：把 JAVA_HOME 的 bin 目录添加到当前操作系统的系统变量 PATH 上，如此，bin 目录下的可执行文件就被系统加载，并且可以在任意位置使用 Java 的命令。

配置好环境变量后，并不能使用 Java，因为在 UNIX 和 Linux 中，需要使用“source”命令使得环境变量生效，在控制命令行输入“source ~/.bash_profile”，并且输入“java –version”命令，观察结果如图 1-19 所示，可以看到 JDK8 在 Intel 芯片的 MacOS 中安装成功。

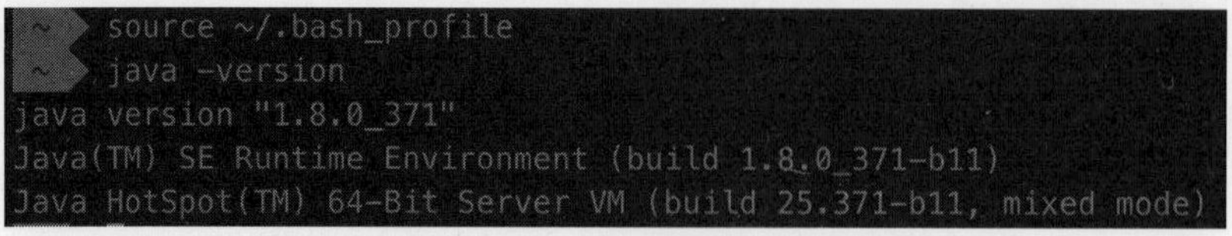

```
~ source ~/.bash_profile
~ java -version
java version "1.8.0_371"
Java(TM) SE Runtime Environment (build 1.8.0_371-b11)
Java HotSpot(TM) 64-Bit Server VM (build 25.371-b11, mixed mode)
```

图 1-19　MacOS-x64-JDK8 安装成功

1.2.4　MacOS（arm64）系统安装 JDK8

苹果操作系统的 M1/M2 芯片基于最新的 arm64 架构，上一小节所使用的基于 Intel 芯片的 JDK8 安装包无法在此系统上安装，而且 Oracle 官方也并未推出基于 M1/M2 芯片的 JDK8。

然而，Zulu（azul.com）同时提供 Intel 与 M1/M2 芯片的 JDK，所以，此处完全可以结合 Zulu 的 JDK8 来进行安装，而且 Zulu 的适配度与兼容性也是相对最高的。并且，如果开发团队要统一 JDK 的开发环境，那么在不同开发成员的不同操作系统电脑上也可以都使用 Zulu 所提供的版本。

在 Zulu（azul.com）官网找到下载页面，或者直接前往 https://www.azul.com/downloads/?version=java-8-lts&os=macos&architecture=arm-64-bit&package= JDK#zulu 进行下载，如图 1-20 所示，选择对应的选项，下载即可。

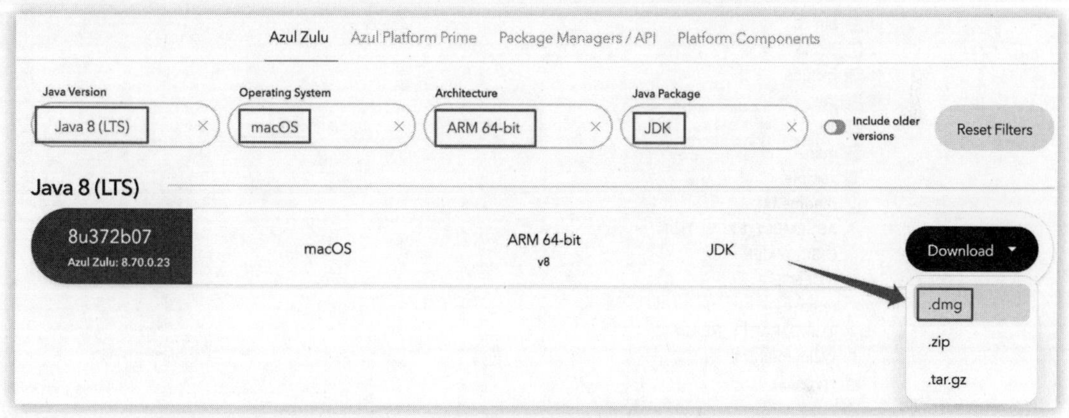

图 1-20　支持 arm64 架构的 Zulu-JDK8 下载页

下载完成后双击“zulu8.68.0.21-ca-jdk8.0.362-macosx_aarch64.dmg”，如图 1-21 所示，直接双击安装 pkg 释放文件资源，根据页面提示“下一步”，直到完成。

图 1-21　Zulu-JDK8 安装页

如图 1-22 所示，看到“Congratulations!”则表示安装成功。

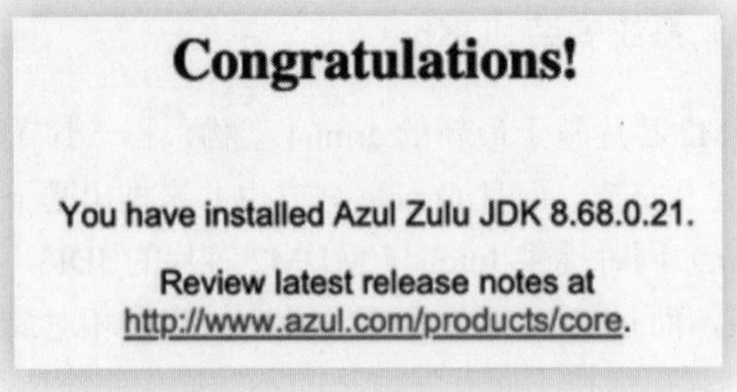

Congratulations!
You have installed Azul Zulu JDK 8.68.0.21.
Review latest release notes at
http://www.azul.com/products/core.

图 1-22　Zulu-JDK8 安装成功页

Zulu-JDK8 安装后的地址为：/Library/Java/JavaVirtualMachines/zulu-8.jdk/Contents/Home，目录结构同 Windows 安装 的 JDK8 一致，如图 1-23 所示。

bin
demo
include
jre
lib
man
sample
readme.txt
ASSEMBLY_EXCEPTION
DISCLAIMER
LICENSE
release
THIRD_PARTY_README
Welcome.html
src.zip
System › 资源库 › Java › JavaVirtualMachines › zulu-8.jdk › Contents › Home

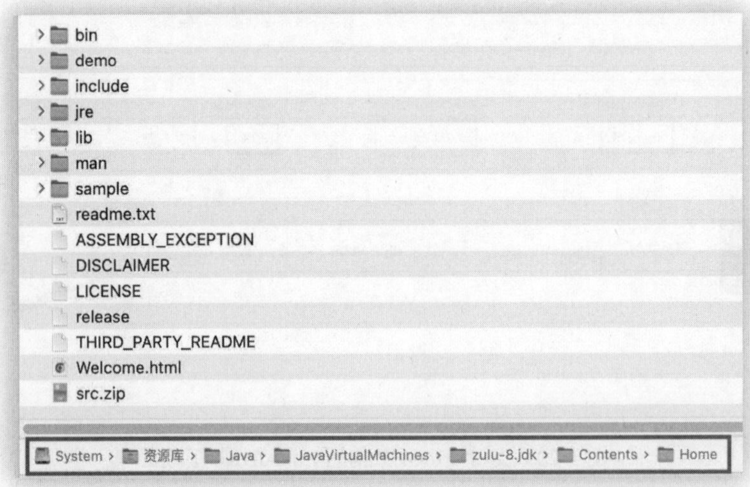

图 1-23　Zulu-JDK8 资源目录结构

同 Intel 安装 JDK 的方式一致，打开命令行工具，输入命令“vim.zshrc”，并且输入如下脚本内容，这与 Windows 中配置系统变量和用户变量是一个道理。如此配置以后，就可以在任意位置使用 bin 目录中的可执行文件了。

```
# 配置 zulu-Jdk8 的环境变量
export JAVA_HOME=/Library/Java/JavaVirtualMachines/zulu-8.jdk/Contents/Home
export PATH=$PATH:$JAVA_HOME/bin
```

配置好环境变量后，需要使用“source”命令使得环境变量生效，在控制命令行输入“source.zshrc”，并且输入“java –version”命令，观察结果如图 1-24 所示，可以看到 JDK8 在 arm64 芯片的 MacOS 中安装成功。

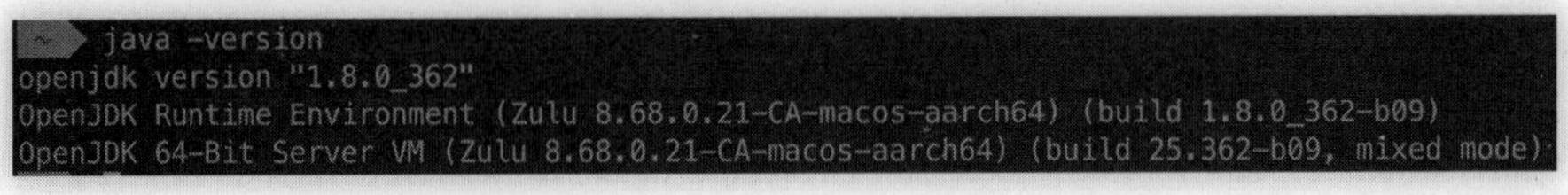

~ java -version
openjdk version "1.8.0_362"
OpenJDK Runtime Environment (Zulu 8.68.0.21-CA-macos-aarch64) (build 1.8.0_362-b09)
OpenJDK 64-Bit Server VM (Zulu 8.68.0.21-CA-macos-aarch64) (build 25.362-b09, mixed mode)

图 1-24　arm64-JDK8 安装成功输出页

1.3　安装 Maven，配置项目工程的构建管理工具

1.3.1　Maven 概述

Maven（https://maven.apache.org）是 Apache 开源的项目管理构建工具。早期我们在项目中使用一些第三方 jar 包时，会将其下载后导入项目中，但是这样往往不好管理这些 jar 包，极容易出现版本冲突等问题。Maven 的出现可以很好地解决这一问题，所有的 jar 依赖包，都可以通过 Maven 管理，而且也可以通过 Maven 完成自动下载、编译与构建等工作，大大提高了开发人员的工作效率。

读者可以前往 Maven 的下载页面 https://maven.apache.org/download.cgi 进行下载。需要注意，安装 Maven 需要一定的系统需求前置条件，如图 1-25 所示。

System Requirements

Java Development Kit (JDK)	Maven 3.9+ requires JDK 8 or above to execute. It still allows you to build against 1.3 and other JDK versions by using toolchains.
Memory	No minimum requirement
Disk	Approximately 10MB is required for the Maven installation itself. In addition to that, disk space will be used for your local Maven repository. The size of your local repository will vary depending on usage but expect at least 500MB.
Operating System	No minimum requirement. Start up scripts are included as shell scripts (tested on many Unix flavors) and Windows batch files.

图 1-25　Maven 安装的前置条件

图 1-25 中包含了以下几点说明。

- JDK 要求：Maven 官网说明使用最新的 3.9.x 版本需要有 JDK8 以上版本的支持，所以如果读者还在使用 JDK7 的话，那么新版 Maven 无法安装成功，需要下载安装 Maven 早期的版本。
- 内存：没有特别说明，但是以目前的互联网开发趋势来说，建议读者的开发机内存在 32G 以上，因为目前主流的开发模式为分布式或者微服务，内存的使用需求是相当大的。对于大数据云计算工作来说，内存的开销可能会更大。此外，若本地要通过虚拟机 VMware 来构建 k8s 的环境，那么内存建议 64G 起步。
- 磁盘：市场上购买的电脑所配备的硬盘几乎至少都是 512G，所以这点要求必定满足 Maven 的前置条件，Maven 会自动下载镜像仓库到本地磁盘，项目越多，磁盘占用越高，笔者电脑的 Maven 镜像仓库占用量为 2G 左右。
- 操作系统：没有特别说明，目前主流的 Windows 与 MacOS 都支持 Maven，并且也支持 shell 脚本的运行。

请下载 Maven 并且保存到本地磁盘中，如图 1-26 所示，包含了两种类型的下载包，“Source”类型为源码类型，如果读者需要深入研究 Maven，则可以下载并且自己编译和构建；“Binary”类型为二进制包类型，是官方已经提供的安装包，只需要下载配置即可，在此笔者推荐下载第一种“tar.gz”。

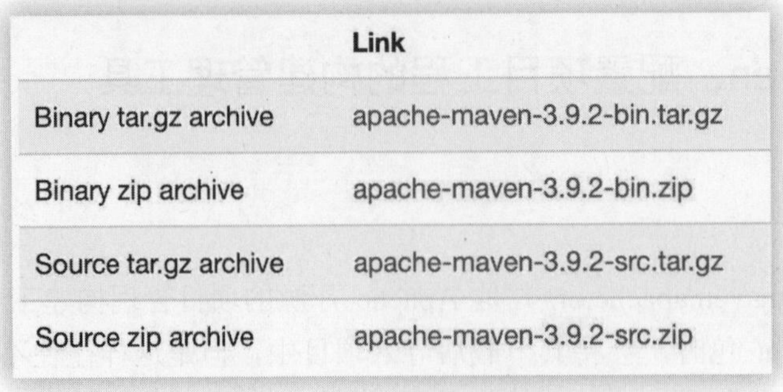

	Link
Binary tar.gz archive	apache-maven-3.9.2-bin.tar.gz
Binary zip archive	apache-maven-3.9.2-bin.zip
Source tar.gz archive	apache-maven-3.9.2-src.tar.gz
Source zip archive	apache-maven-3.9.2-src.zip

图 1-26　Maven 的下载链接

待下载完毕 Maven 后即可开始进入 Maven 的安装配置流程。

1.3.2　Windows 系统安装 Maven

解压缩下载的 apache-maven-3.9.2-bin.tar.gz 到某个磁盘的某个路径下，如图 1-27 所示。

图 1-27　Maven 压缩包释放的资源

如图 1-27 所示，解压缩后的文件夹的说明如下。

- bin：该文件夹中包含了 Maven 的一些命令，原理同 jdk 的 bin 目录。
- boot：该文件夹中包含了 Maven 的一些类加载器，平时几乎用不到。
- conf：该文件夹中包含了 Maven 的核心配置文件，可以自定义修改配置文件的内容。
- lib：该文件夹中包含了 Maven 自身所依赖的一些 jar 包以及一些 license 文件。

解压缩后，同样需要配置 Maven 的环境变量。如图 1-28 所示，打开“环境变量”配置页。

新建一个系统变量，命名为“MAVEN_HOME”，值为之前所解压缩的目录，设置为“C:\apache-maven-3.9.2”，如图 1-29 所示。

随后找到系统变量中的“Path”，并且修改使其引用“MAVEN_HOME”系统变量，使得其指向 MAVEN_HOME 中的 bin 目录，如图 1-30 所示。

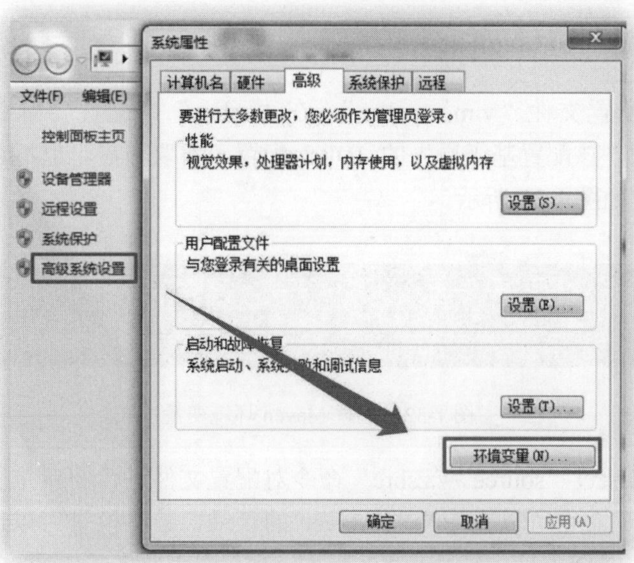

图 1-28　系统属性选择环境变量

图 1-29　新增 MAVEN_HOME 系统变量

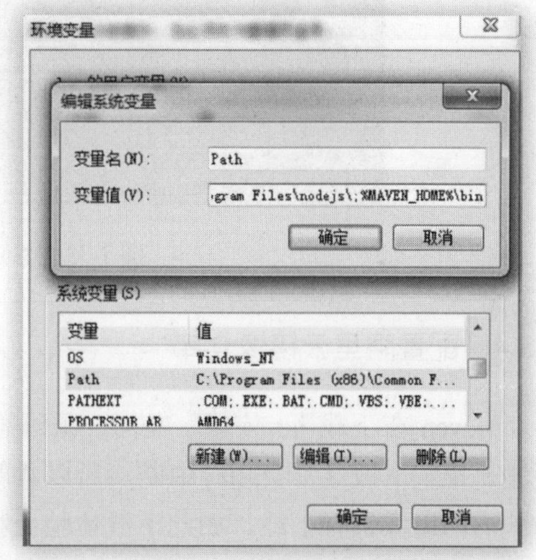

图 1-30　Path 指向 MAVEN_HOME 的 bin 目录

配置完环境变量后，打开 cmd 命令行，输入“mvn –v”，如图 1-31 所示，如果可以显示 Maven 的版本号以及相关介绍，说明 Maven 安装成功。

```
C:\Users\lee>mvn -v
Apache Maven 3.9.2 (c9616018c7a021c1c39be70fb2843d6f5f9b8a1c)
Maven home: C:\apache-maven-3.9.2
Java version: 1.8.0_371, vendor: Oracle Corporation, runtime: C:\Java\jdk-1.8\jr
e
Default locale: zh_CN, platform encoding: GBK
OS name: "windows 7", version: "6.1", arch: "amd64", family: "windows"
```

图 1-31　查看 Maven 的版本号

1.3.3 MacOS 系统安装 Maven

打开环境变量配置文件“vim ~/.zshrc”，在“zshrc”中配置“MAVEN_HOME”以及“PATH”，需要注意，该配置基于原先的 JDK8 配置，不要覆盖，也不必重新创建一个新的“PATH”，配置内容如图 1-32 所示。

```
# 配置Mave的环境变量
export MAVEN_HOME=/Volumes/lee/maven/apache-maven-3.9.2
export PATH=$PATH:$MAVEN_HOME/bin:$JAVA_HOME/bin
```

图 1-32　配置 Maven 环境变量

配置完毕后可以通过“source ~/.zshrc”命令对配置文件进行刷新并且使其生效。再通过“echo $M2_HOME”命令可以查看当前 Maven 的目录，最终检查可以通过“mvn -v”命令来打印出当前的 maven 版本号，若同下载的版本一致，则表明安装成功，结果如图 1-33 所示。

```
~ echo $M2_HOME
/Volumes/lee/maven/apache-maven-3.9.2
~ mvn -v
Apache Maven 3.9.2 (c9616018c7a021c1c39be70fb2843d6f5f9b8a1c)
Maven home: /Volumes/lee/maven/apache-maven-3.9.2
Java version: 17.0.6, vendor: Oracle Corporation, runtime: /Library/Java/
JavaVirtualMachines/jdk-17.jdk/Contents/Home
Default locale: zh_CN_#Hans, platform encoding: UTF-8
OS name: "mac os x", version: "13.4", arch: "aarch64", family: "mac"
```

图 1-33　检查 Maven 安装的版本号

1.3.4 配置阿里云镜像仓库

Maven 在下载 jar 依赖、文档、源码等内容时都会从国外网站进行下载，下载的速度相当缓慢，批量下载经常会超时中断。所以，笔者在此推荐读者修改 Maven 的配置文件，可以选择国内的镜像进行下载，如此下载体验会相当好。

打开 Maven 安装目录中的核心配置文件“maven/conf/settings.xml”，打开后找到 <mirrors></mirrors>节点，这个节点的意思为镜像列表，可以在其中进行配置国内的镜像仓库，如下代码片段所示，配置后保存文件即可。

```xml
<mirrors>
    <mirror>
        <id>nexus-aliyun</id>
        <mirrorOf>central</mirrorOf>
        <name>Nexus aliyun</name>
        <url>http://maven.aliyun.com/nexus/content/groups/public</url>
    </mirror>
</mirrors>
```

1.4　开发工具

在进行代码编写的时候，目前会使用到 IDEA（jetbrains.com.cn/idea）或者 Eclipse（eclipse.org）这两个主流的开发工具。前者 IDEA 为付费软件，目前市场使用率很高，绝大多数企业里也在使用 IDEA；后者 Eclipse 是开源的免费软件，也称之为 SpringToolSuit（由 Spring 官方基于 eclipse 开发的插件，地址为 spring.io/tools），部分公司由于版权问题也会要求开发人员使用 Eclipse。笔者在此更推荐使用 IDEA，也在此支持正版软件。

在 1.2 节与 1.3 节中，笔者安装了 JDK8 以及 Maven，在使用开发工具时，也需要基于开发工具对其进行环境的配置。

配置 Maven，如图 1-34 所示，需要配置 Maven 的环境，其中：❶ 处为 Maven 的安装目录；❷ 处为 Maven 的配置文件，也就是在 1.3.4 节中所设置阿里云镜像仓库的文件；❸ 处为 Maven 下载的仓库地址，这个目录读者可以自行创建。

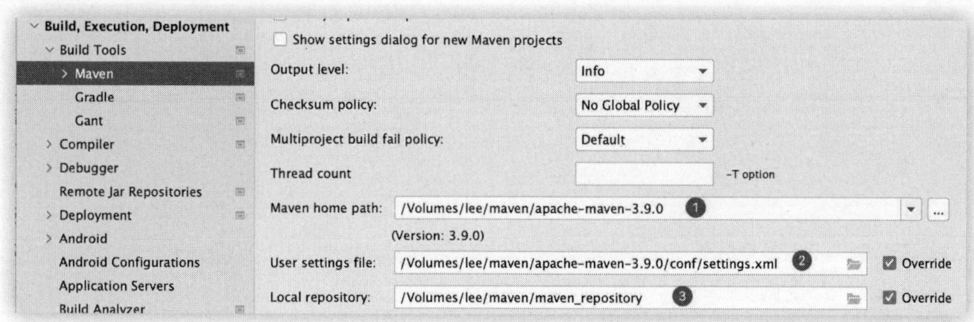

图 1-34　IDEA 中配置 Maven 环境

配置 JDK，如图 1-35 所示，需要配置 Java 的环境，可以在“JDK home path”中选择 JDK 的目录，不论是 JDK8 还是 JDK17，都在此处选择即可。如此，后续在创建 Java 项目的时候可以自由选择所需要的 JDK 版本并进行切换。

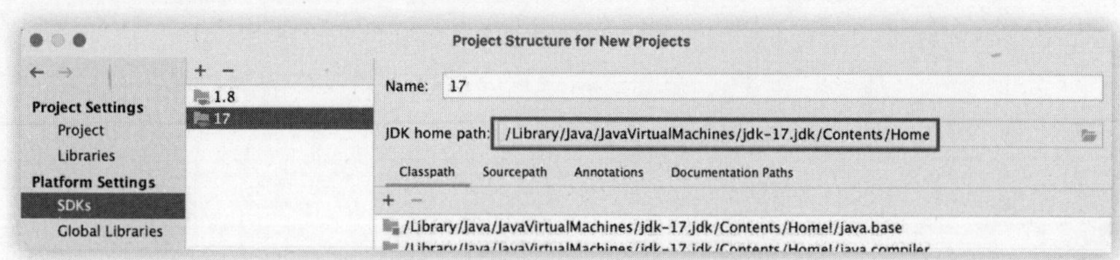

图 1-35　IDEA 中配置 JDK 环境

1.5　本章小结

本章对 JDK8 进行了不同操作系统的安装，其中 Windows 的安装方式在各个版本系统中都是一致的，只是 MacOS 目前有 Intel 以及 M1/M2 芯片的版本，在安装的时候需要进行区分。如果 Oracle 官方没有提供对应 arm64 架构下的 JDK，则建议使用 Zulu 或者 openJDK。当然，读者若对历代 JDK 都很熟悉的话，则可以直接安装并使用较新的 JDK17。

需要注意的是，对于 Maven 的版本可以没有太高的要求，不必追新，使用稳定的老版本即可，各位读者所采用的版本可以与本书所使用的版本有所不同。

第 2 章　Docker 容器化入门

本章主要内容

- 容器化与镜像的相关概念
- Docker 的架构与原理
- Docker 的安装、启动与加速
- MySQL 的安装与可视化工具的使用
- Docker 的常用命令
- Docker 镜像的提交与推送

当基础环境配置完毕以后，接下来所需要做的就是为中间件提供基础环境。本书中所安装的中间件如 MySQL、Redis、RabbitMQ 等都会基于 Docker，所以，Docker 是这些中间件的必备环境，而且 Docker 的使用也会比源码包安装更为快捷方便，所以本章将会对 Docker 容器化进行阐述和学习。

在学习 Docker 之前，需要准备好 Linux 环境，在此可以通过 VMware（vmware.com/cn.html）来构建基于 Linux 的 CentOS7（centos.org）环境，这也是目前主流的开发模式，而 CentOS7 也是目前绝大多数企业所采用的企业生产环境的版本。所以读者在此需要准备好虚拟机与 CentOS7 的环境，为后续构建 Docker 环境做好准备。

2.1　内网互通原则

本章使用到了虚拟机，虚拟机是作为分布式中的一个节点而存在的，所以本地操作系统中所运行的项目如果需要和虚拟机中操作系统的中间件进行通信的话，那么必须保证网络是通畅的。通俗点讲，就是内网互通，因为对于生产环境，项目的运行也是需要依赖各类中间件的，那么中间件和项目都会需要相互通信，因此，网络必须保证是通畅的，所以务必要做到如下几点。

- 关闭本地防火墙，不论是 Windows 还是 MacOS，本地的防火墙都需要关闭。
- 虚拟机中的 Linux（CentOS7）需关闭防火墙，并且是永久关闭。
- 本地操作系统与虚拟机连接同一个网络，可能会有多个频段，不同频段网络不通。
- 保证同一个网段，设置静态 ip，比如本地操作系统的 ip 为“10.172.0.10”，而虚拟机的 CentOS7 的 ip 为“10.172.0.168”，保证“10.172.0.***”的规则即可。
- 服务请求地址，一定不能使用 localhost，因为这是代表本地，如果在手机端运行时请求的则是手机自己，请求是不会发送到电脑服务端的。

2.2 容器化引擎 Docker

2.2.1 虚拟化与容器化技术

大家平时使用的 VMware 虚拟机，会在里面安装并配置各种不同的操作系统，如 Linux、Windows、MacOS 等其实利用的就是虚拟化技术。VMware 其实就是虚拟机，可以在 VMware 中安装非常多的不同环境或者系统，如此就可以在自己本地的操作系统中来构建并使用分布式环境。

虚拟化技术有如下特点。

- 隔离性很强：每个虚拟机都是独立的，里面可以各自安装不同软件，可以认为每个虚拟机都是一个独立的操作系统，甚至不夸张地说每个虚拟机就是一台“个人电脑”，与使用本地操作系统无异。
- 启动速度偏慢：由于每个虚拟机各自安装的都是独立的操作系统，每次启动都和实体电脑一样，相对偏慢，而且建立网络环境也需要等待一段时间。
- 可移植性偏弱：每个虚拟机的操作系统都是相互独立的，所以要迁移其中的数据到别的虚拟机，那么会相当麻烦，备份恢复和本地操作一样烦琐，耗时耗力。因此，文件的共享能力也相对偏弱。
- 创建系统烦琐：每次需要在虚拟机中使用一个操作系统的时候必须要先创建系统，但是创建系统的过程和电脑重装系统一样烦琐，步骤是一模一样的，各类的环境配置、网络配置、磁盘时区等配置都要来一遍，重复性劳动偏多，耗时也很多。
- 镜像太大：在虚拟机中安装操作系统会基于 iso 镜像，不同的镜像所占用的磁盘空间大小也不同，小的 4G 左右，大的 8G 左右，所以镜像偏大，显得虚拟化更加笨重。

正因为虚拟化技术的种种不便，容器化技术得到了更广泛的使用和推广，使用容器化技术会使得各类开发环境的构建变得更加简单快捷，省时省力。

本书所使用的容器化引擎为 Docker，Docker 是基于 Linux 内核来实现的，Docker 是一个用于开发、交付和运行应用程序的开放平台。使用 Docker 可以使得应用程序与基础架构分割开来，达到快速交付的目的。对于构建开发环境、测试环境以及生产环境来说，可以让企业团队更加敏捷，使得企业产品快速进入市场布局甚至满足更高的战略规划。

容器化技术有如下特点。

- 安装便捷：当需要某个容器的时候，只需要一条命令从远处仓库拉取并运行即可，要比在虚拟机中安装一个 Linux 系统更快。
- 隔离性强：容器和容器之间毫无关系，通过下载的某一个镜像，可以去构建多个不同的容器实例，但是这些容器之间是相互隔离的。举个例子，“小明”去买了一支钢笔，通过这一支钢笔可以写很多字，其中“钢笔”就是“镜像”，而不同的“字”就是“容器”，每个字都是独立不同的。
- 启动快速：启动一个容器很快，几秒即可，当需要使用某个中间件比如 MySQL 或

者 Redis，只需要 start 一下就能启动，这要远比在虚拟机中找到中间件，再用命令启动更快更便捷。

- 镜像轻巧：容器中的镜像所占用空间并不大，小则几兆，大则几百兆，相当轻巧，而且会有 DockerHub 这样的中央仓库，所有的镜像可以直接通过搜索并且下载即可。如果把虚拟化技术比作个人电脑，那么可以把容器化技术比作 iPad/AndroidPad。
- 自建镜像：虚拟化技术无法做到镜像的自我构建。相反，在容器化技术中，可以自行对镜像进行自定义构建并且可以上传一份属于自己的镜像到 DockerHub 中，如此不论任何人在全世界的任何地方都可以下载并且使用你的镜像了。
- 可移植性强：可以通过构建新的镜像，把原容器中的应用程序、数据等内容便捷地移植到一个新的容器环境。
- 共享方便：通过磁盘路径的挂载，可以把数据映射到宿主机，如此共享数据更方便。并且，当容器被误删等误操作后，可以通过重新安装快速加载并恢复数据，如此一来，可靠性就更强了。

相对来说，使用 Docker 会更加轻量级，Docker 的优势应用场景主要有如下几点。

- Web 应用支持自动化打包和发布。
- 支持自动化测试和持续集成与发布（DevOps）。
- 在生产环境中易于部署和调整各类应用参数与后台应用。
- 易于构建微服务架构体系。
- 易于编译并搭建自己的 PaaS 平台。

2.2.2　Docker 的架构

对于 Docker，我们先通过一张图来对其进行初步了解，如图 2-1 所示。

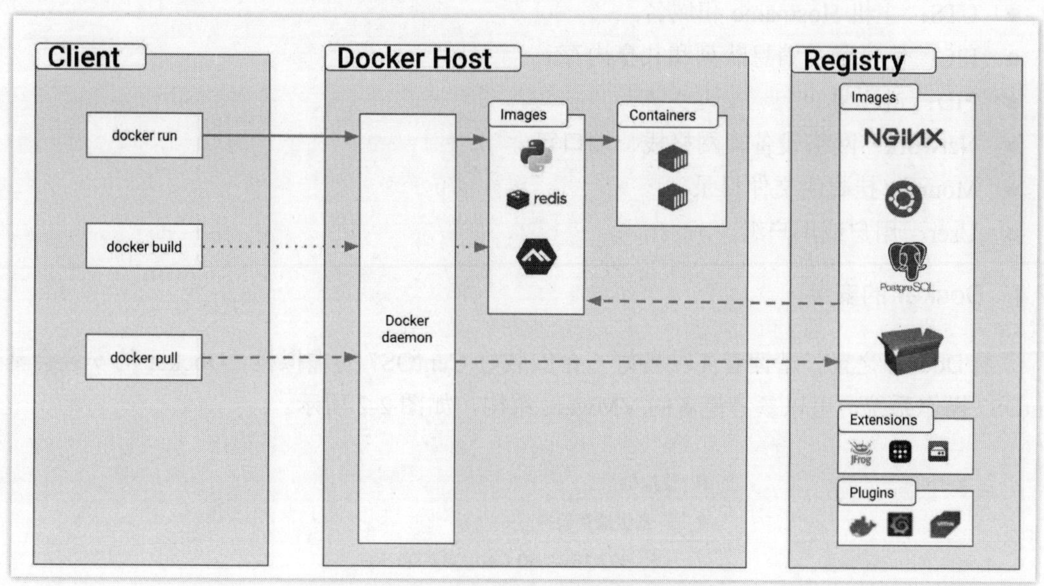

图 2-1　Docker 的架构（引自 Docker 官网）

如图 2-1 所示，Docker 的架构分为如下三个部分。

- Client：客户端，可以通过相关命令来操作 Docker，比如 ssh 命令行的工具，如 SecureCRT、putty、Electerm 等工具。其中，docker run、docker build、docker pull 都为 Docker 的命令。
- Docker Host：安装 Docker 的主机节点，也就是自己的服务器，可以是采购的云服务器，也可以是虚拟机中的 Linux 系统，统称为服务端。
- Registry：镜像仓库，所有的镜像都是从仓库中下载后运行使用的，可以理解为它类似 AppStore，需要下载使用某个软件，直接在软件商店中下载即可，Docker 的镜像也是同样的道理。

其他关键字标注说明如下。

- Docker daemon：这是在 Docker 主机中运行的后台进程。
- Images：从镜像库中下载并拉取到本地的镜像，可以理解为从软件商店下载的软件。
- Containers：容器实例，运行镜像后的容器，一个镜像可以运行多个容器实例，运行的中间件就是容器，如数据库 MySQL 等。
- Extensions&Plugins：远程仓库中的扩展和插件。

2.2.3 Docker 的隔离机制

Docker 中的不同容器之间是毫无关系的，通过下载某个镜像，可以去构建多个不同的容器实例，这些容器之间是相互隔离的。原理其实也是依赖 Linux 自身底层的命名空间 namespace。

Linux 允许运行的不同应用程序可以有不同的命名空间 namespace，几种常见资源隔离项如下。

- UTS：主机 Hostname 和域名。
- IPC：信号量、消息队列和共享内存。
- PID：进程号。
- Network：网络设备、网格栈、端口等。
- Mount：挂载的文件目录。
- User：用户或用户组。

2.2.4 Docker 的安装

安装 Docker 之前，请读者先准备好一台安装好 CentOS7 的虚拟机，Docker 的安装会基于 CentOS7 操作系统，可以参考笔者的 VMware 结构，如图 2-2 所示。

图 2-2　虚拟机 CentOS7 的 Docker 节点示意

当 CentOS7 安装完毕，请务必确保自身系统的 IP 为静态 IP，笔者的虚拟机 IP 为 192.168.1.60，可以通过 ifconfig 命令来查询 IP，如图 2-3 所示。

```
[root@centos7-basic ~]# ifconfig
ens33: flags=4163<UP,BROADCAST,RUNNING,MULTICAST>  mtu 1500
        inet 192.168.1.60  netmask 255.255.255.0  broadcast 192.168.1.255
        inet6 fe80::259e:83af:30ba:8659  prefixlen 64  scopeid 0x20<link>
        ether 00:0c:29:9b:6e:93  txqueuelen 1000  (Ethernet)
        RX packets 67  bytes 8321 (8.1 KiB)
        RX errors 0  dropped 0  overruns 0  frame 0
        TX packets 75  bytes 12445 (12.1 KiB)
        TX errors 0  dropped 0 overruns 0  carrier 0  collisions 0
```

图 2-3　虚拟机 CentOS7 的静态 IP 显示页

第一步，在安装 Docker 之前需要先卸载早期老版本，因为有的 CentOS 版本中会默认安装 Docker，可以运行如下脚本命令进行删除（如果没有安装过，执行以下命令也无妨）。

```
sudo yum remove docker \
        docker-client \
        docker-client-latest \docker-common \
        docker-latest \
        docker-latest-logrotate \docker-logrotate \
        docker-engine
```

第二步，设置 Docker 的远程仓库地址，运行如下脚本命令（这两条命令请分开执行）。

```
sudo yum install -y yum-utils
sudo yum-config-manager --add-repo
https://download.docker.com/linux/centos/docker-ce.repo
```

第三步，安装 Docker 引擎、Docker 客户端，以及 Docker 容器的相关插件，运行如下脚本命令。

```
sudo yum install docker-ce docker-ce-cli containerd.io docker-buildx-plugin
docker-compose-plugin
```

当看到如图 2-4 所示提示页时，则表示 Docker 安装完毕。

```
已安装:
  containerd.io.x86_64 0:1.6.21-3.1.el7      docker-buildx-plugin.x86_64 0:0.10.5-1.el7      docker-ce.x86_64 3:24.0.2-1.el7
  docker-ce-cli.x86_64 1:24.0.2-1.el7        docker-compose-plugin.x86_64 0:2.18.1-1.el7

作为依赖被安装:
  container-selinux.noarch 2:2.119.2-1.911c772.el7_8                docker-ce-rootless-extras.x86_64 0:24.0.2-1.el7
  fuse-overlayfs.x86_64 0:0.7.2-6.el7_8                             fuse3-libs.x86_64 0:3.6.1-4.el7
  slirp4netns.x86_64 0:0.4.3-4.el7_8

完毕!
```

图 2-4　Docker 成功安装提示页

2.2.5　Docker 的启动

通过如下脚本来启动 Docker 服务。

```
sudo systemctl start docker
```

随后便可以通过脚本“docker -v”来查看 Docker 的版本号，如图 2-5 所示。

```
[root@centos7-basic ~]# docker -v
Docker version 24.0.2, build cb74dfc
```

图 2-5　Docker 的安装版本号显示页

读者也可以通过镜像查看命令“docker images”来列出当前的镜像资源（初次为空），如图 2-6 所示。

```
[root@centos7-basic ~]# docker images
REPOSITORY    TAG       IMAGE ID    CREATED    SIZE
```

图 2-6　Docker 镜像资源列表

为了方便每次启动虚拟机都可以自启动 Docker 服务，可以运行如下两行脚本命令。

```
## 开启自启动服务
sudo Systemctl enable docker
## 重启 docker 服务
sudo systemctl restart docker
```

2.2.6　Docker 的加速

安装完 Docker 后，我们可以从 DockerHub 中拉取镜像，但是由于 DockerHub 在国外服务器，下载速度会偏慢，所以笔者在此推荐读者使用国内的镜像加速，如阿里云等供应商所提供的服务（此方案与 Maven 的镜像仓库加速相同）。

第一步，登录阿里云（aliyun.com）控制台，在导航菜单中逐步找到“容器镜像服务”→“镜像工具”→“镜像加速器”，如图 2-7 所示，可以看到笔者的个人镜像地址[1]。

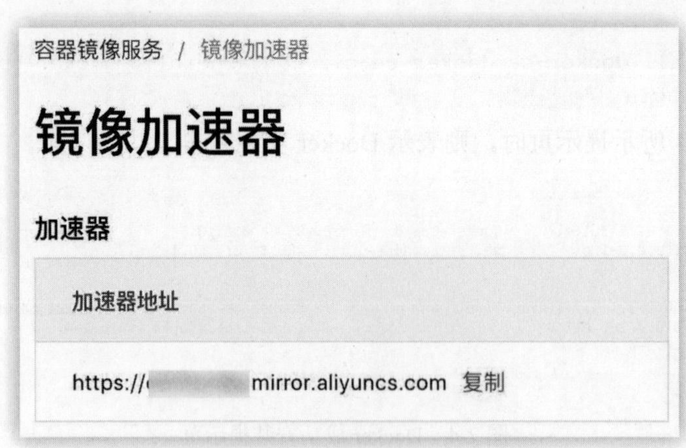

图 2-7　阿里云镜像加速器地址

第二步，在页面下方，可以看到不同操作系统的切换 Tab 以及操作步骤，如图 2-8 所示，其中所需要运行的命令行脚本就是配置的镜像加速器。

[1] 图中显示的地址为各自的镜像加速器地址，请务必注意，该地址不要泄露给他人使用。

操作文档

Ubuntu　CentOS　Mac　Windows

1. 安装 / 升级Docker客户端

推荐安装 1.10.0 以上版本的Docker客户端，参考文档docker-ce

2. 配置镜像加速器

针对Docker客户端版本大于 1.10.0 的用户

您可以通过修改daemon配置文件 /etc/docker/daemon.json 来使用加速器

```
sudo mkdir -p /etc/docker
sudo tee /etc/docker/daemon.json <<-'EOF'
{
  "registry-mirrors": ["https://        .mirror.aliyuncs.com"]
}
EOF
sudo systemctl daemon-reload
sudo systemctl restart docker
```

图 2-8　阿里云 Docker 镜像仓库配置步骤

第三步，配置镜像加速器脚本，请分别运行如下四段脚本。

```
## 创建目录/etc/docker
sudo mkdir -p /etc/docker

## 配置镜像仓库的地址，请务必复制自己的镜像仓库地址
sudo tee /etc/docker/daemon.json <<-'EOF'
{
   "registry-mirrors": ["https://[自己的镜像仓库地址].mirror.aliyuncs.com"]
}
EOF

## 重新加载
sudo systemctl daemon-reload

## 重启 docker 服务
sudo systemctl restart docker
```

最后，通过命令“vim /etc/docker/daemon.json”打开 json 文件来检测配置内容，如图 2-9 所示，与读者阿里云的地址一致，则表示配置成功。

```
root@centos7-basic:~
{
  "registry-mirrors": ["https://        .mirror.aliyuncs.com"]
}
```

图 2-9　虚拟机中 CentOS7 的 Docker 镜像仓库地址

至此，Docker 服务的镜像加速器配置成功。后续在 Docker 中安装各类中间件的速度将会非常快。

2.3 使用 Docker 安装数据库

2.3.1 使用 Docker 的 pull 命令拉取镜像

在后续的章节中，数据库是必须要使用到的中间件，用于存取数据。数据库的分类有很多，如 MySQL5、MySQL8、MariaDB、Oracle、PostgressSQL、SQL Server 等，本书会使用主流的 MySQL8 作为数据库供项目服务使用和调用。那么接下来，我们将会通过 Docker 来以容器化的形式安装 MySQL8 数据库。

使用浏览器打开 hub.docker.com，该网址为 DockerHub 仓库，其中包含了很多的中间件镜像及其不同版本，读者可以自行下载使用。不论在 Docker 中或是结合 Kubernetes，DockerHub 都可以作为镜像仓库进行使用。在 DockerHub 中搜索 MySQL，如图 2-10 所示，这就是我们将要使用的数据库镜像。

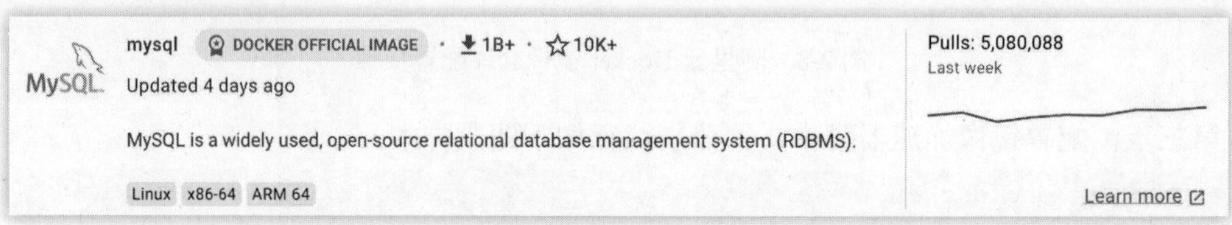

图 2-10　DockerHub 的数据库 MySQL 镜像搜索页

单击 mysql，则进入内部详情页面，通过“docker pull mysql”则可以下载最新版本的 MySQL 数据库。倘若需要根据不同的版本来下载，那么则可以使用“docker pull mysql:8.0.33”命令，也就是在命令的后方加上“:[版本号]”即可（笔者在此推荐使用第二种方式）。

打开 SSH 命令行工具，输入命令“docker pull mysql:8.0.33”进行 MySQL 的镜像下载（下载过程稍慢，需要耐心等待），下载后则可以通过“docker images”来查看当前在本地 Docker 中的镜像列表，如图 2-11 所示。

```
[root@centos7-basic ~]# docker pull mysql:8.0.33
8.0.33: Pulling from library/mysql
46ef68baacb7: Pull complete
94c1114b2e9c: Pull complete
ff05e3f38802: Pull complete
41cc3fcd9912: Pull complete
07bbc8bdf52a: Pull complete
6d88f83726a9: Pull complete
cf5c7d5d33f7: Pull complete
9db3175a2a66: Pull complete
feaedeb27fa9: Pull complete
cf91e7784414: Pull complete
b1770db1c329: Pull complete
Digest: sha256:15f069202c46cf861ce429423ae3f8dfa6423306fbf399eaef36094ce30dd75c
Status: Downloaded newer image for mysql:8.0.33
docker.io/library/mysql:8.0.33
[root@centos7-basic ~]# docker images
REPOSITORY   TAG      IMAGE ID       CREATED      SIZE
mysql        8.0.33   91b53e2624b4   4 days ago   565MB
```

图 2-11　Docker 下载 MySQL8 的镜像与镜像列表查看

如图 2-11 所示，先通过“pull”进行到本地，随后通过“docker images”命令来查看当前本地已经“pull”的镜像列表，其中包含的列名如下。

- REPOSITORY：已下载的镜像仓库名称。
- TAG：镜像的标签号，不同的版本有不同的 tag。
- IMAGE ID：下载的镜像 id，编号唯一，每个镜像下载后都会有对应的 id。
- CREATED：镜像创建的时间，在 DockerHub 中可以看到“Last pushed 4 days ago by someone”。
- SIZE：镜像所占用的磁盘空间大小。

2.3.2　开启 CentOS7 的 ipv4

在使用 Docker 容器化安装并运行中间件的时候，可能会遇到报错 ipv4 相关的内容，所以建议在使用 CentOS7 时开启 ipv4 的转发功能，否则会导致网络无法工作（如果读者使用云服务器则不需要设置）。在命令行输入并追加如下脚本内容。

```
## 打开配置文件
vim /usr/lib/sysctl.d/00-system.conf
## 添加开启 forward
net.ipv4.ip_forward=1
```

如图 2-12 所示，配置完毕后则先“esc”后“:wq”保存退出。

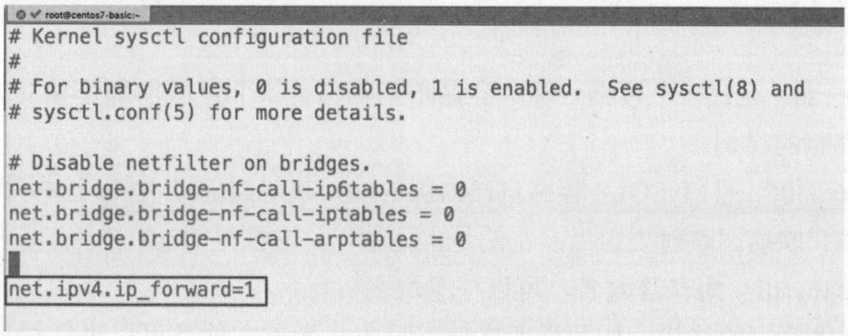

```
root@centos7-basic:~
# Kernel sysctl configuration file
#
# For binary values, 0 is disabled, 1 is enabled.  See sysctl(8) and
# sysctl.conf(5) for more details.

# Disable netfilter on bridges.
net.bridge.bridge-nf-call-ip6tables = 0
net.bridge.bridge-nf-call-iptables = 0
net.bridge.bridge-nf-call-arptables = 0

net.ipv4.ip_forward=1
```

图 2-12　配置 ip_forward

配置完毕后还需要重启 network 与 Docker 服务才会使其生效，运行如下两段脚本即可。

```
## 重启网络服务
systemctl restart network
## 重启 Docker 服务
systemctl restart docker
```

至此，使用 Docker 安装中间件之前的准备工作已完毕。

2.3.3　使用 docker run 运行镜像

在 Docker 中下载完毕的镜像还并不能直接使用，需要运行后才能产生容器，中间件以容器的形式运行，使用“docker run”命令即可，如下脚本所示。

```
docker run [启动参数] IMAGE [镜像启动的运行命令]
```

但是在运行此命令之前，需要先配置好一些基本目录，在命令行中运行如下脚本进行目录的创建。

```
mkdir /home/mysql8/log -p
mkdir /home/mysql8/data -p
mkdir /home/mysql8/conf -p
mkdir /home/mysql8/mysql-files -p
```

脚本释义如下。

- 递归创建 MySQL8 的日志存放目录。
- 递归创建 MySQL8 的数据存放目录。
- 递归创建 MySQL8 的配置文件存放目录。
- 递归创建 MySQL8 的工作目录。

创建好相关目录后，使用“docker run”命令运行如下脚本。

```
docker run -p 3306:3306 --name mysql \
-v /home/mysql8/log:/var/log/mysql \
-v /home/mysql8/data:/var/lib/mysql \
-v /home/mysql8/conf:/etc/mysql/conf.d \
-v /home/mysql8/mysql-files:/var/lib/mysql-files \
-e MYSQL_ROOT_PASSWORD=root \
-d mysql:8.0.33 \
--character-set-server=utf8mb4 --collation-server=utf8mb4_unicode_ci
```

参数释义如下。

- docker run：运行一个容器，每个容器相互隔离，每个容器也都是独立的运行环境，是一个完整的实例。
- -p 3306:3306：把 MySQL8 容器自己内部的端口映射到虚拟主机，这样才能访问数据库，这是端口映射。映射规则为：左侧是本地端口；右侧是 Docker 中容器内部的端口。
- --name mysql：为容器取名，可以任意取名。
- -v：文件路径的挂载，如数据库文件、日志、配置文件都可以进行挂载，一旦挂载，那么读者可以直接在外部修改文件，修改后容器内部也会一并生效。假设容器被误删除了，那么数据也不会丢失，下次重新安装运行容器后由于路径挂载，数据可以依然存在。如果不做挂载，那么数据将无法恢复。
- -e MYSQL_ROOT_PASSWORD：为容器运行添加环境参数，比如密码等。
- -d mysql:8.0.33：使用守护进程模式运行，也就是在后台运行，指定使用的是哪个镜像。

运行完毕上述的“docker run”命令后，使用“docker ps [-a]”命令查看已经运行的容器列表（如果要展示包含停止状态的其他容器，可以追加“-a”），如图 2-13 所示。

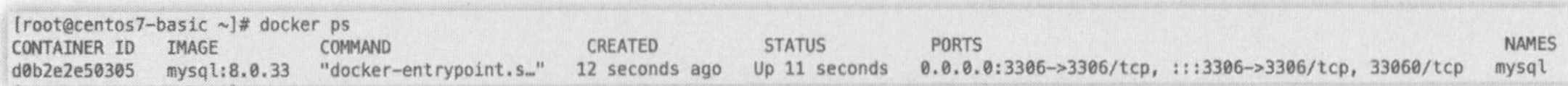

```
[root@centos7-basic ~]# docker ps
CONTAINER ID   IMAGE          COMMAND                  CREATED          STATUS          PORTS                                                  NAMES
d0b2e2e50305   mysql:8.0.33   "docker-entrypoint.s…"   12 seconds ago   Up 11 seconds   0.0.0.0:3306->3306/tcp, :::3306->3306/tcp, 33060/tcp   mysql
```

图 2-13　Docker 中正在运行的容器列表

图 2-13 中标题栏分别代表的意义如下。

- CONTAINER：容器 ID 编号。
- IMAGE：镜像名称。
- COMMAND：命令脚本。
- CREATED：创建时间。
- STATUS：容器运行状态。
- PORTS：容器端口映射。

至此，MySQL8 容器成功运行。

2.3.4　可视化数据库工具

MySQL8 已经成功地在 Docker 以容器的形态运行，但是往往在操作数据库的时候，会需要可视化的数据库软件进行操作，比如创建表、插入修改删除数据等操作，都可以通过可视化的数据库软件来实现。一般常用的数据库可视化软件有 Navicat、MySQL ODBC Connector、MySQLWorkbench、SQLyog 等，本书所采用的数据库可视化软件工具为 Navicat。

下载安装完 Navicat 后，并不能直接操作数据库，因为 MySQL8 要被外部计算机访问需要进行一定的角色权限的设置，这是由于 MySQL8 自身的安全设置，Docker 运行 MySQL8 目前是在某个独立的虚拟机中，所以虚拟机和本地操作系统构成了内网的两个不同节点，不同节点之间的访问需要被授权。否则就会出现如图 2-14 那样，当前计算机 IP 无法被允许连接到 MySQL server。

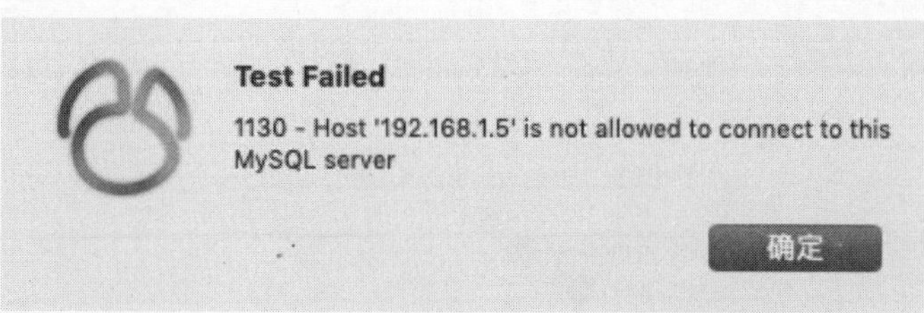

图 2-14　未授权节点拒绝访问 MySQL 数据库服务

那么接下来，我们可以通过 Docker 进入 MySQL 容器的内部，在命令行中逐行输入如下脚本，对其进行配置，通过“docker exec”可以进入容器的 bash 内部命令行并且对其进行操作。

```
## 进入容器内部
docker exec -it mysql bash
## 使用账户 root 登录
mysql -u root -p
## 命令行出现如下直接输入密码 root
Enter password:
```

当命令行出现“mysql>”，则表示已经成功登录 MySQL 内部，正在使用命令行脚本形式的客户端来操作数据库。如果要对自己的默认密码进行修改，可以运行如下脚本命令（本步骤可选）。

```
use mysql;
## 修改密码
```

```
alter user 'root'@'localhost' identified with mysql_native_password by 'yourpassword';
## 刷新权限
flush privileges;
```

那么紧接着，就需要设置远程节点连接数据库服务的权限了，依次运行如下脚本。

```
## 将 root 用户设置为所有地址可登录，原来是 localhost 表示只能在本机节点进行登录
use mysql;
update user set host='%' where user='root';

## 刷新权限
flush privileges;

## 将用户 root 密码设置为永不过期
alter user 'root'@'%' identified by 'yourpassword' password expire never;

--刷新权限
flush privileges;
```

执行完上述操作后，在键盘上按下“Ctrl+d”组合键退出 MySQL 的客户端命令行，再按“Ctrl+d”组合键退出 MySQL 的 Docker 容器，此时需要进行连接测试，再次打开 Navicat 连接数据库，输入内容如图 2-15 所示。

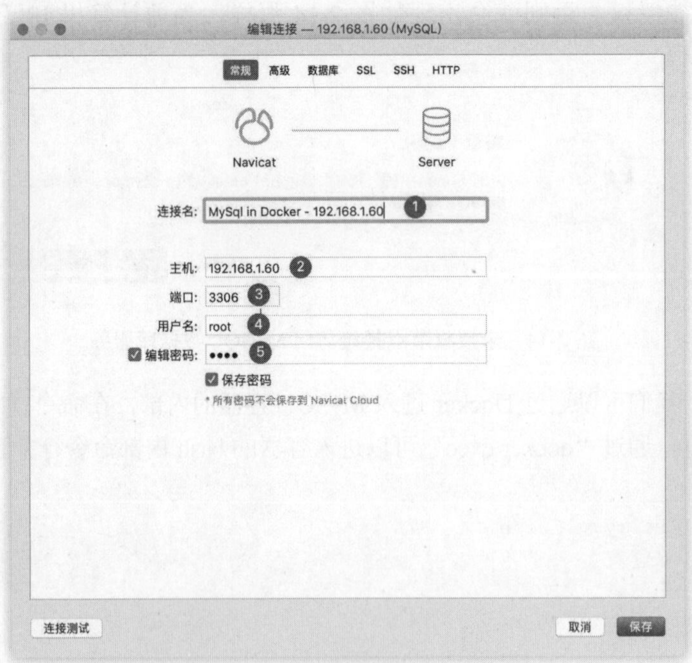

图 2-15　Navicat 数据库连接配置页

如图 2-15 所示，依次输入如下内容。

- ❶ 数据库连接名，可以随意取名。
- ❷ 主机 IP，HOST 地址，也就是当前安装 MySQL 的 Docker 服务所在 IP 地址。
- ❸ 数据库的端口，在 Docker 中通过 3306 进行映射，这也是 MySQL 的默认端口。

- ❹与❺输入数据库密码。

一切就绪，如没有问题，则会成功建立与 MySQL 数据库的连接服务，双击打开连接，展示内容如图 2-16 所示（默认包含 4 个内置数据库，读者可以不必理会）。

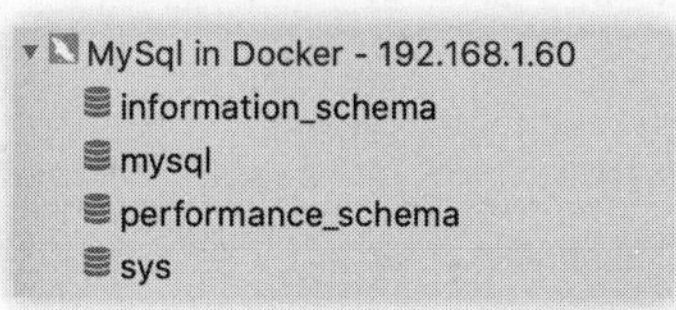

图 2-16　成功建立 MySQL 连接

至此，数据库可视化工具 Navicat 安装配置成功可以直接使用该数据库的服务了。

2.3.5　Docker 命令

如果在使用 Docker 的过程中，忘记了某些命令，那么可以通过“docker --help”命令来获得帮助，ssh 中会打印出所有 Docker 的命令，非常详细，笔者在此对其进行翻译，未来如有需要可以自行查阅。

```
$ docker --help

Usage(用法):   docker [OPTIONS] COMMAND
A self-sufficient runtime for containers
Common Commands(常用命令):
  run         Create and run a new container from an image(通过某个指定的镜像来创建并且
              运行在一个新的容器中)
  exec        Execute a command in a running container (在一个运行中的容器执行命令)
  ps          List containers (列出所有容器)
  build       Build an image from a Dockerfile (从一个 Dockerfile 中构建镜像)
  pull        Download an image from a registry (从远程仓库中下载镜像)
  push        Upload an image to a registry (把镜像上传到远程仓库)
  images      List images (展示镜像列表)
  login       Log in to a registry (登录远程仓库，比如 dockerHub)
  logout      Log out from a registry (从远程仓库退出登录)
  search      Search Docker Hub for images (在 Docker Hub 中搜索镜像)
  version     Show the Docker version information (展示 Docker 版本信息)
  info        Display system-wide information (展示系统范围的信息)

Management Commands(管理命令):
  builder     Manage builds (管理构建)
  container Manage containers (管理容器)
  context     Manage contexts (管理上下文)
  image       Manage images (管理镜像)
  manifest    Manage Docker image manifests and manifest lists (管理 Docker 镜像 manifests
              和 manifest 列表)
  network     Manage networks (管理网络)
  plugin      Manage plugins (管理插件)
  system      Manage Docker (管理 Docker)
```

```
  trust      Manage trust on Docker images （管理 Docker 受信的镜像）
  volume     Manage volumes （管理卷）

Swarm Commands:
  swarm      Manage Swarm （管理 Swarm 集群）

Commands(命令):
  attach     Attach local standard input, output, and error streams to a running
             container(把本地的标准输入、输出以及错误流附加给一个正在运行中的容器)
  commit     Create a new image from a container's changes
             (根据一个容器的更改而创建一个新的镜像)
  cp         Copy files/folders between a container and the local filesystem
             (在容器与本地文件系统间进行文件/文件夹的复制操作)
  create     Create a new container （创建一个新的容器）
  diff       Inspect changes to files or directories on a container's filesystem
             (检查文件或目录在容器文件系统上的更改)
  events     Get real time events from the server （从服务器获取实时事件）
  export     Export a container's filesystem as a tar archive （把容器的文件系统导出为
             tar 压缩包）
  history    Show the history of an image （展示一个镜像的历史）
  import     Import the contents from a tarball to create a filesystem image
             (根据 tarball 导入内容来创建文件系统镜像)
  inspect    Return low-level information on Docker objects(返回 Docker 对象的低级信息)
  kill       Kill one or more running containers （终止一个或者多个运行着的容器）
  load       Load an image from a tar archive or STDIN （从一个 tar 压缩包或者 STDIN 中
             加载镜像）
  logs       Fetch the logs of a container （获得并且展示容器的日志信息）
  pause      Pause all processes within one or more containers （暂停一个或多个容器内的
             所有进程）
  port       List port mappings or a specific mapping for the container （列出容器的端
             口映射或某个具体映射）
  rename     Rename a container （为容器重命名）
  restart    Restart one or more containers （重启一个或者多个容器）
  rm         Remove one or more containers （移除一个或者多个容器）
  rmi        Remove one or more images （移除一个或者多个镜像）
  save       Save one or more images to a tar archive (streamed to STDOUT by default)
             (把一个或多个镜像保存到 tar 压缩包)
  start      Start one or more stopped containers （启动一个或者多个停止状态的容器）
  stats      Display a live stream of container(s) resource usage statistics
             (显示容器资源的使用统计状态)
  stop       Stop one or more running containers （停止一个或者多个运行中的容器）
  tag        Create a tag TARGET_IMAGE that refers to SOURCE_IMAGE （从一个原始镜像创建
             一个新的 tag 标签镜像）
  top        Display the running processes of a container （显示一个容器中的运行进程）
  unpause    Unpause all processes within one or more containers （取消暂停一个或多个
             容器中的所有进程）
  update     Update configuration of one or more containers （更新一个或多个容器的配置）
  wait       Block until one or more containers stop, then print their exit codes
             (等待并且阻塞直到一个或多个容器停止，然后打印它们的退出代码)
```

```
Global Options(全局可选参数):
      --config string      Location of client config files (default "/root/.docker")
                           (客户端配置文件的默认位置)
  -c, --context string     Name of the context to use to connect to the daemon
                           （连接守护进程的上下文名称）
                                (overrides DOCKER_HOST env var and default context set
                                with docker context
  -D, --debug              Enable debug mode （开启调试模式）
  -H, --host list          Daemon socket to connect to （定义通过 socket 来访问指定的
                           docker 守护进程）
  -l, --log-level string   Set the logging level （设置日志级别，默认 info）
                                ("debug", "info", "warn", "error", "fatal")
                                (default "info")
  --tls                    Use TLS; implied by --tlsverify （使用 TLS 进行加密）
  --tlscacert string       Trust certs signed only by this CA （指定受信的 CA 证书）
                                (default "/root/.docker/ca.pem")
  --tlscert string         Path to TLS certificate file （客户端证书文件）
                                (default "/root/.docker/cert.pem")
  --tlskey string          Path to TLS key file （客户端证书私钥所在路径地址）
                                (default "/root/.docker/key.pem")
  --tlsverify              Use TLS and verify the remote （使用 TLS 并且校验远程）
  -v, --version            Print version information and quit（打印版本信息并且退出）

Run 'docker COMMAND --help' for more information on a command.
  （使用“docker 命令 --help”可以查看某个命令的更多信息）

For more help on how to use Docker, head to https://docs.docker.com/go/guides/
  （更多帮助信息可以到 docs.docker.com/go/guides 进行查阅）
```

图 2-17 是 Docker 的一些常用命令，方便大家随时查阅。

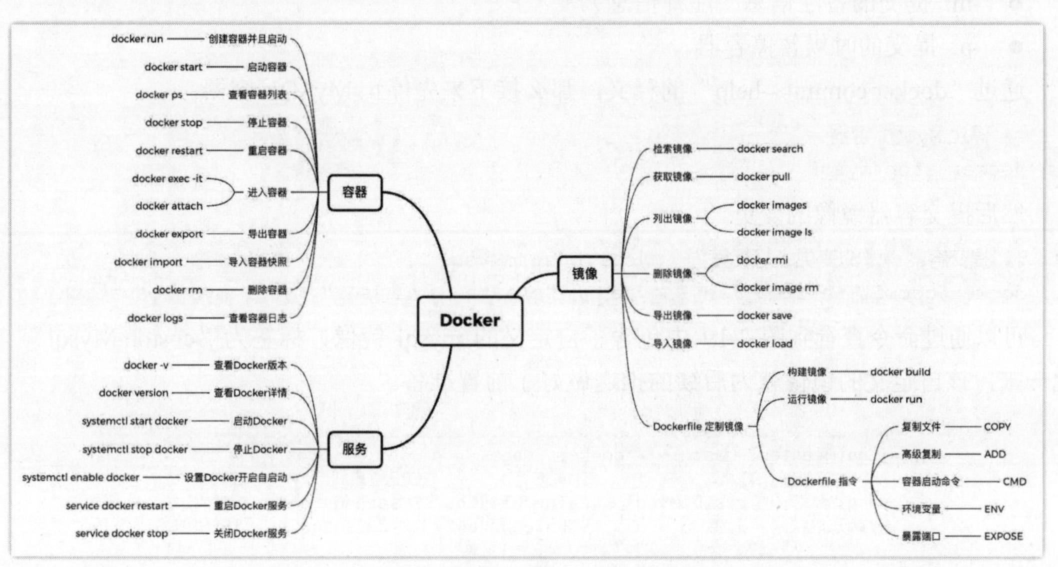

图 2-17　常用 Docker 命令思维导图

2.4 Docker 镜像的提交与推送

2.4.1 提交镜像

假设对现有的容器做了一些修改（比如配置文件的修改，数据的增删改等），试想未来如果读者自己想继续使用该容器的话，那么可以提交镜像并且把镜像上传到“DockerHub”仓库，未来有需要的时候直接从自己的镜像仓库中“拉取”再“运行”即可。这就相当于先从 github 上下载了某开源的项目，对这个项目做出更改后，提交并且推送到自己的 git 仓库，如此一来，想用的时候直接下载即可。Docker 镜像的提交与 git 代码的提交是同样的道理。

可以通过“docker commit --help”查看具体的使用方法，如图 2-18 所示。

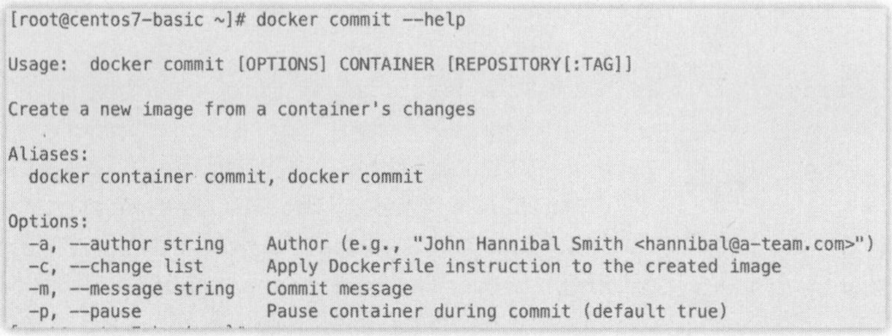

```
[root@centos7-basic ~]# docker commit --help

Usage:  docker commit [OPTIONS] CONTAINER [REPOSITORY[:TAG]]

Create a new image from a container's changes

Aliases:
  docker container commit, docker commit

Options:
  -a, --author string    Author (e.g., "John Hannibal Smith <hannibal@a-team.com>")
  -c, --change list      Apply Dockerfile instruction to the created image
  -m, --message string   Commit message
  -p, --pause            Pause container during commit (default true)
```

图 2-18 “docker commit --help”命令帮助

如图 2-18 所示，其中包含的参数有如下几点。

- -a: 作者信息，可以为自定义的镜像添加作者信息，比如姓名和邮箱等。
- -c: 可以使用 dockerfile 提交（需要自己制作镜像，比如构建 Java 代码）。
- -m: 提交的备注信息（注释信息）。
- -p: 提交的时候暂停容器。

通过“docker commit --help”的释义，那么接下来先停止 MySQL 容器。

```
## 停止 MySQL 容器
docker stop mysql
```

然后提交容器镜像的变更。

```
## 提交容器镜像的变更，打标签为：mysql:customMysql
docker commit -a fengjianyingyue -m "create new mysql" mysql mysql:customMysql
```

可以通过命令查看到图 2-19 中包含了自定义的 mysql 镜像，标签为“customMysql”，如此一来，该自定义的镜像就为后续的推送做好了前置准备。

```
[root@centos7-basic ~]# docker images
REPOSITORY   TAG           IMAGE ID       CREATED         SIZE
mysql        customMysql   c3fece55436b   5 seconds ago   565MB
mysql        8.0.33        91b53e2624b4   12 days ago     565MB
```

图 2-19 自定义镜像展示列表

如果对同一个镜像重复“docker commit”，那么会出现游离状态的镜像，是无效镜像，如图 2-20 所示。

```
[root@centos7-basic ~]# docker images
REPOSITORY    TAG           IMAGE ID       CREATED          SIZE
mysql         customMysql   b0033bc61b3b   2 seconds ago    565MB
<none>        <none>        c3fece55436b   8 minutes ago    565MB
mysql         8.0.33        91b53e2624b4   12 days ago      565MB
```

图 2-20　游离镜像展示页

对于游离镜像，也就是标记为<none>的镜像，这个<none>是上一个提交的 commit，当前的 commit 会覆盖上一个镜像，那么上一个镜像就会变成一个无用的镜像，称之为“游离镜像”，可以通过“docker image prune”命令清除。

2.4.2　自定义 tag 标签

如果对上一个小节中命名的 tag 不满意，或者命名拼写有误，那也没有关系，可以通过“docker tag”重新打标签，帮助命令如图 2-21 所示。

```
[root@centos7-basic ~]# docker tag --help

Usage:  docker tag SOURCE_IMAGE[:TAG] TARGET_IMAGE[:TAG]

Create a tag TARGET_IMAGE that refers to SOURCE_IMAGE

Aliases:
  docker image tag, docker tag
```

图 2-21　“docker tag”命令帮助页

打标签可以使用如下脚本进行。

```
docker tag mysql:customMysql mysql:customMysql-beta
```

如此再次查看镜像列表就有新的标签了，如图 2-22 所示。

```
REPOSITORY    TAG                IMAGE ID       CREATED         SIZE
mysql         customMysql        b0033bc61b3b   6 minutes ago   565MB
mysql         customMysql-beta   b0033bc61b3b   6 minutes ago   565MB
mysql         8.0.33             91b53e2624b4   12 days ago     565MB
```

图 2-22　新标签镜像列表页

需要注意，新旧标签的镜像 id 是一致的，因为它们所指向的是同一个原始镜像地址，相当于对镜像做了一个新的标记，所以也不会额外占用磁盘空间。

2.4.3　推送镜像

当提交了一个镜像后，可以同时提交到 DockerHub 仓库，但是需要先去“https://hub.docker.com/”注册账号。

随后还需要创建一个属于自己的仓库，此处创建一个“mysql”仓库，待推送的镜像需要和云端镜像仓库名保持一致，创建完毕后如图 2-23 所示。

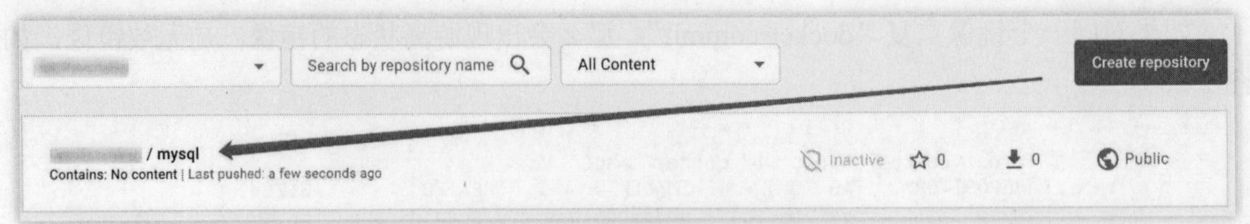

图 2-23 创建镜像仓库

准备工作就绪后，需要在控制端登录 DockerHub，运行如下脚本（登录的过程中需要输入用户名与密码）。

```
## 登录docker hubdocker login
## 退出
docker logout
```

登录成功后，则可以使用“push”命令进行推送，使用如下脚本运行（yournamespace 为自己账号的命名空间，务必设置）。

```
# 推送前，需要把本地的tag和远程仓库保持一致
docker tag mysql:customMysql [yournamespace]/mysql:customMysql docker push [yournamespace]/mysql:customMysql
```

推送成功后就可以在各自的 DockerHub 仓库中看到当前已推送的版本了。

2.5 本章小结

本章主要对 Docker 方面的内容进行了学习，并且也安装了 MySQL 数据库，该数据库会作为本书所使用的数据库，所以 MySQL 务必保证成功安装与运行。此外，对于 Docker 的学习内容，本章包含了如下几点。

- 容器、镜像以及 Docker 架构原理。
- Docker 的安装、启动与加速。
- Docker 的常用命令。
- Docker 镜像的提交与推送。

如果能够对以上几点做到灵活运用，那么读者对 Docker 的基本操作算是灵活掌握了。此外，对于新命令的使用，读者可以多使用“docker --help”进行查阅，因为帮助文档是最好的学习助手。

第 3 章　构建 Web 服务与接口

本章主要内容

- SpringBoot 工程搭建
- Restful 风格接口 dev
- 与 prod 环境切换
- MyBatis 集成
- 持久层的数据操作
- junit 测试与接口服务

当基础环境配置与 Docker 环境配置完毕以后，接下来就可以开始进入代码部分。本章会通过实操，结合 SpringBoot 以及 MyBatis 来共同构建一个 Web 项目，并且操作基本的数据层，通过接口的暴露，使用浏览器或者其他的 Restful 工具来直接请求访问接口从而获得相应的数据内容。

如果读者直接从本章开始阅读，那么请务必先配置好本地的开发环境，也就是本书第一章所涉及的 JDK、Maven、IDEA 等相关环境内容。如若对 SpringBoot 工程非常熟悉，也可以直接通过笔者的 github 来进行项目的初始化，源码地址为 https://github.com/leechenxiang/multi-level-architecture。

3.1　构建 Web 项目

3.1.1　使用 Maven 初始化项目

第一步，打开 IDEA 开发工具，选择“Create New Project”用于创建一个项目（若读者熟悉 eclipse 开发工具也可以同样进行项目的构建），如图 3-1 所示。

图 3-1　IDEA 初始创建页

第二步，在弹出的页面中选择“Maven”，这一页是用于选择项目构建方式的，如图 3-2 所示。

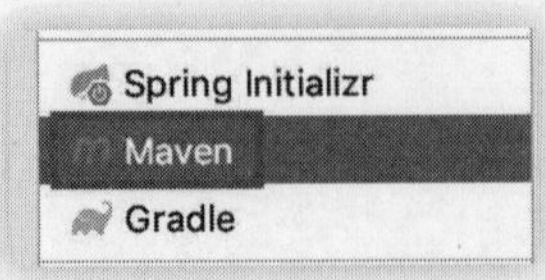

图 3-2 选择 Maven 作为项目构建工具

如图 3-2 所示，有以下 3 种构建方式。

- Spring Initializr：Spring 官方所提供的一个初始化工具包，可以在 SpringBoot 官网自行下载并且导入 IDEA 中或者在此选择后自动下载，初始化的项目中包含很多不必要的内容，所以不推荐此种构建方式。如果是初学者初次接触 SpringBoot，那么可以尝试下载一下去看看里面的相关代码内容。
- Maven：本书会将 Maven 作为项目构建工具来使用，Maven 也是目前主流的项目构建工具（如果本地操作系统还未配置，请参考本书第 1 章的 Maven 相关内容）。
- Gradle：后起之秀，非常不错的一款项目构建工具，灵活性相当高。大型项目中 Gradle 的性能要比 Maven 高很多。此外，目前很多公司也开始使用 Gradle 作为项目的环境构建工具，生产效率也是相当高的。

第三步，当选择“Maven”后，进入新项目的 Maven 信息填写页，如图 3-3 所示。

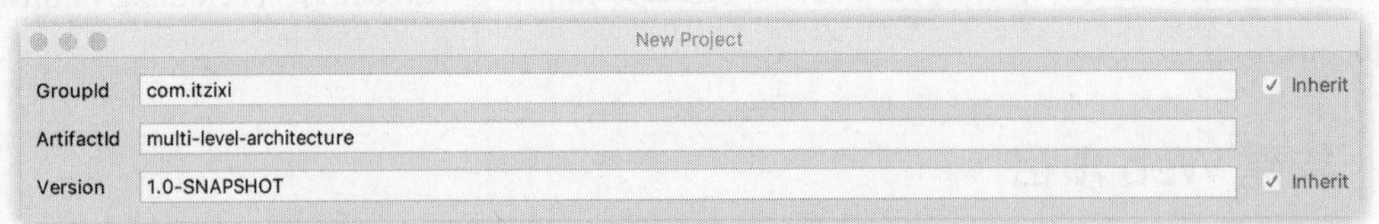

图 3-3 新项目 Maven 信息填写

如图 3-3 所示，需要填写的内容如下。

- GroupId：组织 id 编号，一般写“com.[公司或组织缩写]”，比如“com.apache”“com.spring”。
- ArtifactId：在 Maven 中所显示的项目名称，在此可以随意填入任意名称作为项目名，笔者在此所写为“multi-level-architecture”。
- Version：当前工程的版本号，一般使用默认的即可。

GroupId、ArtifactId、Version 的最终显示会在项目的“pom.xml”文件中呈现，这 3 个节点是可以作为工程坐标的，而且是唯一坐标，通过这 3 个节点信息就能找到项目，最终效果如图 3-4 所示。

```
<groupId>com.itzixi</groupId>
<artifactId>multi-level-architecture</artifactId>
<version>1.0-SNAPSHOT</version>
```

图 3-4 GroupId、ArtifactId、Version 组成的坐标信息

第四步，此处填写项目信息，一个是项目的名称“multi-level-architecture”（可以和第三步中的名称保持一致），另一个是项目所保存的目录，读者可以自行选择操作系统的某路径作为项目地址存放（Windows 用户不推荐使用 C 盘），如图 3-5 所示。

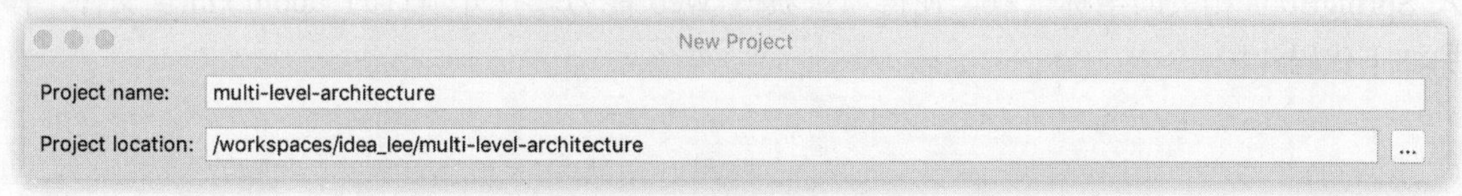

图 3-5　新项目名称与路径保存地址的基本信息填写

最后单击“Finish(完成)”按钮，项目就会打开如下页面，这就是新项目创建后的初始目录结构，如图 3-6 所示。

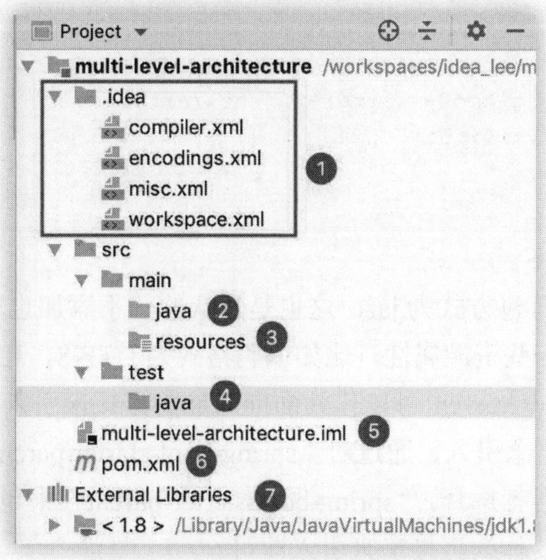

图 3-6　Maven 构建的项目目录结构

项目工程的目录结构释义如下。

- ❶ 处“.idea”：方框里的部分为项目的一些基本信息，是默认的，可以不用理会。
- ❷ 处“main/java”：为实际编码处，java 相关的代码编写都是基于此处。
- ❸ 处“main/resources”：项目的资源目录，用于存放项目的配置文件。
- ❹ 处“test/java”：单元测试目录，可以在此处编写@Junit 的相关测试类与方法。
- ❺ 处“multi-level-architecture.iml”：项目配置文件，可以不用理会。
- ❻ 处“pom.xml”：项目的构建配置文件，也就是 Maven 配置文件，项目的坐标依赖都是在 pom 中进行管理和使用的，包括使用了哪些 jar 依赖，项目如何编译构建以及打包都在此处配置。
- ❼ 处“External Libraries”：项目额外引入的库文件，项目使用了哪些外部依赖或外部工具库都可以在此处查看到。

至此，基于 Maven 的基础工程已经构建完毕。

3.1.2 搭建 SpringBoot 工程

当把项目初始化以后，就可以通过 Maven 一步步地引入坐标依赖来构建了。首先需要引入 SpringBoot 相关的坐标依赖，使得项目获得 Web 能力。打开项目的“pom.xml”文件，添加如下代码片段。

```
<packaging>jar</packaging>

<properties>
    <project.build.sourceEncoding>UTF-8</project.build.sourceEncoding>
    <project.reporting.outputEncoding>UTF-8</project.reporting.outputEncoding>
    <java.version>1.8</java.version>
</properties>

<parent>
    <groupId>org.springframework.boot</groupId>
    <artifactId>spring-boot-starter-parent</artifactId>
    <version>2.5.4</version>
    <relativePath />
</parent>
```

上述代码片段意义如下。

- packaging：项目打包方式为 jar，这也是默认的，不添加也可以。
- properties：配置一些资源属性，比如编码格式为 UTF-8，JDK 版本使用为 1.8 版本。
- parent：依赖层级，Maven 可以作为面向对象的方式来引入父工程，此处 parent 可以作为“父类”的概念引入，通过对“spring-boot-starter-parent”的引入，那么其中所包含的类可以任意自行选择，“spring-boot-starter-parent”中包含了很多 SpringBoot 相关的组件依赖，需要什么直接拿来引入即可。

再接着，就需要引入项目中实际需要使用到的坐标依赖了。通过“dependencies”标签可以把定义的坐标依赖导入项目中，在“pom.xml”文件添加以下内容，代码如下。

```
<dependencies>

    <!-- 引入 SpringBoot 依赖-->
    <dependency>
        <groupId>org.springframework.boot</groupId>
        <artifactId>spring-boot-starter</artifactId>
    </dependency>
    <dependency>
        <groupId>org.springframework.boot</groupId>
        <artifactId>spring-boot-starter-web</artifactId>
    </dependency>
    <dependency>
        <groupId>org.springframework.boot</groupId>
        <artifactId>spring-boot-configuration-processor</artifactId>
    </dependency>
```

```
    <dependency>
        <groupId>org.springframework.boot</groupId>
        <artifactId>spring-boot-starter-aop</artifactId>
    </dependency>

    <!-- jackson 工具类 -->
    <dependency>
        <groupId>com.fasterxml.jackson.core</groupId>
        <artifactId>jackson-core</artifactId>
        <version>2.14.2</version>
    </dependency>
    <dependency>
        <groupId>com.fasterxml.jackson.core</groupId>
        <artifactId>jackson-annotations</artifactId>
        <version>2.14.2</version>
    </dependency>
    <dependency>
        <groupId>com.fasterxml.jackson.core</groupId>
        <artifactId>jackson-databind</artifactId>
        <version>2.14.2</version>
    </dependency>

    <!-- apache 工具类 -->
    <dependency>
        <groupId>commons-codec</groupId>
        <artifactId>commons-codec</artifactId>
        <version>1.15</version>
    </dependency>
    <dependency>
        <groupId>org.apache.commons</groupId>
        <artifactId>commons-lang3</artifactId>
        <version>3.12.0</version>
    </dependency>
    <dependency>
        <groupId>commons-fileupload</groupId>
        <artifactId>commons-fileupload</artifactId>
        <version>1.4</version>
    </dependency>
    <dependency>
        <groupId>commons-io</groupId>
        <artifactId>commons-io</artifactId>
        <version>2.11.0</version>
    </dependency>

</dependencies>
```

添加上述代码后，需要耐心等待 Maven 下载，下载完毕后，可以在 IDEA 的侧边处看到当前项目中所包含的所有依赖库内容，如图 3-7 所示。

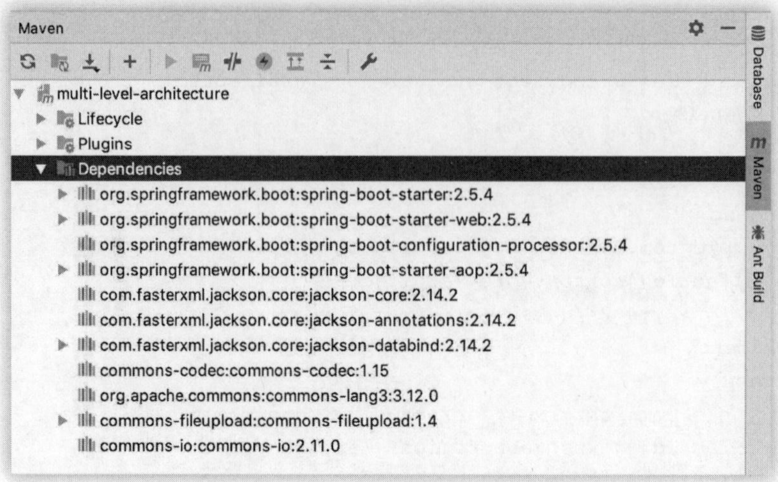

图 3-7　项目中引入的外部依赖坐标库

如此，所需要的基础依赖就已经存在于项目中，此时则需要开发 SpringBoot 相关的代码来对项目构建具有 Web 能力的服务。创建一个 Package 作为基础包，该基础包可以任意命名，如“com.abc”“com.book”等，如图 3-8 所示。

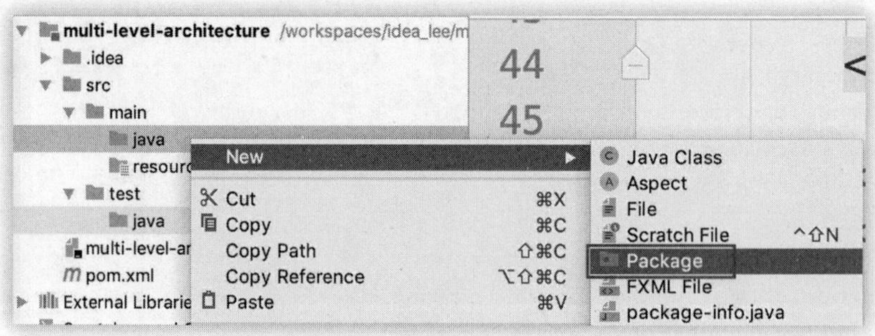

图 3-8　创建 Package 包

创建成功之后，则可以看到包含有 Package 的目录结构，如图 3-9 所示。

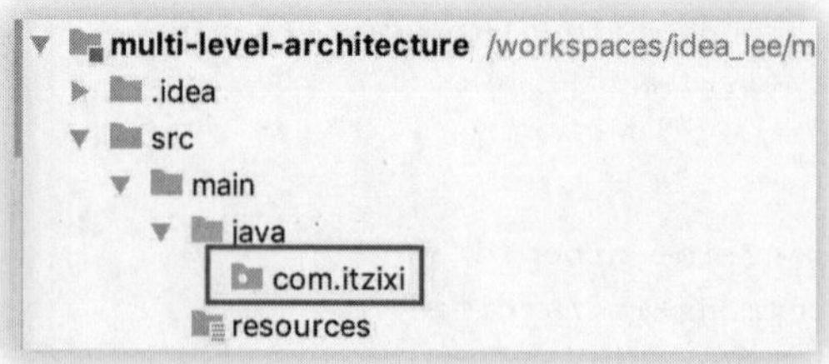

图 3-9　创建好的 Package 目录

随后，创建一个名为“Application.java”的类，这个类作为 SpringBoot 工程项目的启动类，当需要启动 Web 服务的时候，只需要启动 Application 即可，其包含的代码内容如下。

```
import org.springframework.boot.SpringApplication;
import org.springframework.boot.autoconfigure.SpringBootApplication;
```

```
@SpringBootApplication public class Application {
    public static void main(String[] args) {
        SpringApplication.run(Application.class, args);
    }
}
```

启动类编写好之后，选中启动类并且邮件运行，如图 3-10 所示，这样 SpringBoot 项目就会启动。

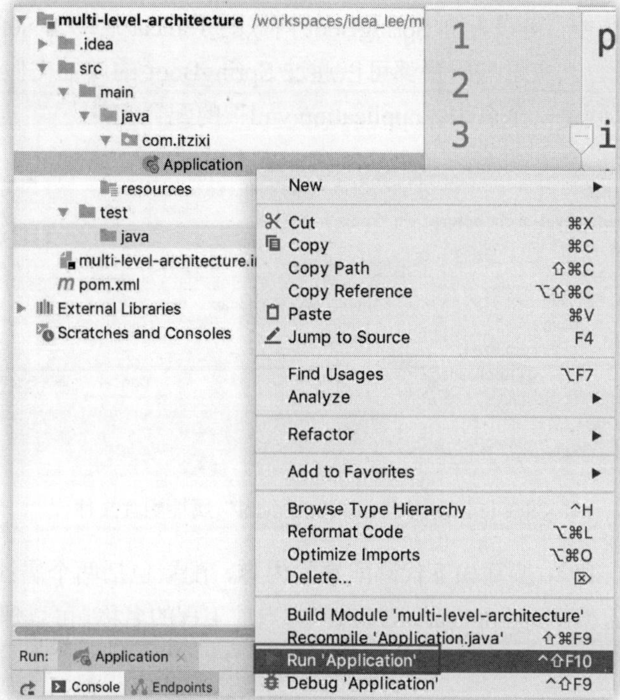

图 3-10　运行 SpringBoot 工程

如果项目启动成功，则可以在控制台中看到如下的日志信息。

```
/Library/Java/JavaVirtualMachines/jdk1.8.0_191.jdk/Contents/Home/bin/java -XX

. ____ _ __ _ _
/\\ / ___'_ __ _ _(_)_ __ __ _ \ \ \ \
( ( )\___ | '_ | '_| | '_ \/ _` | \ \ \ \
\\/ ___)| |_)| | | | | || (_| | ) ) ) )
' |____| .__|_| |_|_| |_\__, | / / / /
=========|_|==============|___/=/_/_/_/
:: Spring Boot :: (v2.5.4)

2023-07-04 10:35:18.873 INFO 16940 --- [ main] com.itzixi.Application
: Starting Application using Java 1.8.0_
2023-07-04 10:35:19.682 INFO 16940 --- [ main] o.apache.catalina.core.StandardService
: Starting service [Tomcat]
```

```
2023-07-04 10:35:19.682 INFO 16940 --- [ main] org.apache.catalina.core.StandardEngine
: Starting Servlet engine: [Apache Tomcat/
2023-07-04 10:35:19.735 INFO 16940 --- [ main] o.a.c.c.C.[Tomcat].[localhost].[/]
: Initializing Spring embedded WebApplicationContext
2023-07-04 10:35:19.735 INFO 16940 --- [ main] w.s.c.ServletWebServerApplicationContext
: Root WebApplicationContext: initialization
2023-07-04 10:35:20.025 INFO 16940 --- [ main] o.s.b.w.embedded.tomcat.TomcatWebServer
: Tomcat started on port(s): 8080 (http)
2023-07-04 10:35:20.036 INFO 16940 --- [ main] com.itzixi.Application
: Started Application in 1.717 seconds
```

在上述控制台日志中，可以看到 SpringBoot 内嵌的 Tomcat 启动与 8080 端口，该端口也是 Tomcat 的默认端口号，其实这些配置都可以通过 SpringBoot 的属性文件来进行构建和配置，如图 3-11 所示，可以创建一个名为“application.yml”的配置文件。

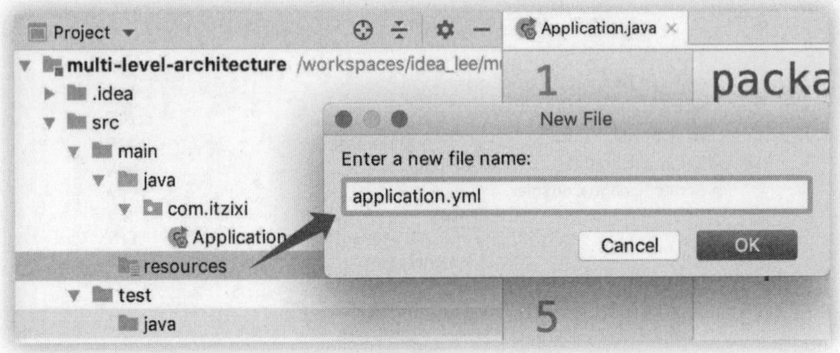

图 3-11　创建“application.yml”属性配置文件

在“application.yml”中编写如下代码配置的内容，配置包括两个属性，“server.port”为当前工程的 Web 端口号，“spring.application.name”为当前工程的名称（可以理解为每个人的姓名）。

```
server:
  port: 6060

spring:
  application:
    name: multi-level-architecture
```

如此一来，再次重启“Application.java”，可以看到端口号已经成功更改为“6060”，如图 3-12 所示。

```
com.itzixi.Application                    : Starting Application using Java 1.8.0_191 on lee-macbook.local
com.itzixi.Application                    : No active profile set, falling back to default profiles: defaul
o.s.b.w.embedded.tomcat.TomcatWebServer   : Tomcat initialized with port(s): 6060 (http)
o.apache.catalina.core.StandardService    : Starting service [Tomcat]
org.apache.catalina.core.StandardEngine   : Starting Servlet engine: [Apache Tomcat/9.0.52]
o.a.c.c.C.[Tomcat].[localhost].[/]        : Initializing Spring embedded WebApplicationContext
w.s.c.ServletWebServerApplicationContext  : Root WebApplicationContext: initialization completed in 614 ms
o.s.b.w.embedded.tomcat.TomcatWebServer   : Tomcat started on port(s): 6060 (http) with context path ''
com.itzixi.Application                    : Started Application in 1.279 seconds (JVM running for 1.948)
```

图 3-12　新更改的 Tomcat 端口号

至此，基础 SpringBoot 工程搭建成功。

3.1.3　编写 Restful 风格接口

使用 SpringBoot 进行 Web 项目的开发，基本上都是开发对外暴露的接口服务，也就是使用前后端分离的开发模式，前端与后端开发人员可以解耦，后端开发人员提供接口服务的 api，前端开发人员针对后端开发所提供的接口 api 以及相关文档进行联调。所以对于如今的后端开发人员来讲，后端是不需要开发前端页面的，无须纠结 css 样式以及 html 标签如何编写，所以后端的专注力可以更高。

对于 Web 接口的开发，是有一定规范的，每个公司所定的规范都不一样。在这里，我们来了解一下 Restful 规范。

Rest 风格的请求主要有如下四种。

- GET：主要用于查询操作。
- POST：主要用于 form 提交或者相对安全的请求，此处多用于保存数据的插入新增操作（也可以用于数据的更新操作）。
- PUT：用于数据修改操作。
- DELETE：用于数据删除操作。

那么接下来，就可以通过创建控制器 Controller，来构建 4 个 Rest 接口，控制器的创建参考如图 3-13 所示。

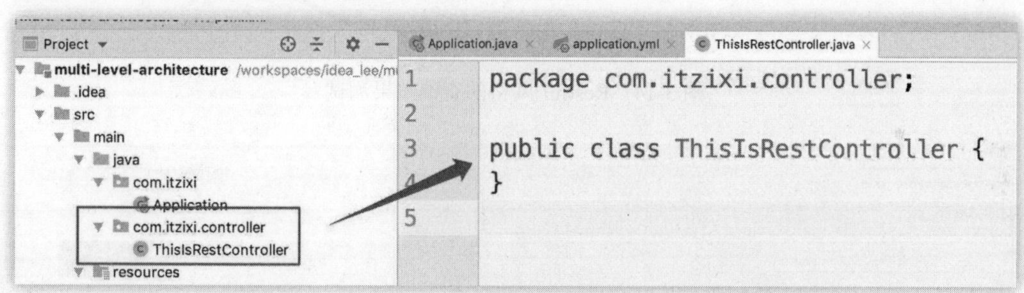

图 3-13　创建一个名为 ThisIsRestController 的控制器

在这个控制器中，按照 Rest 规范编写如下代码。

```
import org.springframework.web.bind.annotation.*;

@RestController @RequestMapping("rest")
public class ThisIsRestController {

    @GetMapping("get")
    public String getOperate()
        { return "查询操作";
    }

    @PostMapping("create")
    public String createOperate()
        { return "保存操作";
```

```
    }

    @PutMapping("update")
    public String updateOperate()
        {return "修改操作";
    }

@DeleteMapping("delete")
    public String deleteOperate() {
    return "删除操作";
    }
}
```

编写代码完毕后，重新启动“Application.java”，随后可以通过 rest 工具来进行测试，比如“postman”工具，下载后请自行安装。打开“postman”进行测试，如图 3-14～图 3-17 所示，分别为查询、保存、修改、删除所对应的接口测试。

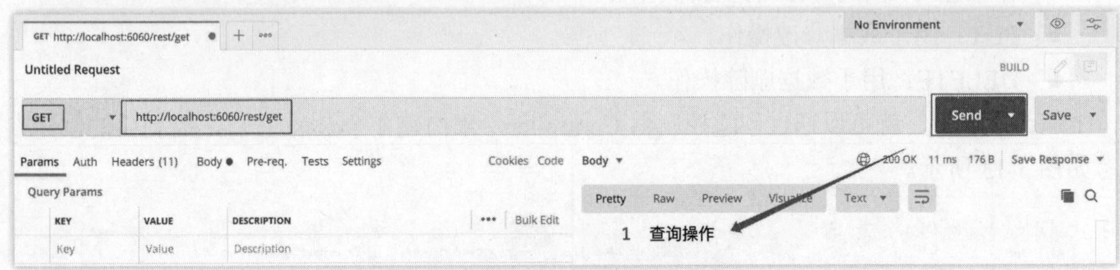

图 3-14　Restful 风格的查询结果测试

图 3-15　Restful 风格的保存结果测试

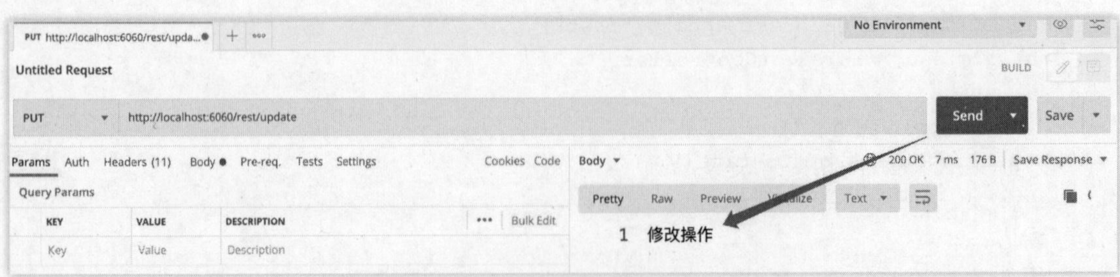

图 3-16　Restful 风格的修改结果测试

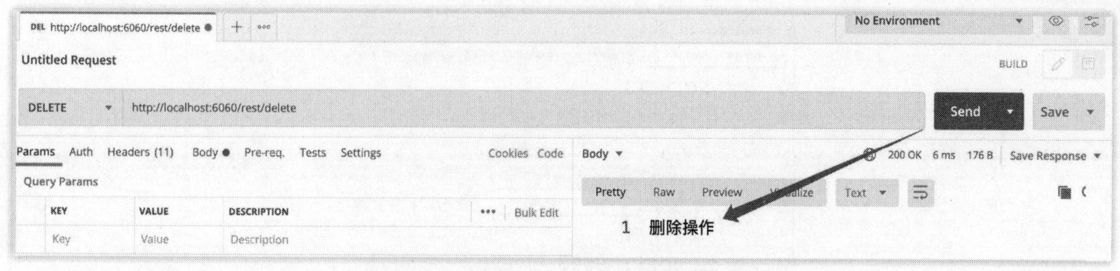

图 3-17　Restful 风格的删除结果测试

至此，SpringBoot 的 Web 服务接口编写完毕。虽然接口内并无实际业务内容，但是这 4 个接口是可以通过发布后直接在公网上被访问到的，本书后续的相关操作，也是基于 Restful 的风格来进行接口编写的。

3.1.4　dev 与 prod 环境切换

企业里的开发会使用到很多种不同的环境，如开发环境、测试环境、预发布环境、生产环境等。这么多的环境，会涉及很多不同的配置，不同环境下的配置都是不一样的。比如开发与生产的数据库配置以及密码都不同，不能每次发布的时候都修改吧，这么做的话会非常容易导致误修改问题，而且效率极其低下。

SpringBoot 可以提供不同环境的配置，通过 profile 来设置接口，如图 3-18 所示，创建 3 个配置文件，名称分别为“application-dev”“application-prod”与“application-test”，分别代表“开发环境”“生产环境”与“测试环境”。

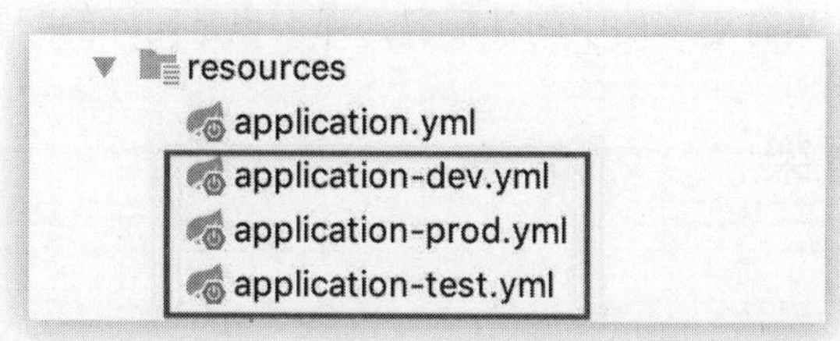

图 3-18　开发环境、生产环境、测试环境的 yml 配置文件

在这 3 个配置文件中，我们以端口号为例来进行不同环境下的测试。首先，需要把原来的“application.yml”文件中的端口号注释掉。

```
#server:
#port: 6060
```

随后，对三个配置文件做如下操作。

- application-dev.yml：设置端口号 server.port=8080。
- application-prod.yml：设置端口号 server.port=9090。
- application-test.yml：设置端口号 server.port=7070。

端口参考如图 3-19 所示。

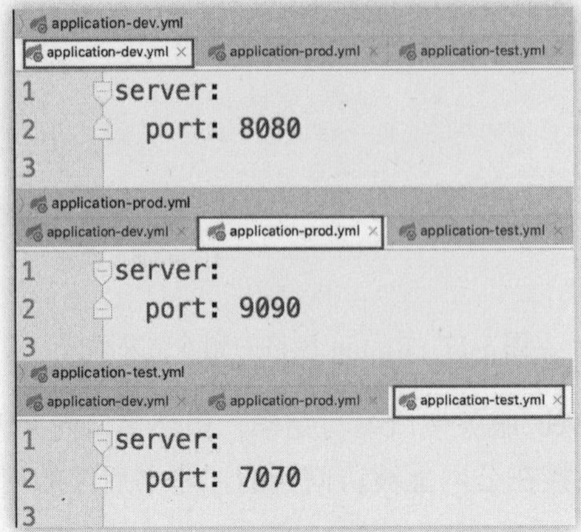

图 3-19 不同环境配置的端口号

设定好环境配置后，还需要进行激活，激活的操作在原来的“application.yml”文件中设置即可，添加“spring.profiles.active”这个属性即可指定不同的环境切换，代码配置如下。

```
spring:
  application:
    name: multi-level-architecture
  profiles:
    active: dev
```

如此则可以使用 dev 环境，需要使用其他端口号则修改“dev”为“prod”或“test”即可，重启服务进行测试，即可使用该环境配置下的端口了。其余两个读者可以自我测试。如此不同环境的配置就完成了，如果有更多的中间件配置，那么也是同样的配置方式。

3.2 集成持久层框架

3.2.1 集成数据源

要使项目具有增删改查的功能，必须在数据层中集成数据库中间件服务，所以首先要做的就是在 Maven 的 pom 文件中引入数据库的坐标依赖。

在本书中，会使用 MySQL 作为项目的数据库，并且也会使用 MyBatis 作为持久层框架用于提供对 MySQL 进行增删改查的操作。添加如下坐标到“pom.xml”中。

```
<!-- mysql 驱动 -->
<dependency>
   <groupId>mysql</groupId>
   <artifactId>mysql-connector-java</artifactId>
   <version>8.0.26</version>
</dependency>
<!-- mybatis -->

<dependency>
```

```
    <groupId>org.mybatis.spring.boot</groupId>
    <artifactId>mybatis-spring-boot-starter</artifactId>
    <version>2.1.0</version>
</dependency>
```

随后，在“application-dev.yml”文件中配置数据库的参数，添加如下参数配置。

```
spring:   datasource:
        type: com.zaxxer.hikari.HikariDataSource
        driver-class-name: com.mysql.cj.jdbc.Driver
        url: jdbc:mysql://192.168.1.60:3306/my-shop?useUnicode=
            true&characterEncoding=UTF-8&autoReconnect=true
        username: root
        password: root
        hikari:
          connection-timeout: 30000
          minimum-idle: 5
          maximum-pool-size:
        20 auto-commit:
        true idle-timeout: 600000
          pool-name: DataSourceHikariCP
        max-lifetime: 18000000
          connection-test-query: SELECT 1
```

每个 MySQL 数据库的参数配置意义如下。

spring.datasource.type：数据源的类型，可以更改为其他的数据源配置，如 druid、dbcp、c3p0 等。目前 SpringBoot 官方主推“HikariCP”数据源，性能相当高，速度非常快。

- spring.datasource.driver-class-name：MySQL 的数据库驱动类名称。
- spring.datasource.url：MySQL 数据库的 url 地址，此处修改 localhost、端口号以及数据库名即可。
- spring.datasource.username：数据库用户名。
- spring.datasource.password：数据库密码。
- spring.datasource.hikari.connection-timeout：等待连接池分配连接的最大响应时间（单位毫秒），超过这个时长还没有可用的连接，则会抛出 SQLException 异常信息。
- spring.datasource.hikari.minimum-idle：最小连接数。
- spring.datasource.hikari.maximum-pool-size：最大连接数。
- spring.datasource.hikari.auto-commit：是否开启自动提交。
- spring.datasource.hikari.idle-timeout：连接超时的最大时长（单位毫秒），超时则会被释放。
- spring.datasource.hikari.pool-name：连接池的取名。
- spring.datasource.hikari.max-lifetime：连接池的最大生命时长（单位毫秒），超时则会被释放。
- spring.datasource.hikari.connection-test-query：用于测试 sql 连接的查询 sql 脚本。

最后，启动项目，如果控制台没有错误，说明当前数据库的集成与配置没问题，后续就可以配合 MyBatis 来做持久层的整合了。

3.2.2 整合 MyBatis

数据持久层框架有很多种选型，比如 MyBatis、Hibernate、JPA 等，目前很多企业主流的选型为 MyBatis，所以本书所采用的持久层框架也同为 MyBatis。

在 3.2.1 小节中，已经添加了“mybatis-spring-boot-starter”作为整合的依赖，此外还需要一个通用的 mapper 工具包，该工具包中封装了很多增删改查的方法，可以精简 sql 语句甚至不写 sql 语句，直接针对面向对象的查询方式就能实现对数据库的增删改查操作。添加如下坐标到“pom.xml”中。

```
<!-- 通用 mapper 工具 -->
<dependency>
    <groupId>tk.mybatis</groupId>
    <artifactId>mapper-spring-boot-starter</artifactId>
    <version>2.1.5</version>
</dependency>
```

如果要确定 Maven 对坐标依赖的引入是否成功，可以在 idea 的右侧侧边栏单击“Maven”进行查看，如图 3-20 所示，可以看到目前项目中所引入的所有 Maven 的坐标依赖库。

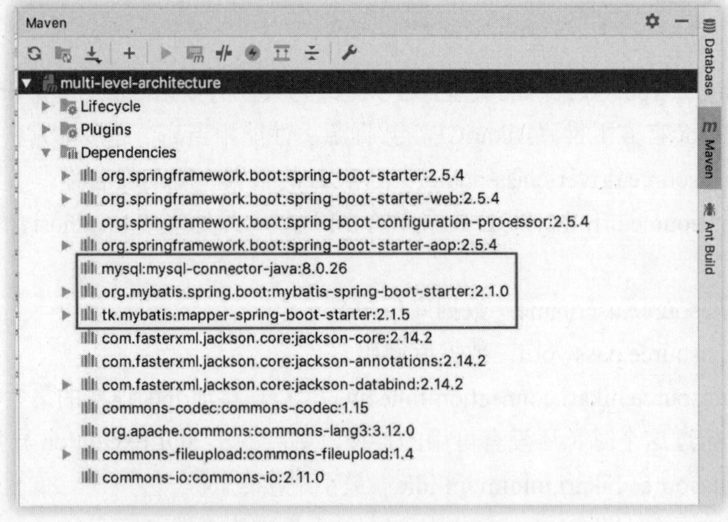

图 3-20　项目中引入的 Maven 依赖坐标列表

随后，创建实体层、数据层、业务层的相关包路径，如图 3-21 所示，读者请自行创建，包路径的具体意义如下。

- resources/mapper：mapper.xml 的映射文件目录，用于编写 sql 脚本。
- com.itzixi.mapper：mapper.xml 的映射接口文件包路径。
- com.itzixi.my.mapper：通用封装的数据库操作工具包路径。
- com.itzixi.pojo：数据库表映射的实体类路径，可以定义为 pojo 或者 entity。
- com.itzixi.service：业务层所在包路径（接口，只定义方法）。
- com.itzixi.service.impl：业务层所在包路径（接口实现，实现具体的业务代码）。

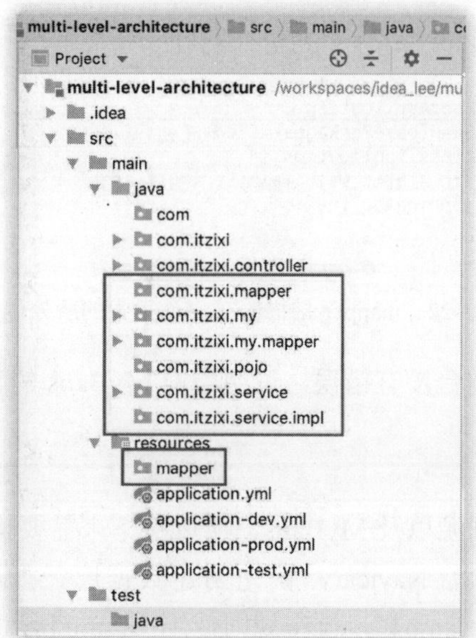

图 3-21　项目中实体层、数据层、业务层包路径

接下来，在“application.yml”文件中配置 MyBatis 的相关参数，参数配置如下。

```
# 整合 mybatis
mybatis:
   type-aliases-package: com.itzixi.pojo
   mapper-locations: classpath:mapper/*.xml

# 通用 mapper 工具的配置
mapper:
   mappers: com.itzixi.my.mapper.MyMapper
   not-empty: false
   identity: MYSQL
```

以上 MyBatis 的相关配置参数说明如下。

- mybatis.type-aliases-package：所有数据表映射的 entity 实体类所在的包路径。
- mybatis.mapper-locations：所有 mapper 映射文件的所在目录位置。
- mapper.mappers：通用的 MyMapper，其中包含了一些封装好的增删改查操作方法，该类由官方提供，可以直接复制使用。
- mapper.not-empty：在进行数据库判断操作的时候，参数的为空判断!= null 是否会额外追加!= ''。建议使用 false 不开启，如果开启，则无法更新空字符串类型的数据。
- mapper.identity：数据库类型，此处为 MySQL。

注意：关于“MyMapper.java”，请前往笔者的源码地址“https://github.com/leechenxiang/multi-level-architecture”进行下载并复制到“com.itzixi.mapper.my”包目录中即可。

然后再在项目的“Application.java”类中增加如下 mapper 扫描器，目的是扫描项目的 mapper 所在位置，如此可以被 SpringBoot 容器加载使用。

```
@MapperScan(basePackages = "com.itzixi.mapper")
```

代码示例如图 3-22 所示。

```
@SpringBootApplication
@MapperScan(basePackages = "com.itzixi.mapper")
public class Application {
    public static void main(String[] args) {
        SpringApplication.run(Application.class, args);
    }
}
```

图 3-22　mapper 扫描器在启动类中的所处位置

最终重启项目，如果控制台没有错误，说明当前 MyBatis 的集成与配置没问题。

3.2.3　数据构建

前面两个小节集成了数据源以及 MyBatis，所以接下来需要构建基础数据。

打开数据库的可视化工具 Navicat，首先创建数据库，如图 3-23 所示，数据库名为“my-shop”，字符集使用“utf8mb4”，排序规则使用“utf8mb4_unicode_ci”。

新建数据库
常规
数据库名: my-shop
字符集: utf8mb4
排序规则: utf8mb4_unicode_ci

图 3-23　创建数据库

随后，创建数据表，此处以电商中的“商品分类”为例进行数据表的创建，使用如下 sql 脚本进行导入即可创建。

```
DROP TABLE IF EXISTS `item_category`;

CREATE TABLE `item_category` (
    `id` int NOT NULL COMMENT '主键id',
    `category_name` varchar(64) COLLATE utf8mb4_unicode_ci NOT NULL COMMENT '商品分类名称',
    PRIMARY KEY (`id`)
) ENGINE=InnoDB DEFAULT CHARSET=utf8mb4 COLLATE=utf8mb4_unicode_ci;
```

数据添加可以随意，也可以使用笔者所提供的如下 sql 脚本。

```
BEGIN;
INSERT INTO `item_category` VALUES (1001, '玩具');
INSERT INTO `item_category` VALUES (1002, '母婴');
INSERT INTO `item_category` VALUES (1003, '生活用品');
INSERT INTO `item_category` VALUES (1004, '音像制品');
INSERT INTO `item_category` VALUES (2001, '书籍');
INSERT INTO `item_category` VALUES (2002, '服饰');
INSERT INTO `item_category` VALUES (3001, '手机');
```

```
INSERT INTO `item_category` VALUES (3002, '电脑');
INSERT INTO `item_category` VALUES (3003, '数码产品');
INSERT INTO `item_category` VALUES (4001, '家居用品');
INSERT INTO `item_category` VALUES (4002, '食品');
INSERT INTO `item_category` VALUES (4003, '建材');
INSERT INTO `item_category` VALUES (5001, '软件服务');
```

数据库脚本也同样已上传 github，读者可以前往 https://github.com/leechenxiang/multi-level-architecture 下载后直接导入使用。

注意：本书的数据表使用仅为示例，实际的企业级数据表要远比书中的数据表复杂，数据表的复杂程度与多级缓存架构无关，掌握思路后对于任意复杂的数据表都可以灵活地将其整合到多级缓存架构中进行落地和实现。

3.2.4　数据库逆向工具

数据表要想和项目映射起来，需要有 mapper 相关的内容，如“xxxMapper.java”与“xxxMapper.xml”，这些可以通过手写代码，或者通过数据层工具来生成代码，比如常用的“tk.mybatis”或者“MyBatisPlus”，本书中会使用“tk.mybatis”来进行逆向代码的生成。

在笔者的 github 中下载逆向工具的源码（地址为：https://github.com/leechenxiang/multi-level-architecture/mybatis-generator-itzixi），将其导入 idea 中即可使用。如图 3-24 所示，打开“generatorConfig.xml”文件并且修改自己的数据库地址以及用户名、密码，此外还需要添加“item_category”作为将要逆向生成的数据表。

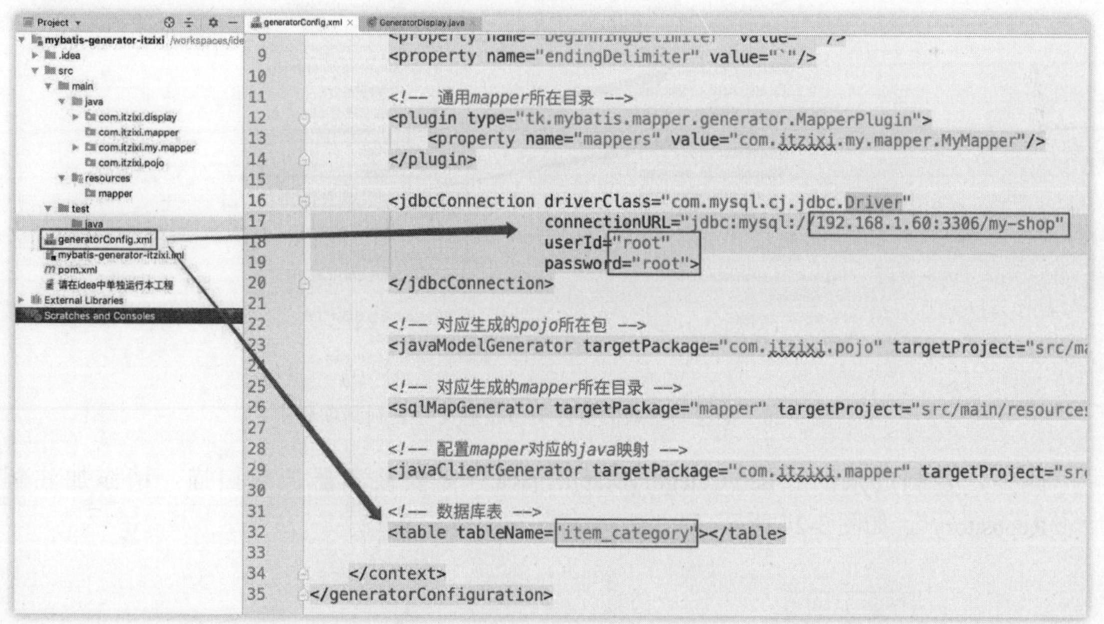

图 3-24　逆向工具配置 jdbc 数据源

配置好“generatorConfig.xml”后，运行“com.itzixi.display.GeneratorDisplay.java”则可以直接生成代码，生成的内容如图 3-25 所示。

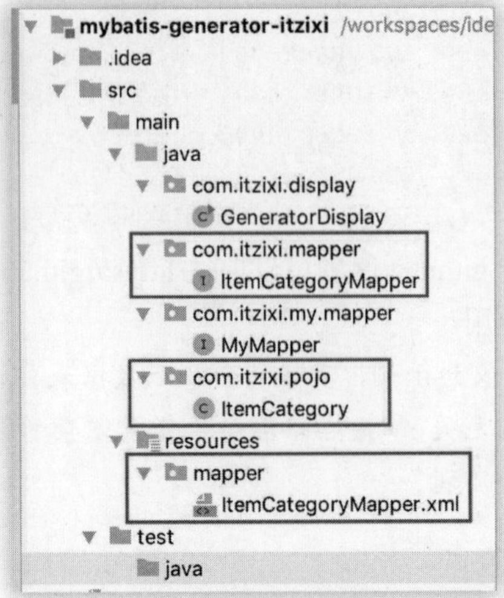

图 3-25　MyBatis 逆向工具生成的实体类与映射文件

接下来，需要把方框中生成的文件复制到自己的项目中，如图 3-26 所示。

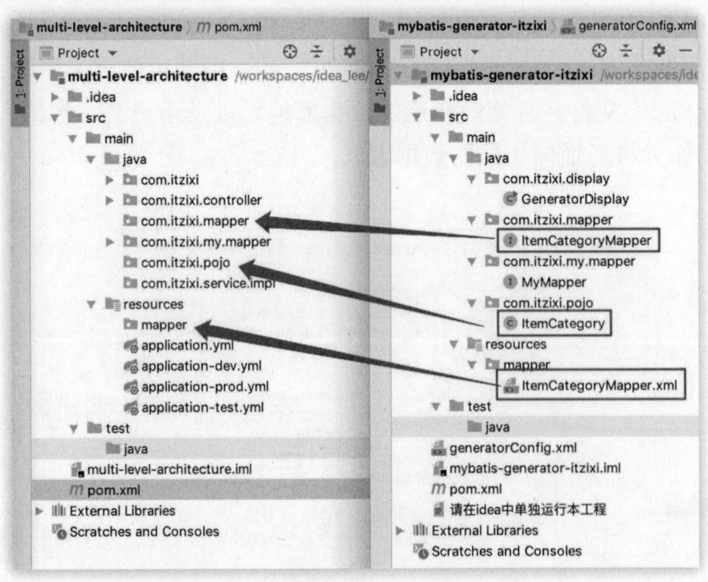

图 3-26　把逆向生成的实体类与映射文件复制到项目中

此外，复制过来的“ItemCategoryMapper.java”需要被容器加载扫描，请添加注解“@Repository”，如图 3-27 所示。

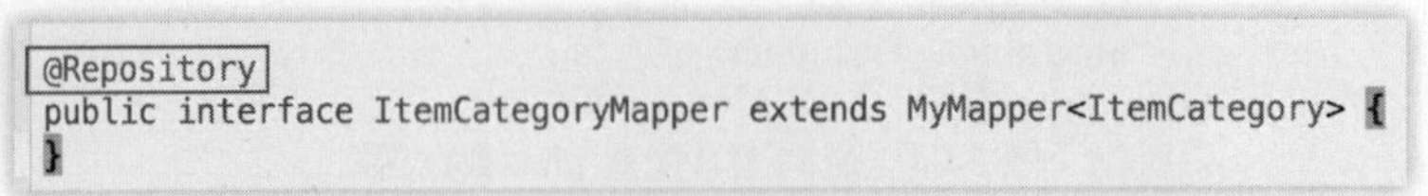

```
@Repository
public interface ItemCategoryMapper extends MyMapper<ItemCategory> {
}
```

图 3-27　“ItemCategoryMapper.java”添加容器注解

如此一来，逆向工具的使用完毕，为后续操作持久层做好了准备。

3.2.5　编写 service 业务层

当数据库准备完毕，MyBatis 也已经集成到项目中之后，接下来，则可以通过代码编写来实现增删改查的持久层操作。在“com.itzixi.service”中创建名为“ItemCategoryService.java”的业务接口，如图 3-28 所示。

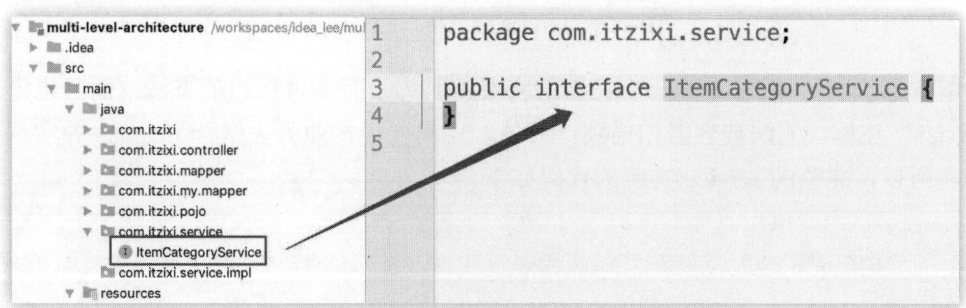

图 3-28　创建业务接口“ItemCategoryService.java”

“ItemCategoryService.java”接口类中会定义操作持久层的方法名，编写的代码如下。

```
/**
 *   根据商品分类的主键 id 进行查询
 *   @param categoryId
 *   @return
 */
public ItemCategory queryItemCategoryById(Integer categoryId);

/**
 *   创建商品分类
 *   @param itemCategory
 */
public void createItemCategory(ItemCategory itemCategory);

/**
 *   修改商品分类
 *   @param categoryId
 *   @param categoryName
 */
public void updateItemCategory(Integer categoryId, String categoryName);

/**
 *   根据商品分类的主键 id 删除记录
 *   @param categoryId
 */
public void deleteItemCategoryById(Integer categoryId);
```

创建好接口之后，再在“com.itzixi.service.impl”包下创建业务接口的实现类，取名为“ItemCategoryServiceImpl”，并且实现“ItemCategoryService”接口，如图 3-29 所示。

```
package com.itzixi.service.impl;

import com.itzixi.service.ItemCategoryService;

public class ItemCategoryServiceImpl implements ItemCategoryService {
}
```

图 3-29　service 业务接口的实现类

如图 3-29 所示，这并不是一个完整的实现，因为没有实现接口的方法，而且也没有增加“@service”注解，无法被容器扫描到；另外，还需要根据业务去结合 mapper 并实现持久层的操作。所以，完整的 service 实现的代码如下。

```
@Service
public class ItemCategoryServiceImpl implements ItemCategoryService {

    @Autowired
    private ItemCategoryMapper itemCategoryMapper;

    @Override
    public ItemCategory queryItemCategoryById(Integer categoryId) {
    return itemCategoryMapper.selectByPrimaryKey(categoryId);
    }

    @Override
    public void createItemCategory(ItemCategory itemCategory) {
    itemCategoryMapper.insert(itemCategory);
    }

    @Override
    public void updateItemCategory(Integer categoryId, String categoryName) {
        ItemCategory pending = new ItemCategory();
        pending.setId(categoryId);
        pending.setCategoryName(categoryName);
        itemCategoryMapper.insert(pending);
    }

    @Override
    public void deleteItemCategoryById(Integer categoryId) {
        itemCategoryMapper.deleteByPrimaryKey(categoryId);
    }

}
```

至此，业务层代码编写完毕。

3.2.6　@Junit 操作持久层

业务层的代码编写完毕后，一般都需要做测试，此处可以结合 junit 来做。在“pom.xml”

文件中添加 junit 的依赖坐标，代码如下。

```
<!-- SpringBoot 测试 -->
<dependency>
    <groupId>org.springframework.boot</groupId>
    <artifactId>spring-boot-starter-test</artifactId>
</dependency>

<!-- junit 单元测试 -->
<dependency>
    <groupId>junit</groupId>
    <artifactId>junit</artifactId>
</dependency>
```

随后在项目中创建单元测试类，在 test 包中创建“com.itzixi.test.ItemCategoryTest.java”，如图 3-30 所示。

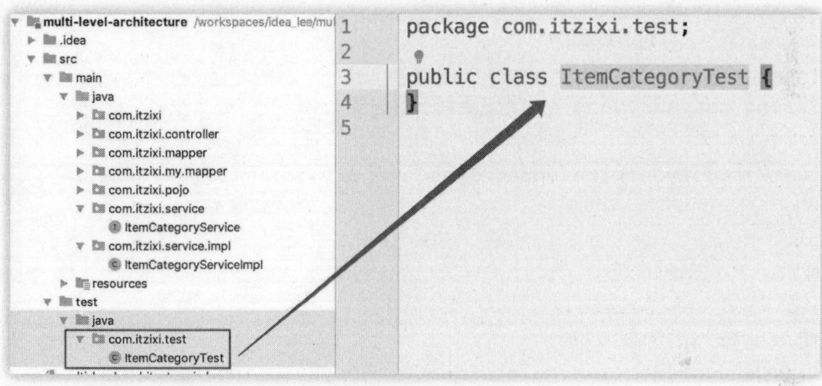

图 3-30　创建测试类“ItemCategoryTest.java”

在实体对象“ItemCategory.java”中添加一个 toString 方法，便于后续的打印测试，代码如下。

```
@Override
public String toString() {
    return "ItemCategory{" +
        "id=" + id +
        ", categoryName='" + categoryName + '\'' +'}';
    }
```

那么接下来，就可以在“ItemCategoryTest.java”中编写如下 4 段代码分别对应“ItemCategoryService.java”中的 4 个接口，4 个接口需要在此分别测试运行，代码如下。

```
@SpringBootTest @RunWith(SpringRunner.class)
public class ItemCategoryTest {

    @Autowired
    private ItemCategoryService itemCategoryService;

    @Test
```

```
    public void testQuery() {
        ItemCategory itemCategory =
                itemCategoryService.queryItemCategoryById(1001);
        System.out.println(itemCategory.toString());
    }

    @Test
    public void testCreate() {
        Integer id = (int)((Math.random() * 9 + 1) * 100000);
        ItemCategory itemCategory = new ItemCategory();
        itemCategory.setId(id);
        itemCategory.setCategoryName("测试产品分类");

        itemCategoryService.createItemCategory(itemCategory);
    }

    @Test
    public void testUpdate() {
        Integer id = 275770;
        String categoryName = "测试更新产品分类";

        itemCategoryService.updateItemCategory(id, categoryName);
    }

    @Test
    public void testDelete()
        {Integer id = 275770;
        itemCategoryService.deleteItemCategoryById(id);
    }

}
```

选中测试类“ItemCategoryTest.java”，并且右键运行，等待几秒运行结果输出后，可以看到结果如图 3-31 所示。

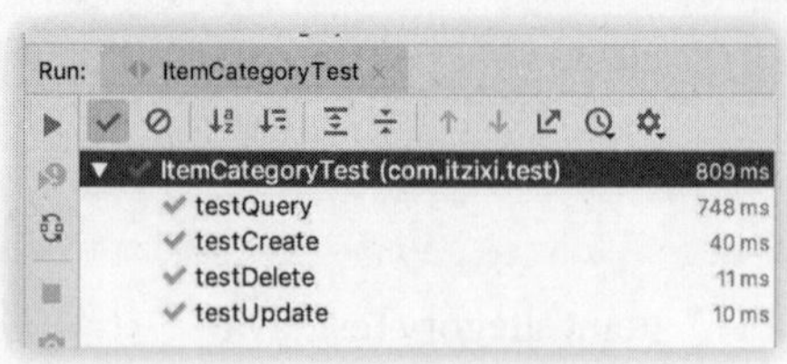

图 3-31　junit 的运行测试结果

如若看到 4 个方法都是绿色的图标，则表示 4 个业务方法均测试成功。

3.2.7　对外暴露接口服务

当 junit 运行测试成功后，则可以编写控制层，也就是 controller。创建“ItemCategoryController.java”，并且创建 4 个方法来对接业务层，代码如下。

```
@RestController

@RequestMapping("itemCategory") public class ItemCategoryController {

    @Autowired
    private ItemCategoryService itemCategoryService;

    @GetMapping("get")
    public ItemCategory getItemCategory(Integer id) {
        ItemCategory itemCategory = itemCategoryService.queryItemCategoryById(id);
        return itemCategory;
    }

    @PostMapping("create")
    public String createItemCategory() {
        Integer id = (int)((Math.random() * 9 + 1) * 100000);
        ItemCategory itemCategory = new ItemCategory();
        itemCategory.setId(id);
        itemCategory.setCategoryName("测试产品分类");
        itemCategoryService.createItemCategory(itemCategory);
        return "添加成功！";
    }

    @PutMapping("update")
    public String updateItemCategory(Integer id, String categoryName) {
        itemCategoryService.updateItemCategory(id, categoryName);
        return "修改成功！";
}

    @DeleteMapping("delete")
    public String deleteItemCategory(Integer id) {
        itemCategoryService.deleteItemCategoryById(id);
        return "删除成功！";
    }

}
```

然后，通过“postman”工具来进行 web 接口的访问测试，运行的 4 个接口测试结果如图 3-32～图 3-35 所示（也可以结合数据库中的数据表结果来查看）。

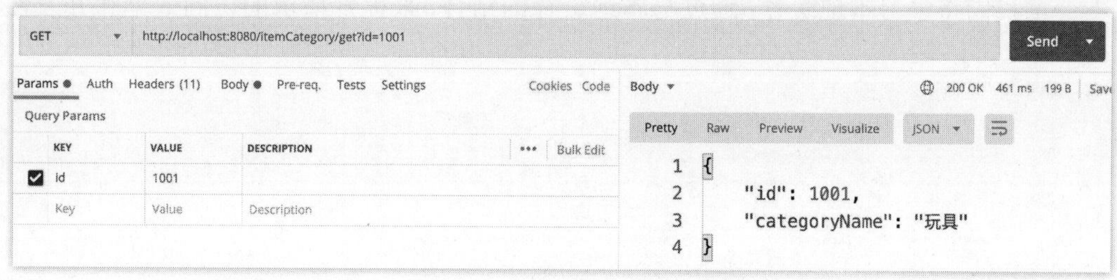

图 3-32　运行查询接口的结果

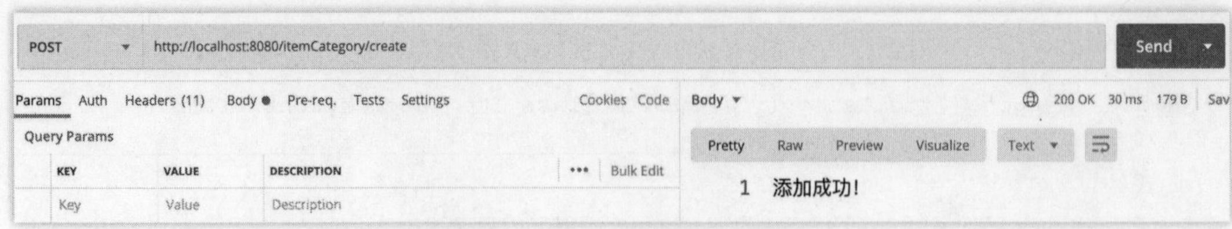

图 3-33　运行添加接口的结果

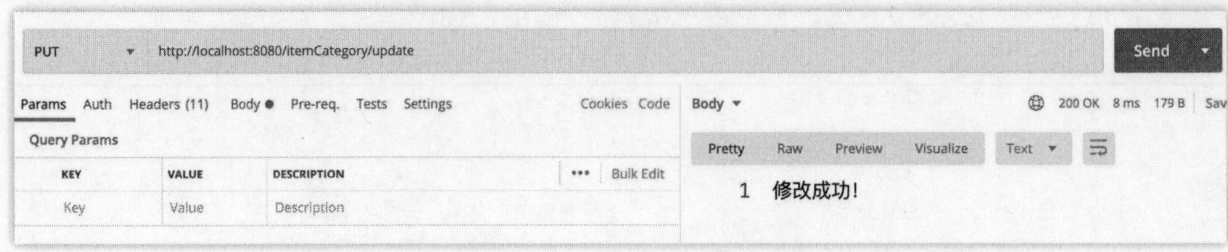

图 3-34　运行修改接口的结果

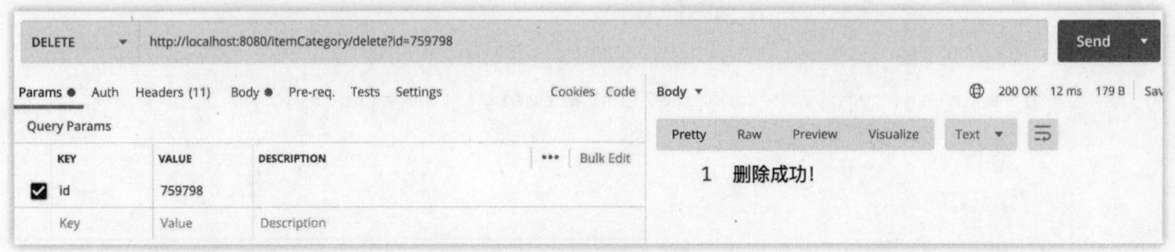

图 3-35　运行删除接口的结果

至此，项目的 Web 接口编写成功。如果发布项目到服务器上，那么这些接口即可在公网被用户请求到。

3.3 本章小结

本章主要实操创建并搭建了 SpringBoot 工程，还编写了基于 Restful 风格的接口，并且对于不同的环境切换可以结合 springboot 的 profiles 来进行激活。对于持久层，通过结合 MyBatis 实现了基于数据表的增删改查操作，最终通过 junit 进行了测试运行。当 junit 测试成功，则在 controller 中引入 service 层并通过 postman 来测试接口服务是否成功。

目前的 Web 接口本质上都是基于数据库的操作，当高并发进来，数据库的压力则会相当大，下一章我们将学习本地缓存，通过与本地缓存的结合，来提升请求的访问效率和并发性能。

第 4 章　本地缓存 Caffeine

本章主要内容

- 进程间与进程外缓存
- 本地缓存选型
- 使用 Caffeine 本地缓存
- SpringBoot 整合 Caffeine

上一章，笔者通过 SpringBoot 构建了 Web 服务与接口，目前这些接口可以被正常访问。在互联网的 Web 请求交互过程中，按照“二八原则”，80%以上的请求是读请求，20%左右为写请求，所以高并发往往是读请求。而亿级流量的读请求通常高达 90%以上，所以为了提高整体 Web 系统的并发能力，光靠数据库是不现实的，而且所有的请求全部落在数据库上，必定造成数据库高负荷运载，那么就会有宕机的高风险存在。所以本章会结合缓存来优化数据库的访问，提升整体 Web 接口的访问性能。

4.1　进程间与进程外缓存

4.1.1　什么是缓存

“缓存”其实无处不在，在各大平台系统网站中，少不了“缓存”这个能手。从硬件的角度来说，硬盘和内存都可以存放数据，但是硬盘的读写速度往往要比内存慢，所以很多高并发的场景，都会把“热资源数据”放入内存中进行交互，如此可以提升请求的响应速度，提高请求的吞吐量。而这个“内存”中的数据，可以称之为“缓存”，它的存在目的就是提升访问的速度与性能。

举个例子，CEO 小明在北京开了一家科技公司，并且招聘了 100 位程序员，这些程序员有男有女，并且年龄与身高也各不相同。有一天 CEO 小明想知道第 8 号与第 18 号程序员的基本信息，所以他就找到这两位程序员，询问了他们的身高、年龄等信息。又过了几天，小明忘记了 18 号程序员的信息，并且还想知道 28 号与 38 号的基本信息，所以小明必须再次前往并且询问他们。试问，小明有必要如此频繁往复地去询问信息吗？如果时不时想了解信息，那么岂不是都需要来回往返地跑来跑去？不仅耗费时间精力，也耗费人力物力，效率极其低下。这就好比使用数据库，每次都要放请求到数据库中查询一遍再返给前端用户。

小明为了提高自己的效率，不想再往返跑来跑去地询问，他就发了一个 excel 表格，让这 100 位程序员把自己的基本信息（年龄、身高、性别、生日等）都写了进去，如此，小明在未来想再了解某些员工的信息，只需要舒舒服服地坐在自己的办公椅上，打开 excel 表格进行搜索查询即可，相当方便，也不需要再来回往返地跑来跑去。如此一来，不仅提高了自己的工作效率，也节省了更多的时间和精力。其实，这个 excel 表格就起到了缓存的作用，当请求高并发的访问数据，那么只需要访问缓存数据即可，没有必要再把请求放行到数据库，不仅减少了请求链路，也大大提升了访问的性能以及吞吐量。当然，使用 excel 会有一个滞后的问题，那就是每个员工的年龄会不定时发生变化，那么就需要来更新 excel 中的数据，这也是缓存数据的一个特性，可以设置时间进行定期失效。

通过上面这个例子，相信读者能够对缓存有一定的了解。所以，使用缓存是可以降低数据库成本的，而且缓存可以提供比数据库更高的吞吐量以及更低的访问延迟，从而提升 Web 系统平台的整体性能。

在本书中，会涉及“多级缓存架构”，其实“多级缓存”可以视作多个“缓存层”，在各类的大型系统网站平台中，通过增加“缓存层”，可以提高请求的吞吐量并且降低数据的延迟性。

4.1.2 进程内缓存与分类

缓存又可以分为两大类：一类是进程内缓存；另一类是进程外缓存。在本小节，我们先来了解进程内缓存。

进程内缓存又被称为进程间缓存，是本地缓存，也就是存储在应用程序内的缓存数据。就如 4.1.1 节中所举的例子那样，可以提高应用程序的性能，提升数据的访问效率。

下面介绍几种本地缓存。

- EhCache：很多接触过 ssh 框架的读者应该对此并不陌生，EhCache 是一个纯 Java 的进程内缓存框架，很快很小，而且是 Hibernate 默认集成的，当在 springmvc/springboot 中集成使用 mybatis 的时候也可以使用 EhCache。
- Guava Cache：Guava 是 Google 提供的一套 Java 工具包，其中的 Guava Cache 是一种非常完善的本地缓存机制，相当强大。Guava Cache 的设计构想来源于 CurrentHashMap，它可以按照多种不同的策略来清除不同规则的缓存键值，并且可以保证很高的并发读写性能。
- Caffeine：在早期，其实使用 Guava Cache 一般就可以达到高效本地缓存的目的。不过 Java8 以后，就可以使用 Caffeine 了，Caffeine 是基于 Java8 的高性能缓存框架，也是基于 Guava Cache 的缓存 api 实现，非常灵活且方便。并且目前 spring 内部所使用的默认缓存就是 Caffeine。所以，Caffeine 将会是本章所采用的本地缓存选型。

Caffeine 的官网可以前往 github 进行查看，并且网页中 https://github.com/ben-manes/caffeine 也包含了基本的使用方法与说明。关于使用本地缓存的性能对比，可以参照图 4-1～图 4-3。

如图 4-1～图 4-3 所示，不难看出，Caffeine 的读性能、读写性能、写性能都遥遥领先于其他缓存，如此一来，可以更好地确定本地缓存的技术选型。

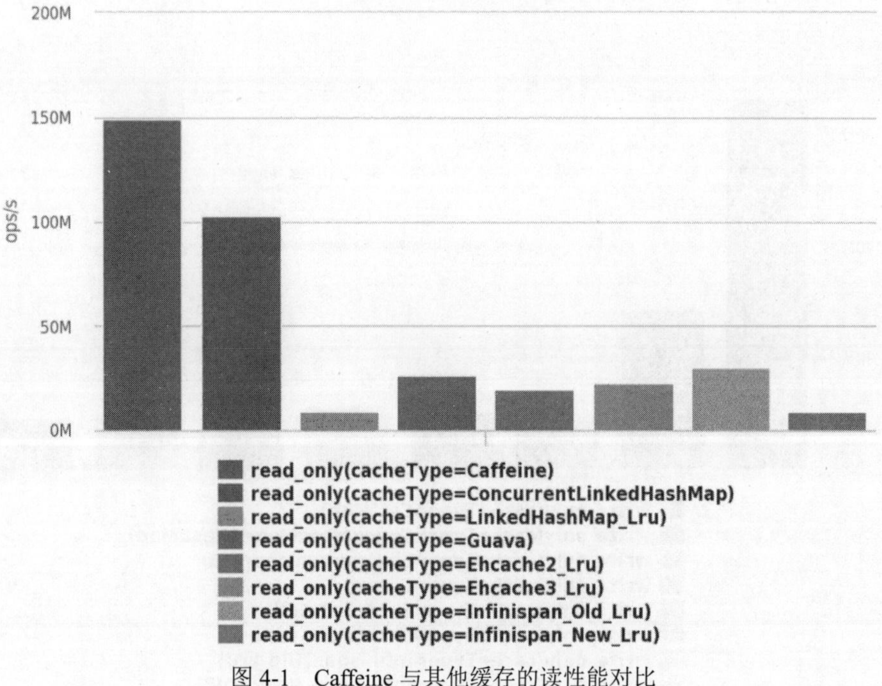

图 4-1　Caffeine 与其他缓存的读性能对比

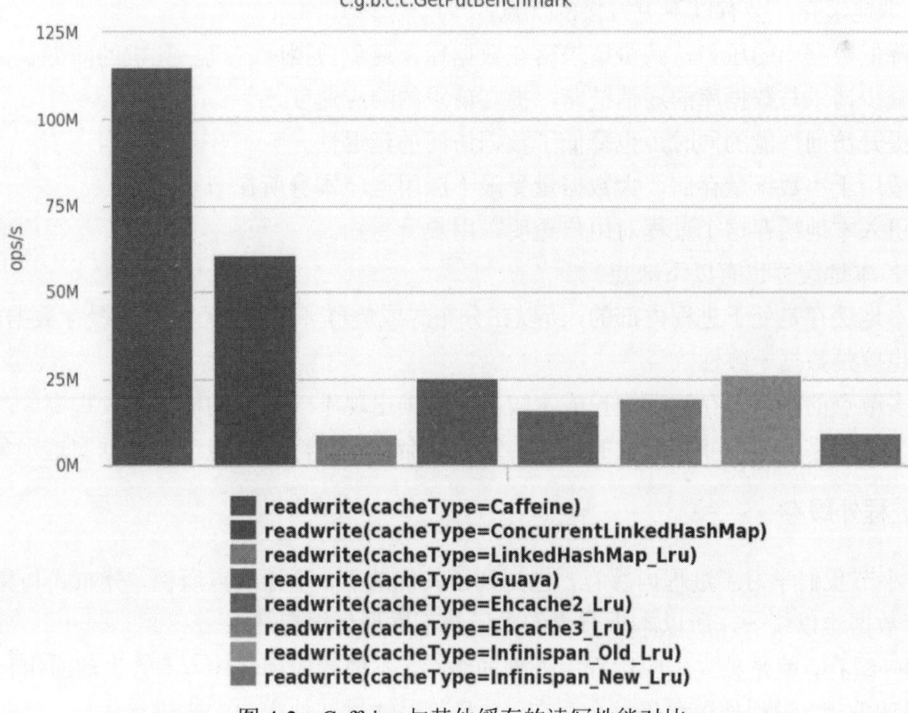

图 4-2　Caffeine 与其他缓存的读写性能对比

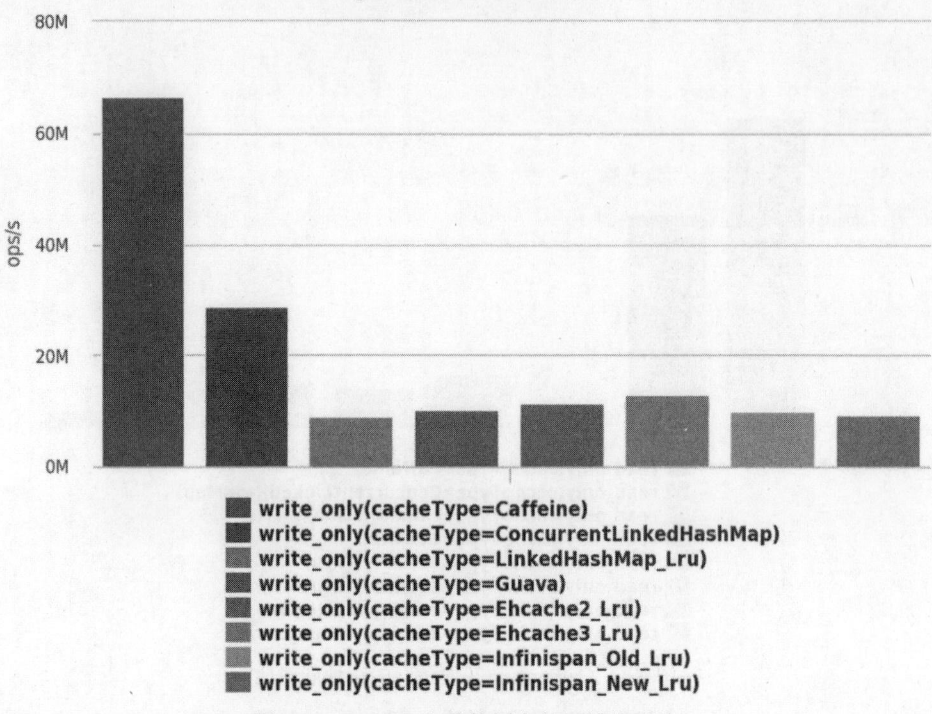

图 4-3 Caffeine 与其他缓存的写性能对比

使用本地缓存，会有以下更直接的优点。

- 降低数据库的压力，减少请求落在数据库，避免数据库宕机、死机的问题。
- 减少请求与数据库的通信链路，提高请求的响应速度。
- 提升访问性能的同时，也降低了数据访问的延迟性。
- 适用于小数据量存储，大数据量受限于应用程序本身所在节点内存。
- 引入本地缓存这个过程对用户透明，用户无感知。

当然，本地缓存也有以下缺点。

- 本地缓存是处于进程内部的，所以在分布式或集群环境中，无法做到缓存数据的统一，也就是数据一致性。
- 多节点的本地缓存管理维护成本较高，数据出现不一致性的概率大大提高。
- 当整个系统架构非常庞大的时候，缓存的命中率较低，可能造成数据穿透现象。

4.1.3 进程外缓存

上一小节我们学习了进程内缓存，也提到了其优缺点，正如缺点所说，分布式与集群环境下的缓存数据难以统一，所以本小节我们来了解下进程外缓存。

进程外缓存，就是独立于应用程序外部的缓存，不依赖应用程序，不管当前应用程序是否存在或启动关闭，进程外缓存仍然会存在，并且可以通过其他客户端来进行访问，俗称分布式缓存。分布式缓存在各类大型的系统网站中都有所应用，是非常强大的存在。

举个例子，CEO 小明在北京和上海都有公司，把招聘到的 100 位程序员分别安置 50 人在上海，50 人在北京，按照 4.1.1 中的例子，可以采用 excel 的方式记录每人的基本信息，但是两个公司的 excel 都只能在各自公司离线打开查看，无法跨地区，而且容易产生信息差，员工信息也有可能不一致。为了解决这样的问题，CEO 小明采用了线上云文档（如飞书、钉钉等）的形式来汇总记录北京与上海公司的员工信息。如此一来，小明不论在北京公司还是在上海公司，甚至在任意地方都能够在线上查看到员工的基本信息，哪怕两个公司关门大吉了，依然可以查看数据。所以，线上文档就是分布式缓存，不依赖自身的应用程序，数据的一致性得到解决。而本地缓存也就是离线的 excel 可以依然存在，因为如果访问不到分布式缓存，还可以访问本地缓存，如此一来就是两个缓存层，形成了两级缓存。

使用分布式缓存具备以下优点。

- 存储容量大，可以进行海量数据存储。
- 可靠性与可扩展性很高，易于拓展为集群形态。
- 可以用于大量数据缓存存储，也就是当纯数据库使用。
- 任意应用程序（跨系统、分布式、跨语言）访问的同一个键值对都是一致的。

4.2 使用 Caffeine 本地缓存

4.2.1 集成 Caffeine

打开项目“multi-level-architecture”，在 pom.xml 中增加 Caffeine 的坐标依赖，在此无须添加 Caffeine 的版本号，因为 SpringBoot 中默认包含了 Caffeine 的坐标，由于父子引入关系，子 pom 中只需要拿过来使用即可，version 可以不需要，这样会继承父 pom 中的版本。如果要自行写上版本号也可以，这样会覆盖父 pom 中的定义，两者都行，如下所示。

```
<!-- 以下两种引入方式取其一即可 -->
<!-- 子 pom 引入方式，继承父 pom 的 version -->
<!-- caffeine 本地缓存 -->
<dependency>
   <groupId>com.github.ben-manes.caffeine</groupId>
   <artifactId>caffeine</artifactId>
</dependency>

<!-- 子 pom 引入方式，覆盖父 pom 的 version，此处使用 3.1.6（需要高版本的 JDK11 以上） -->
<!-- https://mvnrepository.com/artifact/com.github.ben-manes.caffeine/caffeine -->
<dependency>
   <groupId>com.github.ben-manes.caffeine</groupId>
   <artifactId>caffeine</artifactId>
   <version>3.1.6</version>
</dependency>
```

SpringBoot 中自带的默认 Caffeine 坐标的寻找位置为“spring-boot-starter-parent”-> “spring-boot- dependencies”，如图 4-4 所示。

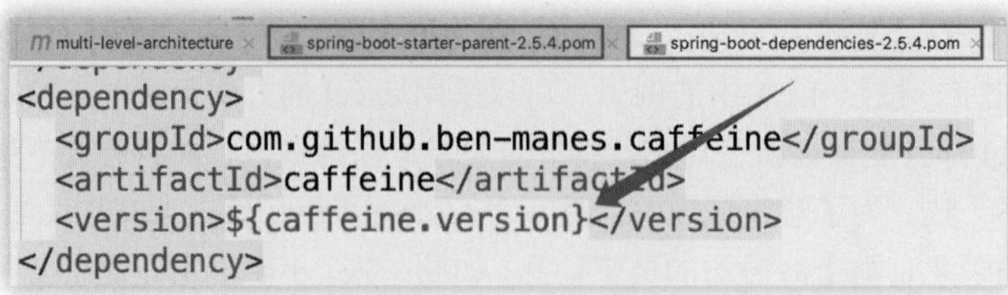

图 4-4　SpringBoot 自带的 Caffeine 坐标

4.2.2　使用 junit 进行 Caffeine 测试

在"test/java"的"com.itzixi.test"中创建一个名为"CaffeineCacheTest"测试类，用于对本地缓存 Caffeine 进行一些测试，如图 4-5 所示。

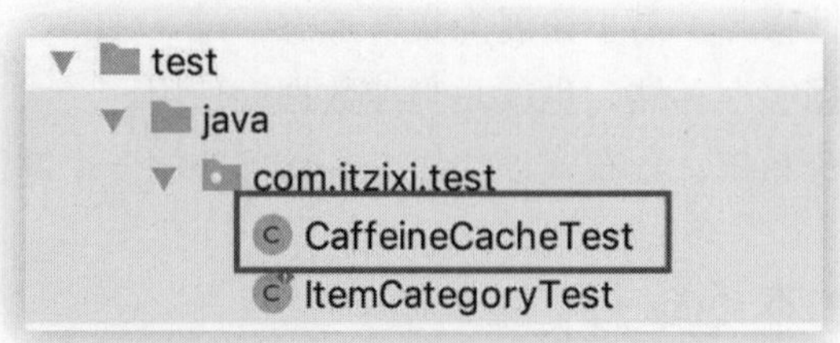

图 4-5　创建 CaffeineCacheTest 测试类

在 CaffeineCacheTest 测试类中编写如下代码片段，用于对 Caffeine 进行一些基本的缓存相关操作。

```
public class CaffeineCacheTest {
    @Test
    public void testCache() {
        Cache<String, Object> cache = Caffeine.newBuilder().build();

        cache.put("username", "风间影月");
        cache.put("age", 28);
        cache.put("sex", "man");

        String username = cache.getIfPresent("username").toString();
        Integer age = Integer.valueOf(cache.getIfPresent("age").toString());
        String sex = cache.getIfPresent("sex").toString();

        System.out.println("username = " + username);
        System.out.println("age = " + age);
        System.out.println("sex = " + sex);
    }
}
```

上述代码片段中的编写逻辑如下。

- 首先，定义了 Caffeine 的 Cache 对象，kv 键值对的类型分别为 String 和 Object，所以 value 中可以存放任意的数据类型，只是取出来的时候需要进行类型转换。

- 其次，通过已经定义的 cache 对象，可以对其设置缓存，笔者在此设置了“username”“age”以及“sex”这三个缓存，其中“username”与“sex”的值为 string 类型，“age”的值为 integer 类型。
- 随后，通过 cache 缓存对象可以获得“username”“age”以及“sex”的值，只是由于定义的值类型为 Object，所以获得值后还需要进行一次转换。
- 最后，通过“System.out.println”将“username”“age”以及“sex”的值打印输出在控制台中。

注意：此处代码不够健壮，因为没有对 null 类型的值进行判断后再转类型，建议读者可以先判空后转类型。正式项目中开发需要考虑代码健壮以及各种维度情况的测试，本代码片段仅用于测试 Caffeine 的存取。

最终运行 junit 测试的结果如图 4-6 所示。

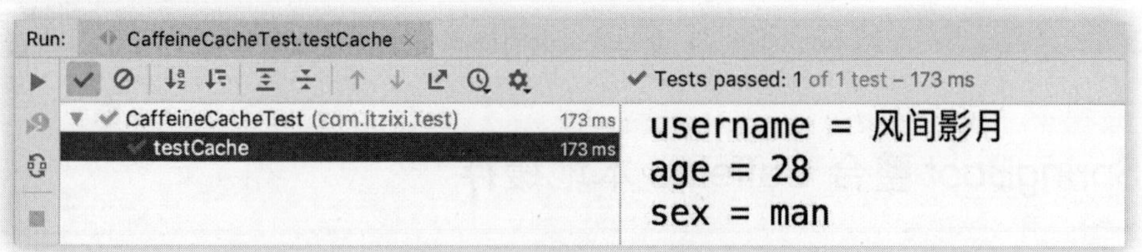

图 4-6　Caffeine 的 junit 测试结果

4.2.3　Caffeine 的值为空设值操作

在 4.2.2 节中，如果一个 key 不存在，直接获得必定会报空指针异常，那么为了解决这样的问题，可以对其进行默认设置操作，请参考并编写代码如下。

```
@Test
public void testCacheSetDefaultValue() {
    Cache<String, Object> cache = Caffeine.newBuilder().build();

    String birthday1 = cache.get("birthday", s -> {
    return "2025-12-25";
    }).toString();
    System.out.println("birthday1 = " + birthday1);

    String birthday2 = cache.getIfPresent("birthday").toString();
    System.out.println("birthday2 = " + birthday2);
}
```

上述代码片段中的编写逻辑如下。

- 首先，定义了 Caffeine 的 Cache 对象。
- 随后，生命“birthday1”用于获得“birthday”的值，但是“birthday”此前并未设置，所以获得方法 get 的第二个参数为一个箭头函数，该函数的目的是当没有获得缓存的时候，可以 return 一个默认的值，此处返回了“2025-12-25”作为默认值。

- 由于上一步已经设置了默认值，那么再一次获得“birthday”，将取出的值赋给“birthday2”，再将其进行打印。其结果和“birthday1”完全一致。

在实际应用中，此处完全可以通过查询数据库来进行操作。当缓存中无值，则查询数据库，后续的请求再次进入则直接获得缓存返回即可。

最终运行结果如图 4-7 所示。

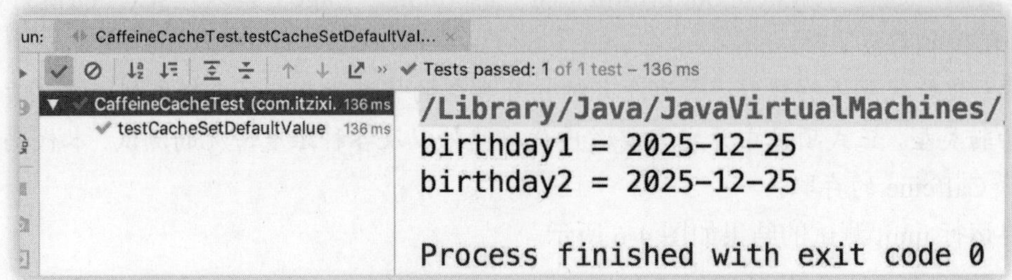

图 4-7　Caffeine 设置默认返回值的 junit 测试结果

4.3　SpringBoot 整合 Caffeine 本地缓存

4.3.1　集成 Caffeine 配置

在 4.2 节中，我们已经通过 junit 对 Caffeine 进行了一些设置取值的操作，那么接下来就可以在 SpringBoot 容器中集成 Caffeine 并且实现接口请求查询整合本地缓存的需求了。

首先，创建一个名为“CaffeineConfig.java”的配置类，该类的目的在于配置 Caffeine，如图 4-8 所示。

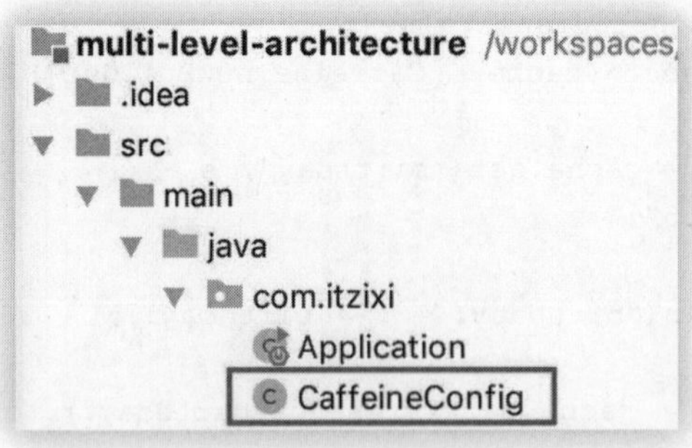

图 4-8　创建 CaffeineConfig.java 配置类

随后，通过“CaffeineConfig.java”配置类，需要把 Caffeine 的缓存对象放入容器中，这样才能在其他类中注入并且使用，参考编写代码片段如下。

```
@Configuration
public class CaffeineConfig {
    @Bean
    public Cache<String, ItemCategory> cache() {
```

```
        return Caffeine.newBuilder()
            .initialCapacity(10)
            .maximumSize(100)
            .build();
    }
}
```

上述代码片段中的编写逻辑如下。

- 对 CaffeineConfig 添加了@Configuration 注解，该注解用于标识本类为配置类，如此可以被 SpringBoot 容器扫描。
- 创建一个名为 cache()的方法，并且标注@Bean 注解，如此声明的缓存对象可以作为 bean 存在于 SpringBoot 容器中。
- 通过 return 来返回一个对象，该对象就是通过 Caffeine 来进行 build 的，其中 initialCapacity 表示初始的缓存空间大小，maximumSize 表示缓存个数最大上限。

如此一来，Caffeine 的缓存对象便集成到了 SpringBoot 容器中。

4.3.2　使用 Caffeine

打开控制器“ItemCategoryController”，修改原来的“getItemCategory”接口为如下内容。

```
@Resource
private Cache<String, ItemCategory> cache;

/**
*    结合本地缓存 Caffeine，优化数据库的查询效率，降低数据库的风险
*    @param id
*    @return
*/ @GetMapping("get")
public ItemCategory getItemCategory(Integer id) {
    String itemCategoryKey = "itemCategory:" + id;
    ItemCategory itemCategory = cache.get(itemCategoryKey, s -> {
        System.out.println("本地缓存中没有["+id+"]的值，先从数据库中查询后再返回。");
        return itemCategoryService.queryItemCategoryById(id);
    });

    return itemCategory;
}
```

上述代码片段中的编写逻辑如下：

- 通过@Resource 注入 cache 对象，如此便可以在本控制器中使用该缓存对象。
- 根据 id 动态定义缓存 key，格式为'固定字符串+id'。
- 通过缓存 key 来获得缓存中的内容，如果没有则直接通过“itemCategoryService.queryItemCategoryById”调用 service 来查询数据库中的内容，并且返回（不论该数据是否存在于数据库中，都会返回并且存储到 Caffeine 中）。
- 最终，返回接口调用结果给前端。

通过 postman 调用接口进行测试，运行多次的调用结果如图 4-9 与图 4-10 所示。

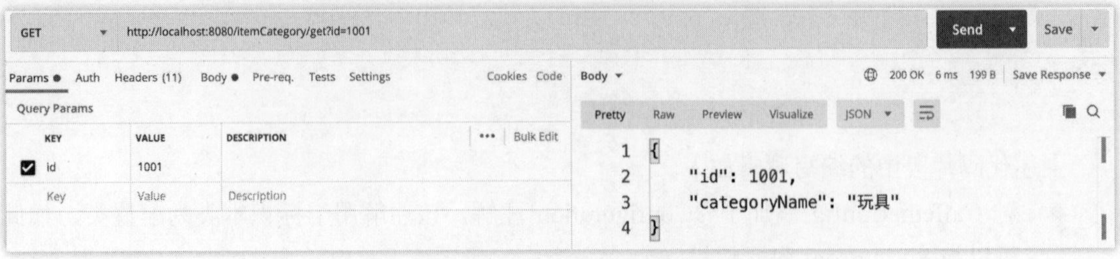

GET http://localhost:8080/itemCategory/get?id=1001

```
{
    "id": 1001,
    "categoryName": "玩具"
}
```

图 4-9　Caffeine 优化接口的调用测试结果

图 4-10　Caffeine 优化接口的控制台输出结果

在图 4-10 中，控制台的输出结果只会打印 1 次，因为初次没有结果后，会从数据库中查询，后续所有的请求全部命中 Caffeine，所以本地缓存生效。

如此，Caffeine 本地缓存已经成功集成到项目中，并且通过 Caffeine 优化了接口，使得所有请求不会频繁撞击数据库，从而导致数据库过载或宕机。同时，也提升了接口的访问性能。

4.4　本章小结

本章内容主要针对 Caffeine 的学习和使用，一开始对“进程内缓存”“进程间缓存”“进程外缓存”“本地缓存”以及“分布式缓存”作出了一些解释，初次接触的读者可能容易搞混，厘清两大类缓存即可。随后便集成了 Caffeine 与 junit 测试，以及 Caffeine 与 SpringBoot 整合的 Web 项目。如此一来，本地缓存便可以在项目中灵活运用了。

只不过，本地缓存还是会受限于应用程序本身。如果在多集群的情况下，本地缓存是无法跨服务器、无法跨应用程序的，所以我们会在下一章引出分布式缓存，也就是本章 4.1.3 节中提到的进程外缓存，通过分布式缓存解决在集群与分布式下本地缓存的痛点。

第 5 章 Redis 缓存中间件

本章主要内容

- 非关系型数据库与 NoSQL
- 分布式缓存中间件选型
- 安装原生 Redis
- Docker 安装 Redis
- RedisDesktopManager 可视化工具
- 五大数据类型常用的 api
- Redis 的 RDB&AOF 储存机制原理

项目中已经引入了本地缓存 Caffeine，也通过 Caffeine 优化了接口的查询效率，通过 Caffeine 的集成，可以大大降低高并发下对数据库的读请求，从而避免数据库过热过载的风险。但是 Caffeine 本身作为进程内缓存，无法跨服务，当存在分布式或集群的情况时，项目中的本地缓存 Caffeine 中的数据是无法做到跨节点共享的，如此，其他节点在高并发读的时候就有可能会造成“缓存穿透”的现象，直接导致并发流量瞬间击垮数据库。正因如此，还需要结合进程外缓存共同携手并肩抵抗高并发流量，所以本章将会结合分布式缓存 Redis 来进行相关的学习。

5.1 分布式缓存中间件 Redis

5.1.1 非关系型数据库的由来

很久以前，计算机编程人员在编写程序的时候，若涉及内容数据的保存，则会将其保存到一些文件里，比如一个“*.txt”文本文件，这里面包含了一些数据，如“Jack”于“2025 年 12 月 25 日”购买了“1”件“衣服”，该文件可以保存很多类似的数据，这个 txt 就起到了数据存储的作用，而且是订单数据。那么这个文本文件其实就是数据存储的一个载体，或者说是一种介质。其实到现在为止，有部分业务场景的数据也是这么去存储的，如远程保存到 ftp。

除了文件这种数据存储方式以外，那么还有一种就是数据库，比如 sqlserver、mysql、mariadb、oracle、postgresql 等都是，这些数据库当然也能更好地去存储数据，比如上面所说的订单记录，就能以“{"姓名": "Jack", "购买日期": "2025 年 12 月 25 日", "购买数量": 1, "商品名称": "衣服"}”的形式以一条记录保存到数据库中。

不论是文件形式存储还是数据库存储，其共同特点都是存储在磁盘上的，磁盘的读取要远比内存慢，因为这会涉及数据寻址和带宽速度的关系，数据加载进内存要远比磁盘快得多，磁盘是毫秒级别，而内存是纳秒级别，内存差不多是磁盘的 10 万倍。所以很多高并发场景的数据都是放在内存中进行读写的。

那么当数据库的数据量十分庞大时，达百万甚至千万级别，查询会变得很慢。项目中所使用的 MySQL 数据库是关系型数据库，那么有没有内存级别的关系型数据库可供使用呢？其实业界也有这样的产品，叫作“SAP HANA”，它是内存级别的，速度非常快，但是也相当贵，有些大厂会采购，对于很多初创公司和中小型公司来讲，价格就不够亲民了，因为其硬件架构都是定制的，培训服务也都要额外收费。对于小厂来讲，很显然就不适用。

所以，这个时候就有了一个折中的方案——使用 NoSQL，也就是非关系型数据库。Redis 作为 NoSQL 其中的一种就映入眼帘了，通常称之为“缓存中间件”，或者“缓存数据库”，更多时候称之为“分布式缓存”。

5.1.2 分布式缓存 Redis 与 NoSQL

在第 4 章的“4.1.3 进程外缓存”小节中，其实已经提到了分布式缓存，分布式缓存就是进程外缓存，但是平时所提到的都是分布式缓存，很少会说进程外缓存。简而言之，分布式缓存是可以独立于一个分布式系统或者集群系统之外，可以以一个单独的节点存在，成为一个独立的可以被访问的应用，如图 5-1 所示。

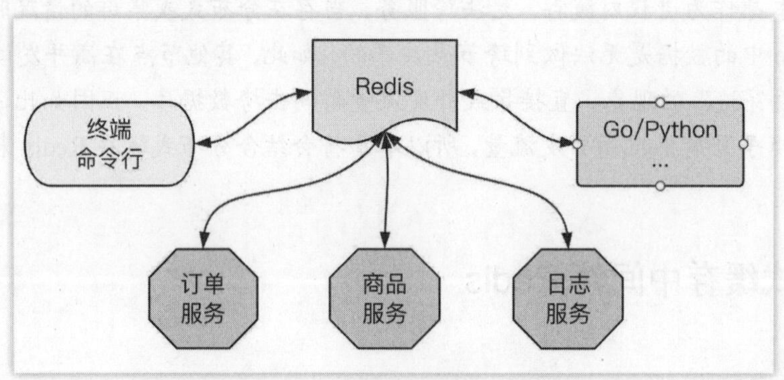

图 5-1　分布式缓存的形态图

如图 5-1 所示，该分布式缓存应用可以被任意服务调用，也可以在 ssh 终端命令行中被操作使用。Redis 作为一个独立的服务存在，而其他的调用端，作为客户端对其进行访问。这是一个典型的分布式缓存应用图，而平时开发以及生产中，往往也是以这样的形态存在。

Redis 是分布式缓存中间件，它是迄今为止最快的内存非关系型数据库，可以达到每秒 10 万次操作，这种性能是普通关系型数据库不可相提并论的。

非关系型数据库就是 NoSQL，不支持 sql 查询语言，它是键值对 key-value 的存储形式，性能要优于普通数据库。

Redis 的官方网站与中文网站，可以参考如下链接：

- https://redis.io/
- http://redis.cn/

5.1.3　Redis 的 Key-Value 键值对

分布式缓存中间件 Redis 的存储方式是键值对形式，必须要有一个 Key 和一个 Value 对应，这就跟 Java 中的 map 类型类似，在数据存储时，每一个 Value 可以有不同的数据类型，并且每一个 Value 也对应唯一的 Key，再次可以通过图 5-2 来熟知。

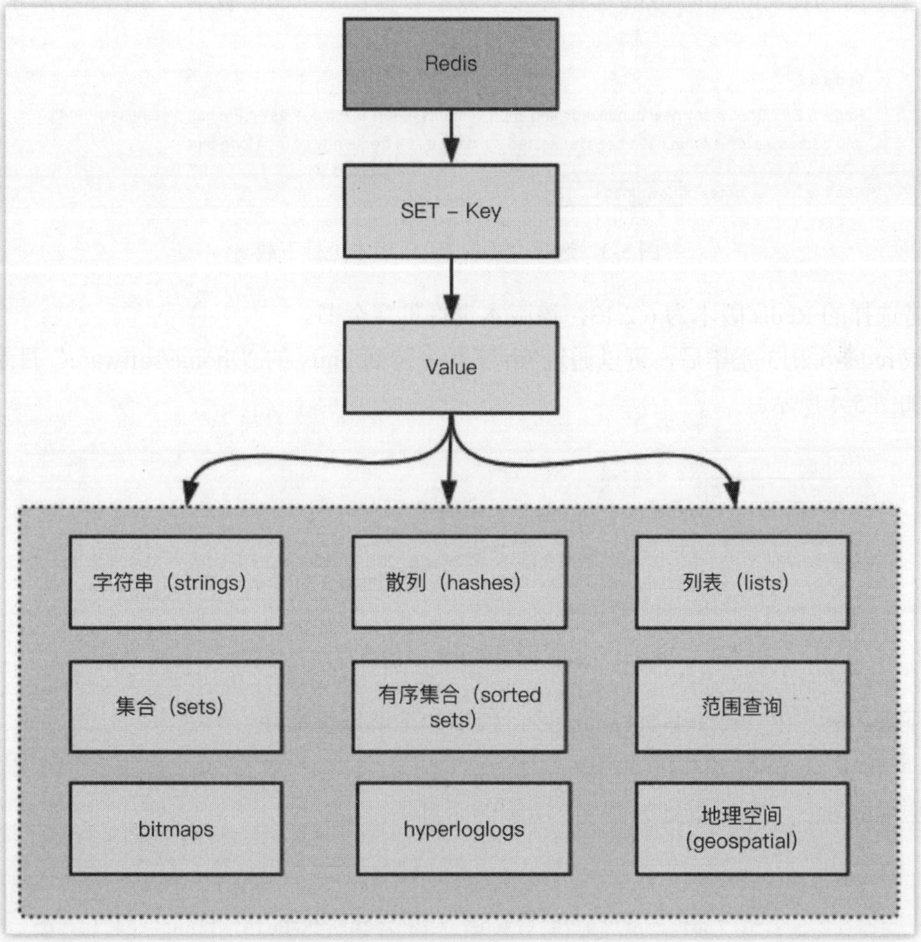

Redis

SET – Key

Value

字符串（strings）
散列（hashes）
列表（lists）
集合（sets）
有序集合（sorted sets）
范围查询
bitmaps
hyperloglogs
地理空间（geospatial）

图 5-2　Redis 的部分类型展示图

附带一提，Memcached 也是一个分布式的缓存中间件，也是 KV 键值对的存储形态，但是 Memcached 的 Value 并没有类型这一说法，没有 Redis 这么丰富。虽然 Memcached 也能把普通的字符串、数字、json 对象、json 数组等进行存储，但是如果需要解析某一个 json 对象中的某一数据，则需要取出该 json 以后再手动去 get 一下（也就是需要开发人员编码操作）。而 Redis 的查询就显得方便很多，Redis 可以直接通过自己的 api 方法进行操作和实现，在自己的服务中就能进行解析，所以 Redis 相比 Memcached 使用率也更高。对于 Memcached 缓存，笔者建议了解一些即可，以目前的互联网趋势来讲，分布式缓存中间件都是以 Redis 为主。

5.2 安装 Redis

5.2.1 安装原生 Redis

前往 https://redis.io/download/选择并且下载适合自己的 Redis 版本，如图 5-3 所示。

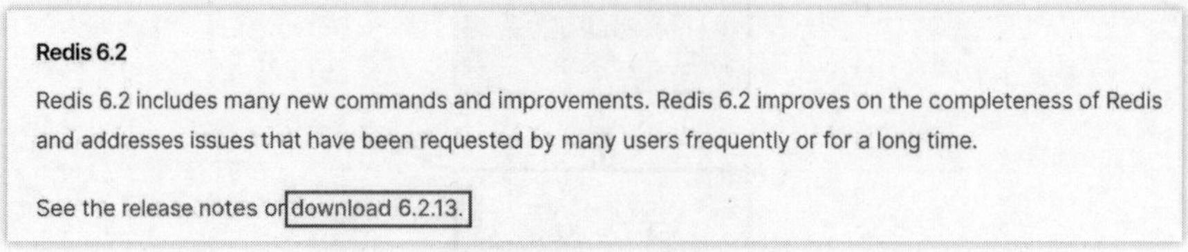

Redis 6.2

Redis 6.2 includes many new commands and improvements. Redis 6.2 improves on the completeness of Redis and addresses issues that have been requested by many users frequently or for a long time.

See the release notes or download 6.2.13.

图 5-3 选择合适的 Redis 版本进行下载

笔者选择的 Redis 版本为 6.2.13，该版本也将贯穿全书。

下载 redis-6.2.13 完毕后，可以通过 ftp 工具上传到 linux 的“/home/software”目录，上传的目录如图 5-4 所示。

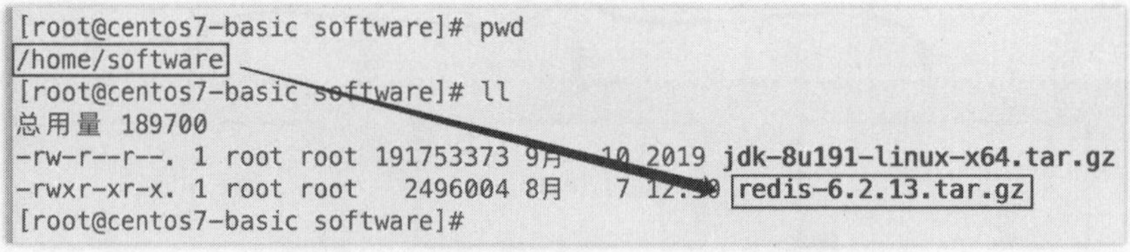

```
[root@centos7-basic software]# pwd
/home/software
[root@centos7-basic software]# ll
总用量 189700
-rw-r--r--. 1 root root 191753373 9月  10 2019 jdk-8u191-linux-x64.tar.gz
-rwxr-xr-x. 1 root root   2496004 8月   7 12:50 redis-6.2.13.tar.gz
[root@centos7-basic software]#
```

图 5-4 redis-6.2.13 上传后的所在路径位置

接下来，解压缩“redis-6.2.13.tar.gz”，使用如下解压缩命令：

```
tar -zxvf redis-6.2.13.tar.gz
```

解压缩成功后，可以看到如图 5-5 所示的新目录。

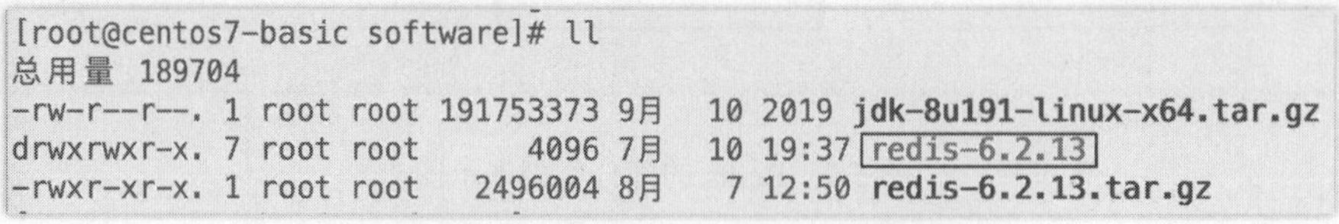

```
[root@centos7-basic software]# ll
总用量 189704
-rw-r--r--. 1 root root 191753373 9月  10 2019 jdk-8u191-linux-x64.tar.gz
drwxrwxr-x. 7 root root      4096 7月  10 19:37 redis-6.2.13
-rwxr-xr-x. 1 root root   2496004 8月   7 12:50 redis-6.2.13.tar.gz
```

图 5-5 解压缩 redis-6.2.13.tar.gz 后的目录

接下来安装 Redis 的环境，但是 Redis 的安装需要一些依赖环境，先安装依赖的环境包，再安装 Redis。

首先，Redis 是基于 c 的，所以先安装 gcc-c++环境：

```
yum install gcc-c++
```

随后，进入 Redis 解压后的目录，然后 make 编译：

```
cd redis-6.2.13
make
```

make 完毕后，配置安装 Redis 到指定的目录：

```
make install PREFIX=/usr/local/redis
```

Redis 安装完毕后，进入 Redis 目录：

```
cd /usr/local/redis/
```

可以看到 bin 目录，如图 5-6 所示。

```
[root@centos7-basic redis-6.2.13]# cd /usr/local/redis/
[root@centos7-basic redis]# ll
总用量 0
drwxr-xr-x. 2 root root 134 8月   7 13:00 bin
```

图 5-6　安装 Redis 后的目录

bin 目录中为一些 Redis 相关的可执行文件，通过运行“redis-server”就可以启动 Redis 服务，运行命令“./redis-server”，可以看到运行成功的输出日志，如图 5-7 所示。

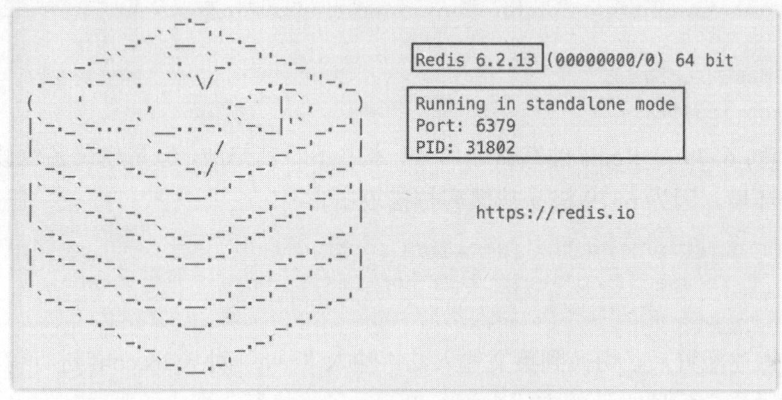

图 5-7　Redis 安装成功后所显示的界面

如图 5-7 所示，Redis 成功启动，方框处所显示为 Redis 的版本号，以及 Redis 目前运行的状态为单机单节点（standalone）形式、默认端口号为 6379、PID 为 31802。当前运行在命令行前台，这个界面不能操作，也不能关闭，即用即走。所以，Redis 更好的启动方式是通过后台运行来启动，如此，终端命令行在 Redis 启动着的同时还可以操作并执行其他命令。

“Ctrl+C”停止当前控制台。复制 Redis 解压后的目录文件“redis.conf”到“/usr/local/redis/bin”下，运行如下脚本命令：

```
## 进入 redis-6.2.13 的解压缩文件夹内
cd /home/software/redis-6.2.13
## 复制 redis.conf 配置文件到安装目录 bin 中
cp redis.conf /usr/local/redis/bin/
```

接下来，再次进入 Redis 的安装目录 bin 中“cd /usr/local/redis/bin/”，redis.conf 是 Redis 的核心配置文件，执行命令“vim redis.conf”对其进行修改，修改内容如下几个片段：

```
# IF YOU ARE SURE YOU WANT YOUR INSTANCE TO LISTEN TO ALL THE INTERFACES
# JUST COMMENT OUT THE FOLLOWING LINE.
# ~~~~~~~~~~~~~~~~~~~~~~~~~~~~~~~~~~~~~~~~~~~~~~~~~~~~~~~~~~~~~~~~~~~~~~~~
```

```
## bind <ip>表示绑定 ip，0.0.0.0 代表任何客户端 ip 发起都能调用 redis，不修改只能在虚拟机内部被本地访问
## bind 127.0.0.1 -::1
bind 0.0.0.0

# By default Redis does not run as a daemon. Use 'yes' if you need it.
# Note that Redis will write a pid file in /var/run/redis.pid when daemonized.
# When Redis is supervised by upstart or systemd, this parameter has no impact.
## daemonize 守护进程的意思，修改为 yes 后，就可以让 redis 指定本配置文件后以后台形式运行
## daemonize no
daemonize yes

# The requirepass is not compatable with aclfile option and the ACL LOAD
# command, these will cause requirepass to be ignored.
#
## requirepass 访问 redis 的密码，默认不需要密码即可访问，建议修改为强密码，否则很容易受到黑客攻击
# requirepass foobared
requirepass 123456
```

请务必注意：6379 是 Redis 的默认端口号，本书不对其修改，但是建议各位读者对其修改，尤其是云部署环境，因为 6379 极易被黑客扫描攻击。

```
# Accept connections on the specified port, default is 6379 (IANA #815344).
# If port 0 is specified Redis will not listen on a TCP socket.
port 6379
```

修改完毕上述配置后，切换到英文输入法，输入“:wq”对 redis.conf 进行保存即可。接下来，就可以通过指定配置文件的方式来运行 Redis 了，执行下段命令脚本：

```
## 进入 redis 的安装 bin 目录
cd /usr/local/redis/bin/
## 以指定配置文件的形式运行 redis 服务
./redis-server redis.conf
```

执行完毕上述命令后，可以输入“ps -ef|grep redis”查看当前 Redis 的进程，如图 5-8 所示，当前 Redis 正以 6379 端口运行着，如此，原生 Redis 就已经成功运行了。

```
[root@centos7-basic bin]# ps -ef|grep redis
root      33111      1  0 11:15 ?        00:00:00 ./redis-server 0.0.0.0:6379
root      33156  32470  0 11:19 pts/0    00:00:00 grep --color=auto redis
```

图 5-8　查看运行的 Redis

5.2.2　操作 Redis 的基本命令

Redis 运行成功后，可以通过命令行脚本形式的客户端来访问操作 Redis，如图 5-9 所示，redis-cli 就是用于运行的客户端命令文件。

```
-rw-r--r--. 1 root root      93 8月   7 13:16 dump.rdb
-rwxr-xr-x. 1 root root 4830528 8月   7 13:00 redis-benchmark
lrwxrwxrwx. 1 root root      12 8月   7 13:00 redis-check-aof -> redis-server
lrwxrwxrwx. 1 root root      12 8月   7 13:00 redis-check-rdb -> redis-server
-rwxr-xr-x. 1 root root 5004648 8月   7 13:00 redis-cli
-rw-r--r--. 1 root root   93878 8月   8 11:12 redis.conf
lrwxrwxrwx. 1 root root      12 8月   7 13:00 redis-sentinel -> redis-server
-rwxr-xr-x. 1 root root 9548096 8月   7 13:00 redis-server
```

图 5-9　Redis 的客户端运行可执行文件

在命令行中输入“./redis-cli”，如图 5-10 所示，当前已经进入了 Redis 的命令行。

```
[root@centos7-basic bin]# ./redis-cli
127.0.0.1:6379>
```

图 5-10　进入 Redis 的内部命令行

由于上一个小节中设置了密码，所以此处需要密码进行登录，输入“AUTH 123456”即可，成功后看到 OK 就代表可以正常操作 Redis 了，如图 5-11 所示。

```
[root@centos7-basic bin]# ./redis-cli
127.0.0.1:6379> AUTH 123456
OK
```

图 5-11　使用密码登录进入 Redis 的内部

接下来在命令行中输入如下 3 个脚本来执行：

```
## 设置一个 key 为 name、value 为 multi-level-architecture 的缓存
set name multi-level-architecture
## 获得 key 为 name 的缓存
get name
## 列出 redis 中的所有 key（不建议在生产环境中使用，会有性能影响）
keys *
```

执行后的结果如图 5-12 所示。

```
127.0.0.1:6379> set name multi-level-architecture
OK
127.0.0.1:6379> get name
"multi-level-architecture"
127.0.0.1:6379> keys *
1) "name"
127.0.0.1:6379>
```

图 5-12　操作 Redis 的基本命令

关闭 Redis 服务的命令如下。

```
./redis-cli -p <修改的端口号> -a <修改的密码> shutdown
```

如此一来，Redis 的基本命令均已使用成功。

5.2.3　使用可视化工具 Redis Desktop Manager

Redis 有很多可视化工具，如 Redis Desktop Manager、RedisInsight、Another Redis Desktop Manager 等，读者可以自行下载使用，本书以 Redis Desktop Manager 为例进行使用和讲解。下

载 Redis Desktop Manager 后进行安装，安装后打开是一个空界面，什么都没有。随后单击“Connect To Redis Server”按钮，输入内容参考图 5-13 所示。

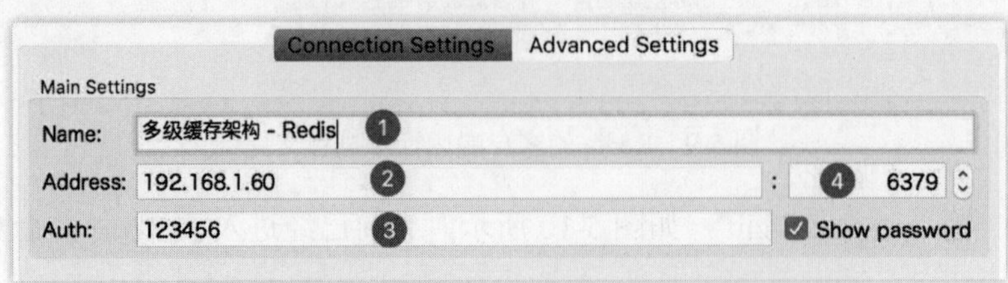

图 5-13　连接 Redis Server 的页面

如图 5-13 所示，输入项如下：

- ❶ 处为当前建立连接的名称，名称可以随意取。
- ❷ 处为所要连接的 Redis 服务器所在的 IP 地址。
- ❸ 处为 redis.conf 中配置的密码。
- ❹ 处为 redis.conf 中的端口号。

输入这 4 点后单击“test connection”跳出“Successful connection to redis-server”提示则表示当前连接可用，最终成功后的界面如图 5-14 所示。

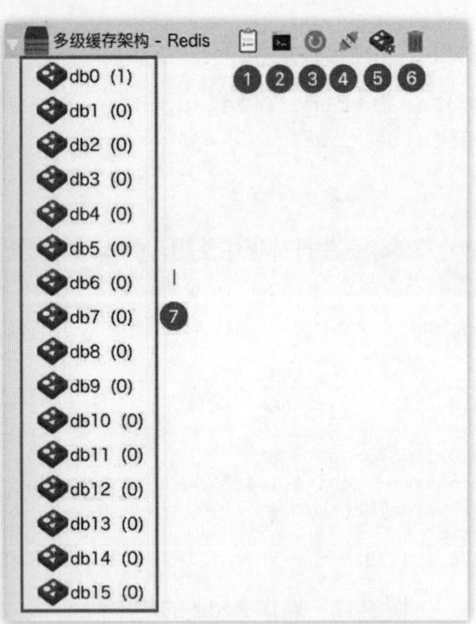

图 5-14　成功连接到 Redis 服务

如图 5-14 中所展示的，❶～❼ 所表示的内容如下：

- ❶ 处为当前 Redis 所处服务的一些信息。
- ❷ 处为进入 Redis 的内部命令行终端，可以执行一些脚本操作。
- ❸ 处刷新服务，重新加载 Redis 服务数据节点。
- ❹ 处为卸载数据节点。
- ❺ 处为重新修改 Redis 的连接信息。

- ❻ 处为删除当前服务连接。
- ❼ 处表示 Redis 默认有 16 个库，每个库可以用于不同项目或者不同的业务模块。

双击第 0 个库，可以看到之前在命令行中操作的 name 可以成功显示对应的值，如图 5-15 所示。

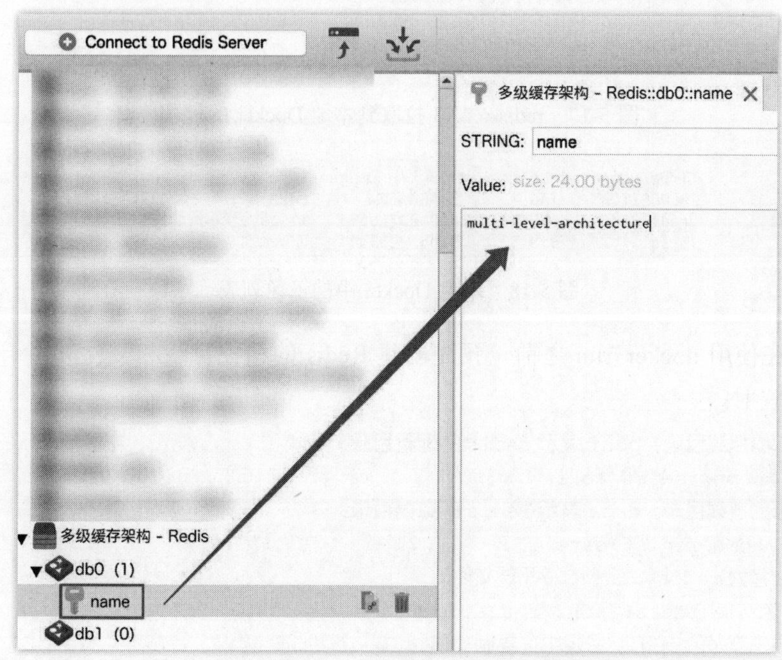

图 5-15　查看 Redis 库中的数据

至此，Redis Desktop Manager 可视化工具使用成功。

5.2.4　使用 Docker 安装 Redis

我们在 5.2.1 中使用了原生的方式安装了 Redis，本小节使用更加符合目前互联网趋势的 Docker 来进行容器化安装。打开 https://hub.docker.com/并选择 6.2.13 这个版本进行安装，如图 5-16 所示。

图 5-16　redis-6.2.13 在 Docker 中的显示

随后在命令行中执行如下命令来拉取 redis-6.2.13 的镜像到本地，脚本命令如下：

```
docker pull redis:6.2.13
```

docker run 成功后可以看到如图 5-17 的过程与图 5-18 的镜像。

```
[root@centos7-basic ~]# docker pull redis:6.2.13
6.2.13: Pulling from library/redis
648e0aadf75a: Pull complete
3b637010cd4d: Pull complete
af4cd59cb295: Pull complete
5d6a2c49a12a: Pull complete
d626da6e7b14: Pull complete
e8af6f6594d1: Pull complete
Digest: sha256:9e75c88539241ad7f61bc9c39ea4913b354
Status: Downloaded newer image for redis:6.2.13
docker.io/library/redis:6.2.13
```

图 5-17　redis-6.2.13 拉取到本地 Docker 的过程

```
[root@centos7-basic ~]# docker images
REPOSITORY    TAG       IMAGE ID       CREATED       SIZE
redis         6.2.13    808c9871bf9d   11 days ago   127MB
mysql         8.0.33    91b53e2624b4   7 weeks ago   565MB
```

图 5-18　本地 Docker 中的镜像列表

接下来，在使用 docker run 之前，预先创建 Redis 的相关目录和文件，用于提供给 Redis 容器做好目录映射：

```
## 创建外部的挂载目录，conf 表示 redis 的配置目录
mkdir -p /home/redis6/conf
## 创建外部的挂载目录，data 表示 redis 的数据目录
mkdir -p /home/redis6/data
## 创建一个名为 redis.conf 的空配置文件
## touch /home/redis6/conf/redis.conf
## 从本地原生安装的 redis 目录中，复制 redis.conf 到此处
cp /usr/local/redis/bin/redis.conf /home/redis6/conf/
```

需要注意：如果本地没有安装过原生的 Redis，那么 redis.conf 配置文件建议直接 touch 创建，按需在其中添加配置即可。此外，redis.conf 中需要把守护进程注释掉，如图 5-19 所示。

```
## daemonize no
## daemonize yes
```

图 5-19　注释守护进程的使用

随后就可以通过 docker run 命令来运行 Redis：

```
docker run -p 6379:6379 --name redis \
-v /home/redis6/data:/data \
-v /home/redis6/conf/redis.conf:/etc/redis/redis.conf \
-d redis:6.2.13 \
redis-server /etc/redis/redis.conf
 "docker run"
```

命令的相关解释：

- 用 6379 做好端口映射，用 redis 作为服务容器的名字。
- data 和 conf 做好目录映射。
- -d 后台运行，也就是守护进程运行的方式。
- 在容器内部使用指定的配置文件运行 Redis-Server。

通过“docker ps”可以查看到 Redis 已在运行中，如图 5-20 所示。至此，使用 Docker 安装 Redis 就已经成功。

```
[root@centos7-basic conf]# docker ps
CONTAINER ID   IMAGE          COMMAND
                                                          NAMES
2f6e89206ce5   redis:6.2.13   "docker-entrypoint.s…"
79->6379/tcp, :::6379->6379/tcp                           redis
```

图 5-20　Redis 容器在 Docker 中运行

5.2.5　在 Redis 容器内部运行 redis-cli

Redis 的客户端命令“redis-cli”是无法在外部使用的，需要进入 Redis 容器才行，执行下述命令：

```
docker exec -it redis bash
```

进入 Redis 容器内部的界面如图 5-21 所示。

```
[root@centos7-basic conf]# docker exec -it redis bash
root@2f6e89206ce5:/data# ls
dump.rdb
root@2f6e89206ce5:/data# cd /
root@2f6e89206ce5:/# ls
bin   data  etc   lib    lib64   media  opt   root  sbin  sys  usr
boot  dev   home  lib32  libx32  mnt    proc  run   srv   tmp  var
root@2f6e89206ce5:/#
```

图 5-21　Redis 容器内部目录结构

可以在任意目录中运行 cli，在控制台中输入如下命令：

```
redis-cli
```

进入 Redis 客户端命令后，执行如下命令：

```
> AUTH 123456
> get a
> set a 'multi-level-architecture in docker'
> get a
```

具体过程可以参考图 5-22 的步骤。

```
root@2f6e89206ce5:/# redis-cli
127.0.0.1:6379> get a
(error) NOAUTH Authentication required.
127.0.0.1:6379> AUTH 123456
OK
127.0.0.1:6379> get a
(nil)
127.0.0.1:6379> set a multi-level-architecture in docker
(error) ERR syntax error
127.0.0.1:6379> set a 'multi-level-architecture in docker'
OK
127.0.0.1:6379> get a
"multi-level-architecture in docker"
```

图 5-22　在 Redis 容器内部客户端命令中读写 string

由于原生的Redis安装在本虚拟机中，并且Docker中的Redis容器也没有其他配置的更改，所以可以直接重新打开Redis Desktop Manager看到缓存a已经存在，并且包含相应的值，如图5-23所示。

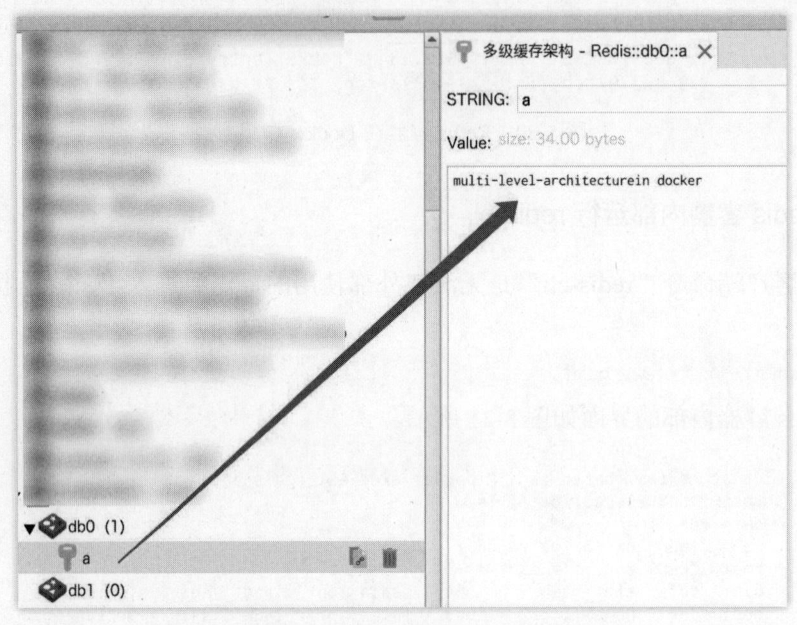

图5-23　基于Docker的Redis Desktop Manager

重启、停止、启动Redis的Docker命令如下。

```
docker restart redis docker stop redis docker start redis
```

5.2.6　容器自动重启

由于在系统重启或者Docker重启后，Redis以及MySQL等容器会关闭，如此一来每次都要重启，容器一旦很多，那么就需要手动启动，很麻烦。可以通过设置自动重启来避免频繁的手动启动。需要注意，这个自动重启是Docker重启后的自动重启，而不是虚拟机的自动重启。通过如下命令来更新原来的Docker容器：

```
docker update mysql --restart=always docker update redis --restart=always docker
update nacos --restart=always
```

如此一来，虚拟机重启后，Docker重启，Docker重启后，中间件自动重启。

5.3　五大数据类型常用操作

Redis主要的数据类型有五种，称为五大数据类型，这些数据类型也是平时经常用到的，主要有string、list、hash、set以及sorted set。本节将会对这五大数据类型的常用api命令进行学习。

注：本节的操作请使用“redis-cli”后在Redis客户端命令行中运行。

5.3.1　string 字符串类型

string 类型是最简单但使用率很高的字符串类型键值对缓存，也是最基本的一种数据类型。

```
## 查看所有的 key （此操作不建议在生产上使用，有性能影响）
> keys *
## 打印 key 的类型
> type <key>

## 设置字符串(也可以用于更新)
> set <key> <value>
## 获得字符串
> get <key>
## 删除字符串
> del <key>

## 设置一个字符串的同时设置过期时间，单位秒
> set <key> <value> ex <seconds>
## 对已经存在的 key 设置过期时间
> expire <key> <seconds>：设置过期时间
## 查看某个缓存 key 的剩余时间，-1 代表永不过期，-2 代表过期
> ttl <key>

## 把一个 value 数据合并到某个字符串缓存 key 中
> append <key> <value>
## 查看字符串长度
> strlen <key>

## 数值累加 1
> incr <key>
## 数值累减 1
> decr <key>
## 累加给定数值(步长)
> incrby <key> <num>
## 累减给定数值(步长)
> decrby <key> <num>

## 对某个缓存截取数据，end=-1 代表到最后
> getrange <key> <start> <end>
## 对某个缓存从 start 位置开始替换数据
> setrange <key> <start> newdata

## 批量设值
> mset <key> <value> [<key> <value> ...]
## 批量取值
> mget <key> [<key> ...]

## NX 当某个 key 不存在的时候，可以通过 set 设置 value，如果存在，设置不成功。
```

```
> set <key> <value> NX
## 连续设置，如果存在则不设置
> msetnx <key> <value> [<key> <value> ...]

## 其他操作
## 切换数据库，总共默认 16 个
> select <index>
>

## 删除当前下边 db 中的数据（慎用）
* flushdb
## 删除所有 db 中的数据（慎用）
* flushall
```

5.3.2 list 数据类型

list 是有序列表，可以有重复元素（后面会涉及 set，可以去重），如[a, b, c, d, ...]，有序是指按照放入的顺序，跟排队一样，一个挨着一个。lpush userList 1 2 3 4 5：构建一个 list，从左边开始存入数据，那么在内存中的数据如图 5-24 所示。

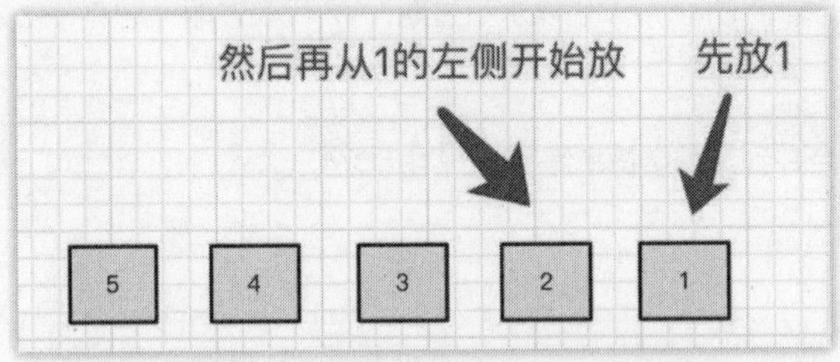

图 5-24 使用 lpush 的列表结构

最终的 list 数据为：5，4，3，2，1。

rpush userList 1 2 3 4 5：构建一个 list，从右边开始存入数据，那么在内存中的数据如图 5-25 所示。

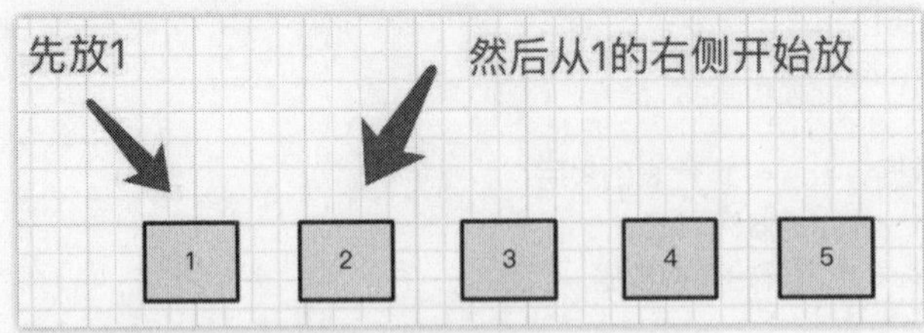

图 5-25 使用 rpush 的列表结构

如图 5-25，最终的 list 数据为：1，2，3，4，5。

```
## 获得数据
>   lrange <listname> <start> <end>
## 从左侧开始拿出多个数据，count 无值表示默认拿出 1 个
>   lpop <listname> <count>
```

```
## 从右侧开始拿出多个数据，count 无值表示默认拿出 1 个
>   rpop <listname> <count>
```

简单小结如下。

- 同方向：lpush+lpop 或 rpush+rpop，先进后出，后进先出，栈。
- 反方向：lpush+rpop 或 rpush+lpop，先进先出，后进后出，队列。

数组 list 的其他 api 功能如下。

```
## 查看 list 长度
>   llen <listname>
## 获取 list 下标的值（根据索引下标查询）
>   lindex <listname> <index>
## 把某个下标的值替换（根据索引下标更新值）
>   lset <listname> <index> <value>

## 在 list 中插入一个新的值
>   linsert <listname> before/after <value>
## 在 list 中删除 count 个相同数据
>   lrem <listname> <count> <value>

## 截取 list 中的元素，替换原来的 list，也就是删除左右两端的值
>   ltrim <listname> <start> <end>
```

5.3.3　hash 哈希数据类型

hash 数据类型可以当作 java 中的 map 类型，以键值对的形式存在，K-V，是存储结构化的数据结构，比如存储一个对象（不能创建嵌套对象的 hash）。hash 适用于对象存储，存入内存非常快，比如文章、商品详情页，可以采用这种方式，把页面商品对象信息存入缓存，这样加载就很快了。当然，使用静态化技术，也可以更快。

此外对于一些数字计数器，也可以使用，比如微博中的用户粉丝数据，自媒体文章的评论数、点赞数等，都能放入 hash 对象中去操作。

使用方式：

```
hset <key> <property> <value>
>   hset user name fengjianyingyue
>   hset user age 18
>   hset user sex boy
>   hset user birthday 2025-12-25
-> 上述意思为：
->      创建一个 user 对象，该对象中包含如下属性值：
->          name 值为 fengjianyingyue;
->          年龄 age 为 18;
->          性别 sex 为 boy;
->          生日 birthday 为 2025-12-25
```

其他基本操作：

```
## 获得用户对象中 name 的值
>   hget user name
```

```
## 设置对象中的多个键值对
>   hset user nickname hello phone 13966668888
## 设置对象中的多个键值对，存在则不添加
>   hmsetnx user nickname hello phone 13966668888

## 获得整个对象的内容
>   hgetall user
## 累加属性的数值（整型）
>   hincrby user age 3
## 累加属性的数值（浮点型）
>   hincrbyfloat user age 3.3

## 对象中有多少个属性
>   hlen user
## 判断对象中的某个属性是否存在
>   hexists user birthday

## 获得对象中的所有属性 key
>   hkeys user
## 获得对象中的所有值 value
>   hvals user
## 删除对象
>   hdel user
```

5.3.4 set 无序集合数据类型

set 数据类型是无序的、可去重复的集合。set 集合的基本使用如下。

```
## 在名为 studentSet 的 set 中设置多个值，lucy lily 重复添加会被去重
>   sadd studentSet lilei hanmeimei jack jame lucy lily lucy lily
## 列出 studentSet 中的值（不建议在生产中使用，会降低性能）
>   smembers studentSet

## 判断某个值是否存在于这个 set 中，返回 1 表示存在，返回 0 表示不存在
>   sismember studentSet hanmeimei
## 查看 set 中的元素数量
>   scard studentSet
## 删除 set 中的某一个值
>   srem studentSet lily
## 把 set1 中的某个值给 set2
>   smove <set1> <set2> <value1>

## 从 set 中随机挑选 member（可用于抽奖场景，或者游戏中的随机事件）
## 需要注意：
##   num 为正数，随机出来的 member 是尽量不重复的（set 中内容越少，num 越大，重复率越高）
##   num 为负数，随机出来的 member 可能会重复
##   num 为 0，不返回任何数据
>   srandmember studentSet 2
```

```
## 随机出栈。也可以用于抽奖场景，这个抽奖活动结束了、抽完了，票就没了，票上写了你的名字或者编号。
>    spop studentSet
```

set 的数学集合有交集、并集、差集功能，相当有用。

```
## 交集
## 列出共同包含的数据 member，可以用于查询共同粉丝、共同好友等
>    sinter <set01> <set02>
## 把产生的交集存入一个新的 set 中
>    sinter myset <set01> <set02>

## 并集
## 合并 member，可以用于合并两个账号的粉丝或好友数据
>    sunion <set01> <set02>

## 差集
## 列出 set1 中不在 set2 里的 member（注意 set 左右位置不同，获得的差集数据也不同）
>    sdiff <set01> <set02>
```

5.3.5　sorted set 可排序集合数据类型

sorted set 可排序的 set，称之为“zset”，可以去重也可以排序，比如可以根据用户积分进行排名，把积分作为 set 的一个数值，根据数值可以实现排序。而 set 中的每一个 member 都带有一个分数，举例如下：

- 健身房有很多健身达人，每个人的体脂率各不相同，那么现在可以对这些健身达人排序，在排序的时候，体脂率越低分数越高，所以可以按照这个依据为其设置不同的分值 score，如此获得分数最高的人那么相应的体脂率也就最低。
- 自媒体为用户推荐内容，根据用户查看的文章或视频做一个分类，不同分类的 score 不同，这样就能排序为用户推荐一些内容。比如歌曲或 MTV 的一些热度排名，下载量、点击率越高，排名则越高。

使用方式：

```
## 设置 member 和对应的分数
>    zadd songset 10 qilixiang 20 yequ 30 bandaotiehe
## 列出所有 songset 中的内容，withscores 可选参数，可以同时列出分数
>    zrange songset 0 -1 <withscores>
## 逆向列出所有 songset 中的内容
>    zrevrange songset 0 -1
## 删除指定的 member
>    zrem songset <value>

## 获得元素对应的下标位置
>    zrank songset qilixiang
## 获得元素对应的分数
```

```
>   zscore songset qilixiang

## 统计 set 中的元素总数
>   zcard songset

## 统计分数段内所包含的元素个数
>   zcount songSet 20 30

## 查询分数之间的 member，包含分数 1 和分数 2
>   zrangebyscore songSet <score1> <score2>
## 查询分数之间的 member，不包含分数 1，也不包含分数 2
>   zrangebyscore songSet (<score1> (<score2>
## 查询分数之间的 member 后，获得的结果集再根据下标区间展示
>   zrangebyscore songSet <score1> <score2> limit <start> <end>
```

5.4 Redis 的存储原理

5.4.1 Redis 是怎么做持久化的

不论把 Redis 作为数据库来用还是作为缓存来使用，数据肯定都会被持久化到磁盘，所以就需要了解 Redis 的两种持久化机制。这两种机制，其实就是“快照”与“日志”的形式。

- 快照：基于当前数据的备份，运维可以将其拷贝到磁盘，也可以拷贝到别的服务器，如此一来，万一现有 Redis 的服务器节点被恶意攻击或者被人删库跑路，那么原有数据还是可以恢复的。就好比很多云服务器和虚拟机也都有快照功能，被黑客攻击或误操作之后可以直接恢复。
- 日志：其实就类似于平时开发系统的时候用户的操作日志，这里指的是用户的每次写操作日志，比如增加 Key、修改 Key 以及删除 Key，这些命令都会被记录下来形成一个日志文件。那么在需要恢复的时候，只需要执行这个日志文件里的所有命令，就能达到恢复数据的目的。

5.4.2 RDB 持久化机制

RDB 就相当于上面所述的快照形式，是全量备份，这个备份数据里都是二进制文件，也是 Redis 的默认备份方案。当 Redis 恢复的时候会全量恢复，此时 Redis 会处于阻塞状态。

如图 5-26 所示，图中的“dump.rdb”就是当前 Redis 的备份快照数据。读者可以尝试把这个 RDB 文件复制到一个新的 Redis 下，然后启动观察数据是否一致。这个 RDB 文件就是在 Redis 启动的时候，Redis 若发现有这个 RDB，则会载入内存中，也就是恢复数据。需要注意，Redis 启动的时候，如果 RDB 文件很大，那么会阻塞，直到数据全部恢复到内存里。

RDB 是每隔一段时间就备份的机制。如果因为服务器宕机、死机、重启，那么内存中的数据就没了，但是它会从 RDB 文件中进行恢复，如图 5-27 所示。

```
-rw-r--r--. 1 root root     224 3月   11 15:09 dump.rdb
-rwxr-xr-x. 1 root root 4366912 3月   11 14:33 redis-benchmark
-rwxr-xr-x. 1 root root 8125304 3月   11 14:33 redis-check-aof
-rwxr-xr-x. 1 root root 8125304 3月   11 14:33 redis-check-rdb
-rwxr-xr-x. 1 root root 4807992 3月   11 14:33 redis-cli
-rw-r--r--. 1 root root   61792 3月   11 14:41 redis.conf
lrwxrwxrwx. 1 root root      12 3月   11 14:33 redis-sentinel -> redis-server
-rwxr-xr-x. 1 root root 8125304 3月   11 14:33 redis-server
[root@centos7-basic bin]# pwd
```

图 5-26　Redis 默认产生的 RDB 备份文件

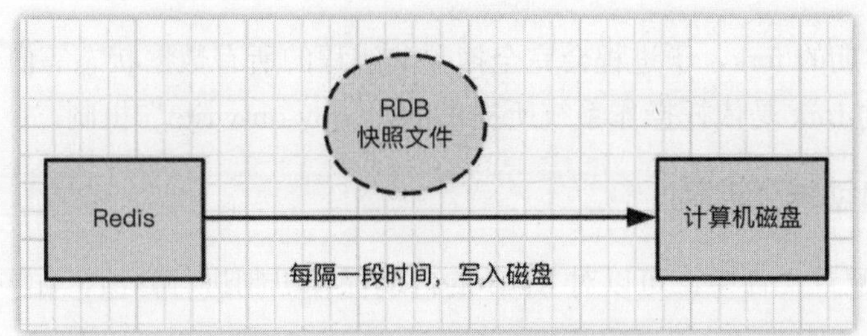

图 5-27　Redis 的 RDB 备份模拟图

图 5-27 中，Redis 会备份 RDB 到磁盘，该过程是会耗时的，可能几秒到几十秒，也有可能达数分钟，RDB 快照并不是瞬间产生的。

Redis 的 RDB 备份存储有两种方式：一种是“save”命令，另一种是“bgsave”命令。

- save：备份 RDB 到磁盘，阻塞当前进程，Redis 不接受任何写操作。这个过程就相当于去银行办理业务，大堂经理接待了客人 A，就关门了，不接受其他客人了，等这位客人 A 业务办理完毕再开门营业。
- bgsave：fork（创建）一个新的子进程，子进程把 RDB 数据写入磁盘，写操作由父进程去处理，两个进程之间数据隔离，所以 RDB 的数据不会因为有新的写操作而发生变化。父进程相当于是大堂经理专门接待客人，子进程相当于是业务员专门处理客人的需求，职能不一样，相互隔离。

注：fork 是新的子进程指向的缓存数据，和 Redis 父进程一致，所以速度很快。本质是指针，指向地址，而不是复制一个新的数据，所以父进程有新的写操作是写到新的内存地址，而子进程指向的地址不变，如图 5-28 所示。

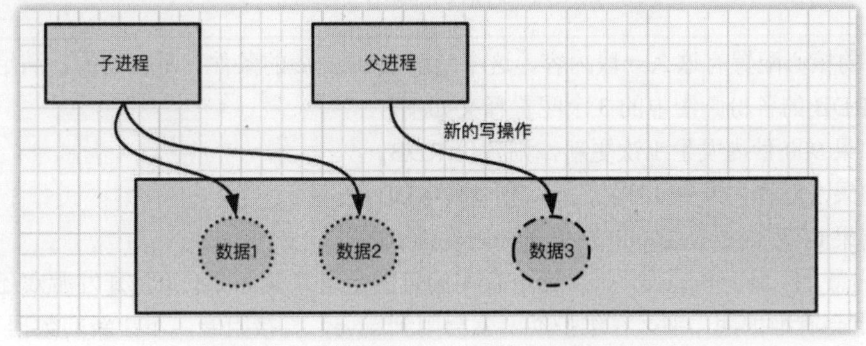

图 5-28　RDB 机制父子进程指向数据模拟

关于父子进程对内存的消耗其实是基于 Linux 的 fork，也就是“copy-on-write”技术，即写时复制技术。Redis 在 fork 一个子进程的时候，会消耗内存，父子进程在内存上的占用量的表现是一致的。注意，这里是表现，并不是说完全拷贝一份新的内存数据进行备份，如果有 10G 数据，也不会完全再复制 10G，总共 20G，那得多大开销？实际上 Linux 的写时复制的技术，就是父子进程共同指向相同的内存地址，数据是一致的。如果父进程处理新的写操作，便会复制一个新的副本来进行操作，而子进程依旧处理当时 fork 时的快照数据，所以父子进程之间相互不影响。

需要注意，早期的 fork，子进程会完全拷贝父进程的所有数据状态等内容，这在如今是灾难性的，而如今的 fork 是依托操作系统所提供的“copy-on-write”机制。

5.4.3 RDB 的自动保存机制

在 redis.conf 配置文件中，可以对 RDB 的自动保存机制进行修改，如图 5-29 所示。

```
################################ SNAPSHOTTING  ################################
#
# Save the DB on disk:
#
#   save <seconds> <changes>
#
#   Will save the DB if both the given number of seconds and the given
#   number of write operations against the DB occurred.
#
#   In the example below the behaviour will be to save:
#   after 900 sec (15 min) if at least 1 key changed
#   after 300 sec (5 min) if at least 10 keys changed
#   after 60 sec if at least 10000 keys changed
#
#   Note: you can disable saving completely by commenting out all "save" lines.
#
#   It is also possible to remove all the previously configured save
#   points by adding a save directive with a single empty string argument
#   like in the following example:
#
#   save ""

save 900 1
save 300 10
save 60 10000
```

图 5-29　RDB 自动保存机制设定

Redis 的核心配置有这么一段内容，这个是触发 bgsave 的条件，是自动的，满足条件则会触发执行 RDB 的备份。图中的 3 个配置释义如下。

- 如果 900 秒内发生 1 次更新，则备份 RDB。
- 如果 300 秒内发生 10 次更新，则备份 RDB。
- 如果 60 秒内发生 10000 次更新，则备份 RDB。

需要注意，区别于 bgsave，save 命令存在的目的是阻塞业务，不论是开发游戏还是普通的项目，肯定会有维护期，那么在维护期，就会用到 save，直接阻塞，不让新的数据写入。

RDB 备份的其他配置如图 5-30 所示。

```
# By default Redis will stop accepting writes if RDB snapshots are enabled
# (at least one save point) and the latest background save failed.
# This will make the user aware (in a hard way) that data is not persisting
# on disk properly, otherwise chances are that no one will notice and some
# disaster will happen.
#
# If the background saving process will start working again Redis will
# automatically allow writes again.
#
# However if you have setup your proper monitoring of the Redis server
# and persistence, you may want to disable this feature so that Redis will
# continue to work as usual even if there are problems with disk,
# permissions, and so forth.
stop-writes-on-bgsave-error yes

# Compress string objects using LZF when dump .rdb databases?
# For default that's set to 'yes' as it's almost always a win.
# If you want to save some CPU in the saving child set it to 'no' but
# the dataset will likely be bigger if you have compressible values or keys.
rdbcompression yes

# Since version 5 of RDB a CRC64 checksum is placed at the end of the file.
# This makes the format more resistant to corruption but there is a performanc
# hit to pay (around 10%) when saving and loading RDB files, so you can disab
# for maximum performances.
#
# RDB files created with checksum disabled have a checksum of zero that will
# tell the loading code to skip the check.
rdbchecksum yes

# The filename where to dump the DB
dbfilename dump.rdb
```

图 5-30　RDB 备份的其他配置

图 5-30 中的配置释义如下。

- stop-writes-on-bgsave-error。
  - yes：如果 save 过程出错，则停止写操作。
  - no：如果 save 过程出错，则跳过错误继续执行写操作，可能造成数据不一致。
- rdbcompression。
  - yes：开启 RDB 压缩模式。
  - no：关闭 RDB 压缩模式，可以节约 CPU 性能开支。
- rdbchecksum。
  - yes：使用 CRC64 算法校验对 RDB 进行数据校验，有 10%性能损耗。
  - no：不校验。
- dbfilename：RDB 的默认名称，可以自定 dump.rdb。

使用 RDB 备份的一些优缺点，可以归纳如下。

- 优点：
  - 每隔一段时间备份，全量备份，比较适合做冷备。
  - 灾备简单，可以远程传输到其他服务器。
  - 子进程备份的时候，主（父）进程的写操作可以和子进程隔离，数据互不影响，保证备份数据的完整性。
  - 相对 AOF 来说，当有更大文件的时候可以快速重启恢复，恢复速度比较快。
- 缺点：
  - 发生故障时，有可能会丢失最后一次的备份数据。

➢ 子进程会有一定的内存消耗，尤其是当有大量新的写操作涌入的时候，那些都会有额外的内存开支。

➢ 由于定时全量备份是重量级操作，所以对于实时备份的业务场景，则不太适用了。

小结一下，Redis 的 RDB 机制适合大量数据的恢复，但是数据的完整性和一致性可能会不足。因此，就需要有后续的 AOF 机制来互补。

5.4.4 AOF 持久化机制

AOF 就是“Append Only File”，AOF 就相当于日志形式，是追加式的备份模式。所有发生的写操作，比如新增、修改、删除这些命令，都会记录在这个 AOF 日志文件里。此处需要注意，Redis 是先执行写操作指令，随后再把指令追加进 AOF 中。

如果客户的需求是追求数据的一致性，那么 RDB 会丢失最后一次的备份数据，所以往往会采用 AOF 来做。AOF 丢失的数据相对 RDB 来说少一些。

AOF 的特点：

- 类似日志的形式，把所有写操作追加到文件。
- 追加的形式是 append，一个个命令追加，而不是修改。
  比如说，set k1 abc，set k2 def，set k1 123，虽然有两次 k1，但是不会合并，而是追加。
- Redis 恢复的时候先恢复 AOF，如果 AOF 有问题（比如破损），则再恢复 RDB。
- Redis 恢复的时候是读取 AOF 中的命令，从头到尾读一遍，然后数据恢复。
- 可以通过“bgrewriteaof”手动触发。异步重写 AOF 日志，假如重写失败，那么数据还是存在的，因为老的 AOF 还在。

5.4.5 使用 AOF 引发的思考

Redis 运行好多年了，比如 10 年，一直采用 AOF，那么假如某一天 Redis 宕机了：

（1）这个运行了 10 年的 AOF 有多大？最大可以占用多少空间？有没有可能达到十几 TB，或者更大？

按理说会，如果只对某个 Key 无限进行新增、修改、删除等操作，持续了十来年，那么这个 AOF 文件会很大，而且都是重复的命令。但是 AOF 可以压缩重写，使得其体积不大。

（2）恢复十几 TB 文件的时候，内存不大会不会溢出？

不会。虽然文件很大，但是有效的命令实际上不会很多。而且可以压缩重写，这样体积不大，读取肯定更快。

（3）十几 TB 的 AOF 恢复需要多久，有没有可能几个月，甚至 1 年？

按照现有情况来说，是有可能的。

以上三点都是 AOF 文件庞大而出现的顾虑，其实 AOF 可以重写，对日志有一个重写机制，可起到瘦身的作用。

5.4.6 AOF 的重写配置

```
## AOF 默认关闭，yes 可以开启
```

```
appendonly no

## AOF 的默认文件名，可以修改
appendfilename "appendonly.aof"

## no：不同步
## everysec：每秒备份，推荐使用
## always：每次操作都会备份，安全并且数据完整，但是慢，性能差
appendfsync everysec

## 重写的时候是否要同步，no 可以保证数据安全
no-appendfsync-on-rewrite no

## 重写机制：避免文件越来越大，自动优化压缩指令，会 fork 一个新的进程去完成重写动作，新进程里的内存数据会被重写，此时旧的 aof 文件不会被读取使用，类似 rdb
## 当前 AOF 文件的大小是上次 AOF 大小的 100%并且文件体积达到 64MB，满足两者则触发重写
auto-aof-rewrite-percentage 100auto-aof-rewrite-min-size 64mb
```

5.4.7　AOF 与 RDB 的混合持久化

AOF 与 RDB 的混合持久化是在 Redis4.x 后出现的新特性，如图 5-31 所示。

```
# When rewriting the AOF file, Redis is able to use an RDB preamble in the
# AOF file for faster rewrites and recoveries. When this option is turned
# on the rewritten AOF file is composed of two different stanzas:
#
#   [RDB file][AOF tail]
#
# When loading Redis recognizes that the AOF file starts with the "REDIS"
# string and loads the prefixed RDB file, and continues loading the AOF
# tail.
aof-use-rdb-preamble yes
```

图 5-31　AOF 使用 RDB 进行混合备份的开关

图 5-31 中的重写机制如下。

- yes：AOF 重写，Redis 会把当前所有的数据以 RDB 形式存入 AOF 中，这都是二进制数据，数据量小，随后新的数据以 AOF 形式追加到该 AOF 中，那么该 AOF 中包含两种文件类型数据，一种是 RDB，另一种是 AOF，那么恢复的时候 Redis 会同时恢复，这样恢复过程会更快。这相当于是一个混合体。
- no：关闭混合模式，AOF 只会压缩重复的命令，这是 4.x 以前老版本的机制，也就是把重复的没有意义的指令去除，减少文件体积，也减少恢复的时间。

混合 AOF 备份的示意如图 5-32 所示。

需要注意，在重写 AOF 的时候，如果有新的命令进来要写入怎么办？那么 Redis 其实也会 fork 一个子进程，子进程复制重写，而新的那些写入命令会被记录到一个缓冲区，待子进程重写完毕后，缓冲区的新的写命令会被追加到新的 AOF 文件中，这样就保持了数据在重写前后的一致性。

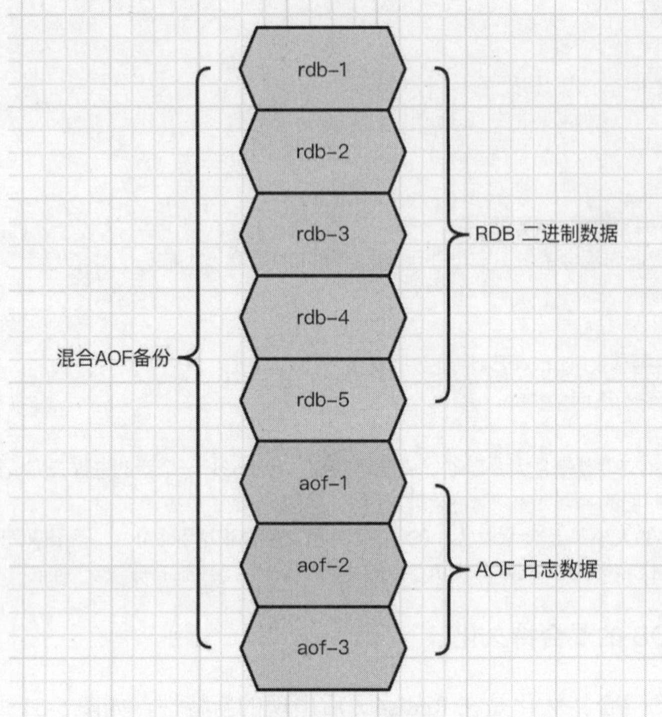

图 5-32　混合 AOF 备份示意

使用 AOF 备份也有自身的一些优缺点，归纳如下。

- 优点：
  - AOF 更加耐用，可以秒级别为单位备份，如果发生问题，也只会丢失最后一秒的数据，大大增加了可靠性和数据完整性。
  - 以 log 日志形式追加，如果磁盘满了，会执行“redis-check-aof”工具命令。
  - 当数据太大的时候，Redis 可以在后台自动重写 AOF。当 Redis 继续把日志追加到老的文件中去时，重写也是非常安全的，不会影响客户端的读写操作。
  - AOF 日志包含的所有写操作，会更加便于 Redis 的解析和恢复。
- 缺点：
  - 相同的数据，AOF 比 RDB 大，而且恢复起来也会很耗时，很慢。
  - 针对不同的同步机制，AOF 会比 RDB 慢，因为 AOF 每秒都会备份进行写操作。每秒备份 fsync 没毛病，但是如果客户端的每次写入都进行一次备份 fsync 的话，那么 Redis 的性能就会下降。
  - AOF 曾经发生过 bug，就是数据恢复的时候数据不完整，这样显得 AOF 会比较脆弱，容易出现 bug，因为 AOF 没有 RDB 那么简单，但是为了防止 bug 的产生，AOF 就不会根据旧的指令去重构，而是根据当时缓存中存在的数据指令去重构，这样就更加健壮和可靠了。

如果 AOF 文件破损，那么可以修复一些无用的命令，使其可以继续恢复正常内容，命令如下。

- redis-check-aof --fix [aof 文件名]：目的是删除不符合语法的指令。

- aof-load-truncated yes：Redis 启动加载 AOF，命令语法不完整则修复。设置为 no，则表示 Redis 启动失败，需要手动用 redis-check-aof 工具修复。

那么到底用 RDB 还是 AOF 作为日志备份呢？一般来说，可以 RDB+AOF 同时使用。其实上面已经说了，可以把它们作为一个混合体去使用。

如果用户对 Redis 的写操作不多甚至没有，95%以上都是读操作，那么用 rdb 也没啥问题。笔者曾参与的一个项目是采用的缓存预热方式，用户几乎没有写操作，所以直接采用 RDB 就够用了，因为哪怕 Redis 挂了，甚至 RDB 没了，数据还是能通过预热重新载入。

如果 Redis 要被当作数据库来使用的话，那么就需要用到 AOF，或者 RDB+AOF 的混合模式，这样数据的完整性就更大了。

5.5 本章小结

本章内容主要是针对 Redis 的学习和使用，一开始对“非关系型数据库”“分布式缓存 Redis”以及“NoSQL”做了一些概念描述，这对初次接触分布式缓存的读者会有更好的帮助。随后便通过原生及 Docker 容器化的方式来进行 Redis 的安装，不论是哪种安装方式，笔者在此建议务必掌握，因为 Redis 是“万金油”中间件，很多场景都会使用到。此外也通过 Redis Desktop Manager 更好地对 Redis 数据进行可视化操作，也更方便数据管理。另外，对于 Redis 的五大数据类型，包括 string、list、hash、set 以及 sorted set 进行了常规学习，这些数据类型在企业开发中是相当常用的。最后笔者阐述了 Redis 的存储原理机制，主要为 RDB、AOF、AOF+RDB 混合这三种模式。

Redis 非常重要，本章偏向于基础使用，下一章会结合 SpringBoot 把 Redis 集成到项目中一起来为用户提供分布式缓存服务。

第 6 章　分布式缓存的应用方案

本章主要内容

- SpringBoot 与 Redis 集成
- 通用 Redis 工具类
- 缓存预热
- 缓存穿透、击穿、雪崩
- 数据双写一致方案

上一章通过对分布式缓存 Redis 的初步学习，相信读者对 Redis 有了一定的掌握。本章将会结合项目通过 SpringBoot 来集成 Redis，如此便可以在项目中直接通过 Java 代码来操作 Redis 的相关功能了。如此一来，通过分布式缓存 Redis 与本地缓存 Caffeine 的相互结合，可以共同提升服务在集群情况下的缓存能力，也可以提高整体项目的健壮性，使得数据库不易因为高并发的流量请求导致过载。

6.1 SpringBoot 与 Redis 集成

6.1.1 构建 SpringBoot 项目高可用集群

现有项目的服务接口只运行在一个项目中，如果该项目遭遇服务器死机、宕机等故障，那么可能就会导致网站无法被用户访问，如此，就会给公司带来资损，尤其是电商类网站，所以高可用是必须要考虑的。为了使网站服务达到高可用，一般都可以采用集群的形式来进行多节点部署。

什么是集群呢？可以理解为同一件事由两个或两个以上的人来完成，大家所做的事都是一样的。比如企业老板只招了一个话务员作为客服，这个客服的每日工作任务就是处理各类售后问题，但是如果某一天这位客服人员生病请假了，那么公司的售后服务就瘫痪了。为了解决这个问题，企业老板招募了多个话务员，成立一个客服团队，这个客服团队可以为用户处理各类售后问题甚至投诉意见，而且正因为团队人数较多，可以 24 小时全天候轮班。这种模式就是在计算机领域中的集群模式，每个话务员其实就是集群中的一个服务器节点，整个客服团队就是一个服务集群，任意一个服务器节点宕机、死机（客服生病请假）都不会影响整个公司的售后服务（网站平台的正常运作），如此 24 小时的不间断工作也就是所谓的“高可用”。

那么如何对现有服务进行扩展，构建一个集群呢？在此需要对 SpringBoot 项目进行服务端口的配置，使项目的同一个项目实例运行多个端口即可，因为在同一台计算机上运行同一个实例只能通过构建不同端口来进行。倘若发布到云服务器，使用多个不同的计算机节点，那么

端口号全部一致也是没问题的。

第一步，打开项目“multi-level-architecture”中的配置文件“application-dev.yml”，修改端口配置内容如下。

```
server:
   port: ${port:8080}
```

上述代码配置加了“${key:value}”，表示当前的“port”可以作为参数传入，也就是启动服务的时候可以传入一个指定的端口号来启动项目，如果不传参数，默认使用 8080 端口。如此就可以指定多个不同端口，启动多个服务，在本地构建一个服务集群。这么配置的目的是不需要重复创建相同的项目，避免代码冗余。

第二步，为了测试集群是否成功，以更精确的方式查看，可以在接口中返回当前服务的端口，在“ThisIsRestController.java”中修改代码如下。

```
@RestController
@RequestMapping("rest")
public class ThisIsRestController {

    @Value("${server.port}")
    private String SERVER_PORT;

    @GetMapping("get")
    public String getOperate() {
        return "查询操作 port = " + SERVER_PORT;
    }

    @PostMapping("create")
    public String createOperate() {
        return "保存操作 port = " + SERVER_PORT;
    }

    @PutMapping("update")
    public String updateOperate() {
        return "修改操作 port = " + SERVER_PORT;
    }

    @DeleteMapping("delete")
    public String deleteOperate() {
        return "删除操作 port = " + SERVER_PORT;
    }
}
```

上述代码片段中，“@Value("${server.port}")”表示从 yml 中获得属性，“server.port”就是在 yml 中配置的 Tomcat 端口号。

第三步，配置新的服务，如图 6-1 所示进行配置。

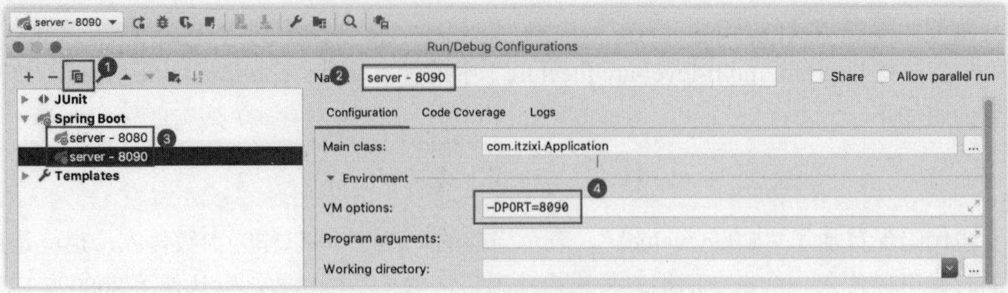

图 6-1　SpringBoot 服务集群启动配置

如图 6-1 所示，标记处的释义如下。

- ❶ 处表示可以选中现有服务进行克隆，笔者在此建议点击后进行修改。
- ❷ 处表示修改当前服务的名称，如此可以更好地区分和管理项目中的服务。
- ❸ 处表示修改服务名称后的列表，笔者在此建议各位读者尝试多创建几台，比如 3 台或者 5 台，这样更有利于加深对集群的理解。
- ❹ 处是服务的传参，请务必保证英文字母大写，其中大写的“PORT”就是作为一个参数传入“application-dev.yml”中的，这里相互呼应，务必不要写错。

当多个服务节点构建完毕后，可以看到服务的控制面板，如果 IDEA 没有默认配置则会跳出让读者选择是否打开控制面板，打开后如图 6-2 所示。

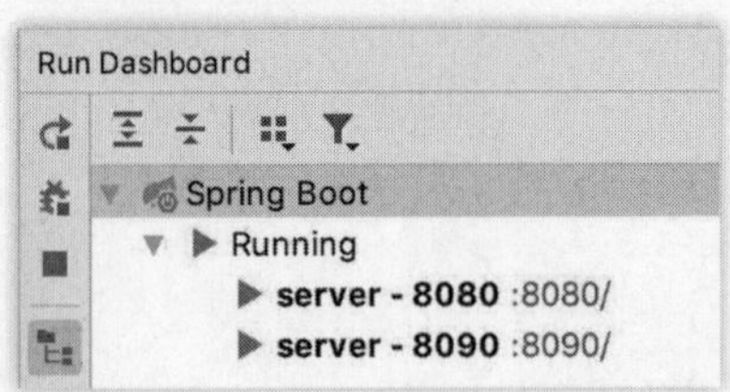

图 6-2　SpringBoot 启动控制面板管理

如此，在图 6-2 中便可以选中单个或者多个 server 进行启动、停止、重启等操作了。接下来直接启动这两个服务节点。启动后打开 postman 进行测试，挑选随意某个接口测试结果如图 6-3 所示。

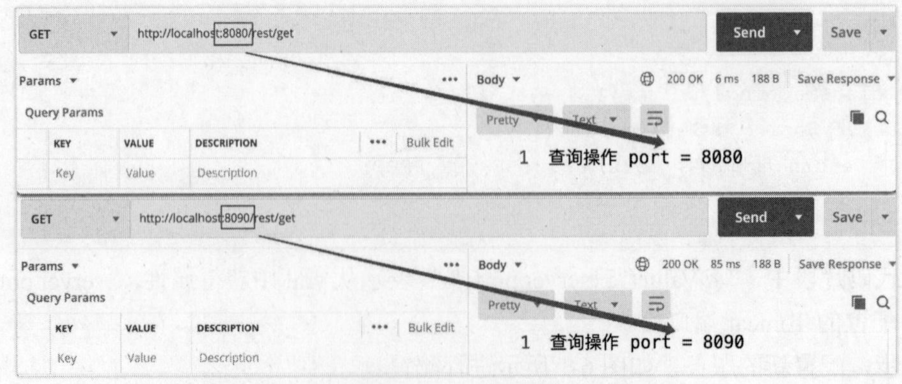

图 6-3　测试 SpringBoot 服务集群接口

如图 6-3 所示，通过不同端口进行访问的同一接口，可以获得启动参数“port”并且打印，如此一来，就成功地构建了 SpringBoot 服务集群，而且也达到了高可用的目的。

6.1.2　SpringBoot 整合 Redis

在 6.1.1 小节中，笔者构建了一个高可用的服务集群，虽然实现了高可用，但是一旦结合本地缓存 Caffeine，那么仔细一想，其实依旧还有一个问题所在。

可以试着看一看代码再想一想，打开“ItemCategoryController.java”，如下代码是之前章节结合 Caffeine 所写的。

```
/**
 *   结合本地缓存 Caffeine，优化数据库的查询效率，降低数据库的风险
 *   @param id
 * @return
 */ @GetMapping("get")
public ItemCategory getItemCategory(Integer id) {
    String itemCategoryKey = "itemCategory:" + id;
        ItemCategory itemCategory = cache.get(itemCategoryKey, s -> {
        System.out.println("本地缓存中没有["+id+"]的值，现从数据库中查询后再返回。");
        return itemCategoryService.queryItemCategoryById(id);
    });
    return itemCategory;
}
```

上面这段代码中，这个查询接口使用了本地缓存 Caffeine，现在扩展为集群后，其实运行着的有效接口是存在两个的，而且也同时有两个本地缓存，这两个本地缓存相互不影响，各自运行在自己的进程内部。既然如此，如果现在有请求进来，在 8080 服务接口中可以被 Caffeine 缓存到，但是在 8090 服务中，其实同一个 Key 的缓存并不存在。试着想一下，如果现在有 10 个服务节点所构成的集群，那么本地缓存的生效率（缓存被请求命中的几率）其实并不高，意味着其他端口下的接口一旦有高并发流量进来，可能一下子就会穿透到了数据库，直击心脏，很显然这样不够好。下面以图 6-4 为例来加深理解。

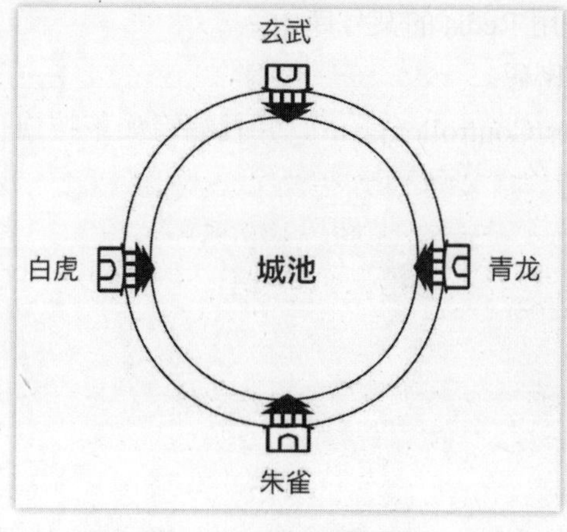

图 6-4　城池防御示意

在图 6-4 中，可以看到城池有 4 座城门，城门下是有步兵进行防御抵抗的，如果有敌人进攻，那么这些步兵都可以对其防御。但是如果这座城池很大，城门可能会有 10 座甚至 100 座。如果把城池的心脏比作数据库，那么城门其实就是本地缓存，本地缓存只会在自己本地生效，就像每个城门下的步兵只会负责自己分内的事，哪怕要跑去别的城门防御，那也有时间损耗，所以这个时候整座城池的防御力还是比较脆弱的。

既然如此，那么能不能在楼上安排巡防的弓箭兵呢？如此，楼下步兵可以和楼上弓箭兵一起进行防御，楼上巡防的弓箭兵可以作为第二道防线来抵抗敌人。门口的步兵相当于本地缓存，楼上的弓箭兵相当于分布式缓存，弓箭兵是巡防的，二楼也是打通的，所以弓箭兵可以各自游走进行防御。如此一来，整座城池的防御力大大提升了。

接下来，笔者对原接口“getItemCategory”进行优化，结合 Redis 使其变得更加可靠。

第一步，打开“pom.xml”文件，添加如下配置使得 Redis 的 Maven 坐标依赖可以添加到项目中。

```
<!-- 添加 SpringBoot 对 Redis 的支持 -->
<dependency>
    <groupId>org.springframework.boot</groupId>
    <artifactId>spring-boot-starter-data-Redis</artifactId>
</dependency>
```

第二步，在“application-dev.yml”配置文件中添加 Redis 的配置，使得 SpringBoot 与 Redis 可以集成到一起，配置如下。

```
spring:
    Redis:
        host: 192.168.1.121
        port: 6379
        database: 0
        password: 123456
```

上述配置的释义如下。

- host：Redis 所在的 IP 地址。
- port：Redis 的端口号。
- database：项目中使用 Redis 的某号库。
- password：Redis 的密码。

第三步，创建“RedisTestController.java”，并且编写如下接口代码，使用 Redis 进行基本操作。

```
@RestController
@RequestMapping("Redis")
public class RedisTestController {

    @Autowired
    private RedisTemplate RedisTemplate;

    @GetMapping("set")
    public Object setKeyValue(String key, String value) {
        RedisTemplate.opsForValue().set(key, value);
```

```
        return "Redis - setKeyValue 操作成功";
    }

    @GetMapping("get")
    public Object getKeyValue(String key) {
        return RedisTemplate.opsForValue().get(key);
    }

    @GetMapping("delete")
    public Object deleteKeyValue(String key) {
        RedisTemplate.delete(key);
        return "Redis - deleteKeyValue 操作成功";
    }
}
```

上述代码片段中，首先通过“@Autowired”注入“RedisTemplate”，这是 Redis 的模板工具类，一些中间件集成后可以通过模板类来进行调用操作。随后编写了 set、get 以及 delete 方法，运行后测试结果如图 6-5～图 6-7 所示。

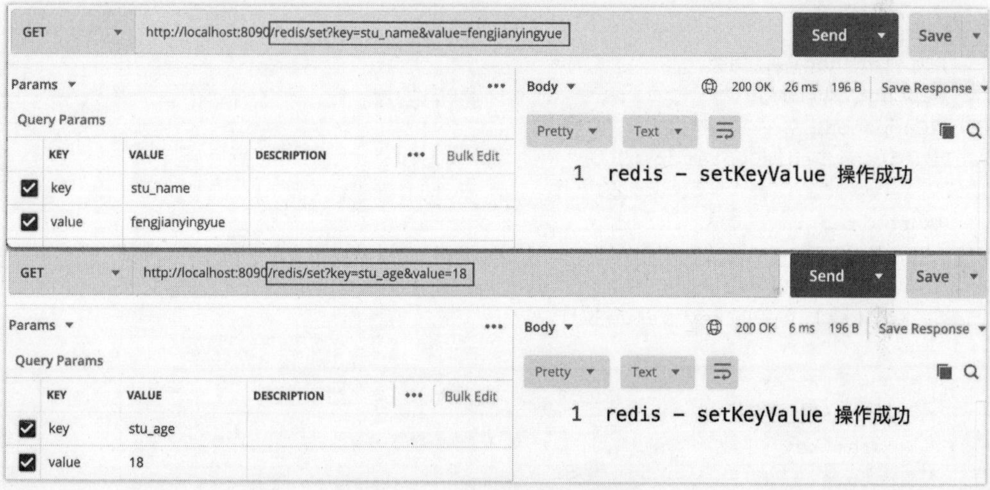

图 6-5　Redis 操作设置成功

图 6-6　Redis 操作查询成功

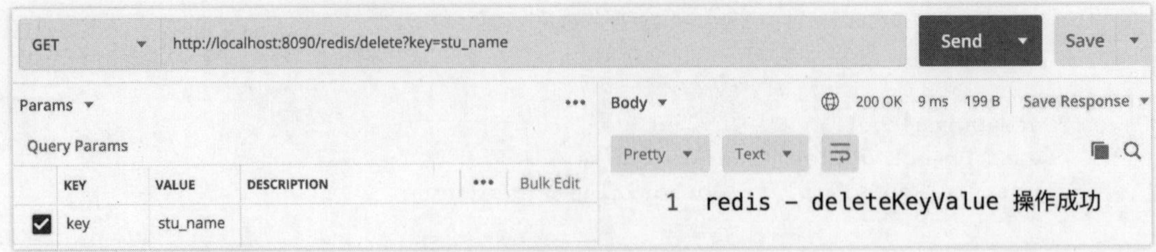

图 6-7 Redis 操作删除成功

如此一来，Redis 与 SpringBoot 整合成功。各位读者也可以通过 RDM 配合查看效果会更佳。

6.1.3 Redis 的通用工具操作类

在上一小节中，笔者通过 RedisTemplate 进行了一些基本操作，但是通过 RedisTemplate 进行操作代码相对烦琐，所以笔者在此提供如下工具类封装，叫作“RedisOperator.java”，各位读者也可以直接复制进自己的代码中进行使用，本书后续的内容在使用到 Redis 的地方也都会直接使用 RedisOperator 来进行操作，代码如下。

```
/**
 * @Title: Redis 工具类
 * @author 风间影月
 */ @Component
public class RedisOperator {

    @Autowired
    private StringRedisTemplate RedisTemplate;

    // Key（键），简单的 key-value 操作

    /**
     * 判断 key 是否存在
     * @param key
     * @return
     */
    public boolean keyIsExist(String key) {
        return RedisTemplate.hasKey(key);
    }

    /**
     * 实现命令：TTL key，以秒为单位，返回给定 key 的剩余生存时间(TTL, time to live)。
     *
     * @param key
     * @return
     */
    public long ttl(String key) {
        return RedisTemplate.getExpire(key);
    }

    /**
```

```
 *  实现命令：expire 设置过期时间，单位秒
 *
 *  @param key
 *  @return
 */
public void expire(String key, long timeout) {
   RedisTemplate.expire(key, timeout, TimeUnit.SECONDS);
}

/**
 *  实现命令：increment key，增加 key 一次
 *
 *  @param key
 *  @return
 */
public long increment(String key, long delta) {
   return RedisTemplate.opsForValue().increment(key, delta);
}

/**
 *  累加，使用 hash
 */
public long incrementHash(String name, String key, long delta) {
   return RedisTemplate.opsForHash().increment(name, key, delta);
}

/**
 *  累减，使用 hash
 */
public long decrementHash(String name, String key, long delta) {
   delta = delta * (-1);
   return RedisTemplate.opsForHash().increment(name, key, delta);
}

/**
*  hash 设置 value
*/
public void setHashValue(String name, String key, String value) {
   RedisTemplate.opsForHash().put(name, key, value);
}

/**
*hash 获得 value
*/
public String getHashValue(String name, String key) {
   return (String)RedisTemplate.opsForHash().get(name, key);
}

/**
*  实现命令：decrement key，减少 key 一次
```

```
 *
 *  @param key
 *  @return
 *
 */
public long decrement(String key, long delta) {
    return RedisTemplate.opsForValue().decrement(key, delta);
}

/**
 *  实现命令：KEYS pattern，查找所有符合给定模式 pattern 的 key
 */
public Set<String> keys(String pattern) {
    return RedisTemplate.keys(pattern);
}

/**
 *  实现命令：DEL key，删除一个 key
 *
 *    @param key
 */
public void del(String key) {
    RedisTemplate.delete(key);
}

/**
 *  Redis 全量删除缓存
 *  @param key 可以传一个或多个值
 */
public void allDel(String key) {
    Set<String> keys = RedisTemplate.keys(key + "*");
    RedisTemplate.delete(keys);
}

// String（字符串）

/**
 *  实现命令：SET key value，设置一个 key-value（将字符串值 value 关联到 key）
 *
 *  @param key
 *  @param value
 */
public void set(String key, String value) {
    RedisTemplate.opsForValue().set(key, value);
}

/**
 *  实现命令：SET key value EX seconds，设置 key-value 和超时时间（秒）
 *
 *  @param key
```

```
 *  @param value
 *  @param timeout
 *  （以秒为单位）
 */
public void set(String key, String value, long timeout) {
    RedisTemplate.opsForValue().set(key, value, timeout, TimeUnit.SECONDS);
}


/**
 *  如果 key 不存在，则设置；如果存在，则不操作
 *  @param key
 *  @param value
 */
public void setnx60s(String key, String value) {
    RedisTemplate.opsForValue().setIfAbsent(key, value, 60,
         TimeUnit.SECONDS);
}

/**
 *  如果 key 不存在，则设置；如果存在，则报错
 *  @param key
 *  @param value
 */
public Boolean setnx(String key, String value) {
    return RedisTemplate.opsForValue().setIfAbsent(key, value);
}

public Boolean setnx(String key, String value, Integer seconds) {
    return RedisTemplate.opsForValue().setIfAbsent(key, value, seconds,
          TimeUnit.SECONDS);
}

/**
 *  实现命令：GET key，返回 key 所关联的字符串值。
 *
 *  @param key
 *  @return value
 */
public String get(String key) {
    return (String)RedisTemplate.opsForValue().get(key);
}

 /**
 *  批量查询，对应 mget
 *  @param keys
 *  @return
 */
public List<String> mget(List<String> keys) {
    return RedisTemplate.opsForValue().multiGet(keys);
```

```
    }

    /**
     * 批量查询，管道 pipeline
     * @param keys
     * @return
     */
    public List<Object> batchGet(List<String> keys) {

// nginx -> keepalive
// Redis -> pipeline

       List<Object> result = RedisTemplate.executePipelined(new
                               RedisCallback<String>() {

           @Override
           public String doInRedis(RedisConnection connection) throws
                            DataAccessException {
              StringRedisConnection src = (StringRedisConnection)connection;

              for (String k : keys) {
                 src.get(k);
              }
              return null;
           }
       });

       return result;
    }


    // Hash（哈希表）

    /**
     * 实现命令：HSET key field value，将哈希表 key 中的域 field 的值设为 value
     *
     * @param key
     * @param field
     * @param value
     */
    public void hset(String key, String field, Object value) {
       RedisTemplate.opsForHash().put(key, field, value);
    }

    /**
     * 实现命令：HGET key field，返回哈希表 key 中给定域 field 的值
     *
     * @param key
     * @param field
     * @return
```

```
     */
    public String hget(String key, String field) {
        return (String) RedisTemplate.opsForHash().get(key, field);
    }

    /**
     * 实现命令：HDEL key field [field ...]，删除哈希表 key 中的一个或多个指定域，不存在的
域将被忽略
     *
     * @param key
     * @param fields
     */
    public void hdel(String key, Object... fields) {
        RedisTemplate.opsForHash().delete(key, fields);
    }

    /**
     * 实现命令：HGETALL key，返回哈希表 key 中所有的域和值
     *
     * @param key
     *
     * @return
     */
    public Map<Object, Object> hgetall(String key) {
        return RedisTemplate.opsForHash().entries(key);
    }

    // List（列表）

    /**
     * 实现命令：LPUSH key value，将一个值 value 插入列表 key 的表头
     *
     * @param key
     * @param value
     * @return 执行 LPUSH 命令后，列表的长度
     */
    public long lpush(String key, String value) {
        return RedisTemplate.opsForList().leftPush(key, value);
    }

    /**
     * 实现命令：LPOP key，移除并返回列表 key 的头元素
     *
     * @param key
     * @return 列表 key 的头元素
     */
    public String lpop(String key) {
        return (String)RedisTemplate.opsForList().leftPop(key);
    }
```

```
    /**
     * 实现命令：RPUSH key value，将一个值 value 插入到列表 key 的表尾（最右边）
     *
     * @param key
     * @param value
     * @return 执行 LPUSH 命令后列表的长度
     */
    public long rpush(String key, String value) {
        return RedisTemplate.opsForList().rightPush(key, value);
    }

    /**
     * 删锁
     * 原子性保证
     * @param script
     * @param key
     * @param value
     */
    public Long execLuaScript(String script, String key, String value) {
        return RedisTemplate.execute(
            new DefaultRedisScript<>(script, Long.class),
        //  Arrays.asList(key),
            Collections.singletonList(key),
            value
        );
    }
}
```

经过 RedisOperator 工具类改写后的全新 RedisTestController 代码如下。

```
@RestController @RequestMapping("Redis")
public class RedisTestController {

    @Autowired
    private RedisOperator RedisOperator;

    @GetMapping("set")
    public Object setKeyValue(String key, String value) {
        RedisOperator.set(key, value);
        return "Redis - setKeyValue 操作成功";
    }

    @GetMapping("get")
    public Object getKeyValue(String key) {
        return RedisOperator.get(key);
    }

    @GetMapping("delete")
    public Object deleteKeyValue(String key) {
        RedisOperator.del(key);
```

```
        return "Redis - deleteKeyValue 操作成功";
    }
}
```

可以看到，使用 RedisOperator 后的代码整洁度明显提高。

6.1.4 Redis 与本地缓存并肩作战

目前项目中已经继承了 Redis，如此可以对原有接口进行优化，使得 Redis 和 Caffeine 共同协作发挥缓存作用。在“ItemCategoryController.java”中对接口“getItemCategory”进行优化后的代码如下。

```
/**
 *   扩充为集群后，同时增加分布式缓存 Redis
 *   分布式缓存 Redis + 本地缓存 Caffeine 双屏障为服务接口提供强大的缓存服务
 *   @param id
 *   @return
 */
@GetMapping("get")
public ItemCategory getItemCategory(Integer id) {

    String itemCategoryKey = "itemCategory:" + id;
    ItemCategory itemCategory = cache.get(itemCategoryKey, s -> {
        System.out.println("本地缓存中没有['+id+']的值，现尝试从 Redis 中查询后再返回");

        ItemCategory itemCategoryTemp = null;
        String itemCategoryJsonStr = RedisOperator.get(itemCategoryKey);
        // 判断从 Redis 中查询到的商品分类数据是否为空
        if (StringUtils.isBlank(itemCategoryJsonStr)) {
            System.out.println("Redis 中不存在该数据，将从数据库中查询");

            // 如果为空，则进入本条件，并从数据库中查询数据
            itemCategoryTemp = itemCategoryService.queryItemCategoryById(id);

            // 手动把商品分类数据设置到 Redis 中，后续再次查询则 Redis 中会有值
            String itemCategoryJson = JsonUtils.objectToJson(itemCategoryTemp);
            RedisOperator.set(itemCategoryKey, itemCategoryJson);
        } else {
            System.out.println("Redis 中存在该商品分类数据，此处则直接返回");

            // 如果不为空，则直接转换 json 类型为 ItemCategory 后再返回即可
            itemCategoryTemp = JsonUtils.jsonToPojo(itemCategoryJsonStr,
                                      ItemCategory.class);
        }

        // 不论从 Redis 中获得还是从数据库中获得，最终都会存储到本地缓存
            return itemCategoryTemp;
    });

    return itemCategory;
}
```

如以上代码所示，初次运行会先判断本地缓存中是否有数据，如果没有数据则查询 Redis，Redis 也没有则从数据库中查询，数据库中查询到的值会放入 Redis 以及 Caffeine 中。如果重启项目，Redis 的数据不会丢失，那么初次的访问请求也只会到 Redis 就不会继续往下执行，从而保护数据库，起到了良好的屏障保护作用。运行的控制台结果通过 postman 调用后如图 6-8 所示。

```
本地缓存中没有[1001]的值，现尝试从Redis中查询后再返回
Redis中不存在该数据，将从数据库中查询
                    INFO 94059 --- [nio-8080-exec-2]
                    INFO 94059 --- [nio-8080-exec-2]
                    INFO 94446 --- [nio-8080-exec-1]
本地缓存中没有[1001]的值，现尝试从Redis中查询后再返回
Redis中存在该商品分类数据，此处则直接返回
```

图 6-8　Redis 与 Caffeine 联手提供缓存服务

如此，目前服务接口就有了两道缓存共同抵御外部的高并发请求了，从而也可以提升整体网站接口的稳定性与性能。

注意： JsonUtils 为对象与 json 字符串互转的工具类，可以直接到源码中复制使用，位置为"com.itzixi.utils"，内容代码如下。

```
/**
 * JSON 转换工具类
 */
public class JsonUtils {

    // 定义 jackson 对象
    private static final ObjectMapper MAPPER = new ObjectMapper();

   /**
    *  将对象转换成 json 字符串
    *  @param data
    *  @return
    */
   public static String objectToJson(Object data) {
      try {
          String string = MAPPER.writeValueAsString(data);
          return string;
      } catch (JsonProcessingException e) {
          e.printStackTrace();
      }
      return null;
   }

   /**
    *  将 json 结果集转换为对象
    *
    *  @param jsonData json 数据
    *  @param beanType 对象中的 object 类型
    *  @return
```

```
     */
    public static <T> T jsonToPojo(String jsonData, Class<T> beanType) {
        try {
            T t = MAPPER.readValue(jsonData, beanType);
            return t;
        } catch (Exception e) {
            e.printStackTrace();
        }
        return null;
    }

    /**
     * 将json数据转换成pojo对象list
     * @param jsonData
     * @param beanType
     * @return
     */
    public static <T>List<T> jsonToList(String jsonData, Class<T> beanType) {
        JavaType javaType =
            MAPPER.getTypeFactory().constructParametricType(List.class, beanType);
        try {
            List<T> list = MAPPER.readValue(jsonData, javaType);
            return list;
        } catch (Exception e) {
            e.printStackTrace();
        }
        return null;
    }
}
```

6.2　分布式缓存问题延伸

6.2.1　缓存预热

现在的项目中所使用到的缓存，是只有请求进来，缓存才会有，才会查询数据并且放入 Caffeine 以及 Redis 中，这其实是一种懒模式。但是很多项目其实会预先把数据放入缓存中，提前把数据准备在 Caffeine 以及 Redis 中，那么请求来了，不论是初次访问还是二次访问，只会从缓存中获取，这样其实也能降低瞬时高并发流量进入数据库的风险，这种做法叫作“缓存预热”。就好比在早餐店喝豆浆，顾客买的豆浆是老板已经提前做好的豆浆，而不是顾客来了老板再去研磨豆浆，所以提前把数据准备到缓存中（提前做好豆浆）就是缓存预热，这也是比较通用的一种方案。

结合目前项目，比如要查询所有的商品分类数据列表 ItemCategoryList，由于这个 list 数据较多，未来预测可能数据量也会比较大，那么可以在系统启动的时候，提前查询好并且放入分布式缓存 Redis 以及本地缓存 Caffeine 中，如此该数据被查询的请求响应速度也就更快，高并发的吞吐量也会更高。

第一步，在“ItemCategoryService.java”与“ItemCategoryServiceImpl.java”中编写查询所有分类数据列表的方法，代码片段如下。

```
/**
*    查询所有分类数据列表
*    @return
*/
public List<ItemCategory> queryItemCategoryList();

@Override
public List<ItemCategory> queryItemCategoryList() {
    return itemCategoryMapper.selectAll();
}
```

第二步，在“CaffeineConfig.java”中添加用于缓存 ItemCategoryList 的 Caffeine 配置，代码如下。

```
@Bean
public Cache<String, List<ItemCategory>> categoryListCache() {
    return Caffeine.newBuilder()
            .initialCapacity(10)
            .maximumSize(100)
            .build();
}
```

第三步，创建“SystemCachePrepareConfig.java”（与“Application.java”同级包下），编写如下代码片段。

```
@Configuration
public class SystemCachePrepareConfig implements CommandLineRunner {

    @Autowired
    private ItemCategoryService itemCategoryService;

    @Autowired
    private Cache<String, List<ItemCategory>> categoryListCache;

    @Autowired
    private RedisOperator RedisOperator;

    /**
     *    系统启动进入本方法，用于缓存预热，提前准备数据
     *    @param args
     *    @throws Exception
     */
    @Override
    public void run(String... args) {
        // 1. 查询所有商品分类数据
        List<ItemCategory> typeList =
            itemCategoryService.queryItemCategoryList();
       String itemCategoryListKey = "itemCategoryList";
```

```
        // 2. 设置分类数据到本地缓存
        categoryListCache.put(itemCategoryListKey, typeList);

        // 3. 设置分类数据到 Redis
        RedisOperator.set(itemCategoryListKey, JsonUtils.objectToJson(typeList));
    }
}
```

上述代码中会实现“CommandLineRunner”接口，这个接口主要用于实现在服务项目启动初始化后，预先去执行一些代码片段，而且这段初始化代码在整个项目的生命周期中只会执行一次，每次重启都会执行一次。

重启项目，打开“RedisDesktopManager”查看数据，如图 6-9 所示。

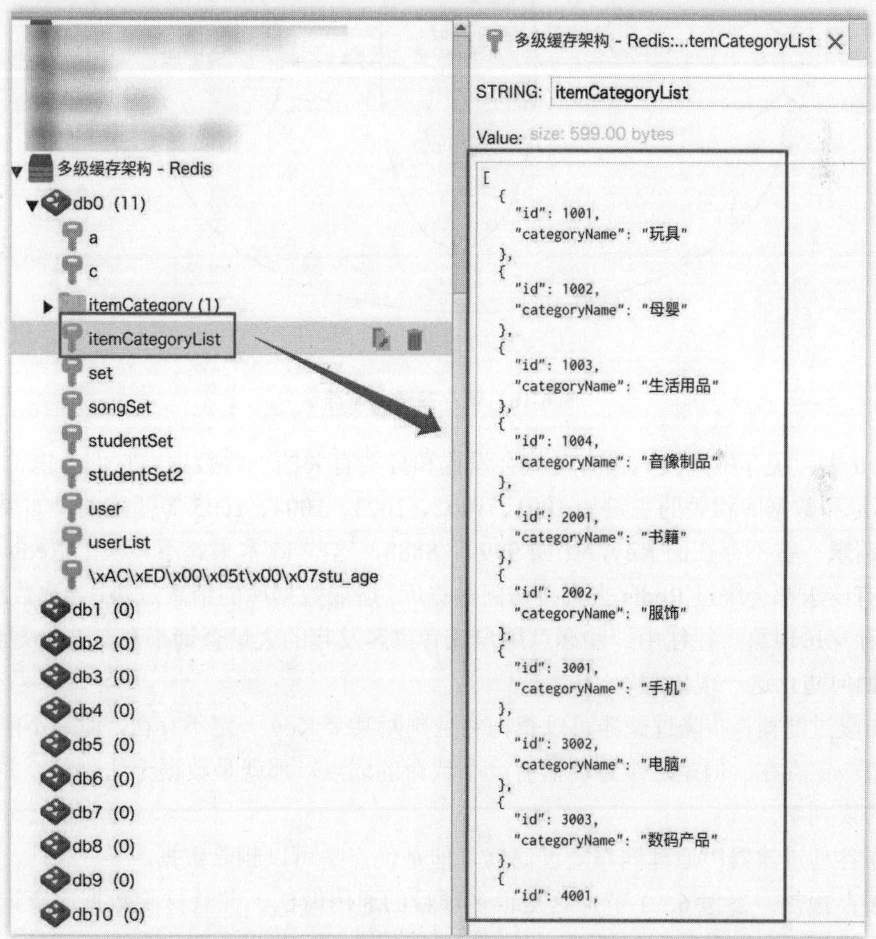

图 6-9　RedisDesktopManager 查看缓存预热的商品分类列表数据

如此，缓存预热的功能就已实现了。

6.2.2　Redis 缓存穿透

高并发场景下，很有可能出现“缓存穿透”现象，“缓存穿透”是指查询一个在数据库中不存在的数据，缓存和数据库中都不会命中（也就是都查询不到），在编写代码的时候，一般数据库查询不到的是不会写入 Redis 的，如此前端请求就会绕过缓存直接打在数据库上，高并发时造成数据库宕机。如此一来，就失去了 Redis 存在的意义，往往黑客可能会出于某种目的来攻击服务器，又或者一些爬虫系统也会造成这种现象的出现。

可以看一下如下架构图 6-10，图中以分布式缓存中间件 Redis 为例来说明。

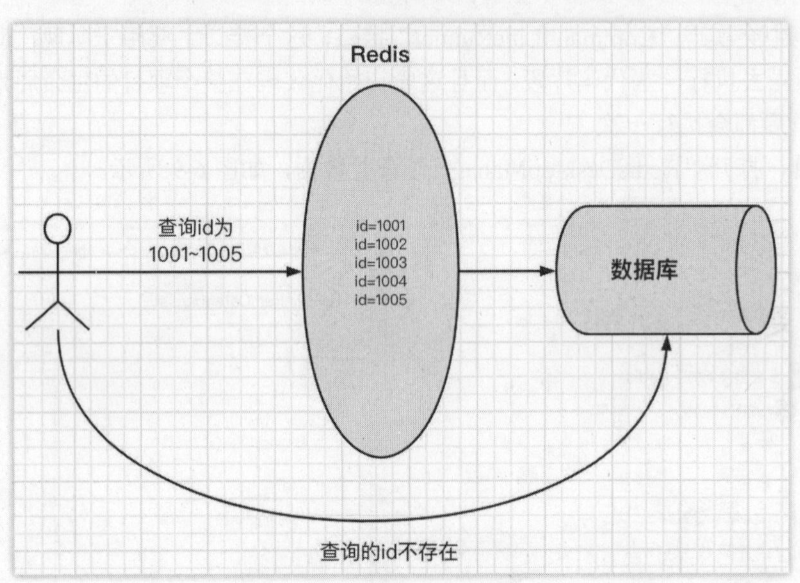

图 6-10　缓存穿透现象演示

图 6-10 中，缓存中开发人员有时候会设置和分类有关的一些数据，它们会携带 id 存入，那么 id 都是和数据库相关的主键如 1001、1002、1003、1004、1005 等匹配的，如果用户这个时候大量请求一些不存在的 Key，比如 9999、8888，这些 id 本来就不存在于 Redis 中，那么用户的所有请求都会绕过 Redis 去直接访问数据库，造成数据库的请求过热，导致数据库宕机。这就是缓存穿透现象，往往由一些恶意用户或者黑客发起的大量查询不存在 Key 导致。

那么如何防止这一现象呢？

- 布隆过滤器：布隆过滤器可以查询并且判断某个 Key 一定不存在，但是不能判断某个值一定存在。但是这个过滤器有一个致命的弱点，那就是数据无法删除，并且有一定的误判率。
- 布谷鸟过滤器：原理同布隆过滤器，但是优点是可以删除数据。
- 缓存预热：参考 6.2.1 节，这是很多项目的通用做法。并且抹除数据库查询，查询层级只到缓存，有数据就返回，没有数据也不会放行请求去查询数据库，从而避免数据库的过载风险。
- 空 Key 设置：查询出来一个 Key 的内容不存在，那么设置为空字符串、空对象或空 list，这样后续的非法请求查询到的都是空数据，请求也不会到达数据库，这种方式也会比较好。对于空值的 Key 来说，可以设置一定的 expire 时间，比如设置 5～10 分钟，长一点设置 30 分钟都行，但是一定不能设置永久不过期。

6.2.3　Redis 缓存击穿

高并发场景下，也会有“缓存击穿”现象的出现，如图 6-11 所示。

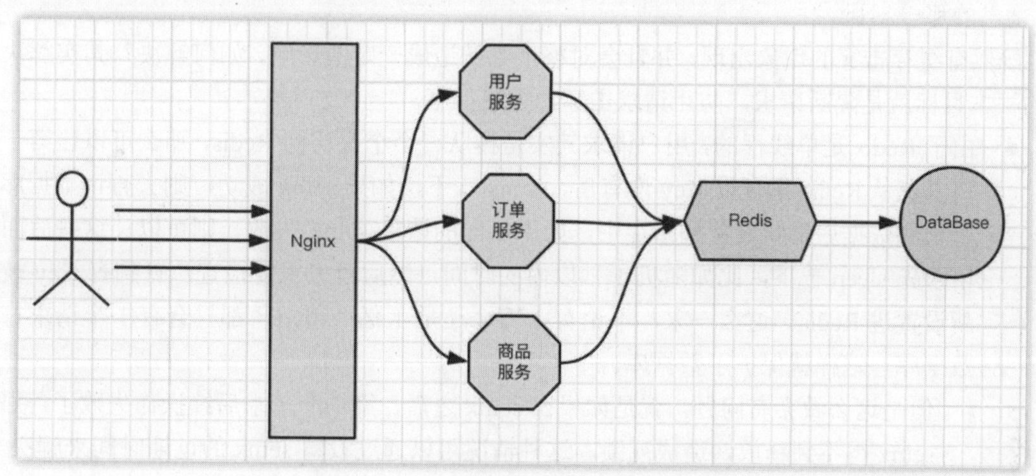

图 6-11　缓存作为业务的缓存前置数据

图 6-11 中，Redis 作为数据库的前置缓存，抵挡一部分的流量，开发人员设置数据的时候往往都是 KV 键值对，是可以设置一个 expire 的有效过期时间的。当一个 Key 成为冷缓存了，那么这个 Key 就会有可能被自动清理掉。

假设这个时候，正好用户大量请求刚刚所说的那个 Key 的缓存数据，但是该 Key 被清理掉了，这个时候会发生什么情况？如图 6-12 所示，这个时候，用户的请求无法从 Redis 中获得缓存数据，那么此时由于并发量巨大，所有的查询请求都落在了数据库上，造成数据库压力过大，数据库极易宕机。那么这就是“缓存击穿”现象。

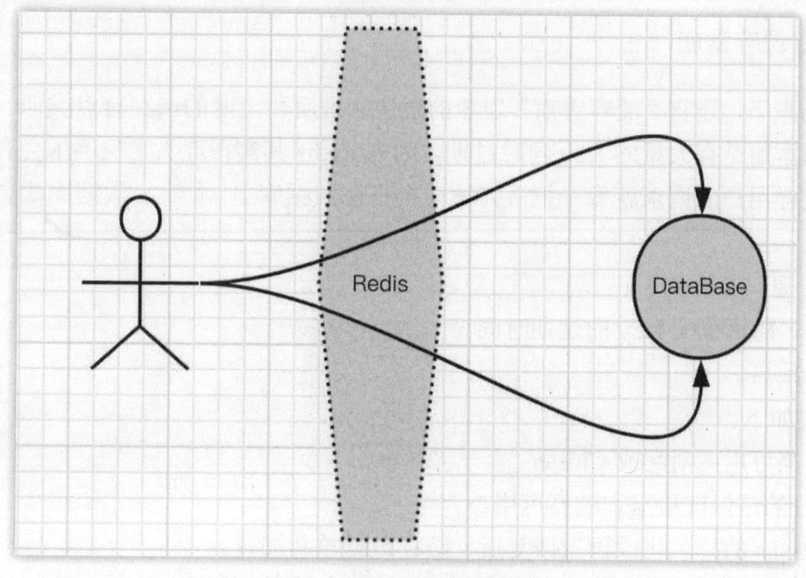

图 6-12　缓存击穿现象演示

缓存击穿现象发生需要满足以下两个前置条件。

- 请求高并发。
- 正好某个 Key 失效了，或者由于过期策略被删除了，还没来得及把数据缓存进 Redis 的那一刹那。

既然有缓存击穿的现象出现，并且会对整个系统造成一定的影响，如何解决？其实解决方案的根本目标就是隔断请求，防止请求击穿，方案如下。

- 由于 Redis 是单线程的，用户请求其实是排队一个个去访问 Redis，那么可以让第一个请求在从 Redis 里查询 Key 没有后，setnx 一下，如果 setnx 成功，则去查询数据库，查询到数据后重新设置到缓存中。如果后面的请求 setnx 失败，则可以让这些后面的请求先 sleep 一下，比如随机 1 秒以内的时间，然后再去重复检查，直到有 Key 被重新设置进 Redis。这么一来，不论有 1 万个还是 1 亿个请求，都只会有 1 个请求打到数据库，这样就保护了数据库。
    - 但是这么做会有问题，就是如果在 setnx 之后，第一个请求后续操作失败了，那么 setnx 得不到释放，造成死锁。这种情况可以通过设置 setnx 的过期时间来解决。
    - 当然更好的方式就是使用多线程。第一个线程用于请求数据库，第二个线程用于定时检查数据是否成功被设置进 Redis，如果没有，就适当延长 setnx 的过期时间，去重置它。为什么要这么做，因为查询数据库有时候可能会出现拥堵现象。当然这么处理，业务代码也会相当多也比较复杂。
- 设置永不过期，如果服务器的内存够大，或者说缓存本来也不多，内存空间充足，那么所有 Key 都设置为永不过期，那么这样的击穿情况也不会出现。
- 缓存预热，在项目初期就已经把所有需要用到的数据放入 Redis 中，用户请求查询的时候只查 Redis，哪怕 Key 不存在，也不会请求到数据库，这样就完全进行了隔断，保证不会出现击穿现象。

6.2.4 Redis 缓存雪崩

高并发场景下，还有“缓存雪崩”现象的发生。雪崩和之前的击穿有点类似，击穿是一个 Key 失效，而雪崩是有大量的 Key 同时过期，因为 Redis 其实很庞大，免不了会有很多的 Key 同时到期，这样用户的请求就像一把霰弹枪一样打在数据库上。如此，数据库就会遭受大量请求的“撞击”。

如何预防呢？方案如下。

- 均匀、随机分配 Key 的过期时间。
- 缓存预热。

解决方案如下。

- 集群高可用：哨兵或 Cluster。
    - 目的是保证最基本的高可用。
    - Redis 的持久化，再次恢复后，缓存数据重新加载。
- Redis + Caffeine 两两结合，不把鸡蛋放在同一个篮子里。

- 限流：限制大流量，系统只保证一部分用户可以正常访问，而不至于整体崩溃。
  - 只接受更小流量的请求，这样数据库可以应付得过来。
  - 目的是让系统整体还能运作起来，赚小钱总比不赚钱的好，系统也不会崩溃。就好比，有一艘船，只能坐一千人，来了一万人，船长只开放一千人的票，不然一万人都来坐，船就沉了。
- 降级：限流在外的请求，没有处理，这个时候会引导至一些简单的信息提示页面，可以友情提示的形式说“请稍后访问”之类的，甚至反馈一个 404 简单页面也行。
  - 限流+降级保证数据库肯定能够运转过来。
  - 少赚钱总比不赚钱要来得好。
  - 保证一部分用户请求能够真正被系统处理。

另外，还有第二种缓存雪崩的情况，这种情况和时间相关，比如有些金融项目，前一天和后一天的一些相关金融业务数据、计算比例、计算规则算法、利率等，每天都不一样，前一天的数据会在零点或者凌晨 1 点全部失效，那么这个时候咋办？方案如下。

- 第一种方案，做个定时任务，跑一遍所有涉及 Redis 的接口，这么一来涉及的缓存数据在查询 DB 后会放入 Redis 中。
- 第二种方案，就是让 Key 携带日期，比如可以这么设置：
  key=sales:amount-percent:20231225,
  value=0.98
  key=sales:amount-percent:20231226,
  value=0.965
  如此一来，在时间一过零点，获得的数据就可以立马生效，这样也就是提前设置好第二天的数据，前一天的所有数据全部失效也无所谓了。
- 第三种方案，这种方案的业务代码相对复杂一些，就是在零点这个失效点过后，对业务层的读取 Redis 数据做延时，只放一部分的请求过去，避免请求大量访问到数据库，待 Redis 缓存设置好以后，后续的请求再逐步放行。这种方式也可以，但是需要有很好的把控。

其实，不论是缓存穿透，还是缓存击穿，甚至是缓存雪崩，一定要保证数据库不能宕机、死机，数据库一旦发生故障，那么资损会相当严重。所以，限流+降级是必要的手段，可以提前做好预案。此外，缓存预热是非常万金油的方式，适用场景也很多。不论任何系统，都有可能遇到这三种情况，所以本书借此特别说明一下，系统上线之前务必考虑周全，以降低风险的发生。

6.3　分布式系统的 CAP 理论

6.3.1　分布式系统

笔者在之前的章节中就有提到过分布式系统，分布式系统就是一个系统由多个组成部分共同构成，用户的一个请求可能会经过多个不同的计算机节点，通过运算之后才会把结果响应给用户，那么该请求所经过的不同的几个系统就是分布式系统，微服务架构也属于分布式系统的一种形态。但是企业的网站系统架构是不是分布式系统，对用户来讲是透明的。如图 6-13 所示，一名用户在下单过程中会经过多个系统，这个系统是分布式的，共同组成一个整体。

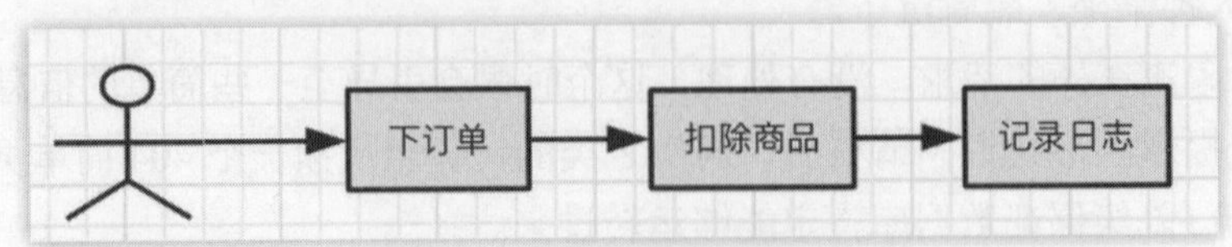

图 6-13　用户请求分布性系统

6.3.2　CAP 是什么

在分布式系统中，必定会遇到 CAP，CAP 是一个组合词，每一个英文字母都各自代表了一层意义。

首先来看 C（Consistency）：一致性。

在分布式系统中，所有的计算机节点的数据在同一时刻都是相同的，数据都是一致的。不能因为分布式系统的形态而导致不同系统拿到的数据不一致。也就是说，用户在某一个节点写了数据，在其他节点获得该数据的值是最新的；如果是更新操作，那么所有用户看到的也是更新后的新值，不论哪个节点，不论集群，不论主备，数据都是一致的。

如图 6-14 所示，共有 5 个节点，往 A 节点去写，那么其他节点的数据在同一时间都是相同的，其他用户读取的数据也都是相同的，数据的一致性很强。

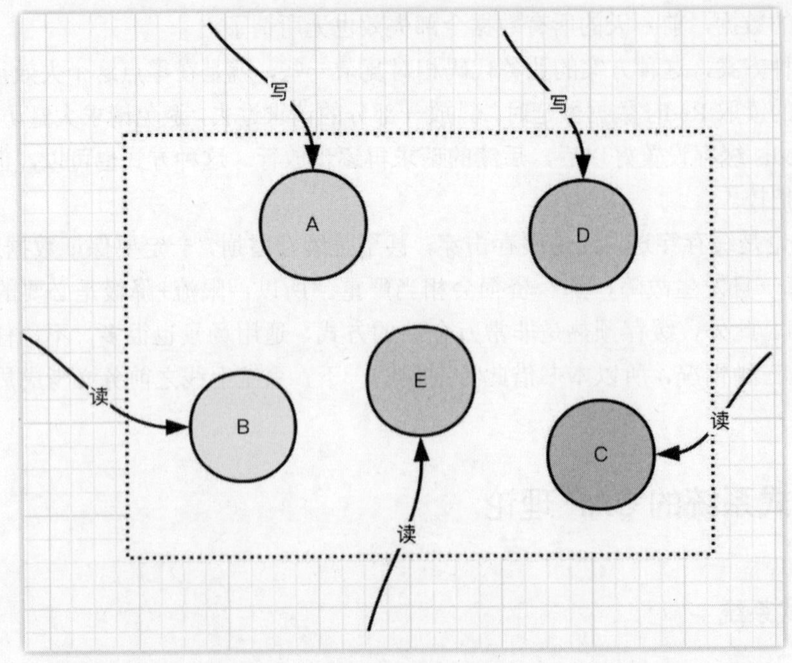

图 6-14　分布式系统多节点数据一致性

再看 A（Availability）：可用性。

保证企业网站的系统可用，也就是说无论任何时候，系统都可以被用户访问到，用户可以获得正常的响应结果。比如对整体系统架构做到集群、主备、热备等，这个就是高可用。

如图 6-15 所示，集群是一个整体，不论是否有节点宕机，那么作为整体，还是可以继续对外提供服务的，保证了系统的可用性。

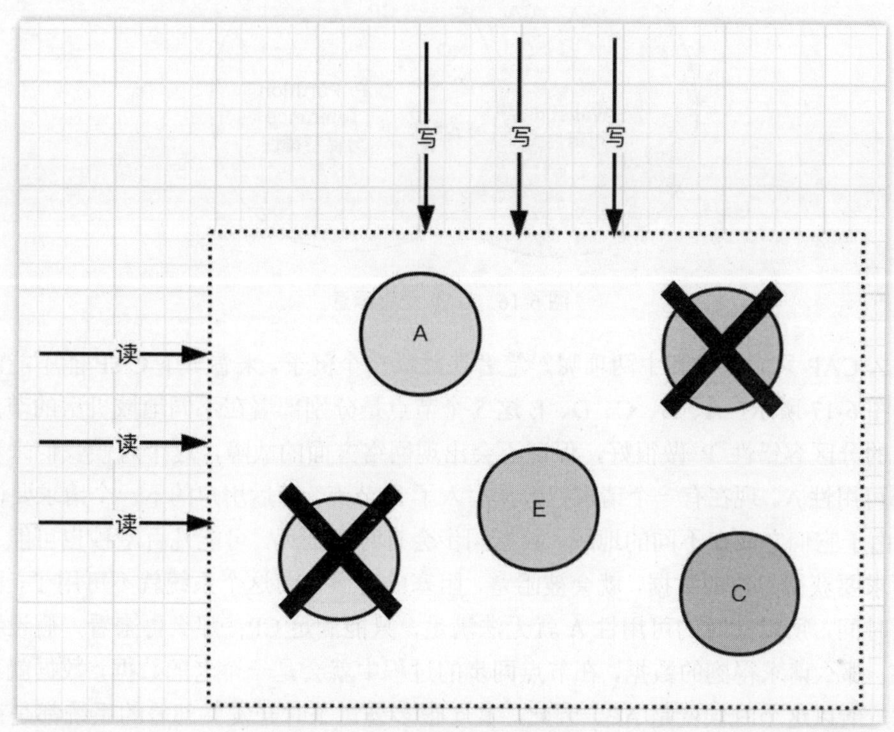

图 6-15　集群形态的系统高可用

最后来看 P（Partition Tolerance）：分区容错性。

在整个分布式系统中，系统各个服务或子系统部署在不同的节点上，或者是不同的机房甚至是不同的地域，部署的时候会有一些子网，某一些服务也会部署在不同的子网，每个子网就是一个区，也就是网络分区，分区和分区之间的通信有可能出现通信故障。某个节点、网络或者地域（分区）出现问题，整个系统还是照样能够提供一致性和可用性的服务。也就是说部分系统故障不会影响整体。为什么会出现这种问题，主要是因为程序 bug、计算机硬件问题、网络问题等多种可能因素。对企业来讲，企业的诉求其实就是即使小部分出问题，也要保全整体。并且对于任何分布式系统来讲，都需要去考虑分区容错的问题。

6.3.3　CAP 定理

C/A/P 三项是无法同时满足的。虽然从理论上来讲，可以同时满足，但是系统是人开发的，就肯定会或多或少有各种各样的问题。在分布式系统中同时满足这三点是不现实的。所以对于 CAP 来讲，只能满足其中两者，要么 AP，要么 CP，要么 CA，如图 6-16 所示。

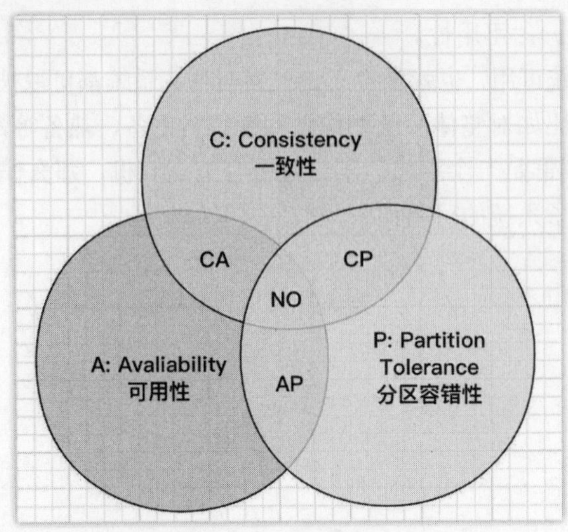

图 6-16　CAP 交集示意

为什么 CAP 只能满足其中两项呢？笔者在此举一个例子，来看一下 CAP 能不能同时满足三项。如图 6-17 所示，A、B、C、D、E 这 5 个节点是分别部署在不同地域机房的节点，假设现在系统的分区容错性 P 做很好，保证不会出现网络方面的故障，这个时候我们来看一下一致性 C 和可用性 A。现在有一个请求把数据写入了 A 节点，随后用户的下一个请求要访问 B 节点，那么由于它们之间在不同的地域，数据同步会有时间延迟，可能几百毫秒也可能 1～2 秒。那么读请求要获得一致的数据，就会被阻塞，阻塞的时候当前这个系统就不可用了，因为数据同步需要时间，所以此时的可用性 A 就无法满足，只能满足 CP；那么再来看，假设要满足系统可用性，那么请求得到的数据，在节点同步的过程中就会是一个老的数据，数据就不能达到一致性 C，所以这个时候就是 AP。因此，其实很多公司平时开发并部署的系统都是在 C 和 A 之间取其一来搭配 P 的。

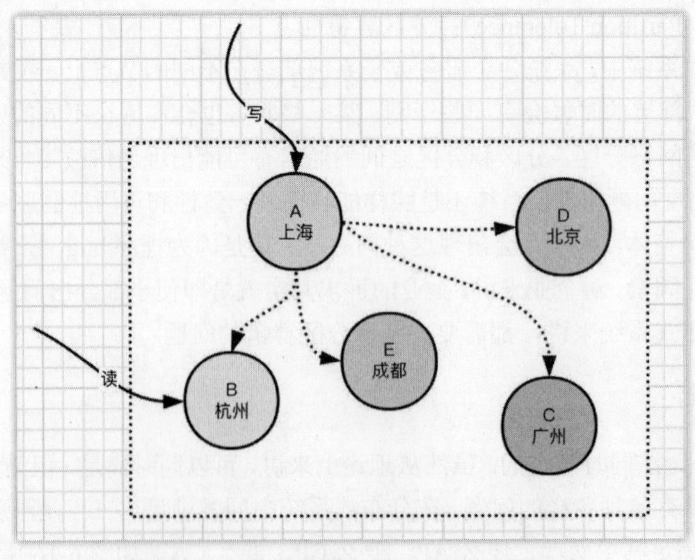

图 6-17　多节点数据在 CAP 中的考量抉择

6.3.4　CAP 的组合搭配

那么 CP、CA、AP 这三种，哪个好呢？

- CP：满足一致性和分区容错的系统，性能不会很高，因为一致性是时时保持的。就比如说用户提交一个订单，这个订单的数据要同步到各个系统，保证强一致性。如此，用户的请求大多都会被阻塞，需要耗时等待。
- CA：满足一致性，满足可用性，一般来说都是以单体存在的集群架构，可扩展性不高。
- AP：满足可用性和分区容错，那么这样就不是一致性了，往往会采用弱一致性，或者最终一致性，这也是通常用得最多的。很多企业也大多以 AP 形态来开展工作。

其实，平时开发的时候，分区容错 P 是一定要满足的，因为企业在部署的时候往往是多节点集群或分布式部署，设置异地互备，比如北京机房和上海机房都提供服务，所以，一定要保证容错性。

那么接下来要选择一致性还是可用性呢？

一般来说，往往在搭建网站架构的时候，都会采用 AP，主流的互联网公司也是如此，也就是数据的弱一致性，因为要保证系统的整体高可用性以及容错性。什么是弱一致性？比如经常看到的一些头条新闻，头条新闻的点赞数、评论数或者微博粉丝数，具体的数值每个人浏览的时候可能不一样，这个其实无所谓的，数据的实时一致性没有那么严谨，这就是弱一致性。而像 Redis 这样的中间件，是 CP，也就是要保证数据的一致性，因为毕竟要为网站提供数据服务，一致性必须满足。再比如一些金融交易系统，也需要保证数据的一致性和分区容错性，因为“钱”这个数据是必须要保证强一致性的，在任何节点被查询的时候都得是同一个数值。

现在的互联网环境下，很多项目都不会采用强一致性，因为很难做，而往往采用弱一致性，因为用户可以接受。比如双 11 或者 618 的时候，订单海量增加，用户只需要关注订单下单成功就行，具体多少订单，具体多少金额，企业不会去实时统计计算，因为没必要，反而会在高峰期过后逐步去统计，慢慢实现一致性。这就是目前大多数企业主流的做法。

但是一定要注意，数据层面的交互，关系型数据库、Redis 等，肯定是强一致性的，因为需要提供企业级的数据服务。

6.4　缓存数据双写方案

6.4.1　存储媒介发生数据不一致

6.3 节中提到了 CAP 定理，这个是分布式系统中必然存在的一个问题，CA、CP、AP，三者必取其一。在本书目前的项目中，所使用到的两个大框架是 SpringBoot 服务外加 Redis 缓存中间件，这里就会涉及一个问题，就是数据双写的情况，因为数据写入数据库后，缓存数据还是旧的数据，那么此时是否需要考虑进行数据一致性的同步呢？笔者在此展开细说一下。

先看代码，在“ItemCategoryController.java”中，有修改和删除接口，代码如下。

```
@PutMapping("update")
public String updateItemCategory(Integer id, String categoryName) {
    itemCategoryService.updateItemCategory(id, categoryName);
    return "修改成功! ";
}

@DeleteMapping("delete")
public String deleteItemCategory(Integer id) {
    itemCategoryService.deleteItemCategoryById(id);
    return "删除成功! ";
}
```

上述代码中，不论是更新操作还是删除操作，只要是在同一个系统中，都会有可能被执行，那么一旦被执行，则 Redis 缓存中的数据及 Caffeine 本地缓存中的数据就会和数据库中的数据产生不一致性，此时又该如何解决呢？那么这其实就是多个存储媒介中的数据一致性没有得到保证。

用户发起请求到后端，执行数据保存到数据库，接下来需要把数据在其他的数据服务中同时进行保存，常见的如保存到 Redis、ElasticSearch 或者 MongoDB 中，如图 6-18 所示。

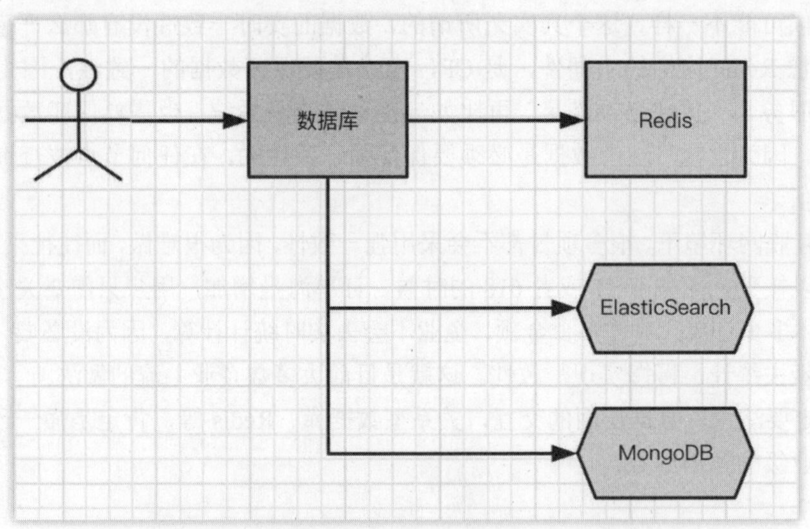

图 6-18　用户请求在多个存储媒介进行数据保存

那么正由于分布式系统，每个节点相互独立，就有可能造成在数据库写完之后，后续的写操作无法执行，或者发生异常中断，再或者出现网络延时等问题。这么一来，读取的数据在数据库里是新的，而 Redis、ElasticSearch、MongoDB 中是老的数据或者没有数据，这样显然数据就造成了不一致（这里一般以 Redis 为例，来结合数据库使用的场景是最多的）。

因为异常原因导致数据没有写入其他存储媒介中的过程可以参考图 6-19。

为什么数据在多库中会产生不一致性，这就是在 CAP 中所提到的分区容错性，可以参考本章的 6.3.2 节回顾一下。

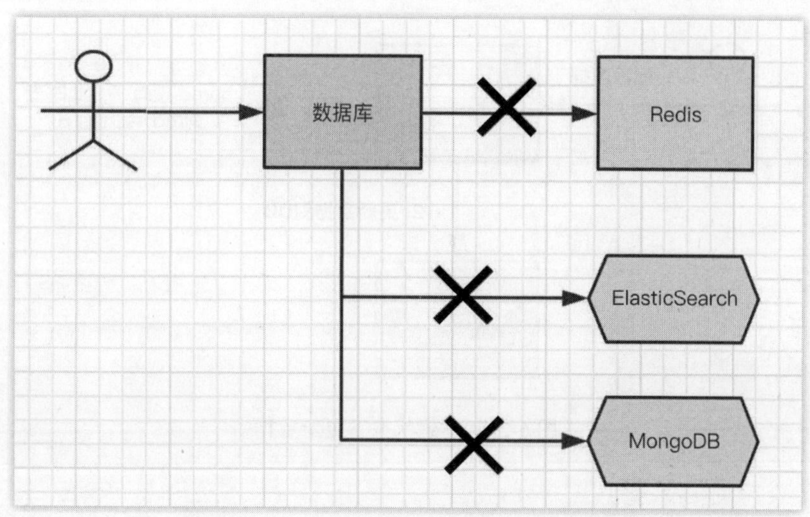

图 6-19　数据在多库产生的不一致性

6.4.2　数据库与缓存双写不一致

那什么时候会有不一致的情况发生呢？如图 6-20 所示，这是正常的一个读取流程，数据库和 Redis 中都有一个 name=itzixi，读取操作是正常的。

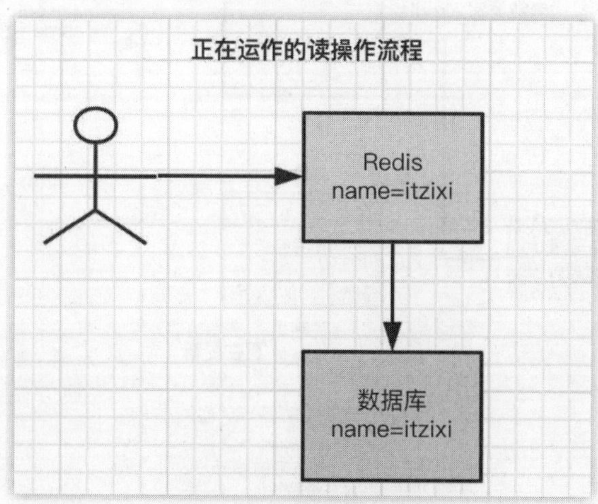

图 6-20　用户读取数据流程

此时有一个更新的请求进来了，先从 Redis 中删除 name=itzixi，然后再把新的值更新给数据库，此时数据库中新的 name=lee，如图 6-21 所示，这也是比较理想的状态。

但是，在更新的整个过程中，有可能这个 name 是一个热点 Key，存在并发的场景，由于并发读，并且数据库还没有来得及把 name 从 itzixi 更新为 lee，而且 Redis 中也没有这个 name 的值，此时会发生怎样的情况呢？如图 6-22 所示，此时，老的数据就会被新的并发读请求到，并写入 Redis，然后返回给用户，那么最终，数据库和 Redis 里的数据造成了不一致，所以应该要如何处理才能避免这样的情况发生呢？

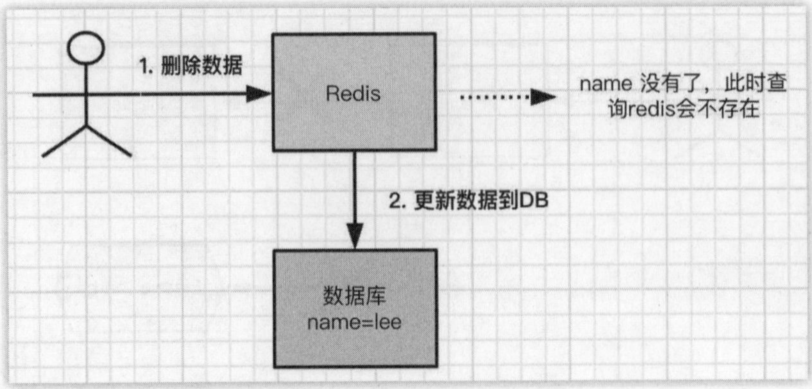

图 6-21　理想状态下更新数据

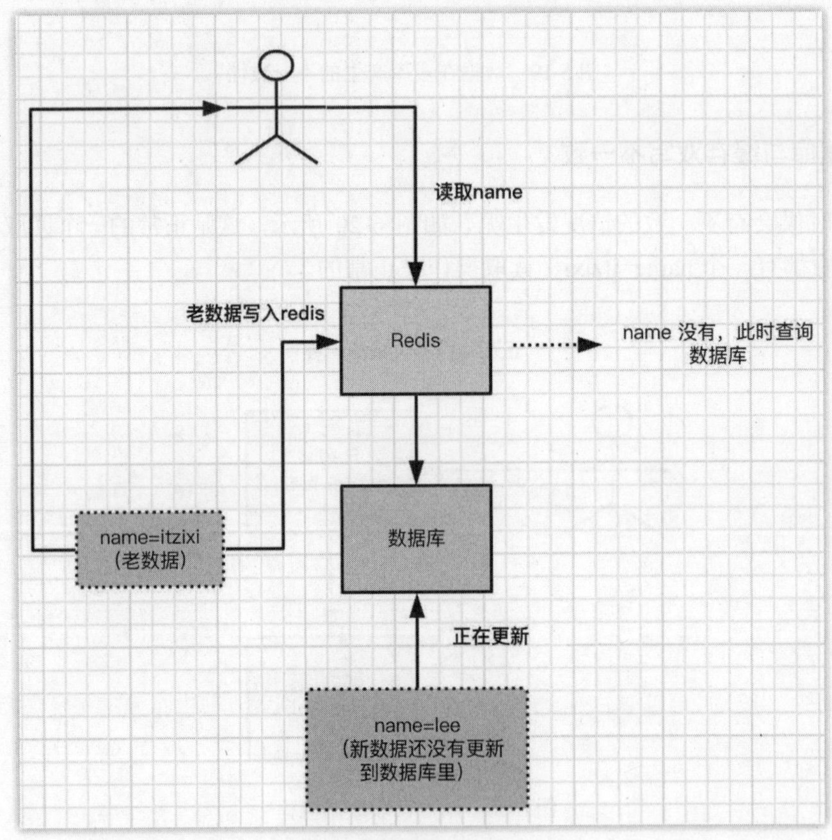

图 6-22　数据紊乱不一致

6.4.3　数据库与缓存双写一致方案

要解决 6.4.2 小节中所涉及的问题，达到双写一致的目的，可采取缓存二次删除方案，步骤如下。

- 第一步，先删缓存。
- 第二步，更新数据库。

- 第三步，sleep 1 秒（视情况，可以延长或缩短）。
- 第四步，再次删除缓存。

如此一来，就能保证 sleep 以后的缓存数据再次被读取时会从 DB 获取，从而达到一致性。相关改写后的代码如下。

```
@PutMapping("update")
public String updateItemCategory(Integer id, String categoryName) {
    // 1. 先删缓存
    String itemCategoryKey = "itemCategory:" + id;
    redisOperator.del(itemCategoryKey);

    // 2. 更新数据库
    itemCategoryService.updateItemCategory(id, categoryName);

    // 3. sleep 300 毫秒（视情况，可以延长或缩短）
    try {
        Thread.sleep(300);
    } catch (InterruptedException e) {
        e.printStackTrace();
    }

    // 4. 再次删除缓存
    redisOperator.del(itemCategoryKey);

    return "修改成功！";
}
```

“缓存双删”这是比较通用的做法，甚至可以三删，很多公司所采用的最小成本方案也是这个。这个方案可以达到数据一致性的目的，而且比较简单，但是有时候热点数据的并发请求也会很多，这个时候怎么办？对于热点数据来说，宁可有脏数据，也不要轻易删除，因为热点数据的并发读是很大的，一旦删除，那么这个时候由于缓存击穿，数据库可能会瞬间被秒了，直接宕机。为了保证一致性有如下两种情况。

- 读多写少的场景可以给缓存更新状态标记，DB 更新前加标记位，更新后删除标记位，如果中途失败了，用补偿 job 刷新标记位时间大于 2 分钟的缓存。某大厂就用的这种方法，标记位可以做版本控制，数字递增或者更新时间序列都可以，这样就能判断更新先后顺序。或者你也可以在过期时间上做文章。但是一般对于热点数据来说，该缓存即将过期的时候去刷新即可，但是绝对不能让缓存失效。
- 如果是写多读少的场景，并且必须要用缓存的话，可以同步数据库 binlog 建立缓存，这样能保证缓存的有序写入，而且也能保证最终一致性。

总之，超高并发场景的一致性，都是最终一致性，所以要考虑每一个环节可能失败的情况，补偿机制也是常有的使用场景。

对于数据同步来说，并发读的时候的确会有一些老的脏数据，然后才会达到数据一致性，因为这采用的是弱一致性。如果想要强一致性的话，在这里没办法做，只能不使用 Redis。

当然，这样的双写一致方案还是有弊端的，那就是本地缓存可能会一直不刷新，用户所获得的数据可能会一直是老的。如果要及时刷新的话，那么可以结合中间件来实现多个存储媒介的数据更新，从而避免缓存刷新缓慢的问题。现阶段的做法只需要控制好本地缓存的失效时间即可，可以在配置“CaffeineConfig.java”中设置本地缓存 Caffeine 的失效时间，设置短一些即可，代码参考如下。

```
/**
 *  声明缓存 bean，所有的数据不同类型的数据都可以使用本 cache
 *  @return
 */ @Bean
public Cache<String, Article> cache() {
    return Caffeine.newBuilder()
        .initialCapacity(10)   // 初始的缓存空间大小
        .expireAfterWrite(5, TimeUnit.SECONDS)        // 距离写操作后多少秒，缓存会失效
        // .expireAfterAccess(10, TimeUnit.SECONDS) // 距离最后一次访问后多久会失效
        // .expireAfter()       // 实现过期失效的接口方法
        .maximumSize(100)       // 最大上限缓存个数
        .build();
}
```

Caffeine 的过期策略可以设置如下。

- expireAfterWrite：距离写操作后多久缓存会失效。
- expireAfterAccess：距离最后一次访问后多久会失效。
- expireAfter：自定义实现过期失效的接口方法。

6.5 本章小结

本章内容主要针对 Redis 与 SpringBoot 整合集成的学习和使用，并且通过 Redis 工具类优化 api 的调用方式，可以更高效地使用 Redis。此外也涉及对缓存数据的预热方案，面对缓存穿透、击穿、雪崩时的应对措施，以及数据库与缓存数据不一致的双写一致方案。

本章所涉及 Redis 的相关内容偏向于实际应用，而且在面试的过程中，会有很高的出场率。

第 7 章　Redis 分布式锁

本章主要内容

- 分布式锁的原理
- 本地锁
- 悲观锁与乐观锁
- Redis 分布式锁
- Redisson 分布式锁

本章将会结合项目，来讲解常见分布式锁的应用场景，这是 Redis 的高频应用方案，也可以保证共用数据在高并发场景下的正常读写。

7.1　分布式锁

7.1.1　分布式锁是什么

一个系统，尤其是分布式系统或者集群系统都有可能会发生争抢共享资源的问题。在现有的代码中，比如修改操作就有可能发生这样的情况。打开“ItemCategoryController.java”，代码如下。

```
@PutMapping("update")
public String updateItemCategory(Integer id, String categoryName) {
    // 1. 先删缓存
    String itemCategoryKey = "itemCategory:" + id;
    redisOperator.del(itemCategoryKey);
    // 2. 更新数据库
    itemCategoryService.updateItemCategory(id, categoryName);

    // 3. sleep 300 毫秒（视情况，可以延长或缩短）
    try {
        Thread.sleep(300);
    } catch (InterruptedException e) {
        e.printStackTrace();
    }

    // 4. 再次删除缓存
    redisOperator.del(itemCategoryKey);

    return "修改成功！";
}
```

上述代码是用于更新操作的，其中“updateItemCategory”是核心，也是共享资源可能造成争抢的触发点。

- 场景 1：假设第一名用户修改了信息，第二名用户也提交并修改了信息，但是第一个用户可能没执行完慢了一拍，这个时候第二名用户修改并且提交了事务，那么最终的数据会是第一名用户修改的结果。
- 场景 2：在电商系统购买商品，商品的库存是有限的，如果没有做好控制，并发下单，那么库存就有可能小于 0，最终购买量超过库存这样的情况也是不允许的。

所以，如果高并发的时候用户都来修改信息，那么最终数据库中的数据就有可能会乱套了，尤其在分布式系统、微服务系统、集群系统，只要涉及公共资源的写入操作，那么都有可能发生此类情况，在这种情况下，最好都要加上分布式锁。分布式锁可以保证在分布式系统下的写请求操作有序地执行，必须要等到上一个请求释放锁之后，才能让下一个请求获得锁并且执行写请求操作。

7.1.2 本地锁是什么

如果对于单体应用，只有一个系统部署的话，那么也完全可以在 service 实现方法上加上“synchronized”关键字。

```
@Transactional
@Override
public synchronized void updateItemCategory(Integer categoryId,
        String categoryName) {

    ItemCategory pending = new ItemCategory();
    pending.setId(categoryId);
    pending.setCategoryName(categoryName);

     itemCategoryMapper.updateByPrimaryKey(pending);
}
```

“synchronized”可以称之为“同步锁”，可以保证多个线程之间访问资源的同步性，该关键字可以保证被它修饰的方法或者代码块在任意时刻只能被一个线程执行，如此可以保证线程的并发安全。也就是说可以让请求有序执行，而不是同时发生去争夺，因为需要保证资源的稳定性，也需要保证请求的“先来先得”，而不是“后来先得”这样的理念。

除了“synchronized”还有“ReentrantLock”。JUC 并发包下有一个 LOCK 的接口，“ReentrantLock”是 LOCK 的一个子类，包含一些加锁和解锁的方法可供使用。“ReentrantLock”也可以保证线程安全，使用时只需要在代码块前“加锁”，执行完代码块后“解锁”即可，相关代码参考如下。

```
private ReentrantLock reentrantLock;

@Transactional
@Override
public void updateItemCategory(Integer categoryId, String categoryName) {
```

```
    // 加锁
    reentrantLock.lock();

    // 执行业务
    ItemCategory pending = new ItemCategory();
    pending.setId(categoryId);
    pending.setCategoryName(categoryName);
     itemCategoryMapper.updateByPrimaryKey(pending);

     // 解锁
     reentrantLock.unlock();
}
```

其实，不管是“synchronized”还是“ReentrantLock”，使用这两者后系统的吞吐量是会下降的，因为以前是并行的请求，现在是顺序执行，吞吐量势必就会下降。

此外，“synchronized”和“ReentrantLock”都是本地锁，所以只会影响本地线程，一旦在集群环境下，因为节点都是水平复制服务的，由于负载均衡，同一个接口在不同集群的节点下都会被访问到。如此，那么其他计算机节点的本地 JVM 是无法被影响的，因为它只能锁自己，锁不住其他服务节点的线程，所以此时依然存在共享资源被争抢的问题，这个时候就是服务和服务之间的资源争抢了。

因此，一般在高并发的情况下，“synchronized”和“ReentrantLock”用得不多。

7.1.3　分布式锁的原理

用户端发起的请求去操作共享资源之前，会先去获得一把锁，这个锁是所有并发请求都会去获得的，谁先拿到这把锁才能访问共享资源，拿到锁之后需要执行完业务，最终才会释放锁。如果其中一个请求抢到了锁，那么后续其他的请求只能等待锁的释放，释放了以后剩余请求会再次争抢锁。这个过程循环往复，直到所有请求操作完毕。

这个锁可以认为是一个令牌 token，只有拿到令牌的线程才能够访问共享资源。当然，这个 token 是需要通过技术编码手段来实现的。而且这个锁机制是互斥锁，有且只有一个。只要有请求争抢到这个 token，其他请求必须等到锁的释放。

举个实例：市中心新开了一家奶茶店，这家奶茶店非常火爆，人太多可能引起不必要的麻烦，所以老板想出了一个方案，前来购买的客人每人必须排队并且领取一张卡，有了这张卡才能进店里购买奶茶，并且一次只能进一个人，直到前一名客人购买完毕出来，才能放后面的客人进入，也就是每次都是一个一个地进去。这张卡其实就是令牌的理念，也就是分布锁，如此相当于做了一个缓冲，让所有客人都有序执行，保证奶茶不会超卖。

其实分布式锁的主要目的就是保证数据的一致性，让客户端发起的请求同步访问共享资源时，在并发的场景下可以达到一致性。

7.1.4　数据库悲观锁

数据库具有悲观锁的特性，如下脚本所示。

```
select ... for update
```

在查询的后面加上“for update”，锁住记录。此时其他用户请求在执行操作的时候，则会被阻塞，只有在上一名用户的请求提交或者回滚之后，才能放行。

这个“悲观锁”也可以称之为“行级锁”，“行级锁”锁住的是行记录，所以影响的范围就是“行”。当然，除了“行级锁”以外还有“表级锁”，“表级锁”锁的就是整张表，影响的范围当然就是整张表了。这里不建议使用“表级锁”，因为一旦使用“表级锁”后，其他行记录完全不可用，因为全锁了，数据库性能会变得很差。

悲观锁看似还可以，但是有一个非常致命的问题，那就是极容易造成“死锁”。也就是在对多条记录进行加锁的时候，如果顺序紊乱了，加锁记录太多了，很容易引发死锁问题。

7.1.5 数据库乐观锁

数据库除了悲观锁还能设置乐观锁，如图 7-1 所示，可以在数据表中增加 version 字段，用于版本控制。

名	类型	长度
id	int	0
category_name	varchar	64
version	int	8

图 7-1　增加 version 字段作为乐观锁控制

一旦使用乐观锁，那么流程可以如下。

- 第一步，查询当前表记录，假设当前 version 为 0。
- 第二步，更新该记录，设置当前记录的 version 为 1（累加 1）。但是，更新的 sql 语句需要添加“where version=0”，比如：“UPDATE item_category SET category_name = 'abc', version = version + 1 WHERE id = 1 AND version = 0;”。
- 第三步，假设当前有很多用户发起请求需要进行更新操作，那么这些请求都能获得当前的 version 为 0，但是只有 1 个人可以更新成功，成功以后的版本号就变为了 1，因为 sql 的自身条件还是“where version=0”，此时其他的请求则发生异常。如此一来，就控制了这条共享资源被同时更新了。

乐观锁虽然可控，但是并发访问的时候会出现大量的错误，所以可能导致后续的请求全部失败，在互联网高并发下的场景很显然是不行的，会造成平台损失大量订单。

此外，version 是用来控制的，但是 version 本身也有可能会被篡改，被篡改就意味着锁失效，可能出现脏数据。就是请求在执行更新的时候，虽然用户觉得没问题更新成功了，但是那个 version 可能是被改了，只是用户觉得没问题，但是实际上用户入库的数据是有问题的。举个例子，某顾客进入某奢侈品店购买包包，店员不允许携带饮料，所以这位顾客就把随身携带的饮料放在了门口，等顾客出来了拿起饮料再喝，那么这个过程，饮料有没有可能被其他人动过？有没有可能被其他一模一样的饮料搞混拿错？这都说不准，也就是这位顾客自以为饮料还是原来的饮料，但是实际上可能已经发生了变化。这其实就是一个典型的数据库 ABA 数据不一致问题。

7.2 Redis 分布式锁

7.2.1 setnx 锁机制

不论是数据库的乐观锁还是悲观锁，这两者的性能都不会很高，而且这两者所针对的对象都是“表数据”，如果请求进来所需操作的共享资源是一些文件，如图片、音频、视频等，又或者是 MongoDB、Redis、ElasticSearch 这些 NoSQL 数据库，这个时候关系型数据库的悲观锁或乐观锁就无能为力了。正因如此，往往目前的主流手段还是借助分布式中间件来实现分布式锁。

分布式锁主要的技术选型可以使用 Redis 或者 Zookeeper，目前绝大多数的网站架构使用 Redis 偏多。而 Redis 的分布式锁原理就是基于 string 类型的“setnx”机制，当 Key 已经被设置后，那么后续请求要使用“setnx”设置同一个 Key 则会不成功，如此在诸多请求中就只能有一个请求设置成功，可以认为这个请求就拿到了令牌，直到这个请求执行业务成功后删除对应的 Key（也就是释放令牌），如此后续请求才能继续进行业务的操作。

7.2.2 基于 setnx 的实现

“setnx”所对应的 api 为“redisTemplate.opsForValue().setIfAbsent”，可以参考“RedisOperator.java”中所做的封装。最终基于“setnx”的分布式锁应用相关代码如下。

```
@Autowired
private RedisOperator redisOperator;

@Transactional @Override
public void updateItemCategory(Integer categoryId, String categoryName)
    throws Exception {


    String distLock = "redis-lock";
    String selfId = UUID.randomUUID().toString();
    Integer expireTimes = 30;

    while (!redisOperator.setnx(distLock, selfId, expireTimes)) {
        // 如果加锁失败，则重试循环
        System.out.println("setnx 锁生效中，一会重试~");
        Thread.sleep(40000);
    }

    // 一旦获得锁，则开启新的 timer 执行定期检查，做 lock 的自动续期
    autoRefreshLockTimes(distLock, selfId, expireTimes);

    try {
        // 加锁成功，执行业务
        ItemCategory pending = new ItemCategory();
```

```
            pending.setId(categoryId);
            pending.setCategoryName(categoryName);

            itemCategoryMapper.updateByPrimaryKey(pending);

        } finally {
            // 业务执行完毕，释放锁
            // 使用 LUA 脚本执行删除 key 操作，为了保证原子性
            String lockScript =
                " if redis.call('get',KEYS[1]) == ARGV[1] "
                + " then "
                +  " return redis.call('del',KEYS[1]) "
                + " else "
                +  " return 0 "
                + " end ";
            long unLockResult = redisOperator.execLuaScript(lockScript,
                                distLock, selfId);
            if (unLockResult == 1) {
            lockTimer.cancel();
            System.out.println("释放锁，并且取消 timer~");
            }
        }
    }

    private Timer lockTimer = new Timer();
    // 自动续期
    private void autoRefreshLockTimes(String distLock, String selfId,
                                      Integer expireTimes) {

        String refreshScript =
            " if redis.call('get',KEYS[1]) == ARGV[1] "
                + " then "
                +  " return redis.call('expire',KEYS[1],30) "
                + " else "
                +  " return 0 "
                + " end ";
        lockTimer.schedule(new TimerTask() {
                @Override
                public void run() {
                    System.out.println("自动续期，重置 30 秒");
                    redisOperator.execLuaScript(refreshScript, distLock, selfId);
                }
            },
        expireTimes/3*1000,
        expireTimes/3*1000);
    }
```

上述代码中，笔者在此按照步骤匹配解释一下代码执行逻辑。

第一步，定义变量。为分布式锁定义的名称为“redis-lock”；为当前请求设置一个 uuid 作

为锁的 value，因为每个请求进来虽然获得的是同一把锁，但是请求各不相同，可以使用唯一 id 作为区分；设置过期时间为 30 秒（此处为了测试方便设置时间可以长一些）。代码片段如下。

```
String distLock = "redis-lock";
String selfId = UUID.randomUUID().toString(); Integer expireTimes = 30;
```

第二步，让请求通过 setnx 尝试去获得锁，这里使用了一个 while 循环，而且是死循环。如果当前请求获得锁，则循环体不需要执行，就直接跳过；如果当前请求没有获得锁，则此处就会处于死循环，会重复尝试去获得，直到上一个请求释放锁，才能够跳过，其中使用线程 sleep 一些时间，因为之前的请求执行是有时间损耗的，此处可以稍加一些等待的时间，如此相对友好。代码片段如下。

```
while (!redisOperator.setnx(distLock, selfId, expireTimes)) {
    // 如果加锁失败，则重试循环
    System.out.println("setnx 锁生效中，一会重试~");
    Thread.sleep(40000);
}
```

第三步，一旦上一个“while”跳过后，说明获得锁成功，于是当前请求便可以操作执行业务代码了，如下是正常业务代码。代码片段如下。

```
try {
    // 加锁成功，执行业务
    ItemCategory pending = new ItemCategory();
    pending.setId(categoryId);
    pending.setCategoryName(categoryName);

itemCategoryMapper.updateByPrimaryKey(pending);

}
```

第四步，在第三步中操作业务的时候使用了“try”，因为需要结合“finally”一起使用，因此在本步骤需要释放锁，而且是不论业务是否出现异常都要释放锁。代码片段如下。

```
finally {
    // 业务执行完毕，释放锁
    // 使用 LUA 脚本执行删除 key 操作，为了保证原子性
    String lockScript =
        " if redis.call('get',KEYS[1]) == ARGV[1] "
            + " then "
            + " return redis.call('del',KEYS[1]) "
            + " else "
            +  " return 0 "
            + " end ";
    long unLockResult = redisOperator.execLuaScript(lockScript, distLock, selfId);
}
```

上述这段代码可以看到使用了一段脚本，这段脚本的目的是删除锁（释放锁），但是为何需要使用一段脚本来进行呢，这是因为删除锁是需要原子性操作的，且包含了两个操作，需要

一起执行，一个是 get 操作，一个是 del 操作。试着想一想，如果 get 操作判断成功，在这一刹那有别的请求获得了锁，那么当前请求的 del 操作就会冲突，无法保证原子性，所以需要通过脚本来执行，而且这也是官方所提出的原子性操作方案。通过脚本可以使得多个操作一并执行，这里使用的是 Lua 脚本语言。

7.2.3 锁的自动续期

我们在 7.2.2 小节中实现了分布式锁，但是如果一个业务的执行时间很长，而自身的 expire 过期时间比较短，这个时候锁就会被 Redis 自动释放，如此一来，其他请求就可以获得锁，这样就会冲突。所以就需要优化一下，使得当前请求可以达到自动续期的效果，也就是自动调整 expire 时间，这样就能保证其他锁不会抢占。

在“while”过后，获得锁以后就可以调用一个方法，这个方法就是用于自动续期的。调用代码如下。

```
// 一旦获得锁，则开启新的 timer 执行定期检查，做 lock 的自动续期
autoRefreshLockTimes(distLock, selfId, expireTimes);
```

自动续期的原理是定义了一个 timer，通过 time 来定时检查续期。需要注意，设置过期时间也是一个原子性操作，固此处也使用 Lua 脚本来进行续期，先 get 判断，后 expire 过期。相关代码片段如下。

```
private Timer lockTimer = new Timer();
// 自动续期
private void autoRefreshLockTimes(String distLock, String selfId, Integer
expireTimes) {

    String refreshScript =
        " if redis.call('get',KEYS[1]) == ARGV[1] "
            + " then "
            + " return redis.call('expire',KEYS[1],30) "
            + " else "
            + " return 0 "
            + " end ";
    lockTimer.schedule(new TimerTask() {
            @Override
            public void run() {
                System.out.println("自动续期，重置 30 秒");
                redisOperator.execLuaScript(refreshScript, distLock, selfId);
            }
        },
    expireTimes/3*1000,
    expireTimes/3*1000);
}
```

最后，不要忘记，执行业务完毕后，释放锁以后，需要关闭定时器，在 7.2.2 节的第四步最后补充如下代码片段。

```
if (unLockResult == 1) {
```

```
        lockTimer.cancel();
        System.out.println("释放锁，并且取消 timer~");
    }
```

测试使用两个集群节点运行（建议读者可以构建 3 个以上集群，测试效果更佳），让这几个节点同时调用本方法（业务执行建议 sleep 超过 30 秒，可以有自动续期的效果），测试结果如下。

两个请求同时访问，首先 8090 这个节点获得锁，所以会先执行，由于业务执行需要 40 秒，所以会超过 30 的过期时间，如此符合自动续期条件，最终执行业务完毕并释放锁，如图 7-2 所示。

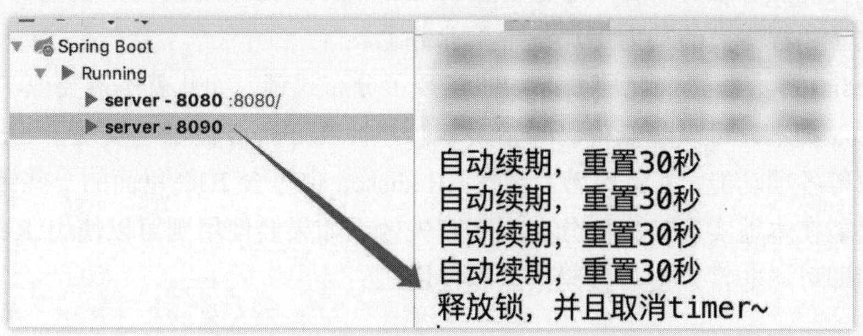

图 7-2　第一个请求获得锁正常执行业务

第二个请求没有获得锁，所以会一直处于阻塞状态（死循环），直到上一个请求释放锁，随后获得锁并向下继续执行业务，其中也会包含自动续期这个过程，如图 7-3 所示。

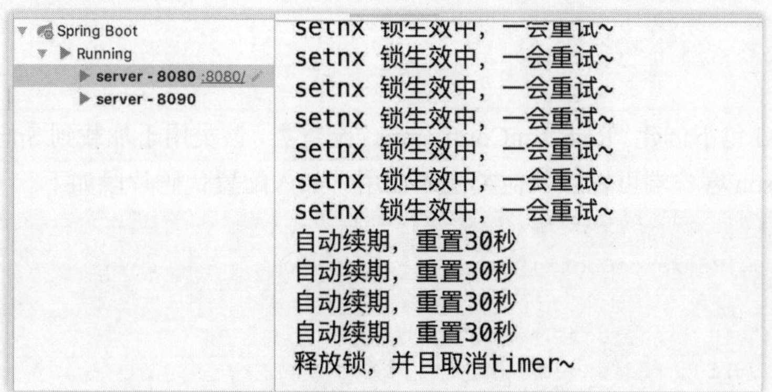

图 7-3　第二个请求阻塞等待获得锁后执行业务

7.3　Redisson 客户端

7.3.1　Redisson 概述

我们在 7.2 节中结合“setnx”实现了 Redis 的分布式锁，但是代码过于冗余，不够精练。Redisson 在此基础上封装了分布式锁，而且提供了很多 api 可供使用，集成到代码中的使用成本也相对较低，所以，本节就通过 Redisson 来进行实现。

Redisson 也是一个 Java 类 Redis 客户端工具，和 Jedis 以及 RedisTemplate 类似。目前很多企业也都在使用，如 Netflix、Adobe 等。

读者可以参考 https://redisson.org/与 https://github.com/redisson/redisson，这两个网站分别为 redisson 官网与 github 地址。

Redisson 中封装了很多有用的 api 和功能实现，非常实用，当然也包含很多锁的实现。而像 RedisTemplate 与 Jedis 这样的客户端只是提供了客户端对 api 的调用，很多功能其实需要读者自己去实现和封装。Redisson 所提供的是使用 Redis 最简单最便捷的方法，Redisson 的宗旨也是让开发者关注业务本身，而不是更关注 Redis，Redisson 的目的也是要把 Redis 这块分离，使得诸多开发者和程序员的精力更加集中于业务上。

此外，Redisson 内部结合使用 Lua 脚本实现了分布式锁，如此就不需要像 7.2.2 节与 7.2.3 节那样手写 Lua 脚本，可以降低代码的错误率；并且 Redisson 内部也实现了 timer，如此可以实现续约释放等各项功能，非常完善。当然，Redisson 也包含 JUC 里面的一些锁的扩展，JUC 里面的原本只能在本地实现，集群分布式下则失效，如果要使用则可以使用 Redisson 提供的工具来实现锁即可，非常方便与代码集成和使用。

7.3.2 Redisson 配置

在 pom.xml 中加入 Maven 的依赖坐标，配置代码片段如下。

```
<dependency>
    <groupId>org.redisson</groupId>
    <artifactId>redisson</artifactId>
    <version>3.19.0</version>
</dependency>
```

在 com.itzixi 包下创建“RedissonConfig.java”配置类，该类用于加载到 SpringBoot 容器中，并且使得 Redisson 客户端可以被其他类注入使用。加入配置代码片段如下。

```
@Configuration
public class RedissonConfig {

    @Value("${spring.redis.host}")
    public String redisHost;

    @Bean(destroyMethod = "shutdown")
    public RedissonClient redissonClient() {
        Config config = new Config();
        config.useSingleServer()
            .setAddress("redis://" + redisHost + ":6379")
            .setPassword("123456")
            .setDatabase(0)
            .setConnectionMinimumIdleSize(10)
            .setConnectionPoolSize(20)
            .setIdleConnectionTimeout(60 * 1000)
```

```
            .setConnectTimeout(15 * 1000)
            .setTimeout(15 * 1000);
        return Redisson.create(config);
    }
}
```

对上述代码片段中的部分配置释义如下。

- @Value("${spring.redis.host}")：表示从 yml 配置文件中注入 Redis 服务的地址，如此可以被作为一个变量来给其他代码使用。
- RedissonClient redissonClient()：通过@Bean 创建 RedissonClient 的客户端对象，该对象委托给 spring 容器来管理，存在于 spring 的 IOC 容器中。
- setAddress：设置 Redis server 的所在地址。
- setPassword：设置 Redis 的密码。
- setDatabase：指定 Redis 中 16 个库的某个下标库索引。
- setConnectionMinimumIdleSize：设置最小空闲连接数。
- setConnectionPoolSize：设置连接池最大连接数。
- setIdleConnectionTimeout：设置销毁超时连接数。
- setConnectTimeout：设置客户端获得 Redis 连接的超时时间。
- setTimeout：设置响应的超时时间。

7.3.3 Redisson 分布式锁

我们在上一节配置完毕Redisson后，那么就可以注入RedissonClient并且使用基于Redisson的分布式锁了。对原来的“updateItemCategory()”方法进行修改，修改后的代码片段如下。

```
@Autowired
private RedissonClient redissonClient;

@Transactional
@Override
public void updateItemCategory(Integer categoryId, String categoryName) {

    // 定义锁的名称
    String redisLock = "redisson-lock";
    // 声明锁
    RLock rLock = redissonClient.getLock(redisLock);
    // 加锁
    rLock.lock();

    try {
        ItemCategory pending = new ItemCategory();
        pending.setId(categoryId);
        pending.setCategoryName(categoryName);

        itemCategoryMapper.updateByPrimaryKey(pending);
```

```
    } finally {
        // 释放锁
        rLock.unlock();
    }
}
```

上述代码逻辑解析如下。

- 首先，通过“@Autowired”注入“RedissonClient”客户端。
- 随后，定义了锁的名称为“redisson-lock”。
- 接下来，通过“redissonClient.getLock”可以创建一把锁。
- 紧接着，通过创建的锁就能开始对自身业务进行加锁。
- 最后，执行完毕业务，在“finally”中不论业务是否成功都释放锁。

此外，上面的代码中 RLock 的使用，其实是设计为可重入锁，简单来讲，可重入锁就是方法运行中可以多次使用同一把锁，或者说一个线程在不释放当前锁的情况下可以多次获得锁。不过需要注意的是，在释放的时候也需要多次释放，也就是加锁 N 次也必须释放锁 N 次。

看得出，通过 Redisson 提供的 RLock 应用，可以使得代码相对使用“setnx”更加精练，而且使用分布式锁也变得更加方便了，代码也没有那么冗余。

7.3.4 Redisson 公平锁

Redisson 所提供锁机制的类型有很多，7.3.3 节中所使用的是普通分布式锁，还有一种叫作“Fair Lock”，称之为公平锁。

公平锁其实就是对所有请求都是公平的，比如所有人去商店抢购商品，或者去食堂吃饭，并不是一拥而入，而是有序的。7.3.3 节的默认锁就是非公平的，大家都可以抢，就看谁先获得锁，是乱序的。而公平锁则不是，不会让一开始来的人等太久，类似于排队，第一个排队的，也第一个进去购物或吃饭，而不是让后面来的先插队，这样就太不公平了。所以，Redisson 也提供公平锁的机制让开发者去进行实现，也就是当有很多线程同时申请锁的时候，这些线程都会进入一个先进先出的队列，只有前面的线程才会优先获得锁，其他线程只有等到前面的锁释放了，才会被分配锁，这样对大家都公平。此外，公平锁又是可重入锁。

公平锁和非公平锁（默认）都是分布式锁，下面从项目的角度去理解公平锁和非公平锁的区别。

- 非公平锁（默认）是为了保证业务的独占，在处理公共资源的时候使用，针对的是资源的唯一独占性。
- 公平锁是以有序的顺序去抢锁，和业务本身没有关系，和当前资源是否需要独占、是否是公共资源毫无关系，目的仅是保证“有序”。

公平锁的参考代码如下。

```
@Autowired
private RedissonClient redissonClient;

@Transactional
 @Override
```

```
public void updateItemCategory(Integer categoryId, String categoryName) {

    // 定义锁的名称
    String redisLock = "redisson-lock";
    // 声明锁
    //RLock rLock = redissonClient.getLock(redisLock);
    RLock rLock = redissonClient.getFairLock(redisLock);
    // 加锁
    rLock.lock();
    try {
        ItemCategory pending = new ItemCategory(); pending.setId(categoryId);
        pending.setCategoryName(categoryName);

        itemCategoryMapper.updateByPrimaryKey(pending);
    } finally {
        // 释放锁
        rLock.unlock();
    }
}
```

7.3.5 Redisson 联锁

Redisson 还可以使用 MultiLock，称之为"联锁"。当一个请求需要同时处理多个共享资源的时候，可以使用联锁，其实也就是一次性申请多个锁，同时锁住多个共享资源，并且这个联锁可以防止死锁的出现。

使用联锁的相关代码片段如下。

```
public void updateItemCategoryMultiLock(Integer categoryId, String categoryName) {
    // 定义锁的名称
    String redisLock1 = "redisson-multi-lock-1";
    String redisLock2 = "redisson-multi-lock-1";
     String redisLock3 = "redisson-multi-lock-1";
    // 声明锁
    RLock multiLock1 = redissonClient.getLock(redisLock1);
    RLock multiLock2 = redissonClient.getLock(redisLock2);
     RLock multiLock3 = redissonClient.getLock(redisLock3);
    RedissonMultiLock locks = new RedissonMultiLock(multiLock1, multiLock2,
                              multiLock3);
    // 加锁
    locks.lock();

    try {
        ItemCategory pending = new ItemCategory();
        pending.setId(categoryId);
        pending.setCategoryName(categoryName);

        itemCategoryMapper.updateByPrimaryKey(pending);
    } finally {
```

```
        // 释放锁
        locks.unlock();
    }
}
```

7.4 本章小结

本章主要对 Redis 分布式锁进行了学习，主要学习了分布式锁的原理，以及悲观锁、乐观锁的基本概念。并且对主要的 Redis 分布式锁基于 setnx 进行了实现，这种实现方式相对复杂烦琐，所以最终通过 Redisson 来实现了分布式锁。Redisson 的分布式锁涉及了公平锁和非公平锁以及联锁，其中联锁的使用率相对低一些。

第 8 章　Redis 集群高可用

本章主要内容

- Redis 主从架构
- Redis 哨兵架构
- Redis 集群
- Redis 缓存淘汰机制

前面章节所讲的 Redis 部分，都是基于单机单实例的，往往上线后在服务器上的部署形式就是一个计算机节点（或一个独立容器）运行一个 Redis 实例。那么这样的单实例形式会引发如下问题：

- 单点故障：如果这个服务器宕机了，那么 Redis 就无法对外继续提供服务。
- 存储限制：单个 Redis 的数据存储容量有限。
- 高负载：单个 Redis 既要处理客户端的请求又要处理自身的一些运算，处理能力有限。

就好比一个靠谱的公司要运作得很好，不是靠某个人，而是靠很多人，也就是团队的力量。Redis 也是一样，单实例无法提供高效服务的时候，就要用到多实例，比如主从、哨兵以及集群。那么这也是本章将会学习到的内容。

8.1　Redis 主从架构

8.1.1　Redis 主从复制原理

图 8-1 为 Redis 的主从架构模拟，其中用户的所有写操作都会由主库处理，所有的读操作都会交给从库处理，如此一来就是读写分离，也就是所谓的主从分离架构，这样就能把读写请求的流量进行分摊，各个读写库的压力也会不同。

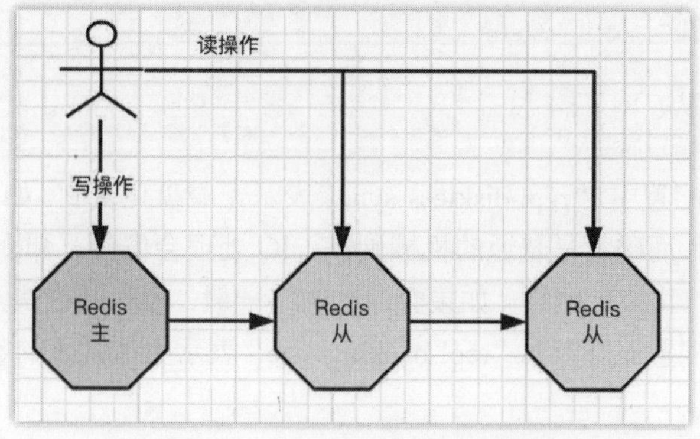

图 8-1　用户读写主从架构的 Redis

此外，在读写分离架构中，每个 Redis 节点的数据都是一样的，而且由于从库有多个，所以读请求进来后的处理能力要远比单应用 Redis 更快，因为负责处理读请求的节点变多了。主从架构的特点如下。

- 实现了读写分离，写请求在主库，读请求在从库。
- 可伸缩性提高，避免读库单点故障。
- 读性能提高，并发也有一定的提高。

8.1.2 构建 Redis 主从架构

主从架构可以使用一主一从或者一主多从的形态，首先可以创建任意个从节点，前提是预先安装好 Redis。接下来，配置所有从节点的配置文件，参考如下。

```
# 主节点的 ip 和端口
replicaof <master 的 ip> <端口号>
# 设置从节点只读
replica-read-only yes
# 主节点的密码 masterauth <密码>
# 主从同步过程中，yes：从节点还是能响应客户端请求；no：从节点阻塞请求指导完成后再响应客户端
replica-serve-stale-date <yes or no>
```

上述配置的释义如下。

- replicaof：表示当前为从节点，是归属于哪个主库的。后面填写主库 Master 的 IP 及其端口号。
- replica-read-only：这是读写分离的配置，yes 表示开启读写分离，no 表示可读可写。
- masterauth：主库 Master 的密码，一般来说都需要设置，如果读者自己本地是用于测试的并且没有密码，此处可以忽略。
- replica-serve-stale-date：Redis 的数据一致性配置，表示在主从同步的过程中，是否允许从节点继续对外提供读服务。如果允许，那么用户读到的数据有一部分可能是老数据；如果不允许，用户读到的数据都是新数据，但是有部分请求可能会被阻塞。如果读者的网站系统允许弱一致性的情况，那么此处可以配置 yes。

上述从节点配置好其实就可以运行了，但是主库 Master 还有一些可选配置，参考如下。

```
# 无磁盘化复制
repl-diskless-sync <yes or no>

# 设置缓冲区大小，默认 1m
repl-backlog-size 1mb
```

上述主库 Master 配置中，“repl-diskless-sync”表示无磁盘化复制。如果企业的网络很强大，带宽很大、速度很快，而磁盘是普通的机械硬盘，IO 处理会偏慢，那么此处可以配置为 yes，这样主从复制会更快，直接走网络。如果企业的网络一般，硬盘却很快，是高性能的 SSD 等，那么此处使用默认的配置 no 即可。“repl-backlog-size”表示主从同步的数据缓冲区，可以根据实际情况增大。

主从配置全部完成后，重启所有节点的 Redis-server，此时 Redis 会根据配置自动分配从

库给主库。启动完毕后，进入 redis-client 命令行，通过"info replication"命令可以查看到当前节点的基本信息，如图 8-2 所示。

```
# Replication
role:master
connected_slaves:0
master_replid:d5b0cfb24da433
671384107156b467f4f3d32969
master_replid2:000000000000
0000000000000000000000000000
master_repl_offset:0
second_repl_offset:-1
repl_backlog_active:0
repl_backlog_size:1048576
repl_backlog_first_byte_offs
et:0
repl_backlog_histlen:0
```

图 8-2 主从节点的信息描述

读者可以在已搭建的主从架构中尝试进行如下测试。

- 从节点只能读，不能写，观察会否报错。
- 主库宕机（切断连接），观察从库的状态，从库会一直尝试和主库建立连接，直到连接成功。主库恢复后，从库还是从库，不会成为主库，这主要是因为从库没有发生选举，这里也并不存在选举的场景，所以不会发生节点迁移现象。
- 从库宕机，查看主库是否受到影响，然后恢复从库观察能否同步。

小结一下主从数据同步的过程梳理。

- 从库 Slave 启动后，连接主库 Master，会发送一个同步命令 sync。
- 主库 Master 接收到 sync 同步命令后，会执行 bgsave，产生新的 RDB 文件，并发送给从库 Slave。此外，这个时候会有一个缓冲区，用于存储后续的写命令。因为在同步的过程中会有新的写请求，所以后续的新数据会放入缓冲区。
- 当 bgsave 完成以后，RDB 发送给从库 Slave，在发送的过程中，如果有新的写操作，还是记录在缓冲区。
- 从库 Slave 接收到 RDB 后，会先删除旧数据，然后再把新的 RDB 数据存入 Redis 中。
- 当 RDB 传输给从库 Slave 完成以后，主库 Master 会把缓冲区的数据发送给从库 Slave，让其同步。
- 从库 Slave 在 RDB 写入完成以后，会把接收的缓冲区的命令写入从库自身进行存储，最终完成数据同步。
- 缓冲区的大小可以设置，默认 1M，此处可以根据实际业务去调整，如果主从断开时间很长，那么就有可能写满 1M，此时则不是增量，而是 RDB 的全量同步。

在上述全量同步完成以后，后续新增的一些写命令，Master 会发送给 Slave 令其同步。也就是说主从初次是全量同步，后续都是增量的，后续的同步都是以命令为单位发送给 Slave 令其同步的。

8.2 Redis 哨兵架构

8.2.1 Redis 哨兵架构原理

8.1 节中我们构建了主从的 Redis 架构，可以做到读写分离，但是一旦宕机，还是需要人工干预后，才能恢复，Redis 自身无法实现自动化的故障转移，就相当于 nas 的 raid0，不管有几个硬盘都是一个整体，其中一个出了问题那就所有的都毁了，也就是所谓的数据“火葬场”。所以这个时候就需要另外一种高可用模式了，那就是哨兵模式。

Sentinel（哨兵）可用于监控 Redis 集群中的 Master 与 Slave 的节点状态，哨兵是 Redis 的一种高可用解决方案。在 Redis 中，哨兵是一个独立的进程，运行在各个节点，哨兵不会存储数据，哨兵只负责监控。哨兵可以监控一个或者多个 Redis Master 服务，以及这些 Master 服务的所有从服务。当某个 Master 服务宕机后，哨兵会把这个 Master 下的某个从服务升级为 Master 来替代已宕机的 Master 继续工作。对于哨兵监控，其实就是哨兵发送命令，等待 Redis 节点的响应，如果没有响应，则可以认为其宕机了，原理就是 ping pong。所以哨兵模式不仅可以监控服务状态，也可以实现自动的故障转移工作。简而言之，哨兵可以实现 Master 的监控和故障转移。

如图 8-3 所示的哨兵架构由 3 个 Redis 数据节点和 3 个哨兵监控节点共同组成，哨兵可以独立部署在 3 个不同的节点上，也可以和数据节点部署在一起。

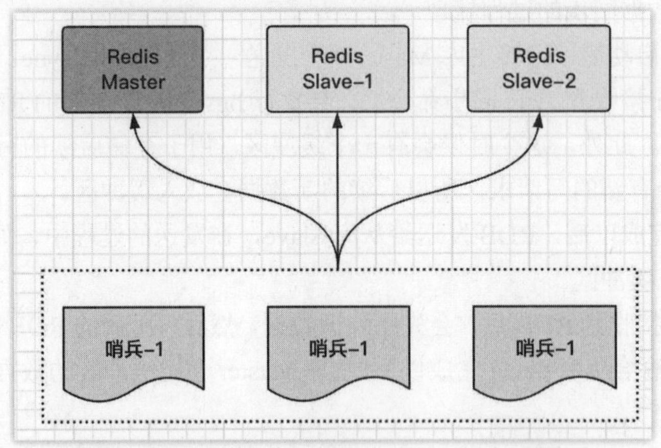

图 8-3　3 个节点哨兵集群监控 3 个 Redis 数据节点

如图 8-4 所示，如果某一台哨兵没有接收到 Master 节点的响应，就会认为这台 Master 宕机了，但这仅仅只是这一台哨兵这么认为，在分布式的网络环境中，有时候会因为网络抖动情况造成短时间的 ping 不通，那么这个时候不能主观地认为 Master 宕机了，主观臆断是错误的判断方式，这个过程其实可以称之为“主观下线”。

当有半数以上的哨兵都接收不到 Master 节点的响应，则认为该节点已经宕机了，此时需要进行故障转移，这个过程就可以称之为“客观下线”。

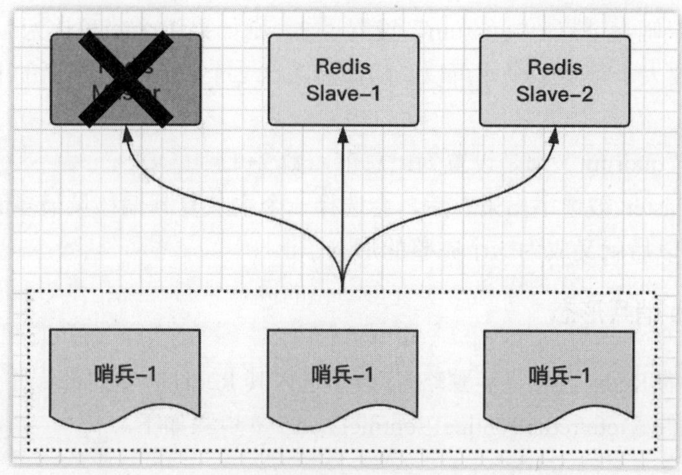

图 8-4　Master 节点下线

如图 8-5 所示，当客观下线的判断数量超过半数，比如现在有 3 个节点，超过半数就是大于等于 2，达到或超过 2 以后，则重新选举新的 Master，新的 Master 由哨兵选举产生（需要注意，哨兵进程可以和 Redis 节点部署在同一个节点，也可以分开部署）。选举票数一定要达到半数以上，所以，投票的参数“quorum”需要开发者在“redis.conf”中配置，比如 3 台节点可以写 2，5 台节点写 3，7 台节点写 4……这就和公司里内部投票是一样的，半数人以上同意才能通过票选。如果一轮选举没有产生新的 Master，则重复新的一轮选举。倘若原来宕机的 Master 恢复了，其也不会重新成为 Master，而将会作为一个 Slave 存在。

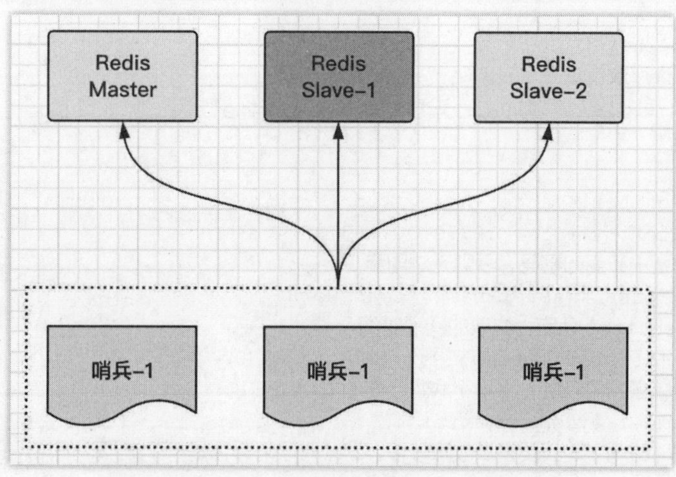

图 8-5　新的从节点被选举为 Master 主节点

此外，关于“redis.conf”文件配置中的参数“quorum”，梳理如下几点。

- 至少要有超过半数哨兵节点同意，Master 进程宕机，或者 Slave 进程宕机，也就是客观下线。
- 可以用于故障转移，哨兵内部（本身是个哨兵集群）会进行选举，选出一个哨兵来执行故障转移，成为新的 Master。

- 假设有 3 个哨兵节点，“quorum”设置了 2，则如果 1 个哨兵认为 Master 挂掉了，不起作用，要大于等于 2 个才可以。随后会在这 2 个哨兵中选出新的 Master，执行故障转移。
- 一般来说“quorum”都是设置为：总节点数/2+1。

当一个新的 Master 被选举出来以后，会选择一个主从复制偏移量最多的从节点，来进行数据的复制，复制以后就又成为一个完整的形态了。

8.2.2 构建 Redis 哨兵形态

创建 3 个独立的 Redis 容器（步骤略），分布进入其 Redis 容器内部，并且在 Redis 目录下创建哨兵的配置文件“/etc/redis/sentinel/sentinel.conf”，步骤如下。

```
>    docker exec -it redis bash
>    cd /etc/redis
>    mkdir sentinel
>    cd sentinel
>    touch sentinel.conf
```

随后在“sentinel.conf”配置文件中添加如下配置内容。

```
## 哨兵端口号 port 26379
## 哨兵进程文件
pidfile "/etc/redis/sentinel/redis-sentinel.pid"
## 哨兵目录
dir "/etc/redis/sentinel"
## 允许守护进程形式运行 daemonize yes
## 是否开启保护模式
protected-mode no
## 哨兵的日志文件存放位置
logfile "/etc/redis/sentinel/redis-sentinel.log"

## 配置哨兵
## sentinel monitor <master-name> <ip> <redis-port> <quorum>
sentinel monitor mymaster 127.0.0.1 6379 2
## 密码（需要配置主节点的密码，否则无法同步）
sentinel auth-pass <master-name> <password>
## master 被 sentinel 认定为失效的间隔时间
sentinel down-after-milliseconds mymaster 30000
## 剩余的 slaves 重新和新的 master 做同步的并行个数
sentinel parallel-syncs mymaster 1
## 主备切换的超时时间，哨兵要去做故障转移，这个时候哨兵也是一个进程，如果没有去执行，超过这个时间后，会由其他哨兵来处理
sentinel failover-timeout mymaster 180000
```

以上哨兵配置需要在 3 个独立的 Redis 容器中分别运行，启动命令为“redis-sentinel /etc/redis/sentinel/sentinel.conf”，启动成功后可以分别对 3 个节点使用“info replication”命令来查看各自的节点信息。

此外，如果需要查看 Master 下的主节点信息，可以运行如下命令。

```
sentinel master xxx-your-master-name
```

如果需要查看 Master 下的从节点信息，可以运行如下命令。

```
sentinel slaves xxx-your-master-name
```

如果需要查看Master下的哨兵节点信息，可以运行如下命令。

```
sentinel sentinels my-master
```

测试观察哨兵：

- Master 宕机，观察 Slave 是否成为 Master。
- Master 恢复，观察 Slave 的状态，并且观察原来的 Master 是否继续成为 Master 还是作为 Slave。

需要注意，虽然哨兵可以达到高可用的目的，但是由于数据的异步复制同步，最后一次的同步数据有可能会丢失。此外，如果同步的时间延迟比较大，那么丢失的数据也就越多。

至此，哨兵形态的 Redis 构建完毕。

8.3　Redis 高可用集群架构

8.3.1　Redis 集群原理

我们在 8.2 节中已经构建了哨兵，哨兵可以做到高可用，其实也是一种集群，一个 Master 节点宕机，其他的 Slave 可以升级为 Master 继续服务。但是哨兵的数据存储容量是有上限的，所以就需要有集群来支持。一般来说，一个节点的缓存数据量，内存配备为 4G、8G 或 16G，内存越大，缓存数据量也越大，那么主从同步时间就会拉长，出错的概率也就越大，风险随之提升。

假设现在有一堆缓存数据，不论是单实例还是主从或者是哨兵，数据都在 Master 中，那么当 Redis 作为集群形态，如图 8-6 所示，假设有 3 个 Master 节点，它们共同组成 Redis 集群，那么容量其实就是 3 个 Master 各自容量的总和，就是整个项目上用到缓存的整体部分，这 3 个 Master 节点之间相互平均分配，客户端请求缓存服务连接的时候，这 3 个 Master 节点都能连，数据被分配在不同的 Master 上，获取数据也是从不同的 Master 上去查询的。

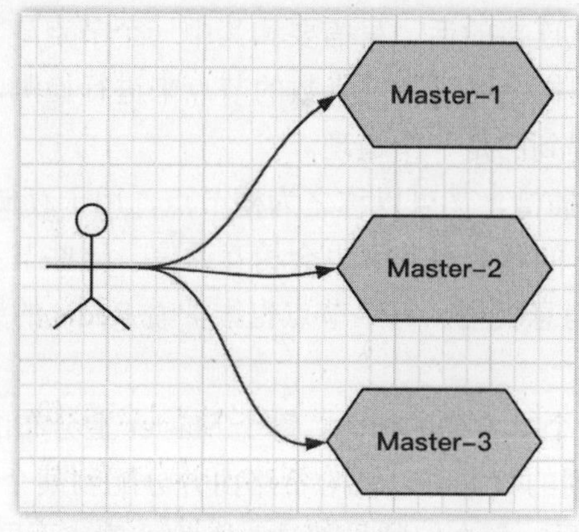

图 8-6　3 个主节点构成的集群形态

针对图 8-6 所示，我们可以认为这 3 个 Master 节点是不同的 Master 实例，保存的数据都不一样，只不过 Redis-Server 会对数据做哈希（此处有 3 个节点，所以取模 3），不同数据哈希到不同的 Master 节点，读取也是一样。整个过程开发者不需要关注，Redis 自己会做，对用户对开发者都是透明的。那么如此一来，数据就能达到扩容的目的，比如原来可能要 30G 数据，太大了，现在拆为 3 个实例，每个实例节点分别为 10G，那么就小了很多。如果要备份的话，数据空间各自占比也会小很多，传输速度也会更快。

此外，虽然图 8-6 所示是一个集群形态，但是无法做到高可用，如果一个 Master 宕机，没有辅助的 Slave 节点，数据就会丢失。如果要针对这 3 个主节点做集群高可用，就需要结合主从形态，也就是三主三从的架构，每个 Master 宕机，都可以把 Slave 切换成 Master 继续服务，形态如图 8-7 所示。

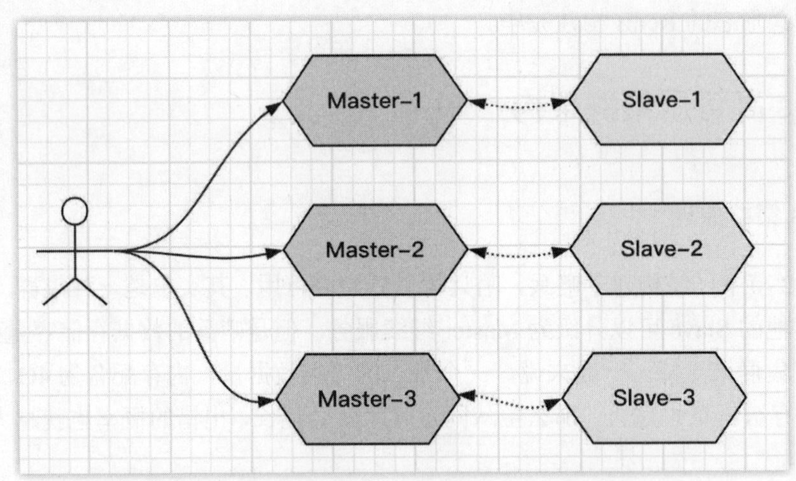

图 8-7　3 个主节点与 3 个从节点构成的集群形态

Redis 集群的特点小结如下。

- 每个节点知道彼此之间的关系，也清楚自己的角色。当然，这些节点也知道自己存在于一个集群环境中，彼此之间可以交互和通信。并且这些关系都会保存到某个配置文件中，每个节点都有。
- 客户端要和集群建立连接的话，只需要和其中一个节点建立关系就行。
- 某个主节点宕机，同样会通过超过半数的节点来进行检测，客观下线后主从切换，和之前在哨兵模式中提到的是一个道理。
- Redis 中存在很多的插槽，又可以称之为槽节点，用于存储数据。

此外，Redis 集群模式下的各节点之间也会相互通信，这些节点的通信协议是 gossip，各节点之间会有 ping pong 等消息类型，每个节点也维护着 Redis 的元数据信息，一旦发生更改会相互发送。

哈希槽，Redis 集群有一个哈希槽的概念，每个 Master 上分布的哈希槽是不一样的，Redis 有 16384 个哈希槽，多个不同的数据可以被哈希路由并分配到某个哈希槽中。就像是门牌号一样，一栋楼有 16384 个门牌号，每个门牌号都是一个哈希槽，不同姓名的人可以居住在其中，

人就是数据，门牌号就是哈希槽，Redis 集群就是小区物业，亲朋好友来访问根据物业提供的门牌号就可以找到指定的朋友。Redis 集群的数据存储其实就是基于这样的原理。

8.3.2　构建 Redis 集群形态的准备工作

构建 Redis 集群，需要至少 3 个节点作为 Master，以此组成一个高可用的集群。此外，每个 Master 都需要配备至少 1 个 Slave，所以整个集群需要至少 6 个节点，这也是最经典的 Redis 集群形态，称之为三主三从，容错性更佳。所以在搭建的时候需要在 Docker 中构建 6 个 Redis 实例（读者可以预先准备，或者使用 6 台虚拟机节点也可以，通过克隆去快速构建）。

笔者在此使用多台虚拟机来构建 Redis 集群，准备工作如下。

第一步，搭建集群之前，务必需要注意的一点就是选举，因为在如今很多的分布式中间件里，集群都会有选举这个概念，一定要达到半数以上的节点，才能够发起公平的投票，如 Redis、Zookeeper、ElasticSearch 等，原理同 Redis 哨兵，所以至少保证 3 个 Master 节点，这一点在此特别强调下。

第二步，配置 6 个节点的虚拟机，虚拟机 IP 列表如下。

- 192.168.1.221
- 192.168.1.222
- 192.168.1.223
- 192.168.1.224
- 192.168.1.225
- 192.168.1.226
- 192.168.1.227（可以用于测试的新增 Master）
- 192.168.1.228（可以用于测试的新增 Slave）

第三步，每个节点搭建单机 Redis，需要提前清理 AOF 和 RDB 文件。

第四步，如果在克隆的时候已经为单实例的 Redis 设置了密码 password，那么每个节点都必须设置 masterauth，也就是对应密码，这样是为了 Master 宕机以后，对应的 Slave 可以升级为 Master，Slave 需要配置密码后才能通信。

第五步，这里需要注意，选举的过程会短暂性对外不可用，会阻塞外部用户的请求。

8.3.3　Redis 集群架构 Cluster 实操

在每个单独的实例中对 redis.conf 进行如下配置。

```
## 配置 redis 日志，便于检查
logfile /usr/local/redis/redis-221.log

## 开启集群模式
cluster-enabled yes
## 每一个节点需要有一份配置文件，需要 6 份。每个节点处于集群的角色都需要告知其他所有节点，彼此知道，该文件用于存储集群模式下的集群状态等信息，由 Redis 自行维护。若开发者要重新创建集群，直接将该文件删除即可
cluster-config-file nodes-221.conf
```

```
## 超时时间，超时则认为master宕机，随后主备切换
cluster-node-timeout 5000
## 开启AOF
appendonly yes
```

创建集群，在任意节点运行如下命令一次。

```
#####
# 注意事项1：如果开发者使用的是redis3.x版本，需要使用redis-trib.rb来构建集群，目前最新版官方使用C语言来构建
# 注意事项2：以下为新版的Redis-Cluster构建方式
#####

## 创建集群：
## 主节点和从节点比例为1:1，也就是1个master对应1个slave
## 1-3为master，4-6为slave，这也是最经典、用得最多的集群模式
## 命令中cluster-replicas是配置几份slave，-a是执行密码
./redis-cli --cluster create ip1:port1 ip2:port2 ip3:port3 ip4:port4 ip5:port5 ip6:port6 --cluster-replicas 1 -a 123456
```

集群构建的结果如图8-8所示。

```
[root@redis-221 bin]# ./redis-cli --cluster create 192.168.1.221:6379 192.168.1.222:6379 192.168.1.223:6379 192.168.1.224:6379 192.168.1.225:6379 192.168.1.226:6379 --cl
uster-replicas 1 -a 123456
Warning: Using a password with '-a' or '-u' option on the command line interface may not be safe.
>>> Performing hash slots allocation on 6 nodes...
Master[0] -> Slots 0 - 5460
Master[1] -> Slots 5461 - 10922
Master[2] -> Slots 10923 - 16383
Adding replica 192.168.1.225:6379 to 192.168.1.221:6379
Adding replica 192.168.1.226:6379 to 192.168.1.222:6379
Adding replica 192.168.1.224:6379 to 192.168.1.223:6379
M: a7ac8415bf37177a2ac99aa636900d977b64e0bc 192.168.1.221:6379
   slots:[0-5460] (5461 slots) master
M: 33b032a9cef1711b0b486e5cbfac71b130dea898 192.168.1.222:6379
   slots:[5461-10922] (5462 slots) master
M: 57cf97e0ba8894b16b1e5d31333c5fb304553717 192.168.1.223:6379
   slots:[10923-16383] (5461 slots) master
S: c474f96fba529d9a158b4bf1b8f4f850cc2affc4 192.168.1.224:6379
   replicates 57cf97e0ba8894b16b1e5d31333c5fb304553717
S: 269aa2189539b5fb5e6f1fe43bc88da8490b7f4c 192.168.1.225:6379
   replicates a7ac8415bf37177a2ac99aa636900d977b64e0bc
S: ac7f9b59ea758f7b971fc2384247acf09ca7bbc5 192.168.1.226:6379
   replicates 33b032a9cef1711b0b486e5cbfac71b130dea898
Can I set the above configuration? (type 'yes' to accept): yes
```

图8-8　Redis集群构建结果

如图8-8所示，整个过程包括如下流程。

- 第0个Master被分配的哈希槽为0～5460，第1个Master被分配的哈希槽为5461～10922，第2个Master被分配的哈希槽为10923～16383，这些哈希槽可以认为是平均分配给3个Master节点的。如果读者有5个Master节点，那么可以观察到哈希槽的分配在各自节点的数量会更少一些。
- 分配完毕哈希槽后，会把副本分片（也就是Slave）添加给对应的Master节点，如何分配由Redis自身决定。
- 最终会把3个Master以及3个Slave节点信息全部列出来，如果确定没有问题，那么按一下“yes”就可以构建集群了。

Redis集群构建完毕后，可以看到如图8-9所示的信息展示。

从图8-9中可以看到，slots槽，用于装数据，主节点有哈希槽的分布，而从节点则没有，说明从节点此时只用作副本备份。随后，在任意节点查看集群信息，可以输入如下命令。

```
./redis-cli --cluster check 192.168.1.221:6379 -a 123456
```

```
>>> Nodes configuration updated
>>> Assign a different config epoch to each node
>>> Sending CLUSTER MEET messages to join the cluster
Waiting for the cluster to join
...
>>> Performing Cluster Check (using node 192.168.1.221:6379)
M: a7ac8415bf37177a2ac99aa636900d977b64e0bc 192.168.1.221:6379
   slots:[0-5460] (5461 slots) master
   1 additional replica(s)
S: 269aa2189539b5fb5e6f1fe43bc88da8490b7f4c 192.168.1.225:6379
   slots: (0 slots) slave
   replicates a7ac8415bf37177a2ac99aa636900d977b64e0bc
S: c474f96fba529d9a158b4bf1b8f4f850cc2affc4 192.168.1.224:6379
   slots: (0 slots) slave
   replicates 57cf97e0ba8894b16b1e5d31333c5fb304553717
M: 57cf97e0ba8894b16b1e5d31333c5fb304553717 192.168.1.223:6379
   slots:[10923-16383] (5461 slots) master
   1 additional replica(s)
S: ac7f9b59ea758f7b971fc2384247acf09ca7bbc5 192.168.1.226:6379
   slots: (0 slots) slave
   replicates 33b032a9cef1711b0b486e5cbfac71b130dea898
M: 33b032a9cef1711b0b486e5cbfac71b130dea898 192.168.1.222:6379
   slots:[5461-10922] (5462 slots) master
   1 additional replica(s)
[OK] All nodes agree about slots configuration.
>>> Check for open slots...
>>> Check slots coverage...
[OK] All 16384 slots covered.
```

图 8-9 Redis 集群构建完毕后的日志输出

并且可以通过“info replication”命令查看主从状态信息，不同角色的显示如图 8-10 以及图 8-11 所示。

```
[root@redis-221 bin]# ./redis-cli -a 123456
Warning: Using a password with '-a' or '-u' option on the command line interface may not be safe.
127.0.0.1:6379> info replication
# Replication
role:master
connected_slaves:1
slave0:ip=192.168.1.225,port=6379,state=online,offset=630,lag=0
master_replid:26f7724390159ee7ba9b80c5bff20bd384ab3cc7
master_replid2:0000000000000000000000000000000000000000
master_repl_offset:630
second_repl_offset:-1
repl_backlog_active:1
repl_backlog_size:1048576
repl_backlog_first_byte_offset:1
repl_backlog_histlen:630
127.0.0.1:6379>
```

图 8-10 查看 Redis 集群的主从状态信息（角色 Master）

```
[root@redis-225 bin]# ./redis-cli -a 123456
Warning: Using a password with '-a' or '-u' option on the command line interface may not be safe.
127.0.0.1:6379> info replication
# Replication
role:slave
master_host:192.168.1.221
master_port:6379
master_link_status:up
master_last_io_seconds_ago:4
master_sync_in_progress:0
slave_repl_offset:728
slave_priority:100
slave_read_only:1
connected_slaves:0
master_replid:26f7724390159ee7ba9b80c5bff20bd384ab3cc7
master_replid2:0000000000000000000000000000000000000000
master_repl_offset:728
second_repl_offset:-1
repl_backlog_active:1
repl_backlog_size:1048576
repl_backlog_first_byte_offset:1
repl_backlog_histlen:728
127.0.0.1:6379>
```

图 8-11 查看 Redis 集群的主从状态信息（角色 Slave）

至此，Redis 的集群形态构建完毕。

8.3.4 Redis 集群的故障转移

在 Redis 集群中，如果一个 Master 宕机，那么剩余的 Master 会发起投票选举，从挂了的 Master 对应的 Slave 中选举出一个新的 Master，发生故障的 Master 不会参与投票，这点要注意。

选举的时候需要半数以上的 Master 都投票给同一个 Slave，其才会成为新的 Master。所以 Redis 集群中至少需要有 3 个主节点，2 个是不行的。而且笔者也建议在不同的物理节点上去进行配置，如果是伪分布式集群，那么可能会有问题。

故障转移的主要流程首先是主观下线，然后是客观下线，这里要以客观为主，也就是半数以上的 Master 都收不到某节点的心跳，则认为其宕机了，此时发起选举。

随后便可验证 Redis 集群的故障转移，步骤如下。

第一步，模拟 Redis 宕机，停止某一个 Master，观察日志，以及对应的从节点，如图 8-12 所示。

```
[root@redis-222 bin]# ./redis-cli --cluster check 192.168.1.222:6379 -a 123456
Warning: Using a password with '-a' or '-u' option on the command line interface may not be safe.
Could not connect to Redis at 192.168.1.221:6379: Connection refused
192.168.1.222:6379 (33b032a9...) -> 0 keys | 5462 slots | 1 slaves.
192.168.1.225:6379 (269aa218...) -> 0 keys | 5461 slots | 0 slaves.
192.168.1.223:6379 (57cf97e0...) -> 0 keys | 5461 slots | 1 slaves.
[OK] 0 keys in 3 masters.
0.00 keys per slot on average.
>>> Performing Cluster Check (using node 192.168.1.222:6379)
M: 33b032a9cef1711b0b486e5cbfac71b130dea898 192.168.1.222:6379
   slots:[5461-10922] (5462 slots) master
   1 additional replica(s)
M: 269aa2189539b5fb5e6f1fe43bc88da8490b7f4c 192.168.1.225:6379
   slots:[0-5460] (5461 slots) master
S: ac7f9b59ea758f7b971fc2384247acf09ca7bbc5 192.168.1.226:6379
   slots: (0 slots) slave
   replicates 33b032a9cef1711b0b486e5cbfac71b130dea898
M: 57cf97e0ba8894b16b1e5d31333c5fb304553717 192.168.1.223:6379
   slots:[10923-16383] (5461 slots) master
   1 additional replica(s)
S: c474f96fba529d9a158b4bf1b8f4f850cc2affc4 192.168.1.224:6379
   slots: (0 slots) slave
   replicates 57cf97e0ba8894b16b1e5d31333c5fb304553717
[OK] All nodes agree about slots configuration.
>>> Check for open slots...
>>> Check slots coverage...
[OK] All 16384 slots covered.
```

图 8-12 某主节点宕机后的结果

从图 8-12 中可以看到，225 升级为 Master，原来的 221 下线不见，而 slots 会自动重新分配。

第二步，重启原来的 221，可以发现，221 节点加入了 225，成了 225 的 Slave，并且进行了主从数据同步。所以，原来的 Master 节点恢复后只能成为新的 Slave 节点，过程如图 8-13 所示。

在新的主节点 225 中可以看到 221 节点的加入，以及询问、同步等信息，过程如图 8-14 所示。

最终再次测试，直接关闭 225 服务器，相当于服务器宕机。测试后发现，221 成为新的 Master，也就是说不论是 Redis 宕机还是服务器宕机，对应的 Slave 都能被选举为新的 Master，因为只要 Master 集群客观认为 Master 下线了，那么就会进行选举。

```
08:44:47.119 # Configuration change detected. Reconfiguring myself as a replica of 269aa2189539b5fb5e6f1fe43bc88da8490b7f4c
08:44:47.119 * Before turning into a replica, using my master parameters to synthesize a cached master: I may be able to sy
tial transfer.
08:44:47.119 # Cluster state changed: ok
08:44:48.129 * Connecting to MASTER 192.168.1.225:6379
08:44:48.130 * MASTER <-> REPLICA sync started
08:44:48.130 * Non blocking connect for SYNC fired the event.
08:44:48.131 * Master replied to PING, replication can continue...
08:44:48.132 * Trying a partial resynchronization (request 684436046788aaeb06becb1837ff80eafad4b98e:1).
08:44:48.140 * Full resync from master: f8b8b80bcb96ba4428e5d4f08e2000b8b14bb7fc:1820
08:44:48.140 * Discarding previously cached master state.
08:44:48.195 * MASTER <-> REPLICA sync: receiving 176 bytes from master
08:44:48.195 * MASTER <-> REPLICA sync: Flushing old data
08:44:48.195 * MASTER <-> REPLICA sync: Loading DB in memory
08:44:48.195 * MASTER <-> REPLICA sync: Finished with success
08:44:48.196 * Background append only file rewriting started by pid 8389
08:44:48.225 * AOF rewrite child asks to stop sending diffs.
08:44:48.225 * Parent agreed to stop sending diffs. Finalizing AOF...
08:44:48.225 * Concatenating 0.00 MB of AOF diff received from parent.
08:44:48.225 * SYNC append only file rewrite performed
08:44:48.226 * AOF rewrite: 4 MB of memory used by copy-on-write
08:44:48.230 * Background AOF rewrite terminated with success
08:44:48.230 * Residual parent diff successfully flushed to the rewritten AOF (0.00 MB)
08:44:48.231 * Background AOF rewrite finished successfully
```

图 8-13　原来的 Master 节点恢复

```
08:44:48.132 * Replica 192.168.1.221:6379 asks for synchronization
08:44:48.133 * Partial resynchronization not accepted: Replication ID mismatch (Replica asked for
)8b80bcb96ba4428e5d4f08e2000b8b14bb7fc' and '26f7724390159ee7ba9b80c5bff20bd384ab3cc7')
08:44:48.133 * Starting BGSAVE for SYNC with target: disk
08:44:48.138 * Background saving started by pid 8174
08:44:48.141 * DB saved on disk
08:44:48.142 * RDB: 4 MB of memory used by copy-on-write
08:44:48.194 * Background saving terminated with success
08:44:48.195 * Synchronization with replica 192.168.1.221:6379 succeeded
```

图 8-14　节点恢复后的询问以及同步过程

8.3.5　Redis 集群数据存取

本节验证数据能否都在 Redis 集群中的主从中读写，运行命令如下。

```
## 连接集群，-c 表示集群
./redis-cli -a 123456 -c
## 设置一个 key-value
set name lee
## 读取命令 get name
```

运行后如图 8-15 和图 8-16 所示，图中数据进入了主节点 222 中，那么验证一下通过某个从节点能不能写入，结果会跳转到 222 中去写入，因为现在是一个集群形态。此外，读取数据会从第 5798 个哈希槽中获得，因为数据被哈希分配在了此哈希槽中。

```
[root@redis-221 bin]# ./redis-cli -a 123456 -c
Warning: Using a password with '-a' or '-u' option on the command line interface may not be safe.
127.0.0.1:6379> set name lee
-> Redirected to slot [5798] located at 192.168.1.222:6379
OK
```

图 8-15　连接 Redis 集群并且写入数据

```
[root@redis-225 bin]# ./redis-cli -a 123456 -c
Warning: Using a password with '-a' or '-u' option on the command line interface may not be safe.
127.0.0.1:6379> get name
-> Redirected to slot [5798] located at 192.168.1.222:6379
"lee"
192.168.1.222:6379>
```

图 8-16　连接 Redis 集群并且读取数据

如果关闭主节点222，观察原来设置的数据，在Slave节点226转变为Master后，数据是否存在。如图8-17所示，由于数据会主从同步，所以Master宕机后，Slave中还是会有其原有的数据。这些数据都是跟着slots走的。

```
[root@redis-221 bin]# ./redis-cli -a 123456 -c
Warning: Using a password with '-a' or '-u' option on the command line interface may not be safe.
127.0.0.1:6379> get name
-> Redirected to slot [5798] located at 192.168.1.226:6379
"lee"
192.168.1.226:6379>
```

图8-17　验证Redis集群中的数据主从同步

需要注意，如果再次关闭新的主节点226，剩余二主二从，查看状态，则会发现报错，提示说slots分配不均匀。因为有一对主从没有了，那么slot也都没了，数据就不完整了，如图8-18所示。

```
[root@redis-223 bin]# ./redis-cli --cluster check 192.168.1.224:6379 -a 123456
Warning: Using a password with '-a' or '-u' option on the command line interface may not be safe.
Could not connect to Redis at 192.168.1.226:6379: Connection refused
Could not connect to Redis at 192.168.1.222:6379: Connection refused
192.168.1.223:6379 (57cf97e0...) -> 0 keys | 5461 slots | 1 slaves.
192.168.1.221:6379 (a7ac8415...) -> 0 keys | 5461 slots | 1 slaves.
[OK] 0 keys in 2 masters.
0.00 keys per slot on average.
>>> Performing Cluster Check (using node 192.168.1.224:6379)
S: c474f96fba529d9a158b4bf1b8f4f850cc2affc4 192.168.1.224:6379
   slots: (0 slots) slave
   replicates 57cf97e0ba8894b16b1e5d31333c5fb304553717
M: 57cf97e0ba8894b16b1e5d31333c5fb304553717 192.168.1.223:6379
   slots:[10923-16383] (5461 slots) master
   1 additional replica(s)
S: 269aa2189539b5fb5e6f1fe43bc88da8490b7f4c 192.168.1.225:6379
   slots: (0 slots) slave
   replicates a7ac8415bf37177a2ac99aa636900d977b64e0bc
M: a7ac8415bf37177a2ac99aa636900d977b64e0bc 192.168.1.221:6379
   slots:[0-5460] (5461 slots) master
   1 additional replica(s)
[OK] All nodes agree about slots configuration.
>>> Check for open slots...
>>> Check slots coverage...
[ERR] Not all 16384 slots are covered by nodes.
```

图8-18　缺少一对主从造成数据以及集群形态的不完整

如果在缺少一对主从的情况下在任意节点去查询数据，那么会提示说当前集群不可用，如图8-19所示。

```
[root@redis-221 bin]# ./redis-cli -a 123456 -c
Warning: Using a password with '-a' or '-u' option on the command line interface may not be safe.
127.0.0.1:6379> getname
(error) ERR unknown command `getname`, with args beginning with:
127.0.0.1:6379> get name
(error) CLUSTERDOWN The cluster is down
```

图8-19　二主二从无法读写数据

8.3.6　Redis集群水平扩容

Redis集群可以做到无限扩容，如此可以达到存储海量数据的目的。增加节点会重新shard并且重新分配slot哈希槽。例如，新增节点192.168.1.227，这个时候需要使用如下命令，把节点加入当前集群。

```
## 添加一个新的节点到现有的集群中。第一个 ip 为新节点，第二个 ip 为现有集群中的某个节点 ip
./redis-cli --cluster add-node 192.168.1.227:6379 192.168.1.221:6379 -a 123456
```

运行后如图 8-20 所示，新节点 227 加入成功。

```
[root@redis-227 bin]# ./redis-cli --cluster add-node 192.168.1.227:6379 192.168.1.221:6379 -a 123456
Warning: Using a password with '-a' or '-u' option on the command line interface may not be safe.
>>> Adding node 192.168.1.227:6379 to cluster 192.168.1.221:6379
>>> Performing Cluster Check (using node 192.168.1.221:6379)
M: a7ac8415bf37177a2ac99aa636900d977b64e0bc 192.168.1.221:6379
   slots:[0-5460] (5461 slots) master
   1 additional replica(s)
S: 33b032a9cef1711b0b486e5cbfac71b130dea898 192.168.1.222:6379
   slots: (0 slots) slave
   replicates ac7f9b59ea758f7b971fc2384247acf09ca7bbc5
M: ac7f9b59ea758f7b971fc2384247acf09ca7bbc5 192.168.1.226:6379
   slots:[5461-10922] (5462 slots) master
   1 additional replica(s)
M: 57cf97e0ba8894b16b1e5d31333c5fb304553717 192.168.1.223:6379
   slots:[10923-16383] (5461 slots) master
   1 additional replica(s)
S: 269aa2189539b5fb5e6f1fe43bc88da8490b7f4c 192.168.1.225:6379
   slots: (0 slots) slave
   replicates a7ac8415bf37177a2ac99aa636900d977b64e0bc
S: c474f96fba529d9a158b4bf1b8f4f850cc2affc4 192.168.1.224:6379
   slots: (0 slots) slave
   replicates 57cf97e0ba8894b16b1e5d31333c5fb304553717
[OK] All nodes agree about slots configuration.
>>> Check for open slots...
>>> Check slots coverage...
[OK] All 16384 slots covered.
>>> Send CLUSTER MEET to node 192.168.1.227:6379 to make it join the cluster.
[OK] New node added correctly.
[root@redis-227 bin]# ▮
```

图 8-20　新节点成功加入 Redis 集群

在图 8-21 中，这个时候新加入的节点为 Master 了，但是从图中可以看出，并没有 slot 槽的信息，所以还需要重新分配槽节点，才能使用该 Master。

```
[root@redis-222 bin]# ./redis-cli --cluster check 192.168.1.226:6379 -a 123456
Warning: Using a password with '-a' or '-u' option on the command line interface may not be safe.
192.168.1.226:6379 (ac7f9b59...) -> 1 keys | 5462 slots | 1 slaves.
192.168.1.221:6379 (a7ac8415...) -> 0 keys | 5461 slots | 1 slaves.
192.168.1.227:6379 (b1dc0995...) -> 0 keys | 0 slots | 0 slaves.
192.168.1.223:6379 (57cf97e0...) -> 0 keys | 5461 slots | 1 slaves.
[OK] 1 keys in 4 masters.
0.00 keys per slot on average.
>>> Performing Cluster Check (using node 192.168.1.226:6379)
M: ac7f9b59ea758f7b971fc2384247acf09ca7bbc5 192.168.1.226:6379
   slots:[5461-10922] (5462 slots) master
   1 additional replica(s)
M: a7ac8415bf37177a2ac99aa636900d977b64e0bc 192.168.1.221:6379
   slots:[0-5460] (5461 slots) master
   1 additional replica(s)
M: b1dc0995bca5e2333df7dc8175ea34fe5a6c088b 192.168.1.227:6379
   slots: (0 slots) master
S: 33b032a9cef1711b0b486e5cbfac71b130dea898 192.168.1.222:6379
   slots: (0 slots) slave
   replicates ac7f9b59ea758f7b971fc2384247acf09ca7bbc5
S: c474f96fba529d9a158b4bf1b8f4f850cc2affc4 192.168.1.224:6379
   slots: (0 slots) slave
   replicates 57cf97e0ba8894b16b1e5d31333c5fb304553717
M: 57cf97e0ba8894b16b1e5d31333c5fb304553717 192.168.1.223:6379
   slots:[10923-16383] (5461 slots) master
   1 additional replica(s)
S: 269aa2189539b5fb5e6f1fe43bc88da8490b7f4c 192.168.1.225:6379
   slots: (0 slots) slave
   replicates a7ac8415bf37177a2ac99aa636900d977b64e0bc
[OK] All nodes agree about slots configuration.
>>> Check for open slots...
>>> Check slots coverage...
[OK] All 16384 slots covered.
[root@redis-222 bin]# ▮
```

图 8-21　新 Master 没有哈希槽的分配

重新分配哈希槽使用如下命令。

```
## ip 端口是集群中任意一个节点和对应端口号
```

```
./redis-cli --cluster reshard ip:port -a 密码
```

运行命令后会提示迁移多少个哈希槽，如图 8-22 所示。迁移之后，原来的数据还是存在于哈希 slots 中的，因为哈希后取模的接口还是对应某个 slot，数据还在。

```
[OK] All 16384 slots covered.
How many slots do you want to move (from 1 to 16384)?
```

图 8-22　询问迁移哈希槽的个数

如图 8-23 所示，填入需要迁移哈希槽个数为 2000，并且迁移的节点 ID（也就是新增的 Master 的 ID），可以直接复制进去。

```
[root@redis-227 bin]# ./redis-cli --cluster reshard 192.168.1.221:6379 -a 123456
Warning: Using a password with '-a' or '-u' option on the command line interface may not be safe.
>>> Performing Cluster Check (using node 192.168.1.221:6379)
M: a7ac8415bf37177a2ac99aa636900d977b64e0bc 192.168.1.221:6379
   slots:[0-5460] (5461 slots) master
   1 additional replica(s)
S: 33b032a9cef1711b0b486e5cbfac71b130dea898 192.168.1.222:6379
   slots: (0 slots) slave
   replicates ac7f9b59ea758f7b971fc2384247acf09ca7bbc5
M: ac7f9b59ea758f7b971fc2384247acf09ca7bbc5 192.168.1.226:6379
   slots:[5461-10922] (5462 slots) master
   1 additional replica(s)
M: 57cf97e0ba8894b16b1e5d31333c5fb304553717 192.168.1.223:6379
   slots:[10923-16383] (5461 slots) master
   1 additional replica(s)
M: b1dc0995bca5e2333df7dc8175ea34fe5a6c088b 192.168.1.227:6379
   slots: (0 slots) master
S: 269aa2189539b5fb5e6f1fe43bc88da8490b7f4c 192.168.1.225:6379
   slots: (0 slots) slave
   replicates a7ac8415bf37177a2ac99aa636900d977b64e0bc
S: c474f96fba529d9a158b4bf1b8f4f850cc2affc4 192.168.1.224:63
   slots: (0 slots) slave
   replicates 57cf97e0ba8894b16b1e5d31333c5fb304553717
[OK] All nodes agree about slots configuration.
>>> Check for open slots...
>>> Check slots coverage...
[OK] All 16384 slots covered.
How many slots do you want to move (from 1 to 16384)? 2000
What is the receiving node ID? b1dc0995bca5e2333df7dc8175ea34fe5a6c088b
```

图 8-23　迁移哈希槽与对应的节点

然后再 yes，表示执行 reshard 操作，如图 8-24 所示。

```
Do you want to proceed with the proposed reshard plan (yes/no)? yes
```

图 8-24　确定迁移哈希槽

等待一段时间迁移后，迁移成功。重新检查集群信息可以发现，这个时候 227 中有 2000 个哈希槽 slot，分别由其他节点迁移的一部分共同组成，如图 8-25 所示。

如此一来，新的 Master 节点就加入集群了。之前所设定的 Key 为“name”的值是在别的 Master 中，由于 slot 迁移了，这个时候再查询，其会路由到 227 节点，说明数据不会因为节点增加而丢失，而是会跟着 slot 走，如图 8-26 所示。

如果再次关闭这个新的 Master 节点，由于 slot 不完整，集群将会不可用。所以需要新加 Slave，把这个 Slave 安排到某个特定的 Master 之下执行如下命令。

```
./redis-cli --cluster add-node --cluster-slave --cluster-master-id [master-id] [slave-ip:port] [master-ip:port]
```

这个时候查看，可以看到 228 加入了集群，并且成了 Slave，如图 8-27 所示。

```
[root@redis-222 bin]# ./redis-cli --cluster check 192.168.1.226:6379 -a 123456
Warning: Using a password with '-a' or '-u' option on the command line interface may
192.168.1.226:6379 (ac7f9b59...) -> 0 keys | 4795 slots | 1 slaves.
192.168.1.221:6379 (a7ac8415...) -> 0 keys | 4795 slots | 1 slaves.
192.168.1.227:6379 (b1dc0995...) -> 1 keys | 1999 slots | 0 slaves.
192.168.1.223:6379 (57cf97e0...) -> 0 keys | 4795 slots | 1 slaves.
[OK] 1 keys in 4 masters.
0.00 keys per slot on average.
>>> Performing Cluster Check (using node 192.168.1.226:6379)
M: ac7f9b59ea758f7b971fc2384247acf09ca7bbc5 192.168.1.226:6379
   slots:[6128-10922] (4795 slots) master
   1 additional replica(s)
M: a7ac8415bf37177a2ac99aa636900d977b64e0bc 192.168.1.221:6379
   slots:[666-5460] (4795 slots) master
   1 additional replica(s)
M: b1dc0995bca5e2333df7dc8175ea34fe5a6c088b 192.168.1.227:6379
   slots:[0-665],[5461-6127],[10923-11588] (1999 slots) master
S: 33b032a9cef1711b0b486e5cbfac71b130dea898 192.168.1.222:6379
   slots: (0 slots) slave
   replicates ac7f9b59ea758f7b971fc2384247acf09ca7bbc5
S: c474f96fba529d9a158b4bf1b8f4f850cc2affc4 192.168.1.224:6379
   slots: (0 slots) slave
   replicates 57cf97e0ba8894b16b1e5d31333c5fb304553717
M: 57cf97e0ba8894b16b1e5d31333c5fb304553717 192.168.1.223:6379
   slots:[11589-16383] (4795 slots) master
   1 additional replica(s)
S: 269aa2189539b5fb5e6f1fe43bc88da8490b7f4c 192.168.1.225:6379
   slots: (0 slots) slave
   replicates a7ac8415bf37177a2ac99aa636900d977b64e0bc
[OK] All nodes agree about slots configuration.
>>> Check for open slots...
>>> Check slots coverage...
[OK] All 16384 slots covered.
```

图 8-25　新 Master 所包含的哈希槽

```
[root@redis-226 bin]# ./redis-cli -a 123456 -c
Warning: Using a password with '-a' or '-u' option on the command
127.0.0.1:6379> get name
-> Redirected to slot [5798] located at 192.168.1.227:6379
"lee"
```

图 8-26　数据路由到新的 Master 中的哈希槽

```
0.00 keys per slot on average.
>>> Performing Cluster Check (using node 192.168.1.226:6379)
M: ac7f9b59ea758f7b971fc2384247acf09ca7bbc5 192.168.1.226:6379
   slots:[6128-10922] (4795 slots) master
   1 additional replica(s)
M: a7ac8415bf37177a2ac99aa636900d977b64e0bc 192.168.1.221:6379
   slots:[666-5460] (4795 slots) master
   1 additional replica(s)
S: 6847004e70615b379232d72c84a7fb676bea91f0 192.168.1.228:6379
   slots: (0 slots) slave
   replicates b1dc0995bca5e2333df7dc8175ea34fe5a6c088b
M: b1dc0995bca5e2333df7dc8175ea34fe5a6c088b 192.168.1.227:6379
   slots:[0-665],[5461-6127],[10923-11588] (1999 slots) master
   1 additional replica(s)
S: 33b032a9cef1711b0b486e5cbfac71b130dea898 192.168.1.222:6379
   slots: (0 slots) slave
   replicates ac7f9b59ea758f7b971fc2384247acf09ca7bbc5
S: c474f96fba529d9a158b4bf1b8f4f850cc2affc4 192.168.1.224:6379
   slots: (0 slots) slave
   replicates 57cf97e0ba8894b16b1e5d31333c5fb304553717
M: 57cf97e0ba8894b16b1e5d31333c5fb304553717 192.168.1.223:6379
   slots:[11589-16383] (4795 slots) master
   1 additional replica(s)
S: 269aa2189539b5fb5e6f1fe43bc88da8490b7f4c 192.168.1.225:6379
   slots: (0 slots) slave
   replicates a7ac8415bf37177a2ac99aa636900d977b64e0bc
[OK] All nodes agree about slots configuration.
>>> Check for open slots...
```

图 8-27　新 Slave 成功加入 Master

至此，Redis 集群的水平扩容完毕。

8.3.7 Redis 集群的十点总结

针对 Redis 集群可以有如下几点总结，读者也可以在各自的 Redis 集群中进行验证。

- 读写都是在 Master 中进行，Slave 加入集群，会进行数据同步，连接集群中的任意主或从节点去读写数据，且会根据 Key 哈希取模后路由到某个 Master 节点去处理。Slave 不提供读写服务，只会同步数据。
- 关闭任意主节点，会导致部分写操作失败，因为从节点不能执行写操作，在 Slave 升级为 Master 期间会有少量失败。
- 关闭从节点对于整个集群没有影响。
- 某个主节点与其下的所有从节点全部宕机，集群就进入 fail 状态，不可用，因为 slot 不完整。
- 如果集群有超过半数的 Master 宕机，无论其是否有对应的 Slave，集群都会进入 fail 状态，因为无法选举。
- 如果集群中的任意 Master 宕机，且此 Master 没有 Slave，集群将不可用。
- 投票选举过程是集群中所有 Master 参与的，如果半数以上 Master 节点与某 Master 节点通信超时（cluster-node-timeout），则认为当前 Master 节点宕机。
- 选举只会针对某个 Master 下的所有 Slave 进行选举，而不是对集群中的所有 Slave。
- 原先的 Master 重新恢复连接后，会成为新 Master 的从节点。由于主从同步，客户端的写入命令，有可能会丢失（原因参考主从复制原理 AOF 与 RDB）。Redis 并非强一致性，由于主从特性，所以最后一部分数据可能会丢失，参照 CAP 理论。
- 集群只实现了主节点的故障转移；从节点故障时只会被下线，不会进行故障转移。因此，使用集群时，一般不会使用读写分离技术，因为从节点故障会导致读服务不可用，可用性变差了。所以不要在集群里做读写分离。

8.4 Redis 缓存淘汰机制

计算机内存都是有限的，内存越大价格也越贵。Redis 的高并发、高性能本质上都是基于内存的，哪怕是集群，数据量足够大，内存也可能不够用。所以，Redis 中的缓存越多，那么占用的内存也就越多，然而 Redis 都有一套逻辑算法，专门用于处理过期的缓存，目的就是清理过期的缓存 Key。

Redis 中已经设置了 expire 的 Key 缓存过期了，但是服务器的内存还是会被这些过期的 Key 所占用，Redis 并不会主动清理它们，这是因为 Redis 所基于的两种删除策略。

- 第一种，定时删除（主动）。Redis 会定时随机检查 Key 是否过期，如果过期则清理删除。
- 第二种，惰性删除（被动）。当客户端请求一个 Key 时，Redis 会检查这个 Key 是否过期，如果过期了，则删除，然后返回一个 nil。这种策略对 CPU 比较友好，不会有太多的损耗，但是内存占用会比较高。

虽然缓存 Key 过期了，但是只要没有被 Redis 清理，那么其实依然占用着内存。如此，内存就有可能全被占用了。所以，当内存占用满了以后，Redis 提供了一套缓存淘汰机制，称作“MEMORY MANAGEMENT”，这些规则配置如下。

- maxmemory：当内存的已使用率达到最大，则开始清理缓存。
- noeviction：旧缓存永不过期，新缓存设置不了，返回错误。如果把 Redis 作为数据库使用，可以用本配置。
- allkeys-lru：清除最少用的旧缓存，然后保存新的缓存（推荐使用）。
- allkeys-random：在所有的缓存中随机删除（不推荐）。
- volatile-lru：在那些设置了 expire 过期时间的缓存中，清除最少用的旧缓存，然后保存新的缓存。
- volatile-random：在那些设置了 expire 过期时间的缓存中，随机删除缓存。
- volatile-ttl：在那些设置了 expire 过期时间的缓存中，删除即将过期的。

所以，如果服务器计算机节点的内存有限，建议根据实际情况设置 Redis 缓存 Key 的淘汰规则。

8.5　本章小结

本章主要对 Redis 的多种形态进行了梳理，主要有主从、哨兵以及集群。同时，也是面试的热点，面试的过程中经常会问到其中的一些原理。虽然平时开发过程中不会由开发者去搭建集群，但是其中的原理和基本步骤也是需要熟知的。

进　阶　篇

第 9 章　nginx 网关中间件

本章主要内容

- 网关中间件选型
- 反向代理与正向代理
- 安装原生 nginx
- 详解 conf 配置
- 日志切割
- location 请求的路由规则
- 静态资源服务发布

前面几章，我们了解了本地缓存 Caffeine 以及分布式缓存中间件 Redis，并且也对 Redis 进行了拓展性学习。从本章开始将会进入一个全新的领域，我们将会学习到 nginx 网关方面的内容，并且 nginx 也是在企业中非常重要的一个中间件技术，在各类大中小型项目中都会使用到，是一个万金油的网关中间件。

9.1　网关中间件 nginx

9.1.1　nginx 是什么

现如今的互联网企业几乎都在使用 nginx，nginx 是网关。可以把它比作一扇门，家里的内部环境可以比作服务的后端，只有先进了门才可以在家里随意走动。

nginx 本质上是一个服务器，通过安装后便可以运行。nginx 可以用于处理高性能的 HTTP 请求，也可以用作反向代理服务器和静态资源服务器，当然也提供 IMAP/POP3/SMTP 服务。

在高可用中，nginx 可以发挥强大的作用，可以用于配置服务集群，并且提供不同的负载均衡算法，如此便可以提高网站服务的性能以及并发量。

作为静态资源服务器，nginx 可以直接放在公网让用户访问，开发者可以部署静态网站、图片、视频、音频等，作为文件服务器使用。

对于 nginx 在一个网站架构中所处的位置可以参考图 9-1。

我们可以看到，nginx 是所有流量的入口。用户通过前端应用，如浏览器、手机、平板电脑等，都可以对网站后台发起请求，所有的请求必须先经过 nginx，网站后台也只会暴露 nginx 的端口，也就是说，任何请求都无法绕过 nginx 从别的入口进入系统内部。就像前文所说，任何人都不能绕过你家大门从窗户进入，这是不现实也是不允许的。所以 nginx 作为一个网关中间件，在任何系统架构中都是至关重要的。

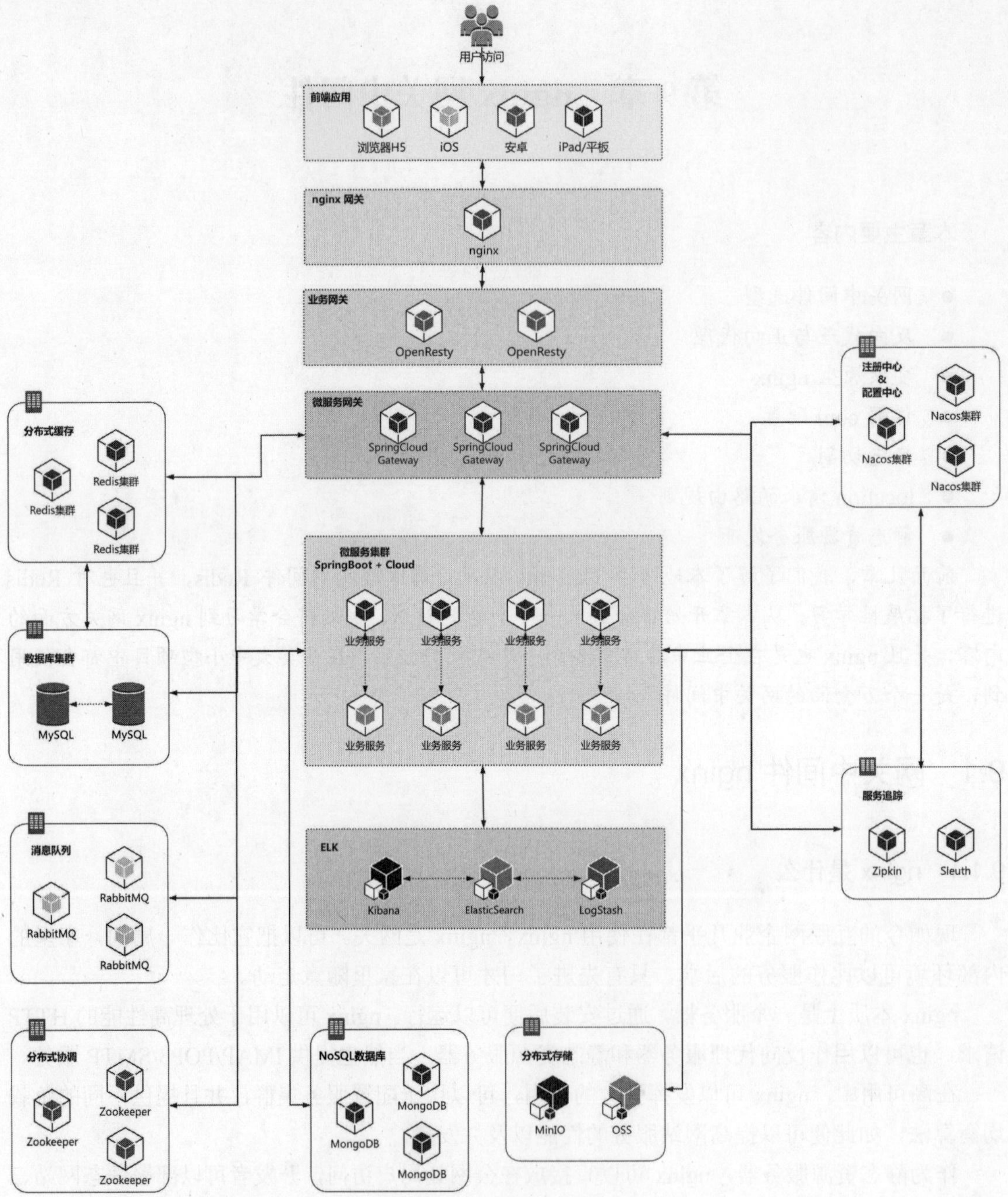

用户访问
前端应用
浏览器H5 iOS 安卓 iPad/平板
nginx 网关
nginx
业务网关
OpenResty OpenResty
微服务网关
SpringCloud Gateway SpringCloud Gateway SpringCloud Gateway
微服务集群
SpringBoot + Cloud
业务服务 业务服务 业务服务 业务服务
业务服务 业务服务 业务服务 业务服务
ELK
Kibana ElasticSearch LogStash
分布式缓存
Redis集群 Redis集群 Redis集群
数据库集群
MySQL MySQL
消息队列
RabbitMQ RabbitMQ RabbitMQ
分布式协调
Zookeeper Zookeeper Zookeeper
NoSQL数据库
MongoDB MongoDB MongoDB
分布式存储
MinIO OSS
注册中心
&
配置中心
Nacos集群 Nacos集群 Nacos集群
服务追踪
Zipkin Sleuth

图 9-1 通用系统架构拓扑图

9.1.2 服务器的选型

作为网关，针对技术选型来说，有如下几种服务器可供选择。

- Apache 与 nginx：可以用作反向代理服务器或静态服务器，nginx 服务器市场占比已经超过 Apache 服务器，并发越高 Apache 的性能越低，相反 nginx 却很卓越。

- OpenResty：基于 nginx 的一款服务器，除了包括 nginx 中所有的功能外，还可以结合 Lua 脚本进行服务器编程，可以成为业务网关，也可以与 nginx 组成多级网关。
- Weblogic 与 Jboss：一般在传统行业使用比较多，如 ERP、物流、电信、金融等。
- Tomcat 与 Jetty：J2EE 级别的服务器容器技术，可以运行 Java 语言构建的项目，但是无法作为网关达成反向代理的目的。
- MS IIS：asp.net 所使用的服务器，在 Java 生态栈中无法使用。
- Netty：高性能服务器编程技术，可以自建服务器、自建协议进行通信等。

在此借用 netcraft 网站（https://www.netcraft.com）中的图片可以看到，nginx 服务器在目前所有的站点中，市场份额是最高的，从 0%开始增长，慢慢地健壮发展到如今的地位，如图 9-2 所示。

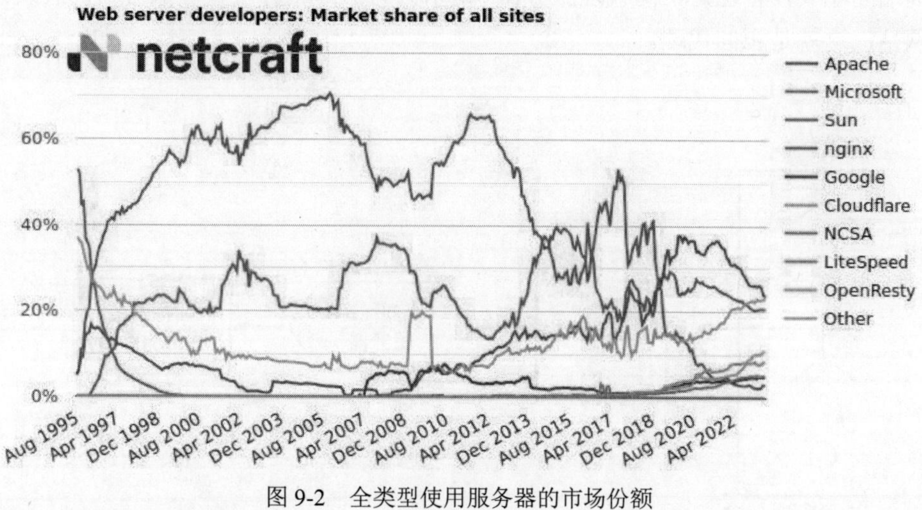

图 9-2　全类型使用服务器的市场份额

其中在计算机市场份额中，nginx 也已经遥遥领先了，如图 9-3 所示。

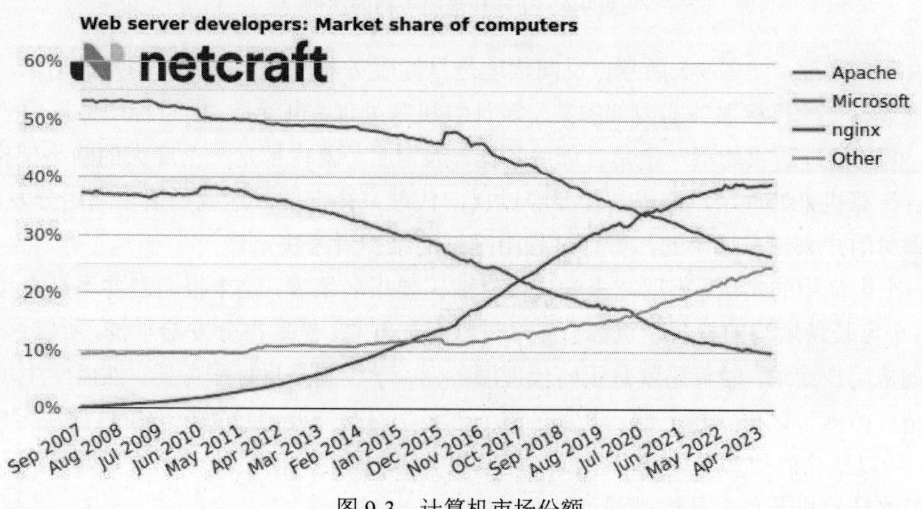

图 9-3　计算机市场份额

9.1.3 反向代理与正向代理

nginx 是反向代理服务器，有反向就有正向，先说正向代理。正向代理是客户端请求与目标服务器之间的一个代理服务器，请求会先经过代理服务器，然后再转发请求到目标服务器，获得内容后响应给客户端。

如图 9-4 所示，我们平时上网冲浪，通过电脑的浏览器可以访问外部的网站，比如逛淘宝或京东购物，这个时候，浏览器并不是直接发送请求到目标服务器的，并非一下子就能访问到对方，在访问的过程中会经过代理服务器，比如家里的路由器、光猫，这些其实就是正向代理服务器，路由器或光猫可以控制家里多台电脑的访问速度或者屏蔽不必要的网站。除此之外，请求还会经过运营商，网络请求能否通畅、网速多少、带宽多大也由运营商决定，所以这个时候运营商端的相关设备也是正向代理服务器。请求只有经过中介层代理服务器的转发，才能到达目标网站，这就是正向代理。

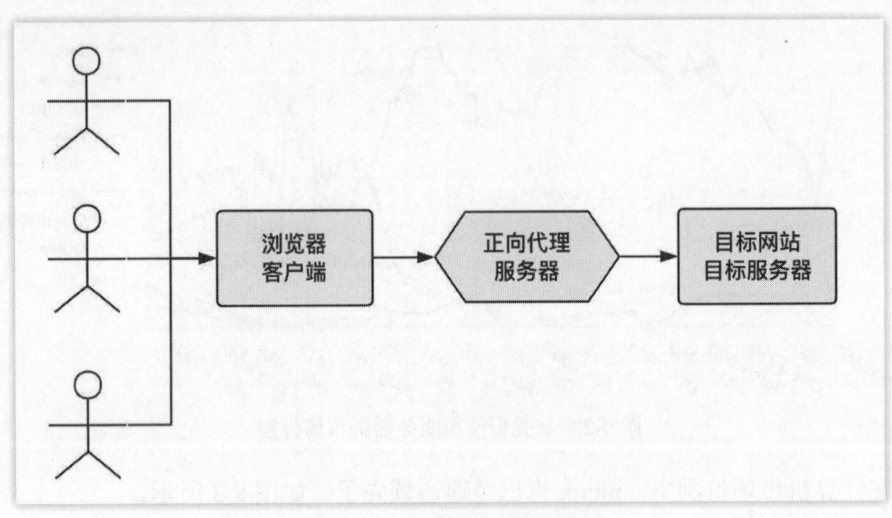

图 9-4　正向代理服务器的案例

再说反向代理，如图 9-5 所示，反向代理是目标服务器已经接收到了用户的请求，但是用户的请求最终交给目标服务器内部的某一台计算机来处理。也就是说，目标服务器用于接收用户请求，但是处理请求的不一定是目标服务器，因为服务器内部是一个庞大的网络架构，究竟是哪一台计算机来处理用户请求是需要经过反向代理来决定的，这就是请求路由分发的功能。反向代理对用户来说是透明的，整个过程由网站的维护者来决定。

举一个生活中的实例，小朋友去学校上学前需要报名填表，这个报名表并不是直接交给学校的，每个家长所填写的报名表也都会先经过教育局汇总，然后再分发给学校。所以这个时候，报名表就是用户请求，教育局就是正向代理服务器，学校则是目标服务器。然而学生填报意向后并不是直接就可以去学校上课，学生在哪个班级学习是需要经过每个学校内部决定的，比如教务处，所以这个时候教务处充当了反向代理服务器的角色，而最终分到的不同班级就是请求处理的最终计算机节点。具体过程可以参考图 9-6。

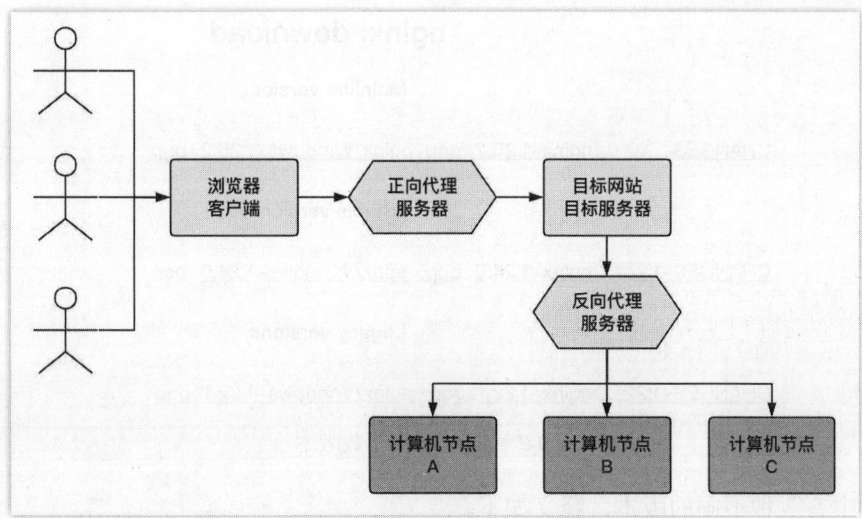

图 9-5　反向代理与正向代理服务器相互结合的案例

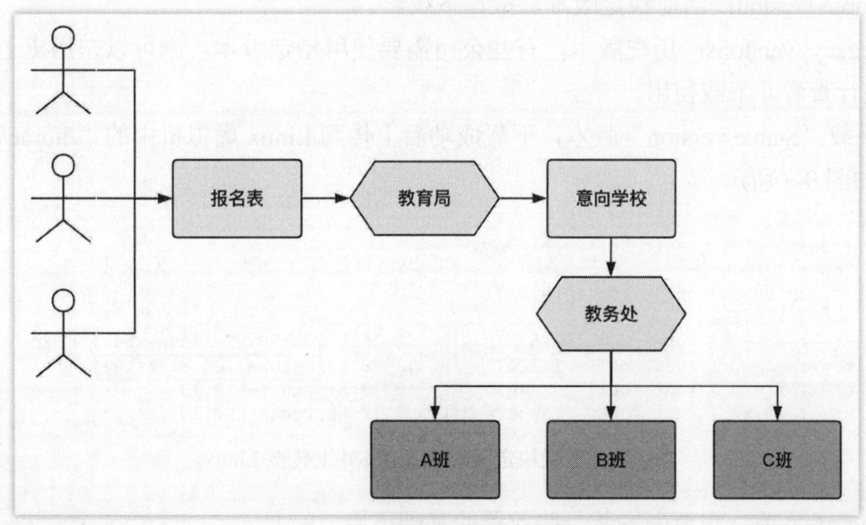

图 9-6　反向代理与正向代理举例示意

从上述举例可以看得出来，正向代理是通过外部介质访问到目标，而反向代理则是请求已经到达目标，在目标内部进行请求控制和路由。两者对请求控制的主动权是不同的，正向代理是主动，而反向代理是被动。

9.2　安装 nginx 与配置

9.2.1　下载并安装 nginx 的依赖环境

打开 nginx 的官网（http://nginx.org/）在首页可以看到历史的发版记录，点击第一个最新的链接就能跳转至下载页面，如图 9-7 所示为当前可以下载的最新版本。

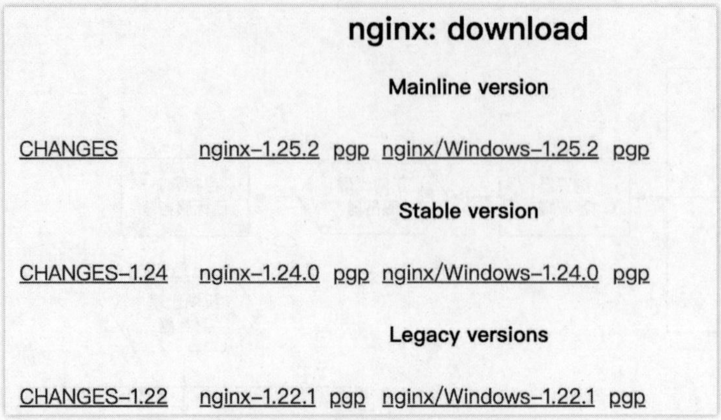

nginx: download

Mainline version

CHANGES　nginx-1.25.2 pgp nginx/Windows-1.25.2 pgp

Stable version

CHANGES-1.24　nginx-1.24.0 pgp nginx/Windows-1.24.0 pgp

Legacy versions

CHANGES-1.22　nginx-1.22.1 pgp nginx/Windows-1.22.1 pgp

图 9-7　nginx 官网下载版本

图 9-7 中有 3 种不同的版本，释义如下。

- Mainline version：当前正在开发的主线版本，适合开发者尝鲜。
- Stable version：当前稳定版本，推荐下载。
- Legacy versions：历史版本，有些公司需要使用指定版本，则可以在历史遗留版本中进行查看并下载使用。

点击下载“Stable version”版本，下载成功后上传到 Linux 虚拟机中的“/home/software”路径下，如图 9-8 所示。

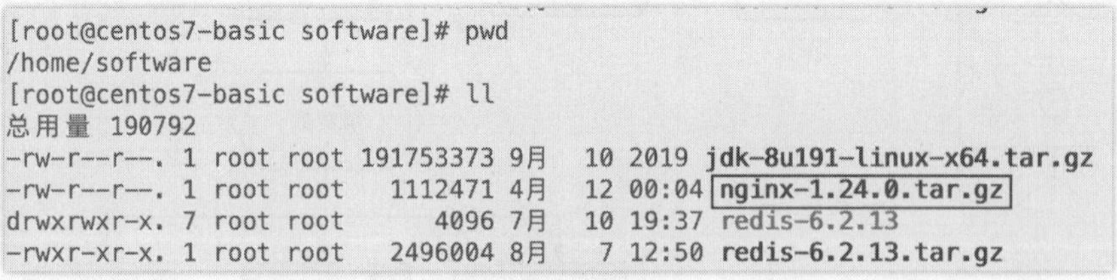

```
[root@centos7-basic software]# pwd
/home/software
[root@centos7-basic software]# ll
总用量 190792
-rw-r--r--. 1 root root 191753373 9月  10 2019 jdk-8u191-linux-x64.tar.gz
-rw-r--r--. 1 root root   1112471 4月  12 00:04 nginx-1.24.0.tar.gz
drwxrwxr-x. 7 root root      4096 7月  10 19:37 redis-6.2.13
-rwxr-xr-x. 1 root root   2496004 8月   7 12:50 redis-6.2.13.tar.gz
```

图 9-8　下载稳定版本的 nginx 并上传至 Linux

安装 nginx 之前，需要先安装一些前置的基础环境。

首先需要安装 gcc 环境，运行如下命令。

```
yum install gcc-c++
```

随后安装 PCRE 库，用于解析正则表达式。

```
yum install -y pcre pcre-devel
```

此外还需要安装 zlib 压缩和解压缩依赖。

```
yum install -y zlib zlib-devel
```

最后再安装 SSL，用于 HTTP 安全传输，也就是 https。

```
yum install -y openssl openssl-devel
```

9.2.2　安装 nginx 到 Linux 系统中

环境依赖安装完毕后，则可以开始安装 nginx。

第一步，对 nginx 下载包进行解压缩，需要注意，解压后得到的是源码，源码需要编译后才能安装，运行命令如下。

```
tar -zxvf nginx-1.24.0.tar.gz
```

第二步，创建 nginx 的临时目录，如果不创建，后续在启动 nginx 的过程中可能会报错，运行命令如下。

```
mkdir /var/temp/nginx -p
```

第三步，通过“cd nginx-1.24.0”命令进入 nginx 的目录，输入如下命令对 nginx 进行配置，目的是创建 makefile 文件。

```
./configure \
--prefix=/usr/local/nginx \
--pid-path=/var/run/nginx/nginx.pid \
--lock-path=/var/lock/nginx.lock \
--error-log-path=/var/log/nginx/error.log \
--http-log-path=/var/log/nginx/access.log \
--with-http_gzip_static_module \
--http-client-body-temp-path=/var/temp/nginx/client \
--http-proxy-temp-path=/var/temp/nginx/proxy \
--http-fastcgi-temp-path=/var/temp/nginx/fastcgi \
--http-uwsgi-temp-path=/var/temp/nginx/uwsgi \
--http-scgi-temp-path=/var/temp/nginx/scgi
```

上述配置命令及释义见表 9-1。

表 9-1　配置命令及释义

配置命令	释义
--prefix	指定 nginx 安装目录
--pid-path	指向 nginx 的 pid
--lock-path	锁定安装文件，防止被恶意篡改或误操作
--error-log	错误日志所在路径
--http-log-path	http 日志所在路径
--with-http_gzip_static_module	启用 gzip 模块，在线实时压缩输出数据流
--http-client-body-temp-path	设定客户端请求的临时目录
--http-proxy-temp-path	设定 http 代理临时目录
--http-fastcgi-temp-path	设定 fastcgi 临时目录
--http-uwsgi-temp-path	设定 uwsgi 临时目录
--http-scgi-temp-path	设定 scgi 临时目录

上述配置命令运行成功后，编译并安装 nginx，运行命令如下。

```
make & make install
```

如此便安装成功，进入 nginx 的安装目录“cd /usr/local/nginx/”，目录结构如下。

- conf：nginx 的配置文件目录。

- html：默认的静态页面目录。
- sbin：nginx 的运行命令文件目录。

最后，进入 nginx 的运行命令文件目录，运行“./nginx”，nginx 便成功启动。通过浏览器地址就能够访问并测试 nginx 是否成功运行，访问的地址为“<虚拟机所处内网 IP>:”，看到如图 9-9 的结果，表示运行成功。

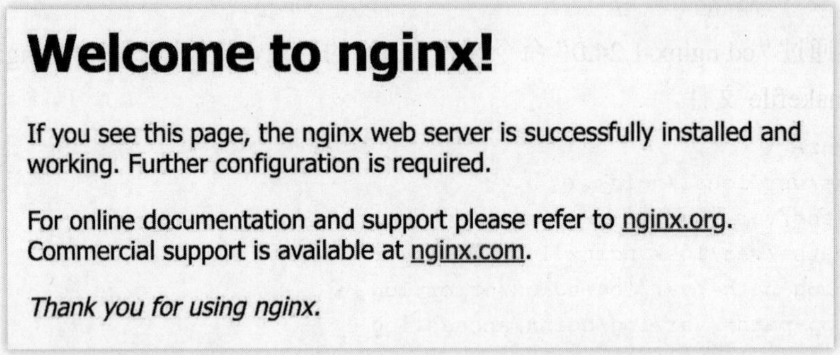

Welcome to nginx!

If you see this page, the nginx web server is successfully installed and working. Further configuration is required.

For online documentation and support please refer to nginx.org.
Commercial support is available at nginx.com.

Thank you for using nginx.

图 9-9　在浏览器中运行 nginx 的默认页面

nginx 的主要操作命令如下。

- 停止：./nginx -s stop。
- 重新加载：./nginx -s reload。
- 测试 nginx：./nginx -t。
- 查看版本信息：./nginx -v/-V。

9.2.3　详解 conf 配置

nginx 的配置文件很重要，文件路径在“/user/local/nginx/conf”之下，叫作“nginx.conf”，通过“vim nginx.conf”命令即可打开查看，或者直接下载到本地用文本软件也可以打开。

nginx 的配置文件经过精简后如下。

```
#user nobody;
worker_processes 1;

#error_log logs/error.log;
#error_log logs/error.log notice;
#error_log logs/error.log info;
#pid logs/nginx.pid;

events {
   worker_connections 1024;
}


http {
   include mime.types;
```

```
    default_type application/octet-stream;

    #log_format   main'$remote_addr - $remote_user [$time_local] "$request" '
    #        '$status $body_bytes_sent "$http_referer" '
    #        '"$http_user_agent" "$http_x_forwarded_for"';
    #access_log logs/access.log main;
    sendfile  on;
    #tcp_nopush   on;

    #keepalive_timeout 0;
    keepalive_timeout 65;
    #gzip on;
    server {
       listen80;
       server_name localhost;

       #charset koi8-r;
       #access_log logs/host.access.log main;
       location / {
          root   html;
          index index.html index.htm;
       }

       error_page 500 502 503 504 /50x.html;
       location = /50x.html {
          root html;
       }
    }
}
```

上述配置内容很重要，作为一名运维人员则需要完全掌握，如果是一名前、后端开发者那么需要了解每一项的意义，要会配置 nginx。配置的释义如下。

- user root：设置 worker 进程的用户，指 Linux 中的用户，会涉及 nginx 的操作目录或文件的一些权限，默认为“nobody”。
- worker_processes 1：worker 进程工作数设置，一般来说 CPU 有几个，就设置几个，或者设置为 N-1 也行。因为这个参数的设置是和服务器的硬件配置及负载有关的，并不是越大越好。worker_processes 的值设置过大时，可能会导致服务器上其他资源的竞争和整体性能的下降。
- error_log：定义一些日志，nginx 日志级别有“debug | info | notice | warn | error | crit | alert | emerg”，错误级别从左到右越来越高。
- pid logs/nginx.pid：设置 nginx 的进程 pid 文件。
- events {}：nginx 中的指令块，在指令块中可以定义一些额外的参数指令。
- events - use epoll：使用默认的 epoll 多路复用机制。

- events - worker_connections：每个 worker 允许连接的客户端最大连接数，或者说同时处理的连接数。worker_connections 的取值取决于服务器的硬件配置和负载，一般设置为 1024 或更高，如果硬件配置很低，那就调低参数即可。
- http {}：http 指令块，针对 http 网络传输的一些指令配置。
- include mime.types：include 引入外部配置，提高可读性，避免单个配置文件过大而显得臃肿；"mime.types"文件在统计目录下，可以查看其中的类型。
- http - log_format：设定日志格式，"main"为定义的格式名称，如此 access_log 就可以直接使用这个变量了，对于格式化日志中的各个参数归纳见表 9-2。

表 9-2 各参数及其含义

参数名	参数意义
$remote_addr	客户端 IP
$remote_user	远程客户端用户名
$time_local	时间和时区
$request	请求的 url 以及 method
$status	响应状态码
$body_bytes_send	响应客户端内容字节数
$http_referer	记录用户是从哪个链接跳转过来的
$http_user_agent	用户所使用的代理，一般来说都是浏览器
$http_x_forwarded_for	通过代理服务器来记录客户端的 IP

- http - "sendfile"：使用高效文件传输，提升传输性能。启用后才能使用"tcp_nopush"。
- http - "tcp_nopush"：是指当数据累积一定大小后才发送，目的是提高效率、提高性能，从而减少网络延迟。
- http - "keepalive_timeout"：设置客户端与服务端请求的超时时间，保证客户端多次请求的时候不会重复建立新的连接，节约资源损耗开支。
- http - "gzip"：可以用于压缩响应数据，从而减小网络传输量。
- http - server{}：http 中的 server 指令块，表示可以在"http"指令块中设置多个虚拟主机，这些虚拟主机就是可以用于在浏览器上访问的服务，server 指令块中所包含的参数如下。
  - isten 监听端口：前端调用所发起的请求中的端口。
  - server_name：请求的地址监听匹配，可以是 localhost、IP 或域名。
  - location：请求路由映射，匹配拦截。
  - root：请求位置目录。
  - index：首页页面设置。

初次接触到这样庞大的配置文件可能一下子就懵了，但是没有关系，用到什么就去配置什么，本书中所使用到的主要以 server 指令块为主，所以后续使用 server 指令块配置即可。

9.3　nginx 的基本应用

9.3.1　日志切割（手动）

目前在 nginx 中，现有的日志都会存储于“access.log”文件中，一个服务运行的时间越久，那么该日志文件的内容也将会越来越多，体积也会越来越庞大，并且不利于运维人员查看，打开如此庞大的文件可能导致内存溢出或崩溃，哪怕下载到本地也会需要很长时间并且占用大量带宽。所以，可以通过把这个庞大的日志文件切割为多份不同的小文件作为子日志文件存储，日志切割的规则可以以“天”为单位，如果每天有几百 GB 甚至几 TB 日志的话，需要更精细的切割，也可以按需以“每半天”或者“每小时”对日志进行切割。

切割日志的步骤如下。

第一步，创建一个 shell 可执行文件，比如命名为“split_nginx_log.sh”，内容为如下片段。

```
#!/bin/bash
## 定义日志路径
LOG_PATH="/var/log/nginx/"

## 记录切割时间
RECORD_TIME=$(date -d "yesterday" +%Y-%m-%d+%H:%M)

## Nginx 的 PID 位置
PID=/var/run/nginx/nginx.pid
## 对 access.log 切割
mv ${LOG_PATH}/access.log ${LOG_PATH}/access.${RECORD_TIME}.log
## 对 error.log 切割
mv ${LOG_PATH}/error.log ${LOG_PATH}/error.${RECORD_TIME}.log

#向 Nginx 主进程发送信号，用于重新打开日志文件
kill -USR1 `cat $PID`
```

第二步，为“split_nginx_log.sh”添加可执行的权限。

```
## 为 split_nginx_log.sh 添加可执行权限
chmod +x split_nginx_log.sh
```

最后一步，只需要运行“split_nginx_log.sh”这个可执行文件即可，运行脚本如下。

```
## 运行可执行脚本文件
./split_nginx_log.sh
```

测试日志切割后，可以看到如下文件。

```
access.2023-10-10+22:25.log
error.2023-10-10+22:25.log
```

9.3.2　日志切割（自动）

我们在上一小节学习了手动切割，但该方式不适用于长时间运行的项目；自动是最好的选

择，通过自动执行任务，便可以自动切割日志文件，这对于运维来说是极为方便的，步骤如下。

第一步，安装定时任务。

```
## 安装 crontabs 定时任务
yum install crontabs
```

第二步，编辑并且添加一行新的任务。

```
## 设置定时任务表达式，定时执行后方的脚本
*/1 * * * * /usr/local/nginx/sbin/cut_my_log.sh
```

最后一步，重启定时任务。

```
## 重启定时任务
service crond restart
```

常用定时任务命令如下。

- service crond start：启动定时服务。
- service crond stop：关闭定时服务。
- service crond restart：重启定时服务。
- service crond reload：重新载入配置。
- crontab -e：编辑任务。
- crontab -l：查看任务列表。

另外，Cron 定时任务的表达式，分为 5 个或 6 个域，每个域代表一个含义，如表 9-3 所示，可以按需进行配置。

表 9-3　定时任务的域与取值

取值	域					
	分	时	日	月	星期几	年（可选）
取值范围	0～59	0～23	1～31	1～12	1～7	2023/2024/2025/...

例如每分钟执行，其表达式如下。

```
## 每分钟执行
*/1 * * * *
## 每日凌晨（每天晚上 23:59）执行:
59 23 * * *
## 每日凌晨 1 点执行:
0 1 * * *
```

9.3.3　location 请求的路由规则

在 server 指令块中，可以看到“location”，这是 nginx 配置文件中用于定义请求路径 URL 路由映射的规则。“location”会告知 nginx 当客户端请求某个 URL 地址的时候，应该交给哪个后端服务来处理这个请求。

如下脚本中，这是 nginx 安装完毕后的默认配置，其中“location/”就代表访问根路径，也就是以 IP 或者域名的形式访问，从而进入指定的位置。

```
server {
    listen   80;
    server_name localhost;

    location / {
        root html;
        index index.html index.htm;
        }

    location = /50x.html {
        root html;
    }
}
```

读者在此可以理解为公园里的路标（图 9-10），公园就是 nginx，要到公园的某处去玩，就需要跟随路标的指引。nginx 的 location 也是同样的道理，请求要前往某个服务器，就需要有 nginx 的 location 来进行指引（反向代理路由），只有这样，请求才能正确到达后端服务接口，完成最终的链路闭环。

图 9-10　公园里的路标

location 路由指令的基本语法如下所示，可以包含多种自定义的规则，开发者通过对其进行各种规则的设定可以控制请求的路由。

```
location [=|~|~*|^~] path {
    ...
}
```

上述示例中，不同规则有不同的释义，参考如下。

- =：用于精确匹配 URL。如若请求中的 URL 与 location 中的 path 路径完全匹配时，nginx 则会匹配到该 location 下的后端服务，并且交给该后端服务去处理请求。
- ~：用于正则匹配 URL，区分大小写。如若请求中的 URL 与 location 中的 path 的正则表达式规则相匹配时，则交由该 location 下的后端服务去处理请求。
- ~*：用于正则匹配 URL，忽略大小写。使用与~规则类似。
- ^~：用于前缀匹配 URL，也就是请求 URL 以某个常规字符串开头匹配。

假设 nginx 的配置内容如下。

```
http {
    ...
    server {
        ...
        location /api {
            proxy_pass http://springboot_server;
        }
        location ~ /static {
            alias /static/files;
        }
        location = / {
            index index.html index.htm;
        }
    }
}
```

在上述配置中，包含 3 个 location 指令块。

- 第一个 location：用于处理所有以/api 开头的请求，nginx 会将这些请求路由转发到后端的 springboot_server（负载均衡会在下一章有所讲解）。
- 第二个 location：用于处理所有以/static 开头的请求，nginx 会将这些请求转发到/static/files 下，这个路径下都是一些静态资源文件。
- 第三个 location：用于处理所有其他请求，默认根路径返回 index.html 或 index.htm 文件，可以用于默认显示首页，如果在“/”后有其他字符串，那么也会根据路径进行匹配，如果服务中包含对应的路径资源，则会返回。

9.3.4 静态资源服务器

倘若脱离后端，那么 nginx 也完全可以作为一个静态资源服务器来使用，因为默认的 nginx 安装完毕后本质上就是一个可供访问的静态页面。本节将演示其他静态资源文件的访问。

使用命令行工具进入虚拟机中的 Linux，运行“mkdir /home/myStaticFiles”命令创建一个静态资源文件夹，里面将会放入其他静态文件。

上传视频、图片、音频到“myStaticFiles”文件夹中，如图 9-11 所示。

```
[root@centos7-basic home]# cd myStaticFiles/
[root@centos7-basic myStaticFiles]# ll
总用量 625056
-rw-r--r--. 1 root root   8710461 9月   1 10:09 audio.mp3
-rw-r--r--. 1 root root     43472 9月   1 10:09 image.png
-rwxr-xr-x. 1 root root 631297754 9月   1 10:09 video.MOV
```

图 9-11　上传图片、视频、音频文件

接下来只需要通过 nginx 的配置文件来提供路由访问，便可以在浏览器中请求到了。新增一个虚拟 server 节点，设置如下。

```
server {
    listen 6789;
    server_name localhost;

    location / {
        root /home/myStaticFiles;
    }
}
```

保存上述配置后，运行重载 nginx 命令“./sbin/nginx -s reload”后就可以通过浏览器来进行测试访问了。打开 nginx 配置 server 的端口“6789”，在 url 后拼接对应的资源文件路径，最终的测试效果如图 9-12 至图 9-14 所示。

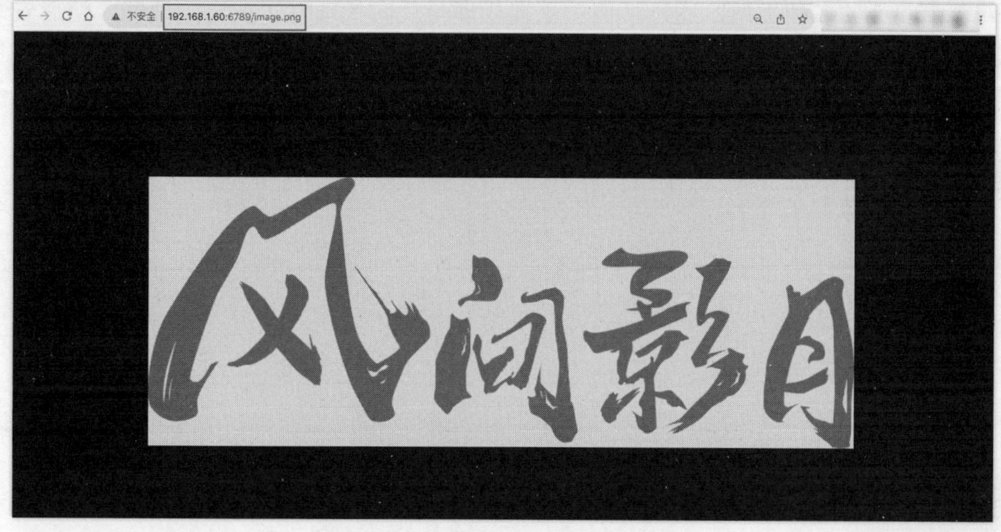

图 9-12　图片资源静态发布访问结果

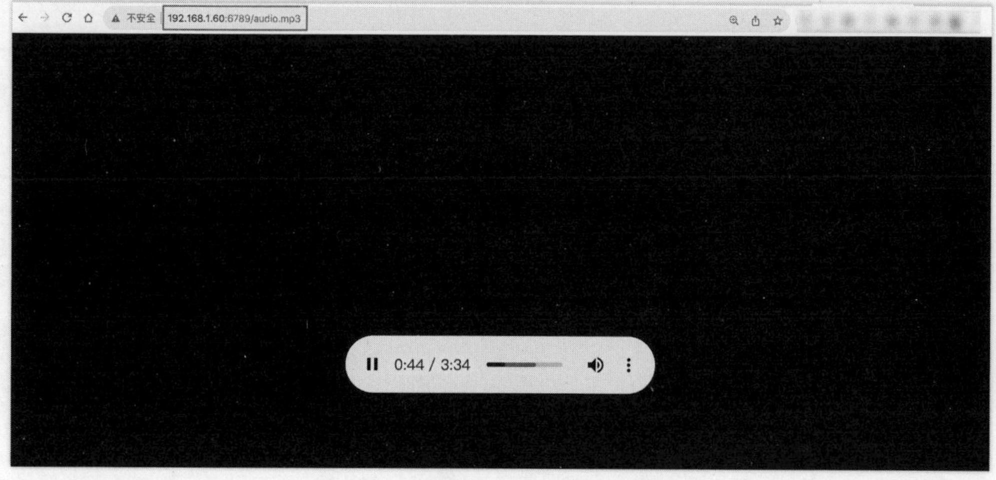

图 9-13　音频资源静态发布访问结果

图 9-14　视频资源静态发布访问结果

9.4　本章小结

nginx 是一个非常万金油的网关中间件，在各大中小企业以及大厂中都会使用到。本章学习了网关中间件的多种类型，通过举例对正向代理与反向代理有了一定的理解，随后安装了 nginx 并详细介绍了其中的一些配置内容。此外，通过脚本运行可以手动以及自动地切割日志文件。最后也阐述了 location 的路由规则，并展示了结合路由通过浏览器直接访问静态资源的示例。

第 10 章　集群与负载均衡

本章主要内容

- 集群与分布式
- 负载均衡与上下游
- 轮询
- 权重
- ip_hash
- url_hash
- 一致性哈希原理
- OSI 网络模型

上一章我们学习了 nginx 这个万金油的网关中间件，nginx 还有一个非常强大的功能就是集群与负载均衡，本章将会学习到相关的知识点，并通过实例来实现集群复杂均衡的落地。

10.1　集群与分布式

10.1.1　集群与分布式的概念

先说分布式。分布式系统（Distributed System）是一种计算机系统（项目/服务）的设计模式，它是一个系统的某种存在形态。分布式可以将一个超大型的系统拆解为多个更小的、可以独立运行的子系统，这些子系统是通过网络（局域网/私有网络/专有网络）紧密连接在一起的并且相互通信和协调，从而可以让整个系统运行达到分布式计算、分布式存储和分布式数据计算等目的。分布式系统可以提供更高的系统性能、可扩展性以及容错性。

分布式系统的设计初衷就是为了把计算和存储能力拆散到多个节点上，为系统解耦，可以实现更高的并行计算能力。很多场景都可以使用分布式系统的形态，比如大规模数据处理、云计算系统、分布式数据库、分布式文件系统、分布式 SaaS 系统、各类分布式中间件等。使用分布式系统来构建项目，需要为节点通信、数据一致性、容错、安全性等做到全面考虑。

再说集群。在第 6 章的 6.1.1 小节中，笔者通过老板和客服来举例说明了集群的概念，集群就是同类人做同类事，目的是保证不间断地提供生产力。而在计算机领域中，集群就是一组相同的计算机节点，可以同时提供服务，可以同时运行在多台服务器中，并且这些计算机节点共同组成一个网络，为相同的项目部署多个实例。集群中任意一个项目宕机，也不会影响整体，对外还是可以继续向用户提供服务，这就是集群的一个特性，叫作“高可用”。

集群形态的工作模式通常用于处理大规模的计算任务或提供高可用性的服务。集群中的每台计算机或服务器可以被称为“节点”，这些计算机节点往往通过内部网络（局域网/私有网络/专有网络）连接在一起，并且通过分布式计算和数据共享来协同工作为用户提供高效的服务。所以，集群模式可以为系统提供更高的计算能力、存储容量和可靠性，同时还可以实现负载均衡的功能。

分布式是多个不同的子系统构成一个大系统为外部提供服务，分布式不能提供高可用特性；集群则是多个相同的系统同时提供高可用的服务。倘若分布式的每个子节点都部署为集群，那么这个系统可以称之为高可用的分布式集群系统（注：微服务是分布式系统的一种形态）。

10.1.2 负载均衡的概念

当一个系统被构建为集群形态，那么这个集群就会拥有“负载均衡”这个功能。

负载均衡（LoadBalancer）是一种分布式系统的技术，被用于在多个计算机或服务器节点之间均匀分配计算工作能力的负载，如此就可以实现更高的性能以及高可用性和可扩展性。负载均衡处于用户请求和系统服务的中层，用于接收来自客户端的请求，再根据预先设定将接收到的请求路由分发到后端的多个不同服务节点，如图 10-1 所示。

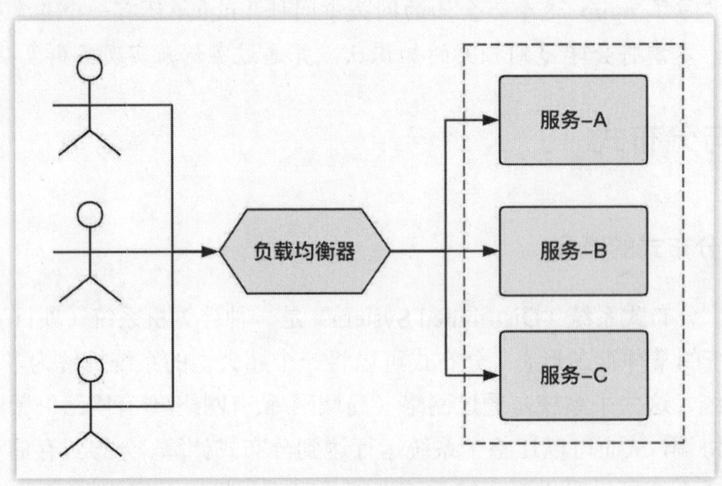

图 10-1　负载均衡的拓扑图

图中中间部分是负载均衡器，左侧的用户请求必须先经过负载均衡器，随后才会到达右侧的后端服务去处理请求并返回响应。如果没有负载均衡器，那么用户请求只能选择一台后端服务器进行交互。通过负载均衡器的介入，用户请求的处理能力就变高了。

负载均衡可以这么理解，举个例子，老板开了一个服装厂制作服装，每年这家厂的生产指标很高，但是自己的设备有限，比如自己厂每年只能生产 100 万件衣服（并发量 100 万），但是用户的需求很大，每年需要 300 万件，那么如果老板把这些单子全部都接了，只靠自己厂必然是生产不了的，可能最终会赔钱。所以，厂长把订单都外包给了中间商，这个外包公司（负载均衡器）负责把 300 万件衣服分配给其他小厂去制作，如此一来，300 万订单的压力一下子就被分摊给了其他多家制造厂（负载均衡），每年 300 万的指标是完全可以吃得下的。那么假设

未来的需求到达 1000 万甚至 5000 万，那么也只需要增加外包制造厂就可以了。其实这些外包的制造厂就是集群，每家厂生产的内容都是一样的，如果指标低了可以减少外包，如果指标高了可以增加外包，非常灵活，同时也做到了资源整合，让各个小厂都共同富裕了。这就可以类比计算机领域中的负载均衡了。

通过上面的例子，可以看得出负载均衡的好处是可以提高系统快速响应的能力、提升系统的容错能力、优化计算机资源的利用率等。在目前互联网的大环境里，集群模式用得很多，目的就是实现高性能和高可用的高并发架构。

此外，在负载均衡中，有“上游”与“下游”这样的概念。在图 10-1 中，左侧用户为“下游”，用来负责接收数据的响应；右侧后端服务器为“上游”，用来处理用户的请求。可以理解为上游是服务的生产者，也就是服务端；下游是服务的消费者，也就是客户端。

10.2　实现集群负载均衡

10.2.1　配置上游服务集群

我们在 10.1 节中理解了集群与负载均衡的相关概念后，就可以开始为后台服务做好集群构建工作了，目的是实现负载均衡。

第一步，启动 Docker 中的各个中间件。

第二步，打开 IDEA 并且启动多个“multi-level-architecture”项目（本书以两个项目为例），如图 10-2 所示。

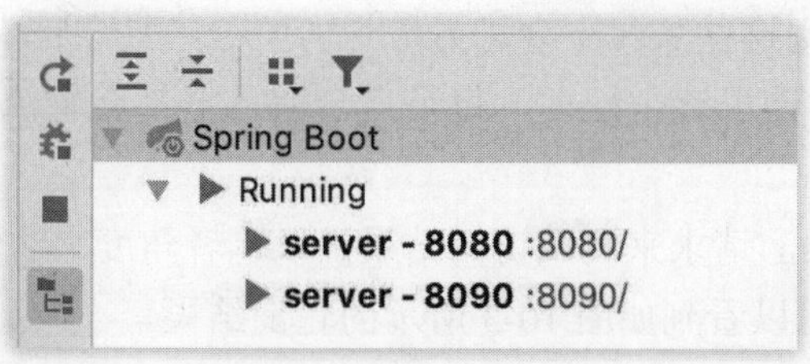

图 10-2　启动多个项目

第三步，获得当前运行项目的计算机所处的内网 IP，mac 终端中使用“ifconfig”命令，或在 Windows 中使用“ipconfig”命令。笔者所获得的 IP 为“192.168.1.4”，所有后续配置都会采用该 IP。如果读者的 Docker 服务和电脑都处于同一个计算机节点上，那么使用“127.0.0.1”也是可以的。

第四步，在 nginx 中配置服务器列表，作为服务的提供方，也就是配置上游。打开 nginx.conf 核心配置文件，添加配置内容如下。

```
upstream springboot-cluster {
   server 192.168.1.4:8080;
   server 192.168.1.4:8090;
}
```

上述配置的释义如下。

- upstream：表示上游指令块，该指令块所对应的服务可以被其他 server 反向代理。
- springboot-cluster：后端服务的名称，可以自定义，比如定义为 www.itzixi.com 也是可以的。
- upstream {} server：代表后端服务的地址，后面跟上服务的 IP 和端口即可，配置 1 个或多个都是可以的。需要注意，笔者在此使用的是同一个项目，真实业务场景下，集群中的 IP 和端口都有可能不同。

最后一步，通过"nginx -t"测试是否配置成功，如果显示"successful"，说明上游配置成功。

10.2.2 负载均衡之轮询

在配置完毕上游服务 upstream 后，则可以为其配置对应的反向代理。打开"nginx.conf"核心配置文件，添加如下配置内容。

```
server {
    listen    99;
    server_name localhost;

    location / {
        proxy_pass http://springboot-cluster;
    }
}
```

上述配置中使用了"proxy_pass"，代表反向代理给某个上游服务，这里直接交给"springboot-cluster"，那么则会找到 10.2.1 节中所配置的"upstream"指令列表，upstream 中配置了多少个 server，则这些 server 会均摊流量，平均分配给后端服务去处理，称之为"轮询算法"。"轮询"就是对请求逐个处理，每个后台服务器都会轮流处理从 nginx 路由过来的请求。

最终可以通过 postman 请求来测试访问结果，以笔者角度来访问"http://192.168.1.60:99/rest/get"，发起大量请求可以看到如图 10-3 所示的轮询结果。

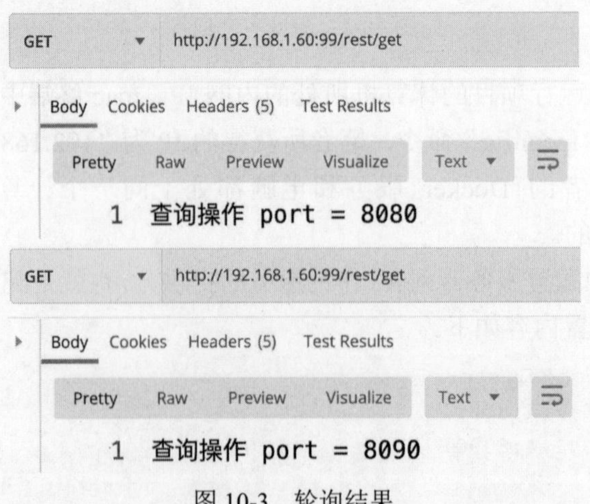

图 10-3 轮询结果

10.2.3　负载均衡之权重

轮询适合服务器性能（硬件配置、网络带宽等）一致或者差不多的情况。但是往往现实中，集群的每个节点的性能都有可能不一样，有性能好的也会有性能差的，所以能够处理的并发量以及吞吐量都是不同的，如果使用轮询算法，那么性能差的后端服务器可能就会处理不了而导致过载崩溃。就跟工地上搬砖那样，年纪轻的搬砖多，年纪大的搬砖少，需要对每个搬砖者衡量后为他们分配不同的“权重”。同理，nginx 的负载均衡中也有一个“权重轮询”的规则，可以对不同性能的服务器进行配置，如此可以更有效地分配服务器资源来做负载均衡工作。

“权重轮询”又被称为“加权轮询”，是最常用最万金油的负载均衡规则，该规则配置如下。

```
upstream springboot-cluster {
    server 192.168.1.4:8080;
    server 192.168.1.4:8090 weight=3;
}
```

上述规则中，“weight=3”表示当前该服务器和其他服务器所分配的比例为“3:1”，weight 分配的数值越高，则代表权重越高，也就会被 nginx 分配更多的请求。

重新通过 postman 请求来测试访问结果，可以发现每 4 个请求中有 3 个被分配到 8090 服务，只有 1 个请求被分配到 8080 服务。

需要注意，如果 weight 都设置为 1，那就等同于普通轮询规则，也就是默认规则。

10.2.4　负载均衡之 ip_hash

除了“轮询”和“权重轮询”外，还有第三种负载均衡规则，叫作“ip_hash”。ip_hash 也称 IP 哈希负载均衡技术，可以把客户端的请求路由分配到多个服务器上，但是 ip_hash 是根据对客户端的 IP 地址来进行哈希取模计算，进而确定这个客户端请求应该路由分配到哪个上游的服务器，而且是固定的，ip_hash 可以保证所有的客户端请求始终分配到同一个服务器。

ip_hash 的负载均衡规则就好比每家每户的户口业务都是去当地派出所办理，办理户口只能去当地派出所，而不能是跨城市甚至跨省份，户口所在地址相当于 IP 地址，办理户口的派出所相当于上游服务器。

ip_hash 可以保证用户访问请求到上游服务中的固定服务器，前提是用户 IP 没有发生更改。ip_hash 的规则配置如下。

```
upstream springboot-cluster {
    ip_hash;

    server 192.168.1.4:8080;
    server 192.168.1.4:8090;
}
```

但是注意，ip_hash 这样的负载均衡规则会使得负载不太均衡，因为 ip_hash 可能会使得某些高并发流量进入性能比较差的服务器，这样就更容易导致该服务宕机风险的发生。

10.2.5 负载均衡之 url_hash

除了“ip_hash”外，还有一种类似的负载均衡规则，叫作“url_hash”。url_hash 与 ip_hash 类似，都是路由到固定的某台上游服务器，但是 url_hash 是根据请求的服务器地址来进行哈希取模算法，最终路由到固定的服务器处理业务。比如请求“www.itzixi.com/cluster/getUserInfo?userId=10011”与“www.itzixi.com/cluster/deleteUserInfo?userId=10011”这两个地址所处理的服务器可能是两个不同的服务器，因为这两个 URL 哈希取模后的值可能是不同的。

url_hash 的负载均衡规则就好比去医院看病的科室，你要看胃病就得去肠胃科，你要看眼睛就得去眼科，也就是你的目的是哪里就去哪里，为你解决问题的服务器是根据你要访问的路径地址来进行计算的。

url_hash 的规则配置如下。

```
upstream springboot-cluster {
   hash $request_url;

   server 192.168.1.4:8080;
   server 192.168.1.4:8090;
}
```

建议读者可以构建更多的上游服务器列表，这样测试的结果会更容易看到。

此外，url_hash 与 ip_hash 同样会使得负载不太均衡，因为可能某些 URL 是高并发请求地址路径，会使得这些高并发流量进入性能比较差的服务器，这样就更容易导致该服务宕机风险的发生。

10.3 一致性哈希原理

负载均衡算法的 url_hash 与 ip_hash 在使用过程中会有一个很严重的问题，那就是“流量倾斜”问题。如果上游服务器列表中某个服务器发生故障，那么哈希取模的运算就会发生更改，因为上游服务器节点的数量是固定不变的，当上游服务器节点增加或减少时，就需要重新计算哈希值，从而导致大量的数据迁移，瞬时的流量就会发生倾斜，导致原来固定的路由请求发生部分更改，正因为这样，在高并发场景下，很有可能产生风险。所以一般需要结合“一致性哈希算法”。

一致性哈希算法（Consistent Hashing）同样是一种集群中的负载均衡算法。它的设计初衷就是为了能够在动态增减服务器节点的情况下，尽可能地减少重新路由的开销，降低流量倾斜。

一致性哈希算法就是把计算后的哈希值的范围（0～2^{32}-1）映射到一个圆环上，每个上游服务器节点都会在该圆环上占据一个位置。计算数据后的哈希值则映射到环上的某个位置，然后顺时针找到离该位置最近的服务器节点，再将数据存储到该服务器节点上，如图 10-4 所示。

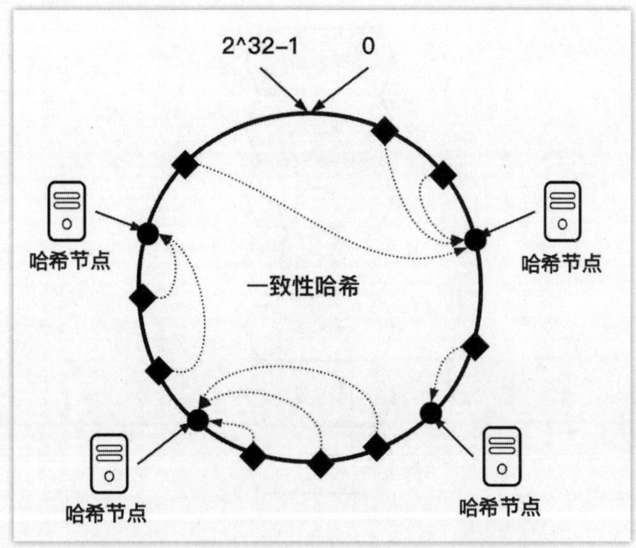

图 10-4　一致性哈希算法环状分配图

当服务器节点增加或减少时，只会重新计算受影响部分的数据，也就是说不会对所有的数据节点重新哈希，而只有某一段环状上的数据节点才会重新哈希，对于环状上其他的请求数据节点则没有必要再重新计算哈希分配了。如此一来，就可以尽可能地减少数据迁移的成本开销，进而提高系统的健壮性和稳定性。

10.4　OSI 网络模型原理

10.4.1　七层网络模型

负载均衡其实本质上都是基于网络，有了网络才能交互，网络通信和平时的生活息息相关。那么说到网络通信，就得来聊一聊七层网络模型了，这个其实也是网络基础。

人和人之间面对面沟通会通过讲话，打电话沟通会通过电话，那么如果这两个人在计算机（或者手机）屏幕的两边沟通，那么就是用户 A 和计算机交互，然后计算机和用户 B 交互，如此可以达到沟通的目的。其实不论是人机交互还是计算机之间（机机）交互，都会有一个通信的过程。

通信就会涉及计算机网络，和网络相关，因而就会涉及 OSI 七层网络模型，如图 10-5 所示。

什么是 OSI 呢？可以把它当作一种规范，计算机之间的通信，数据交互，都需要符合 OSI 标准才能够把数据从一端发送到另外一端，从而达到交互的目的。而且模型的分层，每一层的目的就更加明确了，做什么事由自己那一层决定，就跟 MVC 一样，各司其职，做到边界的解耦，并且对于每一层的开发人员来讲，更加专注了，不同的开发人员维护不同层面的东西，不会耦合在一起。所以，分层解耦无处不在，在开发的过程中也要多考虑。

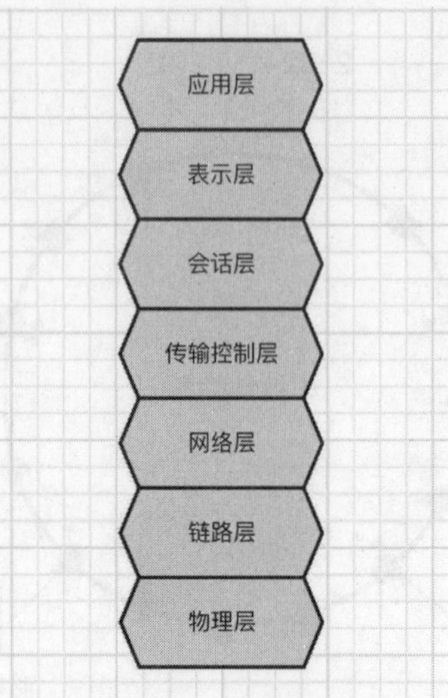

图 10-5　七层网络模型

如图 10-6 所示，七层释义如下。

- 应用层（7 层）：用户通过 QQ 或者微信沟通，他们依赖于计算机或者智能手机。那么应用软件就是第一层，也就是应用层，这一层会规定 http 协议、数据格式等，只要是一些软件应用程序，它们都是基于应用层的，也就是和用户直接沟通的一个媒介，QQ、微信、浏览器、IDEA、Eclipse 这些都是。
- 表示层（6 层）：协议、字符串的表示，加密。
- 会话层（5 层）：session 建立与保持，建立和管理应用程序之间的通信。

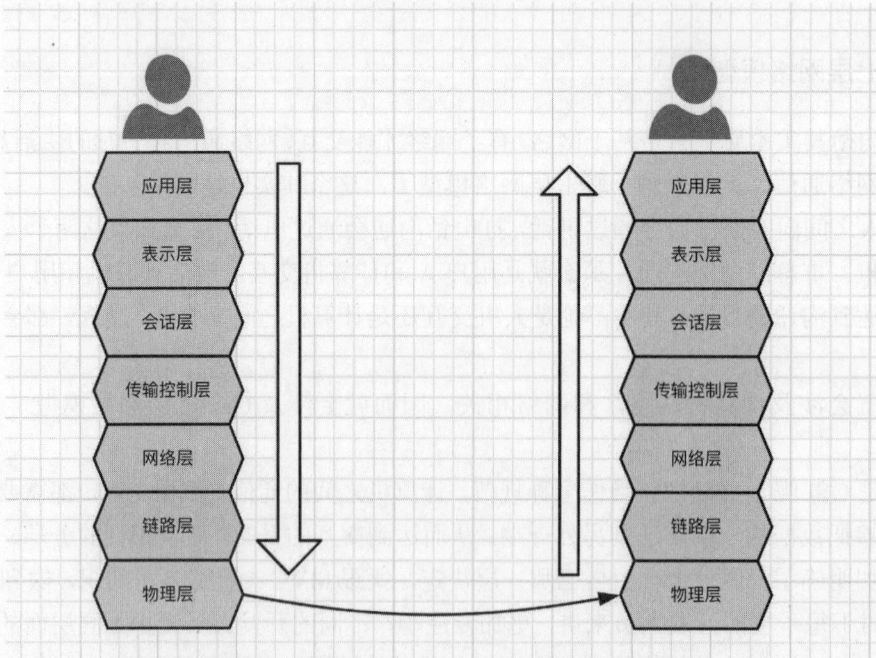

图 10-6　端到端用户收发数据的网络模型

- 传输控制层（4 层）：如何建立连接，如何传输数据，数据传输成功还是失败。
- 网络层（3 层）：数据路由，如何找到某个节点去处理，数据如何通信。
- 链路层（2 层）：通信之间的协议，如何传输数据。
- 物理层（1 层）：物理传输设备，如 WiFi、2G、3G、4G，网线等看得见摸得着的硬件设备。

10.4.2　七层模型的归类与合并

七层模型其实就是一些协议的定义和划分，每一层所执行的功能不同，对应的协议也不同，而且可以把它们再进行合并，如图 10-7 所示，分成 4 层或 5 层或 7 层其实都行。

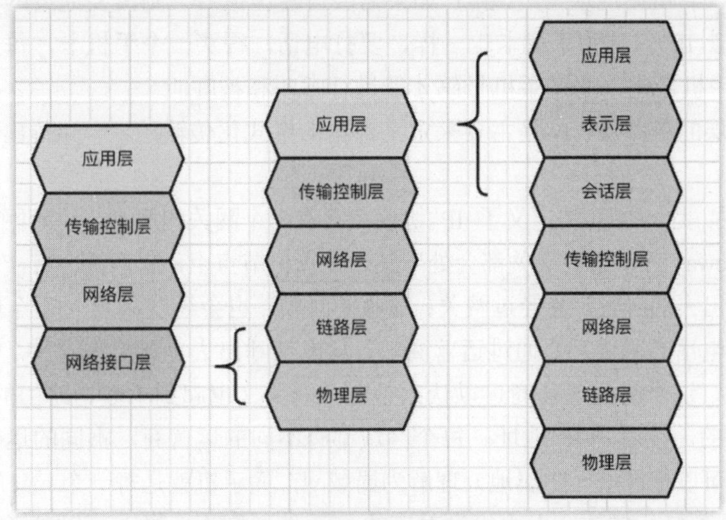

图 10-7　七层模型的归类汇总

在七层网络模型中，每一层的职能都是不同的，分别如下。

（1）物理层：物理传输设备，如 WiFi、2G、3G、4G、网线等看得见摸得着的。当朋友之间微信或者 QQ 聊天的时候，需要使用计算机插网线，或者用手机连接 WiFi，这些都是属于物理层的。打电话也一样，需要有电话线。

那么计算机之间的传输通过物理层，传输的时候以什么形式传输呢？其实都是一些二进制数据，如 1010001001。

（2）链路层：当计算机接收到 1010001 这些二进制数据的时候，数据本身很长，需要进行解析，它们其实可以通过 8 位（或者 16 位/64 位）一组来进行划分，每组都是 8 位的话那么就可以进行数据运算和处理。那么每组 8 位，这活谁干呢？它是由链路层来划分的，物理层干不了，职能不够。

- 链路层处理的规范协议为以太网协议，这是一个标准，也是规范，因为早期的时候很多公司都是对二进制数据进行不同的分组，能用，但是太乱了，为了更加规范，采用了以太网协议 Ethernet。
- 计算机通信会发出数据包，数据包包含“head”和“data”两个部分。

- ➢ head 包括发送者、接收者以及数据类型（源 mac 地址、目标 mac 地址）。
- ➢ data 包括数据包的具体内容数据。
- ➢ 数据发送的时候是 head 和 data 一起发，有一定的长度限制。如果太长了，会进行分片发送。

  那么这个数据包其实和平时打电话是一样的道理，呼叫者是数据发送者，被叫者是数据接收者，谈话内容就是 data 数据包。附带一提，计算机里的地址，和每个人的手机号是一样的，叫作 mac 地址，和计算机的网卡相关。

- 关于 mac 地址：之前提到了以太网协议 Ethernet，该协议也规定了要在互联网上通信，必须得有一个 mac 地址，而 mac 地址存在于网卡，所以有了网卡才能上网，每一个网卡对应一个 mac 地址（知识点：如果需要自建虚拟 IP，则需要通过网卡才能虚拟化出新的虚拟 IP）。这和手机卡也一样，要打电话，得买一个手机卡，每一个手机卡里有唯一的手机号码，通过手机号码才能进行呼叫和被呼叫。

所以，这一层的链路层，就是主要来定义数据的格式化传输的，一端传出去，另一端接收进来分组解析。

（3）网络层：这一层其实定义了 IP 协议，它有一个网关的概念。说到网关，一定会想到 nginx、zuul、gateway 等，这些网关都会处于某个计算机节点上，它们都会有一个 IP。那么其实当计算机数据发出去的时候，会经过网关；接收的时候，也会经过网关，相当于它是一个中介。通俗点讲，你打电话的时候，要通过运营商吧，从电话呼出去，到接收通过，中间的过程由运营商来帮你处理，这个时候运营商可以认为是一个网关（也起到了数据路由的作用），它是存在于某一个地址的，也就是 IP 地址。每个区域都有不同的运营商，不同的运营商管着不同的归属地，那么你可以把区域（归属地）理解为局域网，而手机就是每一个 mac 地址，同一个区域的局域网的 IP 都是一样的，而手机号对应的 mac 地址则不一样，可以参考图 10-8 来理解。

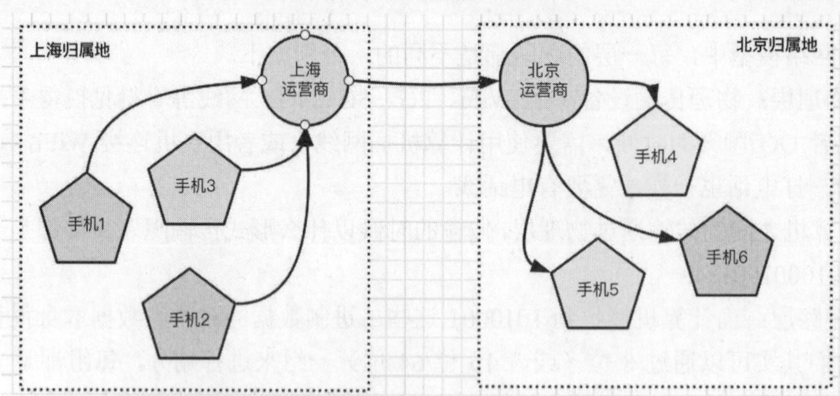

- ➢ 1．归属地相当于局域网。
- ➢ 2．手机号相当于计算机的 mac 地址。
- ➢ 3．运营商相当于网关，有一个 IP 地址。
- ➢ 4．数据传输与接收都会通过网关，那么打电话都会经过彼此地域的运营商来找到对方的手机号并且进行呼叫。
- ➢ 5．经过网关的，就需要借助于网络层来进行，只能由其来展开工作。

图 10-8　手机打电话归属地通信

（4）传输控制层：建立端口与端口之间的通信。也就是说，可以通过 IP 与 mac 地址找到对应的目标计算机节点。那么假设现在通过微信或者 QQ 聊天，这个时候数据传输到对方的计算机了，那么对方的 QQ 或者微信如何来接收用户数据呢？或者说如何把数据交给微信或者 QQ 来展示给用户？这个时候就有端口的概念了，每个应用程序都会有一个端口，一个应用程序要多开，那么端口号肯定不一样。每个端口都会和网卡产生关联，在进行计算机交互的时候都会携带端口，比如 8080，如此一来，那么对应的对方的应用程序才会接收到数据并且展示。

- 还是以打电话为例，很多时候打电话还需要在最后加上分机号。比如 8080 就是分机号，可以打给人事，8088 可以打给老板助理，端口就是这个意思。
- 传输控制层的协议为 TCP 和 UDP，LVS 属于传输层，它是 4 层负载均衡。

（5）应用层：应用层+表示层+会话层可以共同定义为应用层。用户所使用的所有应用程序都是基于应用层，如 QQ、微信、浏览器、IDEA、Eclipse 等，这是电脑与人最直观的交互。每个应用程序都可以有自己的不同数据格式、数据组成形式，那么应用层就是规定了应用程序的数据格式。比如 QQ、微信、邮箱、浏览器，这些应用程序在数据传输的时候，协议都是不同的，数据格式也都是不同的，不同的协议在“表示层”进行规范。会话层是建立在传输层之上的，和所谓的 session 道理一致，用于维护两点之间的通信，也就是建立和管理应用程序之间的通信。如果电脑重启了，再次打开软件需要重新建立连接，也就是重新建立会话，道理都是相通的。比如笔者此时正在码字，那么码字的时候，当前使用的码字的文档软件就是应用层。此外，数据会同步备份到 nas 中，这需要有自己的协议，是表示层。同步文档数据到服务端，则需要建立会话连接和管理会话维系，这都处于会话层。

10.5　本章小结

本章主要学习了负载均衡相关的内容，涉及分布式与集群、负载均衡与上下游的相关概念，以及轮询、权重、ip_hash、url_hash 等负载均衡的原理与配置，最后为了探讨 ip_hash 与 url_hash 可能会造成“流量倾斜”问题而讲解了一致性哈希原理。此外，由于涉及网络部分，笔者在此拓展了网络模型 OSI 的原理及相关知识点，并且也通过举例，更好地帮助读者理解七层模型。

第 11 章 Lua 脚本语言基础

本章主要内容

- Lua 语法
- Lua 运算
- Lua 数据类型
- Lua 控制判断
- Lua 的 table
- Lua 的变量

前面两章我们学习了 nginx 以及集群负载均衡相关内容，为了提供高可用、高并发、高性能的服务，nginx 是必不可少的。既然 nginx 可以作为网关中间件，那么现在项目中的缓存，就可以发挥更好的性能，但是缓存依然被限制在项目内，如果把缓存拿出来放到网关层可不可以呢？很显然是可以的，把缓存 Redis 放在网关中集成需要使用高性能的 OpenResty，而集成则需要使用 Lua 语言脚本。因此，本章和下一章将会学习 Lua 脚本以及 OpenResty 相关的内容，为网关缓存打好基础。

11.1 Lua 脚本

11.1.1 Lua 脚本介绍

Lua（http://www.lua.org/）是一种脚本语言，使用起来非常简单，并且扩展性也是很高的。在很多领域中都有所使用，如嵌入式系统、移动设备、Web 服务器、游戏开发、网络编程等。此外，也能用来编写一些插件、脚本以及配置。

Lua 有如下特点。

- 语法简洁：Lua 语法简单易学。Lua 所使用的代码风格类似 Python 和 JavaScript 的“伪”代码风格，这样会让开发者更容易上手，也更容易理解。
- 功能强大：Lua 语言也是一种通用的脚本语言，常用于各种任务脚本的执行，Lua 本身就内置了很多通用函数和通用库，可以直接使用，如字符串操作、文件操作、网络编程等。
- 多样化函数库：Lua 自身具有强大的函数库，可以通过 Lua 的包管理器来安装和使用。正因为这一特性，使得 Lua 语言变得更加灵活并具有高可扩展性。
- 可嵌入式：Lua 语言可以嵌入其他语言中使用，如 C、C++、Java、Python 等，如此，跨平台编写脚本就不再是梦了。比如在分布式锁 Redisson 中，其源码内部就集成了

Lua 脚本和 Java 代码，用于控制 Redis 缓存操作的原子性。

- 源代码可读性：Lua 语言的源代码方便调试和维护，因为可读性很好。

11.1.2 Lua 脚本入门

使用 Lua 脚本需要在 Linux 中进行安装，代码如下。

```
## 下载 lua 安装包
curl -R -O http://www.lua.org/ftp/lua-5.4.6.tar.gz
 tar zxf lua-5.4.6.tar.gz
cd lua-5.4.6
make all test
```

如果读者的 Linux 系统中没有“curl”命令，需要提前安装，或者直接使用“wget”下载也行。

本书目前所使用的 Linux 为 CentOS7 系统，其中自带了 Lua 的安装，所以可以直接上手使用。打开 SSH 命令行工具，进入任意一个目录，如“/home/lua”，随后在该目录下创建 Lua 脚本文件以及脚本编写的内容，代码如下。

```
## 创建空文件，取名为 hello.lua
vim hello.lua
## 在 hello.lua 文件中添加打印脚本
print("hello 风间影月!");
```

文件中的 Lua 脚本内容如图 11-1 所示。

图 11-1　用于打印测试的脚本文件

最终运行该文件即可把结果输出在命令行控制台，只需要输入“lua hello.lua”即可看到如图 11-2 所示的结果。

```
[root@centos7-basic lua]# lua hello.lua
hello 风间影月!
[root@centos7-basic lua]#
```

图 11-2　Lua 文件打印输出的结果

11.2 Lua 的数据类型

11.2.1 nil 类型

nil 类型代表空类型，很多开发语言中都有空类型，比如 Java 中有 null 类型，JavaScript 中有 null 和 undefined 类型，道理是相通的。nil 也代表无效值，在判断表达式中等同于 false。

修改“hello.lua”文件，输入脚本代码如下。

```
-- 定义一个变量
local testNil;
-- 打印该变量
print(testNil);
-- 打印变量的类型
print(type(testNil));
```

上述代码中，“local”为声明一个变量，用于定义变量，给变量赋值，相当于 JavaScript 中的“var”，所有类型都可以用“local”来定义。“type”可以用于查看变量的类型。

运行结果如图 11-3 所示。

```
[root@centos7-basic lua]# lua hello.lua
nil
nil
```

图 11-3　nil 类型脚本控制输出

11.2.2　boolean 类型

Lua 中的 boolean 类型与 Java 中的 boolean 类型一致，都是用于判断 true 或 false 的。

修改“hello.lua”文件，输入脚本代码如下。

```
-- 定义一个变量
local testBoolean = false;
-- 打印该变量
print(testBoolean);
-- 打印变量的类型
print(type(testBoolean));
```

运行结果如图 11-4 所示。

```
[root@centos7-basic lua]# lua hello.lua
false
boolean
```

图 11-4　boolean 类型脚本控制输出

11.2.3　number 类型

Lua 中的 number 类型为数字类型，等同于 Java 中的 int 和 long 数据类型，可以定义一些数值变量。修改“hello.lua”文件，输入脚本代码如下。

```
-- 定义一个变量
local testNumber = 1001100099988899;
-- 打印该变量
print(testNumber);
-- 打印变量的类型
print(type(testNumber));
```

运行结果如图 11-5 所示。

```
[root@centos7-basic lua]# lua hello.lua
1.0011000999889e+15
number
```

图 11-5　number 类型脚本控制输出

11.2.4　string 类型

Lua 中的 string 类型为字符串类型，等同于 Java 中的 string 数据类型，可以定义一些字符串变量，也可以通过字符串相关 api 对字符串进行处理等。

修改“hello.lua”文件，输入脚本代码如下。

```
-- 定义一个变量
local testString = "Hello, my name is LiLei~ Nice to meet you~";
-- 打印该变量
print(testString);
-- 打印变量的类型
print("testString 数据类型为：".."..type(testString));
```

上述脚本代码中使用了字符串的拼接功能，也就是“..”，通过“..”可以把两个字符串连接起来，相当于 Java 中的“+”，最终运行的打印结果如图 11-6 所示。

```
[root@centos7-basic lua]# lua hello.lua
Hello, my name is LiLei~ Nice to meet you~
testString数据类型为： string
```

图 11-6　string 类型脚本控制输出

11.2.5　function 类型

Lua 中的 function 类型是指通过 C 或者 Lua 所编写的函数，函数也可以作为变量，类似 JavaScript 中的 function，可以被复制给一个变量。

修改“hello.lua”文件，输入脚本代码如下。

```
-- 定义一个变量 local testFunction = function getNumber(number1, number2)
      local newNumber = number1 + number2;
   return newNumber;
end
-- 打印该变量
print("getNumber 函数最终的打印结果为："..getNumber(1, 2));
-- 打印变量的类型
print("getNumber 函数的类型为："..type(getNumber));
```

上述脚本中定义了一个名为getNumber的函数，该函数可以传入两个参数，分别为number1 与 number2，这两个参数相加后赋值给一个新的变量 newNumber，最终变量 return 可以返回出去被其他定义的变量所接收。function 需要注意结构格式，它并不像 Java 与 JavaScript 中那样需要有“{……}”来标出，而是使用了一个“end”来代表“}”，这点务必注意。对应的 Java

代码可以参考如下进行对比。

```
public int getNumber(int number1, int number2) {
    int newNumber = number1 + number2;
    return newNumber;
}

public static void main(String[] args) {
    System.out.println("getNumber 函数最终的打印结果为: " + getNumber(1, 2));
}
```

最终运行的打印结果如图 11-7 所示。

```
[root@centos7-basic lua]# lua hello.lua
getNumber函数最终的打印结果为： 3
getNumber函数的类型为： function
```

图 11-7　function 类型脚本控制输出

11.2.6　table 类型

Lua 中的 table 类型称表数据，其本质是一种数据结构，可用于存储不同的数据类型，如数组 list、字典 map 等。

修改“hello.lua”文件，输入脚本代码如下。

```
-- 定义 table 类型的列表 list
local nameList = {"LiLei", "HanMeimei", "Lucy", "Jack", "fengjianyingyue"};

-- 定义 table 类型的字典 map（Json）
local studenJson = {
    stu1= {
        name= "LiLei", age= 18,
        sex= "男"
    },
    stu2= {
        name= "HanMeimei", age= 19,
        sex= "女"
    },
    stu3= {
        name= "风间影月", age= 20,
        sex= "男"
    },
};

-- 打印列表 list 以及字典 map 的类型
print(type(nameList)); print(type(studenJson));
-- 打印列表 list 以及字典 map 中的某个数据
print(nameList[1]);
print(studenJson['stu2']['name']);
print(studenJson.stu3.name);
```

最终运行的打印结果如图 11-8 所示。

```
[root@centos7-basic lua]# lua hello.lua
table
table
LiLei
HanMeimei
风间影月
```

图 11-8　table 类型脚本控制输出

需要注意，在打印某个 table 类型（比如 nameList[1]）的时候，指定的下标 index 是从“1”开始的，而不是从“0”开始，这点和 Java 以及 JavaScript 等语言要区别开来。此外，打印一个字典类型的数据有两种方式：一种是通过“对象[属性名]”方式；另一种是“对象.属性名”的方式，两者皆可。

除了以上六大数据类型以外，还有如下两种数据类型，不是重点，读者可仅作了解。

- userdata：Lua 中的 userdata 数据类型是代表 C 的数据结构，可用于存储数据变量，可以把任何 C 的任意数据类型存储到 Lua 的变量中进行使用。
- thread：Lua 中的 thread 数据类型并不是代表线程的意义，其实 Lua 真正意义上并不支持多线程，在此指的是协同程序，也就是协程对象。

11.3　Lua 的循环与控制判断

11.3.1　Lua 的循环

在 11.2.6 小节中，笔者定义了两个 table 类型的数据，table 类型的数据要进行输出则需要进行循环，原理与 Java 中的 for 循环一致。Lua 中的 for 循环格式如下。

```
for xxx in yyy do
   -- do something...
end
```

使用的语法结构需要与 Java 和 JavaScript 中的 for 循环区别开来，语法结构不同不要写错。接下来，修改“hello.lua”文件在 11.2.6 小节的内容，修改后的代码如下。

```
-- 定义 table 类型的列表 list
local nameList = {"LiLei", "HanMeimei", "Lucy", "Jack", "fengjianyingyue"};

-- 定义 table 类型的字典 map（Json）
local studenJson = {
   stu1= {
      name= "LiLei",
      age= 18,
      sex= "男"
   },
   stu2= {
```

```
        name= "HanMeimei",
        age= 19,
        sex= "女"
    },
    stu3= {
        name= "风间影月",
        age= 20,
        sex= "男"
    },
};

-- 循环输出 nameList
print("循环输出 nameList:");
for index,value in ipairs(nameList) do
    print(index, value);
end
-- 循环输出 studenJson
print("\n\n 循环输出 studenJson:");
for key,value in pairs(studenJson) do
    print(key..":");
    local student = value;
    for stuKey,stuValue in pairs(student) do
        print(" ", stuKey,stuValue);
    end
end
```

上述代码中，需要注意，循环输出 nameList 的时候，通过“ipairs”可以解析该 table 数据并且打印；而输出 studenJson 的时候，则需要通过“pairs”来进行解析。对于列表和字典的解析输出采用的方式不同。

最终运行的打印结果如图 11-9 所示。

```
[root@centos7-basic lua]# lua hello.lua
循环输出nameList:
1       LiLei
2       HanMeimei
3       Lucy
4       Jack
5       fengjianyingyue


循环输出studenJson:
stu2:
        age     19
        name    HanMeimei
        sex     女
stu3:
        age     20
        name    风间影月
        sex     男
stu1:
        age     18
        name    LiLei
        sex     男
```

图 11-9　table 类型脚本的循环输出

11.3.2 Lua 的控制判断

Lua 中除了循环以外，还有一个非常重要的语法就是“控制判断”，也就是“if else”条件判断，原理同 Java 与 JavaScript。Lua 中的控制判断语法格式如下。

```
if (condition1) then
    -- do something...
elseif (condition2) then
    -- do something...
else
    -- do something...
end
```

修改“hello.lua”文件在 11.2.6 小节的内容，修改后的代码如下。

```
local num1 = 10;
local num2 = 5;
local num3 = 20;

if ( (num1 / num2 == 2) or (num3 / num2 == 4)) then
    print("success!");
else
   print("failed!");
end
```

上述代码中定义了 3 个数值类型的变量，通过 or 或 and 连接两边的条件进行判断，最终运行结果如图 11-10 所示。

```
[root@centos7-basic lua]# lua hello.lua
success!
```

图 11-10　Lua 控制判断的使用输出结果

11.3.3 Lua 语法实操

假设现在有这样一个需求：通过编写一段 Lua 脚本，获得一个数组中的所有 string 类型数据和所有 number 类型数据，如果不是 string 和 number，则视为其他数据类型，最终将三种类型数据分别进行打印和输出。

该需求的实操代码可以参考如下。

```
-- 获得数组中的 string/number/其他类型
function getInnerArray(arr)
    strArr = {};
    numArr = {};
    otherArr = {};
    for index,value in ipairs(arr) do
        if ("string" == type(value)) then
            table.insert(strArr, value);
```

```
        elseif ("number" == type(value)) then
            table.insert(numArr, value);
        else
            table.insert(otherArr, value);
        end
    end
    totalArr = {};
    table.insert(totalArr, strArr);
    table.insert(totalArr, numArr);
    table.insert(totalArr, otherArr);
    return totalArr;
end

local temp = {"xyz", "11", "22", "33", 12, 34, 56, false, true, {"abc", 123}};
 totalArrs = getInnerArray(temp);
-- print(totalArrs);

print("===== string 类型数组输出结果: =====");
for index,value in ipairs(totalArrs[1]) do
    print(index, value);
end
print("\n===== number 类型数组输出结果: =====");
for index,value in ipairs(totalArrs[2]) do
    print(index, value);
end
print("\n===== 其他数据类型数组输出结果: =====");
for index,value in ipairs(totalArrs[3]) do
    print(index, value);
end
```

最终运行结果如图 11-11 所示。

```
===== string类型数组输出结果: =====
1       xyz
2       11
3       22
4       33

===== number类型数组输出结果: =====
1       12
2       34
3       56

===== 其他数据类型数组输出结果: =====
1       false
2       true
3       table: 0x7b9350
```

图 11-11　Lua 实操练习的输出结果

11.4　本章小结

本章主要对 Lua 语言进行了基本学习，内容包括 Lua 的变量、Lua 数据类型、Lua 语法、Lua 运算、Lua 的循环与控制判断，并且进行了一次实操练习。Lua 的学习也是为后续集成多级缓存架构打好基础，因为下一个章要学习的 OpenResty 就需要结合 Lua 语言。

第 12 章　高性能 OpenResty 平台

本章主要内容

- OpenResty 的背景
- 安装 OpenResty
- OpenResty 的结构
- 运行 OpenResty
- 配置 nginx 环境变量

上一章我们学习了 Lua 的语法基础以及控制判断和循环，这也为后续做了基础铺垫，后续章节的多级缓存将会结合 Lua 语言来进行。那么要结合 Lua 语言的位置就处于网关层，这一层的网关往往称之为“业务型网关”，因为这层网关不仅可以处理流量的分发和路由，也可以用来处理用户的业务，甚至可以结合数据库做基础的增删改查。然而这种类型的网关使用 nginx 是做不到的，要和 Lua 语言结合就需要使用到 OpenResty 这个高性能的网关中间件。

12.1　OpenResty

12.1.1　OpenResty 背景介绍

OpenResty（https://openresty.org/）是一个基于 nginx 二次开发的高性能 Web 应用服务器，内置集成了很多优秀的第三方模块和类库，如动态路由、模板引擎、数据缓存等，使得服务器的构建可以拥有更多的功能和极高的扩展性。OpenResty 的内置核心是 LuaJIT，也就是说 OpenResty 允许开发者使用 Lua 语言脚本来编写更高性能的 Web 应用程序，从而达到高性能的目的。

此外，OpenResty 也可以用于构建各种不同类型的 Web 应用，如 API 接口服务、网关中间件、反向代理、负载均衡器、网络防火墙等。OpenResty 的设计初衷就是为开发者提供一个更高性能、高可扩展和高灵活度的 Web 服务器解决方案。而如今，很多企业通过 OpenResty 网关的结合，使得项目只需要几台 OpenResty 节点就可以满足千万甚至亿级的高并发、高可用、高性能的市场需求，从而也缔造了很多互联网奇迹。

12.1.2　OpenResty 与 nginx 的区别

虽然 OpenResty 是基于 nginx 的二次开发，但却并不是 nginx 的分支，因为 OpenResty 并不是 nginx，但却可以被作为 nginx 来使用，OpenResty 自身是一个高性能的平台。

nginx 是一个高性能的 Web 服务器，OpenResty 是在 nginx 上添砖加瓦，增加了大量的类

库和功能模块，从而提供了一个更完整的独立 Web 平台，并且支持使用 Lua 语言脚本来扩展 nginx 的功能。

简而言之，OpenResty 是一个基于 nginx 的高性能 Web 平台，用于更方便地搭建 Web 服务和网关，可以使网关更具有高并发能力、可扩展能力、动态网关能力。其特点总结如下。

- 拥有完整的 nginx 能力。
- 便于结合 Lua 进行扩展。
- 便于结合 Lua 进行自定义逻辑处理。

12.1.3　OpenResty 所处架构位置

目前，通过前面几章的学习，我们已经把整体架构搭建为如图 12-1 所示。

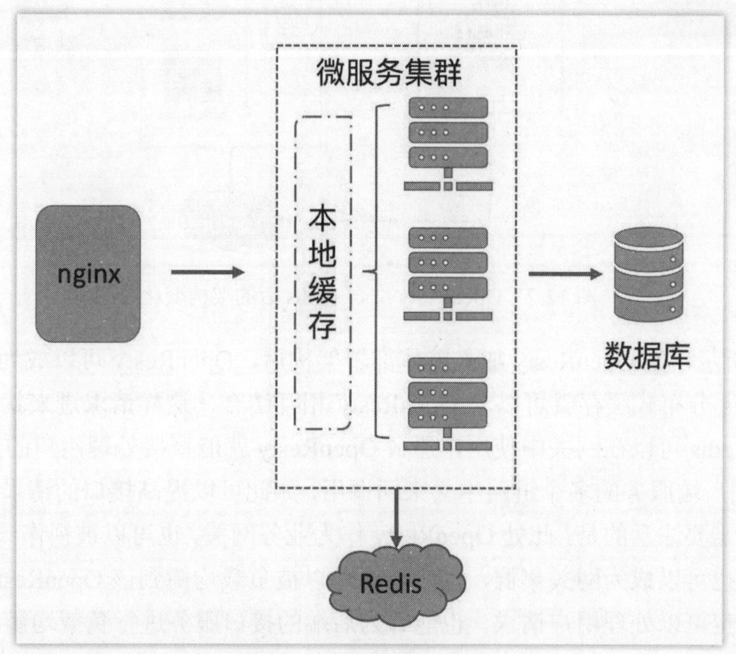

图 12-1　现阶段的整体架构

- 用户的请求会首先发送到网关 nginx。
- nginx 作为整个项目的网关，会接收到用户请求并且对这些用户请求进行反向代理。
- 由于后端服务配置了多节点的集群，nginx 会结合"proxy_pass"反向代理给该集群，并且默认的集群负载均衡算法为轮询机制，如果集群的不同节点所在服务器的配置性能均不同，则建议使用加权轮询的负载均衡机制。
- 当用户请求被路由到集群中的某一节点，那么该节点就会处理用户请求，由于本地缓存 Caffeine 与分布式缓存中间件 Redis 的集成，请求并不会直接查询数据库，而是先查 Caffeine，再查 Redis。如果两个缓存中都没有数据，则最终再查询数据库，并且把数据设置进 Caffeine 以及 Redis 中，如此保证后续的请求可以使用缓存。从而提升了整体集群的并发性能，也降低了数据库过载宕机的风险。

由于分布式缓存 Redis 被限制在 SpringBoot 默认自带的 Tomcat 容器，而 Tomcat 的并发性能并不会很高，所以 Redis 无法充分发挥其性能。而如果 Redis 能够结合网关，成为网关级缓存，那么 Redis 的并发性能将会有质的提升。正因如此，Redis 选择结合 OpenResty 来发挥其过人之处是再好不过的了。

当 Redis 结合 OpenResty 后，可以看到整个项目的架构发生了变化，如图 12-2 所示。

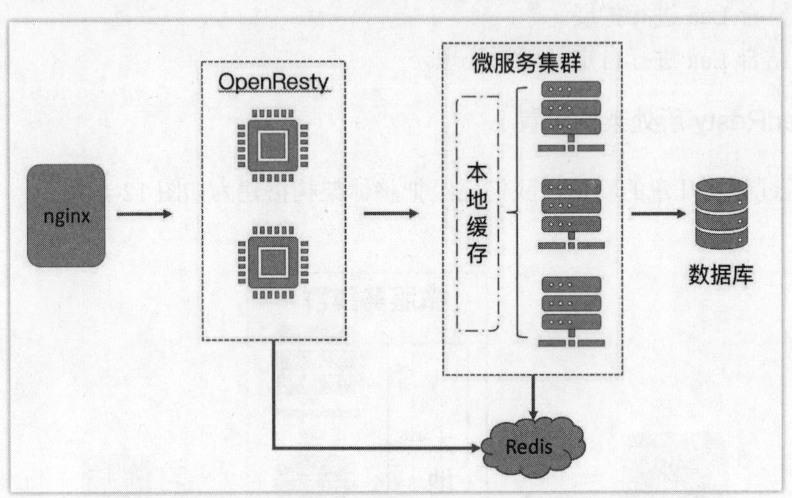

图 12-2 OpenResty 结合 Redis 后的架构变化

如图 12-2 所示，当 OpenResty 加入整体部署架构后，OpenResty 可以成为业务网关集群，如此一来，Redis 分布式缓存就可以与 OpenResty 相互结合，这样请求进来就会在 OpenResty 中处理。既然 Redis 可以在网关中使用，那么 OpenResty 就能直接处理用户的查询请求，就没有必要再转发到后端服务的多个链路中去来回调用，如此可以提高接口的请求性能，从而提升用户的体验感。需要注意的是，此处 OpenResty 作为业务网关，也可以被视作一种服务的存在，OpenResty 自身也可以成为网关集群，用户请求可以被负载均衡到该 OpenResty 集群。此外，OpenResty 自身也可以处理用户请求，也能够为后端的接口服务进行负载均衡处理。所以，图 12-2 中的 OpenResty 与 nginx 一样都能够起到网关的作用，固 OpenResty 通常也被称为“业务网关”。

下一节我们将学习 OpenResty 的安装，不过需要提前准备好虚拟机节点，参考如图 12-3 所示。

图 12-3 准备好的两台 OpenResty 节点

如图 12-3 所示，后续的 OpenResty 安装位置会在笔者计算机中的虚拟机节点，分别为“192.168.1.51”和“192.168.1.52”。

12.2　安装 OpenResty

12.2.1　OpenResty 环境配置与安装——方式一

OpenResty 的安装方式可以和 nginx 一致，在官方网站中也有所说明，步骤如下。

- 在 OpenResty 官方所提供的下载地址中进行下载，链接为：https://openresty.org/cn/download.html。
- 下载完后，按照如下命令行的脚本运行安装。

```
tar -xzvf openresty-VERSION.tar.gz
cd openresty-VERSION/
./configure
make
sudo make install
```

需要注意，上面命令中的 VERSION 需要替换成 OpenResty 的版本号，如 1.11.2.1。

也可以通过“./configure”来进行构建安装，比如把 OpenResty 安装到“/usr/local/openresty”路径之下，那么可以输入如下命令。

```
./configure --prefix=/usr/local/openresty \
          --with-luajit \
          --without-http_redis2_module \
          --with-http_iconv_module \
          --with-http_postgres_module
```

“./configure”命令有很多选型，可以通过运行“./configure --help”来获得更多的选型配置内容。

12.2.2　OpenResty 环境配置与安装——方式二（推荐）

除了 12.2.1 小节中的安装方式以外，还有第二种安装方式，也是笔者通常会使用的方式，那就是通过官方的软件包仓库进行安装，安装步骤如下。

第一步，安装 OpenResty 所需要依赖的前置环境，包括 yum-utils、pcre-devel、openssl-devel、gcc 以及 curl，这些和 nginx 依赖一致，运行的命令行脚本如下。

```
yum install -y yum-utils pcre-devel openssl-devel gcc curl
```

第二步，配置 OpenResty 软件包的仓库，该配置的命令行脚本如下。

```
yum-config-manager --add-repo
https://openresty.org/package/centos/openresty.repo
```

第三步，基础环境配置好之后，则开始安装 OpenResty，通过“yum install”安装即可，命令行脚本如下。

```
yum install -y openresty
```

最后一步，还需要安装OpenResty管理工具opm，运行命令如下。

```
yum install -y openresty-opm
```

安装成功后，可以看到"/usr/local/openresty"为当前 OpenResty 所安装的位置，如图 12-4 所示。

```
[root@centos7-basic ~]# cd /usr/local/
[root@centos7-basic local]# ll
总用量 0
drwxr-xr-x.  2 root root   6 4月   11 2018 bin
drwxr-xr-x.  2 root root   6 4月   11 2018 etc
drwxr-xr-x.  2 root root   6 4月   11 2018 games
drwxr-xr-x.  2 root root   6 4月   11 2018 include
drwxr-xr-x.  2 root root   6 4月   11 2018 lib
drwxr-xr-x.  2 root root   6 4月   11 2018 lib64
drwxr-xr-x.  2 root root   6 4月   11 2018 libexec
drwxr-xr-x. 11 root root 159 9月   13 13:24 openresty
drwxr-xr-x.  2 root root   6 4月   11 2018 sbin
drwxr-xr-x.  5 root root  49 9月   10 2019 share
drwxr-xr-x.  2 root root   6 4月   11 2018 src
```

图 12-4　OpenResty 的安装目录

至此，OpenResty 安装完毕。在第二台虚拟机节点重复上述步骤，后续还可以构建成业务网关集群，如果只安装单台 OpenResty 也没有关系。

12.3　OpenResty 的目录结构与运行

12.3.1　OpenResty 的目录结构

OpenResty 安装成功后的目录位置为：/usr/local/openresty。在 ssh 控制台输入"ls -a"或者"ls -l"可以查看当前目录下的所有子目录结构，如图 12-5 所示。

```
[root@centos7-basic openresty]# ls -l
总用量 264
drwxr-xr-x.  2 root root    123 9月   13 13:24 bin
-rw-r--r--.  1 root root  22924 7月   18 12:38 COPYRIGHT
drwxr-xr-x.  6 root root     56 9月   13 13:24 luajit
drwxr-xr-x.  5 root root    105 9月   13 13:24 lualib
drwxr-xr-x. 11 root root    151 9月   13 13:26 nginx
drwxr-xr-x.  4 root root     28 9月   13 13:24 openssl111
drwxr-xr-x.  3 root root     17 9月   13 13:24 pcre
drwxr-xr-x. 47 root root   4096 9月   13 13:24 pod
-rw-r--r--.  1 root root 239606 7月   18 12:38 resty.index
drwxr-xr-x.  5 root root     47 9月   13 13:24 site
drwxr-xr-x.  3 root root     17 9月   13 13:24 zlib
```

图 12-5　OpenResty 的目录结构

如图 12-5 所示，核心目录释义如下。

- bin：可执行文件目录，进入 bin 目录后可以看到"openresty"命令，可以通过"./openresty"直接运行 OpenResty。此外，可以看到"openresty -> /usr/local/openresty/nginx/sbin/ nginx"，这其中的箭头，代表当前的"openresty"命令指向"nginx"命令，所以运行 OpenResty 的命令其实和运行 nginx 是一致的，也说明了运行任意命令都能达到启动"OpenResty"的效果。
- COPYRIGHT：版权信息，著作权说明。

- luajit：OpenResty 使用的语言脚本，早期使用过 Lua，现在主要使用 Luajit，因为性能更高一些，而且 OpenResty 官方也在维护 Luajit 的一个分支（地址为 https://github.com/openresty/luajit2）。
- lualib：资源库，可以编辑处理业务，实现第三方扩展等。这些资源库存放的都是 OpenResty 所使用的 Lua 库，如 ngx、redis、resty 等。
- nginx：集成了 nginx，或者说基于 nginx 做了扩展，添加了各项功能，从而使得自身成为一个高性能的 Web 平台。
- openssl111：OpenResty 使用了 OpenSSL 的加解密相关操作，可以进入“/usr/local/openresty/openssl111/bin”目录看到“openssl”命令。
- pod：pod 是 Perl 里面的一种标记语言，用于给 Perl 的模块编写文档。

12.3.2 测试访问页面

OpenResty 的配置文件与 nginx 一样，处于“/usr/local/openresty/nginx/conf”路径之下，将“nginx.conf”中的默认端口号改为比如“88”，配置如下。

```
server {
    listen     88;

     server_name localhost;

     location / {
         root html;
         index index.html index.htm;
     }
}
```

随后通过“./openresty”启动或者“./openresty -s reload”重载，再访问“http://192.168.1.51:88/”打开页面进行观察测试。OpenResty 的默认启动页如图 12-6 所示。

图 12-6　OpenResty 启动并显示默认欢迎页面

12.4 为 OpenResty 配置 nginx 的环境变量

启动 OpenResty 平台其实本质上就是启动 nginx，所以不论启动哪一个都是一样。此外，nginx 的所在目录层级比较深，那么其实可以为 nginx 添加环境变量，如此，则在任意目录都可以更方便地使用 nginx 的启动、停止等命令了。

第一步，使用如下命令打开 profile 文件。

```
## 打开并修改 profile 文件
vim /etc/profile
```

第二步，在文件的最后面，添加如下脚本。

```
## 添加 NGINX_HOME 环境变量
export NGINX_HOME=/usr/local/openresty/nginx export PATH=${NGINX_HOME}/sbin:$PATH
```

最后一步，刷新 profile 配置文件。

```
Source /etc/profile
```

刷新完毕后，就可以在任意目录直接使用“nginx”来进行相关的命令操作了，相关操作如图 12-7 所示。

```
[root@centos7-basic /]# nginx -t
nginx: the configuration file /usr/local/openresty/nginx/conf/nginx.conf syntax is ok
nginx: configuration file /usr/local/openresty/nginx/conf/nginx.conf test is successful
[root@centos7-basic /]# nginx -s reload
[root@centos7-basic /]# nginx -s stop
[root@centos7-basic /]# nginx
```

图 12-7　任意目录下使用 nginx

12.5　本章小结

本章主要学习了 OpenResty 的相关基础知识。一开始对 OpenResty 背景进行了介绍，随后安装了 OpenResty，并且也对其目录结构做了介绍。需要注意的是，OpenResty 的运行和 nginx 的运行是一致的。所以最后对 nginx 配置了环境变量，从而在任意目录下都可以操作“nginx”命令。

第 13 章　多级缓存落地

本章主要内容

- OpenResty 结合 Lua 文件实现反向代理
- OpenResty 通过 Lua 获得请求的相关参数
- Lua 封装自定义缓存工具类
- Redis 在 OpenResty 中的集成与使用

上一章已经在 CentOS7 虚拟机中安装好了两台 OpenResty 节点，接下来需要做的，就是把 Lua 语言和 OpenResty 结合，可以把 OpenResty 作为业务型网关，如此就能通过 Lua 来控制请求和业务了。Lua 也会结合 Redis 模块，在网关中使用分布式缓存，如此一来便可以发挥 Redis 的最大性能，最终的多级缓存架构也就形成了，并且具有高并发与高性能的特性。

13.1　OpenResty 结合 Lua 控制请求与响应

13.1.1　OpenResty 结合 Lua 自定义数据响应

通过 Lua 与 OpenResty 相互结合，可以把用户的请求反向代理到某个特定的 Lua 文件，在该 Lua 文件中可以操作指定的业务，从而实现在网关中对请求的控制以及业务流程的处理。同时，也可以操作响应的内容返回给客户端。

使用命令行工具打开任意某个 OpenResty 节点，进入到“/usr/local/openresty/nginx”目录，创建一个文件夹并且取名为“lua”，同时在“lua”文件夹中创建一个 Lua 脚本，比如可以命名为“hello.lua”，参考图 13-1 所示。

```
[root@centos7-basic lua]# cd /usr/local/openresty/nginx
[root@centos7-basic nginx]# ll
总用量 4
drwx------. 2 nobody root    6 9月  13 13:26 client_body_temp
drwxr-xr-x. 2 root   root 4096 9月  15 11:24 conf
drwx------. 2 nobody root    6 9月  13 13:26 fastcgi_temp
drwxr-xr-x. 2 root   root   40 9月  13 13:24 html
drwxr-xr-x. 2 root   root   58 9月  15 11:30 logs
drwxr-xr-x. 2 root   root   23 9月  18 09:36 lua
drwx------. 2 nobody root    6 9月  13 13:26 proxy_temp
drwxr-xr-x. 2 root   root   19 9月  13 13:24 sbin
drwx------. 2 nobody root    6 9月  13 13:26 scgi_temp
drwx------. 2 nobody root    6 9月  13 13:26 uwsgi_temp
[root@centos7-basic nginx]# cd lua/
[root@centos7-basic lua]# ll
总用量 4
-rw-r--r--. 1 root root 814 9月  18 10:51 hello.lua
```

图 13-1　创建处理请求业务的 Lua 文件

随后，打开“vim hello.lua”文件，在该文件中输入脚本内容如下。

```
ngx.say('{"status":200,"msg":"这是 openresty 自定义 lua 响应~",
    "isOk":true,"data":null}');
ngx.say(123);
ngx.say(true);
ngx.say("hello");
```

上述脚本的释义如下。

- ngx：OpenResty 的 nginx 模块，通过对该模块的调用可以使用 ngx 提供的相关 api 功能。
- say：响应客户端内容，类似 SpringBoot 中 Controller 接口的返回“return data”。
- 响应内容()：say 后面括号中所填入的是需要响应给客户端的自定义数据，数据类型可以为 string 字符串、int 数值、bool 布尔型、json 格式等。

有了 Lua 文件后，OpenResty 需要作为网关把用户的请求反向代理到该“hello.lua”文件，那么则需要修改配置文件，输入命令“vim /usr/local/openresty/nginx/conf/nginx.conf”打开配置文件，在配置文件中新增配置内容如下。

```
## OpenResty 加载 lua 的相关模块
lua_package_path "/usr/local/openresty/lualib/?.lua;;";
## OpenResty 加载 c 的相关模块
lua_package_cpath "/usr/local/openresty/lualib/?.so;;";

## 定义虚拟主机用于监听用户请求
server {
    ## 自定义监听 66 端口
    listen    66;
    server_name localhost;

    ## 匹配的路由会进入该指令块进行请求分发
    location /getLua {
        ## 设定默认的数据格式为 json
        default_type application/json;
        ## 指定反向代理的内容为一个 lua 的脚本文件
        content_by_lua_file lua/hello.lua;
    }
}
```

上述配置内容一旦能够被“66”端口监听并且符合路由规则的“/getLua”，请求就会进入“lua/hello.lua”中，如此一来，自定义的数据就能作为 response 响应给客户端。保存“nginx.conf”后，重新加载配置文件“./nginx -s reload”。

最后，通过 postman 来访问该地址（笔者请求的 url 为 http://192.168.1.51:66/getLua?id=1001），得到的结果如图 13-2 所示。

通过测试结果可以看到，Lua 文件中的自定义内容已成功被 OpenResty 反向代理并作为响应返回给客户端了。

```
Body ▾                                   200 OK  4 ms  670 B
Pretty  Raw  Preview  Visualize  JSON ▾
1 {
2     "status": 200,
3     "msg": "这是openresty自定义lua响应~",
4     "isOk": true,
5     "data": null
6 }
7 123
8 true
```

图 13-2　自定义 Lua 请求响应客户端

13.1.2　OpenResty 结合 Lua 获得请求相关参数

OpenResty 要成为业务型网关，那么必须获得和请求相关的一些参数数据，如请求头 headers、请求方法 method、url 参数、body 参数等。

在“/usr/local/openresty/nginx”目录中创建一个新的文件，可以取名为“operation.lua”，笔者将在该文件中获得与 request 请求相关的参数，如图 13-3 所示。

```
[root@centos7-basic lua]# pwd
/usr/local/openresty/nginx/lua
[root@centos7-basic lua]# ll
总用量 4
-rw-r--r--. 1 root root 852 9月  18 12:51 hello.lua
-rw-r--r--. 1 root root   0 9月  18 13:09 operation.lua
```

图 13-3　创建用于获得请求相关参数的 Lua 文件

在“operation.lua”文件中输入代码片段如下。

```
-- 获得 http 版本号
ngx.say('http 版本号:'..ngx.req.http_version());
-- 获得客户端用户请求的方法类型
ngx.say('请求方法:'..ngx.req.get_method());

-- 获得用户请求的头信息
local headerInfo = ngx.req.get_headers();
ngx.say('头信息 uId:'..headerInfo.uId);
ngx.say('头信息 uToken:'..headerInfo.uToken);

-- 获得原始请求头信息
ngx.say('原始请求头信息:'..ngx.req.raw_header());

-- 获得 url 中携带的请求参数
local args = ngx.req.get_uri_args();
ngx.say('性别 sex:'..args["sex"]);
ngx.say('生日 birthday:'..args.birthday);

-- 获得请求的 body 数据
ngx.req.read_body(); -- 先读取请求 body，后才能获得数据
local body = ngx.req.get_body_data();
ngx.say('body 内容的输出:'..body);
```

```
-- 获得请求中 form 表单提交的数据
local form_data = ngx.req.get_post_args();
for key,value in pairs(form_data) do
    ngx.say(key, value);
end
```

在“nginx.conf”配置文件中新增用于反向代理的虚拟主机，配置如下。

```
## 定义虚拟主机用于监听用户请求
server {
    ## 自定义监听 66 端口
    listen   66;
    server_name localhost;

    ## 匹配的路由会进入该指令块进行请求分发
    location /getRequestOperation {
        ## 设定默认的数据格式为 json
        default_type application/json;
        ## 指定反向代理的内容为一个 lua 的脚本文件
        content_by_lua_file lua/operation.lua;
    }
}
```

重新“nginx -s reload”后，通过 postman 发起请求“http://192.168.1.51:66/getRequestOperation”可以看到如图 13-4 所示的结果。

```
http版本号: 1.1
请求方法:POST
头信息uId: 1001
头信息uToken:abc-xyz
原始请求头信息:POST /getLua?sex=%E7%94%B7&birthday=2025-12-25 HTTP/1.1
uId: 1001
uToken: abc-xyz
User-Agent: PostmanRuntime/7.26.8
Accept: */*
Cache-Control: no-cache
Postman-Token: 18879861-4aff-4fe7-8814-33592c7906d3
Host: 192.168.1.51:66
Accept-Encoding: gzip, deflate, br
Connection: keep-alive
Content-Type: multipart/form-data; boundary=--------------------------258253963876603119465045
Content-Length: 287


性别sex:男
生日birthday:2025-12-25
body内容的输出:----------------------------258253963876603119465045
Content-Disposition: form-data; name="mobile"

13812345678
----------------------------258253963876603119465045
Content-Disposition: form-data; name="email"

abc@abc.com
----------------------------258253963876603119465045--

----------------------------258253963876603119465045
Content-Disposition: form-data; name"mobile"

13812345678
----------------------------258253963876603119465045
Content-Disposition: form-data; name="email"

abc@abc.com
----------------------------258253963876603119465045--
```

图 13-4　获得客户端用户请求的相关参数数据

需要注意，运行请求的时候，针对不同的数据需要提前做好参数设置，比如：

- 设置不同的 method 为“get”或“post”。
- 传入请求参数“sex=男&birthday=2025-12-25”。
- 传入 headers 参数“uId”与“uToken”。
- 传入 form 参数“mobile”与“email”。
- 传入 body 参数“{ name: '风间影月', sign: 'stay hungry, stay foolish~' }”。

13.2 Lua 自定义请求反向代理

13.2.1 封装 GET 请求

我们在 13.1 节获得 http 请求参数后，便可以在 Lua 文件中自定义 http 请求来进行请求的分发，这样做的目的，是让开发者在网关中更自由地控制业务的流程处理。

封装 HTTP 请求的格式如下。

```
local response = ngx.location.capture("[nginx 虚拟 server 定义的 location]", {
    method = ngx.HTTP_GET,          -- 请求方法，比如 GET/POST/PUT/UPDATE
    args = {name=imooc,age=18},   -- 请求参数，可以由外部传入
    body = "name=imooc&age=18"    -- post body 参数，可以由外部传入
})
response.status  -- 状态码
response.body    -- 返回的数据
response.header  -- 返回的头信息
```

在“/usr/local/openresty/lualib”下创建一个名为“http.lua”的文件，该文件可以创建在任意位置，但是需要在“nginx.conf”中进行引入。

在“http.lua”文件中封装一个用于发起 GET 请求的方法，相关代码如下。

```
-- 封装 http 的 GET 请求，路由分发到后端的接口
local function get(path, params)
    local response = ngx.location.capture(path, {
        method = ngx.HTTP_GET,
        args = params -- {name=abc,age=28}
    });

    -- response 响应不存在，则直接返回 404
    if not response then
        ngx.exit(404);
    end

    -- 此处只管返回响应，不需要处理正常的或者异常的数据
    return response.body;
end

-- 导出函数
```

```
local http = {
    get = get
}
return http;
```

上述代码中，相关释义如下。

- 定义了一个名为“get”的函数方法，可以传入两个参数：一个为 path 路由，另一个为接口参数 params。
- 使用“ngx.location.capture”发起一个 get 请求，该请求的方法为“GET”。此外，请求的参数“args”由外部的 params 传入，发起请求后会得到一个从后端返回的“response”响应。
- 通过 if 判断“response”是否存在，如果不存在，表示路由请求错误，客户端发起的请求是不存在的，返回一个 404 空页面即可。
- 处理业务完毕后，通过“return response.body”把请求的数据返回给客户端。需要注意，此处只管返回响应，不需要处理正常的或者异常的数据。
- 最后，需要把当前定义的“get”函数对外导出，如此便可以作为一个通用的工具类库供其他的 Lua 脚本调用了。

13.2.2 封装 POST 请求

与 13.2.1 小节中类似，修改“http.lua”并新增 POST 方法进行封装，代码如下。

```
-- 封装 http 的 POST 请求，路由分发到后端的接口
local function post(path, data)
    local response = ngx.location.capture(path, {
        method = ngx.HTTP_POST,
    body = data
    });

    -- response 响应不存在，则直接返回 404
    if not response then
        ngx.exit(404);
    end

    -- 此处只管返回响应，不需要处理正常的或者异常的数据
    return response.body;
end

-- 导出函数
local http = {
    get = get,
    post = post
}
return http;
```

上述代码中，基于 GET 请求的封装方法，将“ngx.HTTP_GET”修改为“ngx.HTTP_POST”，并且参数由“args”变为了“body”。最后同样也需要把 post 对外导出方可被其他 Lua 脚本调用。

13.2.3　Lua 控制请求转发

在“nginx.conf”中新增 server 指令块来为 OpenResty 提供反向代理的转发服务，新增的配置内容如下。

```
upstream server-cluster {
   server 192.168.1.2:8080;
   server 192.168.1.2:8090;
}

server {
   listen    55;
   server_name localhost;

   location /getLua {
      default_type application/json;
      content_by_lua_file lua/getItemCategory.lua;
   }

   location /itemCategory/get {
      default_type application/json;
       proxy_pass http://server-cluster;
    }
}
```

上述配置中，“/getLua”用于接收客户端的请求路由；“/itemCategory/get”为后端的路由请求，会反向代理到“server-cluster”集群；“getItemCategory.lua”是自定义的 Lua 脚本，其中包含了自定义业务的控制，代码如下。

```
-- 引入工具类 http
local http = require("http");
-- 定义 GET 请求的对象
local get = http.get;

-- 获得请求的参数
local params = ngx.req.get_uri_args();

local result = get("/itemCategory/get", params);
ngx.say(result);
```

重载“nginx -s reload”，通过浏览器或者 postman 发起 GET 请求，访问“http://192.168.1.51:55/getLua? id=1001”，可以正常访问到对应的结果。如此表明，自定义封装的 HTTP 工具类生效了，并且请求可以通过 OpenResty 正确地反向代理到后端的服务集群。

同理，HTTP 工具类中的自定义封装的 POST 请求，也可以自行编写一个逻辑进行调用。

13.3 多级缓存架构落地

13.3.1 lua-resty-redis

我们在 13.2 节中实现了对 HTTP 请求的封装和自主控制，其实这就是自定义在 Lua 中控制请求的业务和流转。既然如此，在获得请求的同时，也可以获得用户端传来的请求参数，根据请求参数就直接可以在 Lua 中与 Redis 进行结合，得知 Redis 中是否存在对应的缓存数据。如果有对应的缓存数据，那么就可以直接在网关处对外控制响应的返回；如果没有缓存数据，再放行请求到后端进行查询即可。

“lua-resty-redis”为 OpenResty 官方对 Redis 提供的 Lua 语言支持类库，可以在 Lua 中结合并使用 Redis。链接地址为 https://github.com/openresty/lua-resty-redis，打开该链接后，找到“content_by_lua_block”，这里面包含了一段 Lua 的脚本，笔者在此基础上加了中文注释可供参考，内容如下。

```
content_by_lua_block {
    -- 导入 redis
    local redis = require "resty.redis"
    -- 声明 redis，实例化 redis 对象
    local red = redis:new()

    -- 设置超时时间，单位：毫秒
    -- 1. 建立连接的超时时间
    -- 2. 发送请求的超时时间
    -- 3. 数据响应的超时时间
    red:set_timeouts(1000, 1000, 1000) -- 1 sec

    -- 使用 unix 方式连接 redis
    -- or connect to a unix domain socket file listened
    -- by a redis server:
    -- local ok, err = red:connect("unix:/path/to/redis.sock")

    -- 与 Redis 建立连接
    -- connect via ip address directly
    local ok, err = red:connect("127.0.0.1", 6379)

    -- 也可以通过域名的方式来连接 Redis
    -- or connect via hostname, need to specify resolver just like above local ok,
        err = red:connect("redis.openresty.com", 6379)
    -- 如果连接不成功，则返回错误信息到用户端
    if not ok then
        ngx.say("failed to connect: ", err)
        return
    end
```

```
-- 通过 set 设置一个键值对，如果设置失败，则返回错误信息到用户端
ok, err = red:set("dog", "an animal")
if not ok then
    ngx.say("failed to set dog: ", err)
    return
end

-- 如果 set 设置成功，则返回成功信息
ngx.say("set result: ", ok)

-- 通过 get 获得某个缓存数据，如果有错误则返回错误信息到用户端
local res, err = red:get("dog")
if not res then
    ngx.say("failed to get dog: ", err)
    return
end

-- 如果查询的数据为空，则提示没有查询到缓存数据
if res == ngx.null then
    ngx.say("dog not found.")
     return
end

-- 如果能够查询到数据，则返回用户端显示
ngx.say("dog: ", res)

-- 管道批量操作，把多个操作放在一个 pipeline 中提交给 redis-server 处理
red:init_pipeline()
red:set("cat", "Marry")
red:set("horse", "Bob")
red:get("cat")
red:get("horse")
local results, err = red:commit_pipeline()
if not results then
    ngx.say("failed to commit the pipelined requests: ", err)
return
end

-- 批量操作拿到的数据并通过 for 循环进行输出
for i, res in ipairs(results) do
    if type(res) == "table" then
    if res[1] == false then
        ngx.say("failed to run command ", i, ": ", res[2])
    else
        -- process the table value
        end
    else
        -- process the scalar value
```

```
            end
        end

        -- 连接池的设置，可以提高 redis 的效率
        -- put it into the connection pool of size 100,
        -- with 10 seconds max idle time
        local ok, err = red:set_keepalive(10000, 100)
        if not ok then
            ngx.say("failed to set keepalive: ", err)
            return
        end

        -- 如果不使用连接池，直接关闭也可以
        -- or just close the connection right away:
        -- local ok, err = red:close()
        -- if not ok then
        -- ngx.say("failed to close: ", err)
        -- return
        -- end
    }
```

13.3.2 封装 Redis 通用模块

基于 13.3.1 节，可以对官方的示例进行改造并且作为一个封装的 Redis 缓存读写工具类，在“/usr/local/openresty/lualib”目录下创建“redisUtils.lua”文件，编写如下 Lua 脚本代码。

```
redis_ip = "192.168.1.60";
redis_port = 6379;

local function get_data_from_redis(key)

    -- 导入 redis


    local redis = require "resty.redis";
    -- 声明 redis
    local red = redis:new();

    -- 超时时间，单位：毫秒
    -- 1. 建立连接的超时时间
    -- 2. 发送请求的超时时间
    -- 3. 数据响应的超时时间
    red:set_timeouts(1000, 1000, 1000);

    -- 建立连接
    local ok, err = red:connect(redis_ip, redis_port)
    if not ok then
        ngx.say("failed to connect: ", err)
        return
```

```
    end

    -- 登录授权
    local res, err = red:auth("123456")
    if not res then
        ngx.say("failed to authenticate: ", err)
        return
    end

    -- 获取数据
    local res, err = red:get(key)
    if not res then
        ngx.say("failed to get " .. key ..": ", err)
        return
    end

    -- 优雅地关闭，连接池
    local ok, err = red:set_keepalive(10000, 100)
    if not ok then
        ngx.say("failed to set keepalive: ", err)
        return
    end

    return res;
end

local function set_data_in_redis(key, value)

    -- 导入 redis
    local redis = require "resty.redis";

    -- 声明 redis
    local red = redis:new();

    -- 超时时间，单位：毫秒
    -- 1. 建立连接的超时时间
    -- 2. 发送请求的超时时间
    -- 3. 数据响应的超时时间
    red:set_timeouts(1000, 1000, 1000);

    -- 建立连接
    local ok, err = red:connect(redis_ip, redis_port)
    if not ok then
        ngx.say("failed to connect: ", err)
        return
    end

    -- 登录授权
```

```
    local res, err = red:auth("123456")
    if not res then
        ngx.say("failed to authenticate: ", err)
        return
    end

    -- 设置数据
    ok, err = red:set(key, value)
    if not ok then
        ngx.say("failed to set dog: ", err)
        return
    end

    -- 设置过期时间，单位：秒
    red:expire(key, 1500);

    local ok, err = red:set_keepalive(10000, 100)
    if not ok then
        ngx.say("failed to set keepalive: ", err)
        return
    end
end

    -- 导出函数
    local _M = {
        get = get_data_from_redis,
        set = set_data_in_redis
}
return _M;
```

上述脚本代码的结构为：

- 声明并定义 Redis 的全局变量。
- 定义函数“get_data_from_redis”用于查询缓存数据。
- 定义函数“set_data_in_redis”用于设置缓存数据。
- 导出函数“_M”供外部文件使用。

务必要注意，不建议把单独封装“resty.redis”作为连接池进行共用，因为并发的时候会有“bad request”异常出现。

13.3.3 完成多级缓存架构闭环

我们在 13.3.2 小节中对 Redis 进行了工具类的封装，那么接下来就可以结合自身业务来实现数据的读写。打开 Lua 文件“getItemCategory.lua”，修改代码内容参考如下。

```
-- 导入工具类 http、redisUtils local http = require("http");
local redis = require("redisUtils");
-- 定义 GET 请求的对象
local get = http.get;
```

```
-- 获得请求的参数
local params = ngx.req.get_uri_args();

-- 获得商品分类的 id
local catId = params["id"];
-- 拼接缓存 key
local key = "itemCategory:" .. catId;
-- 根据 key 获得缓存数据
local itemCategory = redis.get(key);
-- 条件判断
if itemCategory == ngx.null then
    -- 为空说明 redis 中没有数据，需要放行请求到后端
    local result = get("/itemCategory/get", params);
    ngx.say(result);
else
    -- 不为空则直接返回缓存中的数据即可
    ngx.say(itemCategory);
end
```

上述代码中，新增的内容主要为 Redis 部分，结构与内容释义如下。

- 首先，通过“require("redisUtils")”引入自定义封装的 Redis 工具类；随后，通过“ngx.req.get_uri_args”获得 URL 的请求参数 ID。
- 接下来，保证与后端服务中的 Key 一致，结合 ID 进行 Key 的拼接；再然后，根据拼接的缓存 Key 查询数据。
- 最后，查询的数据需要判断，如果不为空，直接返回数据；如果为空，则放行请求，让请求路由到后端进入 controller 的接口进行相关业务操作。

重新加载配置文件“./nginx -s reload”，并且也重启后端服务，通过 postman 来访问该地址（笔者请求的 URL 为 http://192.168.1.51:66/getLua?id=1001）。测试结果中，如果 ID 在 Redis 中有对应的数据，则会直接返回给客户端，而后端服务是没有任何日志打印的；相反，如果 ID 在 Redis 中没有对应的数据，则后台日志会有相关的打印输出。如此一来，表示当前的 OpenResty 网关和缓存 Redis 结合成功。

13.4　本章小结

本章主要将 OpenResty 与 Lua 进行了结合，目的是形成多级缓存。先通过封装 http 的请求，实现自定义业务处理。然后通过在 Lua 文件中对 Redis 的封装，可以使用 Redis 工具类在网关中实现缓存数据的读写目的。最终在“getItemCategory.lua”文件中完成了自定义的业务处理，也就是当有缓存数据则在网关中直接返回，如果没有缓存数据再放行请求到后端服务。

第 14 章　多 级 网 关

本章主要内容

- 反向代理 OpenResty 集群
- 多级业务网关分发
- 网关本地缓存
- 接口性能压测

通过前面几章，我们已经结合了高性能 Web 平台 OpenResty 与分布式缓存中间件 Redis 实现了多级缓存架构。但是，目前的 OpenResty 一般不会作为“主网关”来对外暴露端口，因为 OpenResty 是作为业务型网关处理业务的，所以，往往会在 OpenResty 外部再通过 nginx 来提供反向代理。此外，对于多节点的 OpenResty 集群来说，也可以达到高可用的目的。本章会结合压力测试工具对多种情况进行压测，来观察不同架构模式下的并发指标。

14.1　多级网关集群

14.1.1　什么是多级网关

在一个庞大的系统架构中，可能并不是简单的只有一个或两个网关，很多互联网大厂往往都是用多个不同的网关来共同组成庞大的分布式网关集群，如图 14-1 所示。

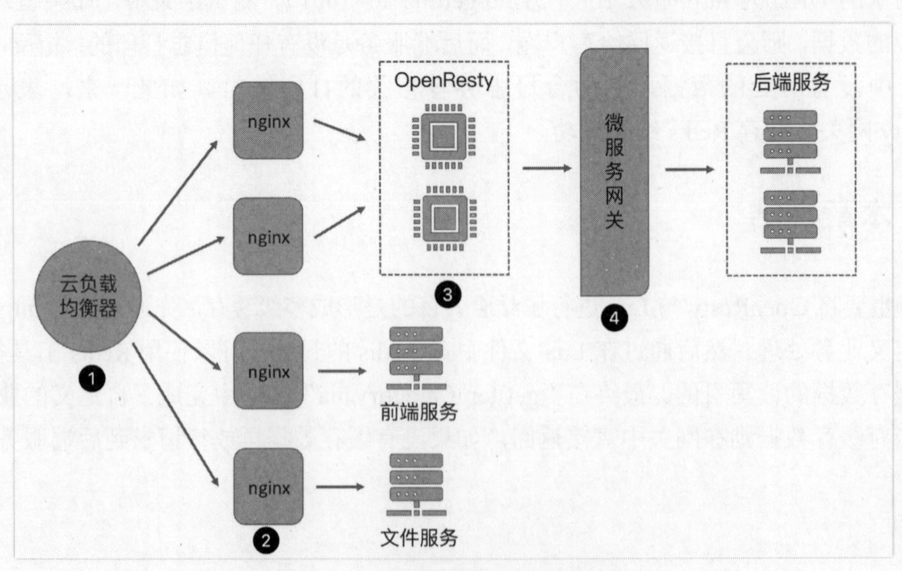

图 14-1　多级网关架构拓扑示意图

如图 14-1 所示，不同的网关“职能”也各不相同，虽然可能是同一个组件，但“职能”是可以由开发者自定义的，图 14-1 中的不同网关释义如下。

- ❶ 处为云负载均衡器。一般系统上的云往往会采用云负载均衡器，不同的云厂商会提供不同的云产品，有的称之为“SLB”，有的称之为“CLB”，原理都是一样的，底层都是基于 LVS 与 Keepalived，云负载均衡器也是四层转发，速度很快，接收到用户端的请求会直接向后转发。云产品的负载均衡器的高可用度达到 99.9999%。
- ❷ 处为 nginx 集群。nginx 可以直接独立部署作为负载均衡器，也可以结合 ❶ 处的云负载均衡产品，如此便可以使得 nginx 达到高可用的目的，nginx 之间的各个节点彼此“互为主备”，性能会很强大。nginx 是作为应用层的七层转发，也可以用来独立部署，成为对外接收流量的主要网关。需要注意，仅使用 nginx 作为整个项目的网关也是可以的，因为云产品的负载均衡器是需要付费购买的。❷ 处包含多个 nginx 节点，虽然都是同类型的 nginx，但是也可以处理不同的业务需求。比如让其中某几个 nginx 节点来负责 OpenResty 的反向代理；又或者让某个 nginx 节点独立进行静态资源的部署，用于发布前端项目；还可以用于对文件资源的反向代理，通过 nginx 的 location 规则匹配，来把文件资源的请求统一路由转发到专门的文件服务器。因此，不同的项目需求可以灵活地变更 nginx 的“行为”。
- ❸ 处为 OpenResty 集群。OpenResty 作为业务网关，用于处理从 nginx 转发过来的流量，提前对请求进行处理，过滤不必要的“垃圾请求”，把正常流量转发到后端服务。同时，也可以在 OpenResty 中集成 Redis、MySQL 等中间件来实现业务型的各种操作。
- ❹ 处为微服务网关集群。如果项目作为微服务来开发，那么往往需要有微服务网关 Gateway 或者 Zuul 来进行构建，在这样的情况下，OpenResty 的请求并不是直接反向代理到某个接口，而是会先转发给微服务网关，由微服务网关处理后再转发到指定的目标接口。而微服务网关也可以在内部对请求进行相关前置处理，如用户鉴权、请求判断与限制等。

14.1.2　nginx 构建 OpenResty 集群

我们在前面的章节已经实现了 OpenResty 与 nginx 的部署安装，固以此作为两级网关来进行构建，所以就需要结合 nginx 来实现把请求反向代理到 OpenResty 集群。

第一步，我们在上一章已经实现 OpenResty 与 Redis 结合的多级缓存落地，但是由于 OpenResty 有多个节点，所以需要把 OpenResty 中的所有配置在其他的节点中全部配置一下，从而发挥相同的作用，此步骤读者可以预先操作配置一下。

第二步，在 nginx 节点中配置 OpenResty 的集群负载均衡，需要注意上游 upstream 中的服务地址列表需修改为读者自己的 IP 与端口，相关配置如下。

```
## 配置 openresty 集群的上游服务地址列表
upstream www.openresty-cluster.com {
    server 192.168.1.51:55;
```

```
    server 192.168.1.52:55;
}

## 创建虚拟主机用于对外暴露提供给用户端访问
server {
    listen   80;
    server_name localhost;

    ## 匹配所有请求并反向代理到 openresty 的上游集群列表
    location / {
        proxy_pass http://www.openresty-cluster.com;
    }
}
```

第三步，在不同的 OpenResty 节点标记字符串输出拼接，更有利于测试观察，脚本代码如图 14-2 所示。

```
local itemCategory = redis.get(key);
-- ngx.say(itemCategory);
if itemCategory == ngx.null then
    -- 为空说明redis中没有数据，需要放行请求到后端
    local result = get("/itemCategory/get", params);
    ngx.say(result);
else
    -- 不为空则直接返回缓存中的数据即可
    ngx.say("这是从openresty【51】节点返回的数据：" .. itemCategory);
end
local itemCategory = redis.get(key);
-- ngx.say(itemCategory);
if itemCategory == ngx.null then
    -- 为空说明redis中没有数据，需要放行请求到后端
    local result = get("/itemCategory/get", params);
    ngx.say(result);
else
    -- 不为空则直接返回缓存中的数据即可
    ngx.say("这是从openresty【52】节点返回的数据：" .. itemCategory);
end
```

图 14-2 标记不同的 OpenResty 节点数据响应

第四步，配置完毕后，记得“./nginx -s reload”重载一下。打开浏览器访问“ http://192.168.1.40/getLua?id=1002 ”，可以看到测试结果如图 14-3 所示。

```
← → C ⌂ ▲ 不安全 | 192.168.1.40/getLua?id=1002
这是从openresty【51】节点返回的数据：{"id":1002,"categoryName":"母婴"}
← → C ⌂ ▲ 不安全 | 192.168.1.40/getLua?id=1002
这是从openresty【52】节点返回的数据：{"id":1002,"categoryName":"母婴"}
```

图 14-3 OpenResty 负载均衡测试结果

如图 14-3 所示，多次刷新可以实现对 OpenResty 的轮询负载均衡效果。至此，nginx 构建 OpenResty 集群成功，可以达成请求的闭环。

14.2　OpenResty 的本地缓存

14.2.1　定义共享字典（本地缓存）

在 nginx 中，可以使用“共享字典”来进行数据的存储，“共享字典”可用于在不同 nginx 工作进程之间进行数据的共享。也就是说，用户的多个请求之间都可以相互进行数据的存储和访问，“共享字典”不受限于单个请求，可以跨请求，可以让多个不同的请求访问到同一个缓存数据。因此，也可以把“共享字典”称为 nginx 的“本地缓存”。

既然可以在网关中使用共享字典，那么就可以和后端的服务类似，在请求分布式缓存 Redis 之前，先查询本地的共享字典，如果本地字典中有数据，则直接返回，如果没有数据再从 Redis 中获得即可。

使用共享字典需要先定义字典名称，在“nginx.conf”中配置代码如下。

```
# 开启 lua 本地共享字典 -> 本地缓存
lua_shared_dict item_cache 5m;
```

上述配置的释义如下。

- lua_shared_dict：定义共享字典。
- item_cache：共享字典的名称，该名称可以由开发者自定义。
- 5m：共享字典的占用大小。

此外，共享字典在“nginx.conf”中所定义的位置可以参考图 14-4 所示。

```
# 加载lua模块
lua_package_path "/usr/local/openresty/lualib/?.lua;;";
# 加载c模块
lua_package_cpath "/usr/local/openresty/lualib/?.so;;";
# 开启lua本地共享字典 -> 本地缓存
lua_shared_dict item_cache 5m;
```

图 14-4　共享字典在“nginx.conf”中的配置位置

如此，便可以在 nginx 中使用共享字典“item_cache”了。

14.2.2　共享字典与多级缓存业务的结合

定义完共享字典后，则可以开始使用其为请求带来的“缓存服务”了。修改“/usr/local/openresty/nginx/lua/getItemCategory.lua”，在其中添加本地字典的相关业务代码，修改后的文件代码参考如下。

```
-- 导入工具类 http、redisUtils
local http = require("http");
local redis = require("redisUtils");
-- 引入本地共享字典
local item_cache = ngx.shared.item_cache;
```

```
-- 定义 GET 请求的对象
local get = http.get;

-- 获得请求的参数
local params = ngx.req.get_uri_args();

-- 获得商品分类的 id
local catId = params["id"];
local key = "itemCategory:" .. catId;

-- 先从本地字典中查询，如果有数据则直接返回；如果没有数据，则再从 redis 中查询
local my_local_item = item_cache:get(key);
if (my_local_item == ngx.null) or (my_local_item == nil) then
    -- 为空则从 redis 中查询
    local itemCategory = redis.get(key);
    -- ngx.say(itemCategory);
    if itemCategory == ngx.null then
        -- 为空说明 redis 中没有数据，需要放行请求到后端
        local result = get("/itemCategory/get", params);
        itemCategory = result;
        ngx.say(result);
    else
        -- 不为空则直接返回缓存中的数据即可
        ngx.say("这是从 openresty【51】节点返回的数据：" .. itemCategory);

    end
    -- key:value:expire 时间单位：秒，为 0 则表示永不过期
item_cache:set(key, itemCategory, 10);
else
    ngx.say("本地字典直接返回：" .. my_local_item);
end
```

上述代码中的代码逻辑如下。

- 从 params 中获得参数 ID，通过字符串拼接获得缓存 Key。
- 通过 item_cache:get 可以获得本地共享字典中的数据。
- 判断共享字典的数据如果不为空，则直接返回。
- 判断共享字典的数据如果为空，则从 Redis 中获取。如果 Redis 中没有数据，需要放行请求到后端，如果 Redis 的数据不为空则直接返回数据。
- 不论 Redis 中是否有数据，最终都要通过“item_cache:set(key, itemCategory, 10)”进行共享字典的设置，以便后续请求的数据获得，其中的 3 个参数分别为“键”“值”“过期时间（单位秒）”。

最后，在 OpenResty 的其他节点中也进行上述配置的修改，再通过“./nginx -s reload”重载一下。打开浏览器访问“http://192.168.1.40/getLua?id=1002”，可以看到测试结果如图 14-5 所示。

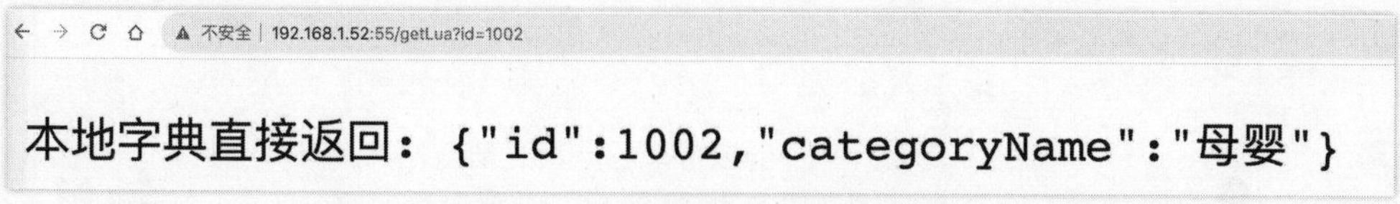

图 14-5　本地共享字典测试结果

如此一来，共享字典使用目的达成，访问的请求速度会更快一些。

14.3　ApiPost 性能压测

14.3.1　压力测试

多级缓存架构的落地是为了使得整体系统平台具有更优秀的性能，但是在一个系统上线之前会预先经过各种测试，比如压力测试（俗称“压测”），以此来提前预测系统在上线后的各种并发阈值。虽然压力测试属于测试工程师的范畴，但是作为中高级开发人员或者架构师，也需要对压力测试有一定的了解。

压力测试一般可以用于评估系统平台或应用程序在某个指定的高负载条件下的性能和稳定性。在使用压力测试时，测试人员会模拟大量用户同时并发请求系统平台，从而测试系统在高并发下的各种指标，如请求的响应时间、吞吐量和错误率等。

压力测试的执行通常有如下几个步骤。

- 确定压测目标：确定压力测试的目标期望，比如预计将有多少人访问系统，那么就需要根据这样的指标来定义压力测试的最大可承受阈值，如响应时间、吞吐量、错误率等。
- 选择压测工具：压力测试的工具有很多，如 JMeter、LoadRunner、Webbench 等，或者也可以使用像 ApiFox、ApiPost 这样的接口调试工具。这些工具可以帮助用户创建和执行压力测试。
- 配置压测场景：创建压力测试的场景，如并发数、压测市场、压测轮次等。
- 执行压测程序：开启并根据测试场景进行压力测试，等待并收集查看结果。
- 分析压测结果：根据压力测试后的结果，可以综合分析系统平台在压力测试下的性能，而且也可以根据实际情况进行系统优化。
- 反复多次压测：调整压力测试场景的各项参数，多次反复地执行压力测试以获得更准确的压测结果。

14.3.2　ApiPost 介绍

压力测试的工具有很多，笔者在此推荐使用 ApiFox 或 ApiPost 这样的接口调试工具，不仅可以用来进行接口的调试，也可以通过“一键压测”来进行压力测试。

前往 ApiPost 官方网站 https://www.apipost.cn/下载工具，读者可以根据自身操作系统的类型进行下载，下载并安装完成后，打开软件并且注册登录，最终界面如图 14-6 所示。

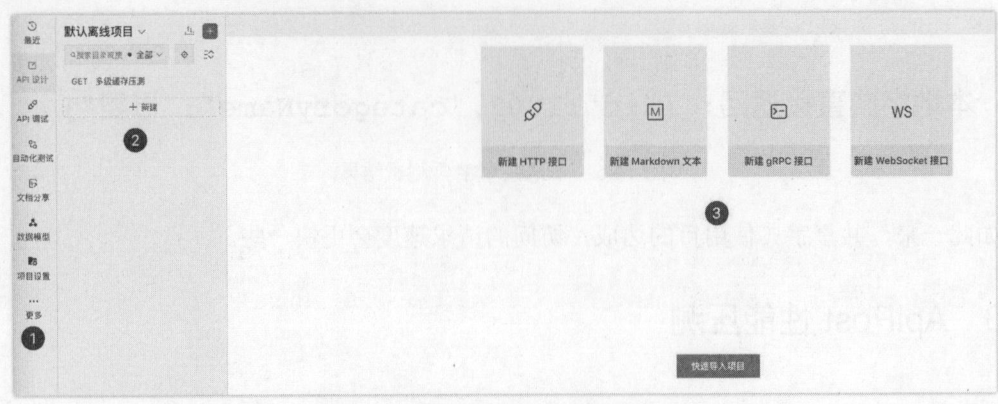

图 14-6 ApiPost 打开后的默认界面

如图 14-6 所示，其中：

- ❶ 处为菜单导航，可以选择各种不同的功能来进行使用。
  - api 设计：根据请求的 method、url、parameter 等来进行设计。
  - api 调试：设计好 api 并且准备好后端的接口后，那么可以通过调试来运行获得返回结果。
  - 自动化测试：可以由测试的相关人员来进行自动化测试的流程和结果分析。
  - 文档分享：生成接口相关文档可供分享查阅，便于团队或组织之间的传播。
  - 数据模型：可以创建对象的数据模型。
  - 项目设置：项目的环境等配置。
- ❷ 处为接口一览，开发者创建的所有接口都可以在此处展示，可以通过鼠标点击不同的接口进行切换与查看，也可以创建不同的项目来对接口进行归档与分类。
- ❸ 处为接口的具体调试区域，涉及某个接口调用的闭环都会在此进行展示与操作。初次打开此处时，只显示“新建 HTTP 接口”“新建 Markdown 文本”“新建 gRPC 接口”以及“新建 Websocket 接口”。

14.3.3 使用 ApiPost 进行接口调试

接下来，可以先使用 ApiPost 进行接口的调试，调试完毕后再进行并发压测，操作步骤如图 14-7 所示。

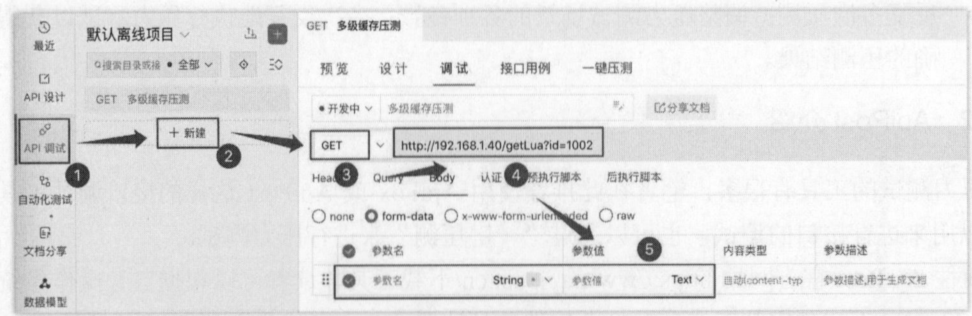

图 14-7 使用 ApiPost 进行接口调试

- 第一步：选择“API 调试”菜单。
- 第二步：新建一个接口。
- 第三步：选择后端接口的 method 方式，此处为“GET”。
- 第四步：输入后端接口的请求 url 地址。
- 第五步：配置参数，此处为请求参数。如果是 form 或者文件上传，也可以在此设置不同的参数类型进行调试。

上述 5 个步骤与“postman”的使用其实是一致的，只是 ApiPost 更适合国内开发市场的需求。最终，点击“发送”按钮，可以看到如图 14-8 所示的测试结果。

图 14-8　使用 ApiPost 后的接口调试结果

14.3.4　配置 ApiPost 的压测场景

上一小节我们已经准备好了将要压力测试的接口，下面按照图 14-9 所示进行压测场景的配置。

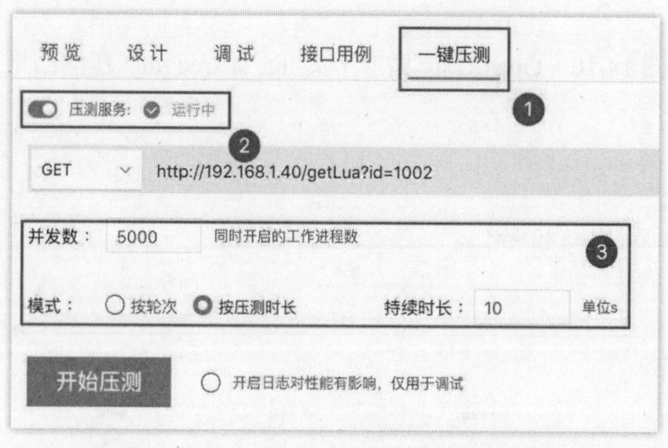

图 14-9　使用 ApiPost 配置一键压测场景

- 选择“一键压测”按钮，进入压测场景界面。
- 开启压测服务，此按钮为保护锁，防止误触压测按钮导致电脑卡顿。
- 配置压测场景，可以有以下两种模式。

➢ 按照压测时长：设定 10 秒，同时有 5000 个进程来持续并发请求，在 10 秒后观察压测结果。

➢ 按轮次：设定轮次，共有 5000 个并发进程来访问。

根据不同场景，“压测”后会显示相应的测试结果。

14.3.5 进行接口压测

在此笔者以“持续时长”的模式进行压测。由于本机电脑为 4 核 16G 的配置，并不是很高，而且也开着 4 个虚拟机、3 个后端服务以及其他应用，硬件资源比较吃紧，所以并发数以 100 为例进行压测。读者如果使用的电脑配置较高，则可以适当提升并发数进行测试。

分别对以下 3 种情况进行压力测试。

- 使用 OpenResty 共享字典 lua_shared_dict。
- 使用 OpenResty 结合分布式缓存 Redis。
- 直接转发请求到后端，不在 OpenResty 业务网关中进行缓存操作。

3 种情况的压力测试结果如图 14-10～图 14-12 所示。

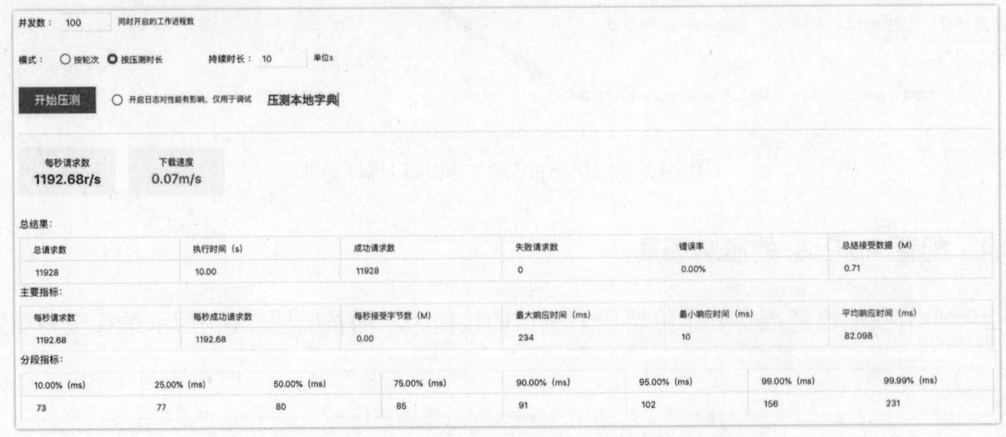

图 14-10 OpenResty 共享字典 lua_shared_dict 压测结果

并发数： 100 同时开启的工作进程数

模式： 按轮次 按压测时长 持续时长： 10 单位s

开始压测 开启日志对性能有影响，仅用于调试 压测网关结合Redis

每秒请求数 1070.25r/s　下载速度 0.09m/s

总结果：

总请求数	执行时间（s）	成功请求数	失败请求数	错误率	总结接受数据（M）
10704	10.00	10704	0	0.00%	0.87

主要指标：

每秒请求数	每秒成功请求数	每秒接受字节数（M）	最大响应时间（ms）	最小响应时间（ms）	平均响应时间（ms）
1070.25	1070.25	0.00	161	10	92.432

分段指标：

10.00%（ms）	25.00%（ms）	50.00%（ms）	75.00%（ms）	90.00%（ms）	95.00%（ms）	99.00%（ms）	99.99%（ms）
84	87	92	96	100	105	137	160

图 14-11 使用 OpenResty 结合分布式缓存 Redis 压测结果

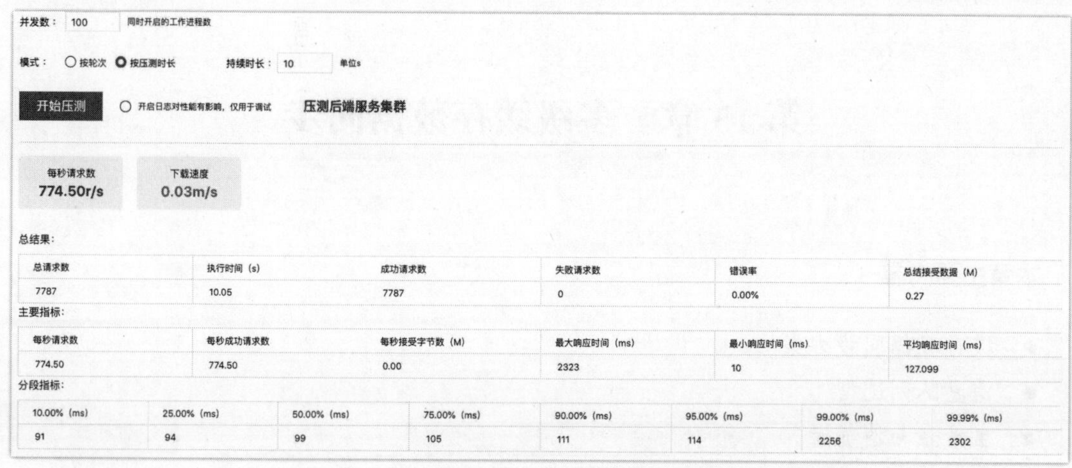

图 14-12　直接转发请求到后端集群压测结果

由图 14-10～图 14-12 可以综合得到表 14-1 所示的主要指标数据对比。

表 14-1　三种情况压测结果对比

指标	情况		
	本地共享字典	网关缓存 Redis	请求直接转发
每秒请求数/(r/s)	1192.68	1040.25	774.50
总请求数	11928	10704	7787
平均响应时间/ms	82.098	92.432	127.099
最大响应时间/ms	234	161	2323
最小响应时间/ms	10	10	10
错误率/%	0.00	0.00	0.00

可以看出，在使用共享字典和网关缓存 Redis 的时候，并发指标相差不大；而当直接使用后端集群服务的时候，并发就下降了很多，每秒请求数下降至 774 左右，总请求数少了 3000 多，并且平均响应时间也超过了 100ms。所以，当使用多级缓存架构的时候，整体系统平台的并发性能将有质的提升。

14.4　本章小结

本章结合 nginx 对请求进行反向代理至 OpenResty 集群，完成了请求在多级网关和多级缓存架构中的链路闭环。并且也结合了本地共享字典，可以让请求直接在网关处获得数据就返回，而不需要并发多次地请求 Redis，毕竟也会有网络的开销，如此可以发挥 OpenResty 更大的性能并提升并发指标。最终结合 ApiPost 进行了 3 种情况的性能压测，以此可以更直观地对比各种并发的指标数据。

第 15 章　多级缓存数据同步

本章主要内容

- 缓存数据同步方案
- 消息队列选型
- 生产者与消费者
- Docker 安装 RabbitMQ
- RabbitMQ 模型与原理
- SpringBoot 集成 RabbitMQ
- 消息监听与缓存同步

通过前面几章的学习，我们结合网关中间件 nginx、高性能 Web 平台 OpenResty，以及分布式缓存中间件 Redis 和本地缓存 Caffeine 实现了多级网关和多级缓存架构的闭环。但是，缓存中的数据同步无法得到保障，所以本章的主要目的就是学习数据库数据更改后对缓存数据一致性的落地与实现。

15.1　缓存数据同步方案

15.1.1　缓存与数据库不一致的出现场景

在多级缓存架构中，由于缓存在多处地方均有使用，所以一旦在数据库中对某数据进行了更改，那么缓存中数据的一致性就无法得到保障。如图 15-1 所示，当数据库被其他服务或项目中的某些请求所调用进行了写请求（可以是更新或者是删除操作，新增操作影响不大），那么数据表中的数据就会发生变动，但是数据库却无法通知 Caffeine 以及 Redis 进行数据的变更。如此一来，数据库的数据就是最新的，而图 15-1 中 ❶、❷、❸、❹ 处的缓存却是旧的数据，那么对于用户来说，请求到的数据永远都不会是最新的。对于这样的情况，可以称之为缓存与数据库不一致。

15.1.2　消息队列方案

为了解决缓存与数据库不一致的问题，可以借助分布式中间件来实现缓存与数据库的一致性同步，参考图 15-2 所示。

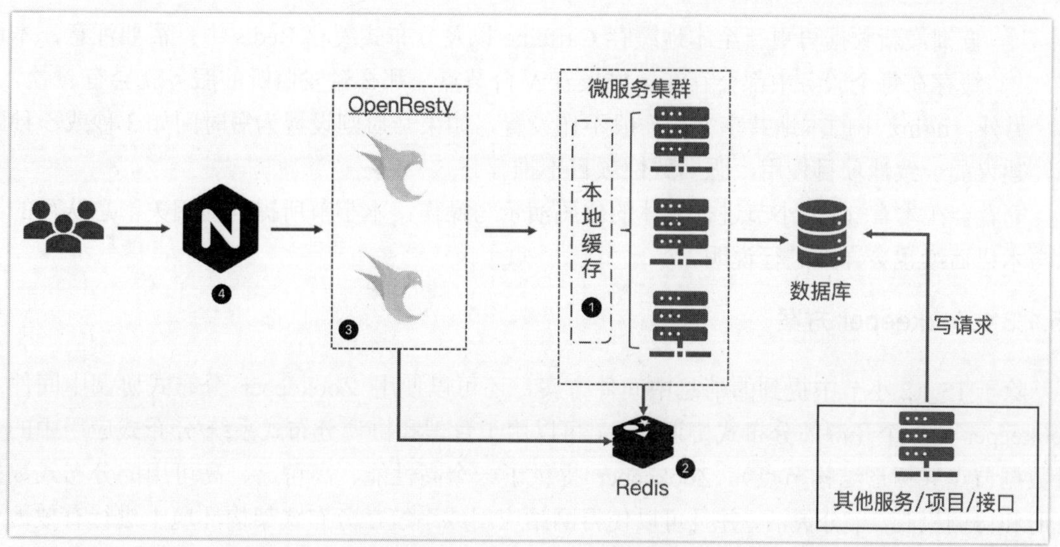

图 15-1　其他服务/项目/接口 api 向数据库发起的写请求示意

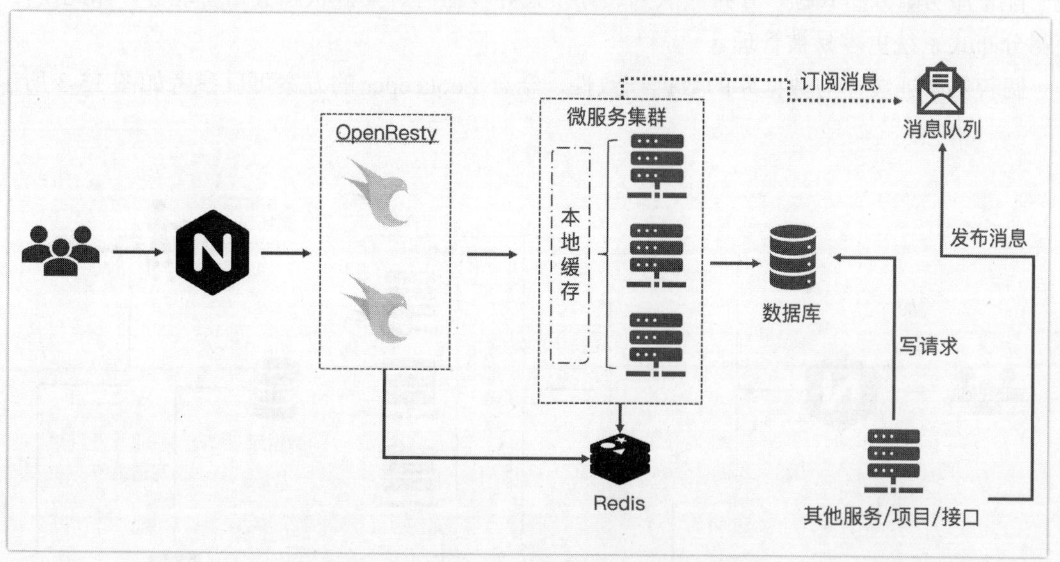

图 15-2　结合消息队列进行异步消息的同步

如图 15-2 所示，代码业务的流程如下。

- 首先，当数据表中的某条数据被更改（或者其他写操作类型）后，会发布一条消息到消息队列服务，这条消息可以是写请求的数据或者是对应数据表中的主键 id。
- 随后，消息队列会有一个服务客户端始终监听，当有消息发送到消息队列，那么监听方就会接收到该消息。
- 接下来，监听的服务会对接收到的消息进行类型判断，如果符合写请求操作的类型，则从消息队列中拿出消息中的数据，并且对其进行处理。
- 最后，如果消息中包含的是最新数据，则直接更新到本地缓存 Caffeine 以及分布式缓存 Redis，如此缓存将会达到一致。如果消息中包含的是主键 id，那么就从数据库中查询最新数据再更新至本地缓存 Caffeine 以及分布式缓存 Redis 中。需要注意，本地缓存在每个服务中都会存在，如果有 *N* 台节点，那么触发监听的服务就会有 *N* 次。

另外，nginx 中的本地共享字典一般不作设置，如果开启则设置为短时间如 3 秒或 5 秒即可，建议弱一致性项目使用，强一致性项目不推荐。

笔者会在本章 15.2 小节进行具体的代码演示与操作，本小节所提到的相关消息队列的概念与术语后续也会详细进行说明。

15.1.3 Zookeeper 方案

除了 15.1.2 小节中提到的消息中间件方案，还可以使用 Zookeeper 分布式协调中间件。Zookeeper 是一个开源的分布式协调服务，可以用于管理和协调分布式系统/分布式应用中的大量数据节点（树形结构节点）。Zookeeper 提供了一个高性能、高可靠、高可用的分布式数据注册和协调机制，十分灵活，并且可以使得网站应用或系统在分布式架构环境中进行有效地通信和交互。Zookeeper 的目的主要是解决分布式系统中存在的一致性问题，如统一命名服务、统一配置服务、分布式锁、分布式队列、分布式异步监听、集群状态会话管理等，如此便可以使得分布式系统更容易被管理。

倘若要保证缓存与数据库的数据一致性，结合 Zookeeper 的方案可以参考如图 15-3 所示。

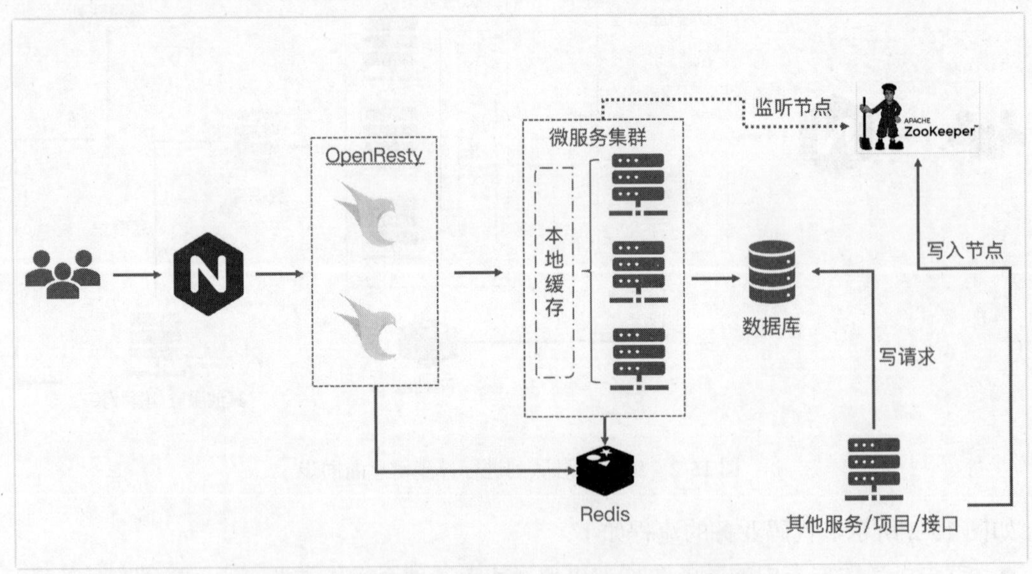

图 15-3　使用 Zookeeper 进行节点监听实现数据同步

如图 15-3 所示，代码业务的流程如下。

- 首先，系统内的各个服务都会向 Zookeeper 发起节点的监听，这个称之为 watcher 监听者，监听者的目的就是为了监听数据的变化，比如增、删、改这样的操作都能被监听并且回调。
- 随后，其他服务或者项目对数据库表某数据进行了更改操作，操作完毕后向监听的某个数据节点写入数据，该数据可以是数据库更改的最新数据或者该数据的主键 id。

- 紧接着，当数据写入 Zookeeper 节点后，监听者 watcher 就会监听到写入事件，如此便会触发回调函数。
- 最后，可以在回调函数中获得写入节点的数据内容，将获得的数据处理后再写入本地缓存 Caffeine 以及分布式缓存 Redis 即可。需要注意的是，客户端服务中的每个监听者 watcher 都会接收到回调函数，所以每个服务各自的本地缓存都会达到数据的最终一致性。

另外，Zookeeper 的写入节点操作类似于消息队列中的发布消息，监听节点类似于消息队列中的订阅消息。

15.1.4　Canal 方案

除了 15.1.2 小节与 15.1.3 小节的两个方案外，还可以使用阿里巴巴旗下的开源数据同步中间件 Canal 来进行数据同步操作。

Canal 的中文意思为水道/管道/沟渠，主要用于对基于 MySQL 数据库的增量日志进行解析，如此可以提供增量数据的订阅和消费服务，也就是可以通过对数据库 binlog 的订阅，来进行监听消费，获得针对表数据的增、删、改回调处理。

Canal 的工作原理与 MySQL 主从类似，其自身可以模拟 MySQL-slave 的交互协议，把自己伪装成 MySQL-slave，并且向 MySQL-master 发送 dump 协议。MySQL-master 收到 dump 请求后，开始推送 binlog 给 slave（此处为 Canal）节点。接下来，Canal 就可以获得并解析 binlog 映射的数据模型对象，最终结合自身业务处理并且同步到其他数据中间件中，如图 15-4 所示。

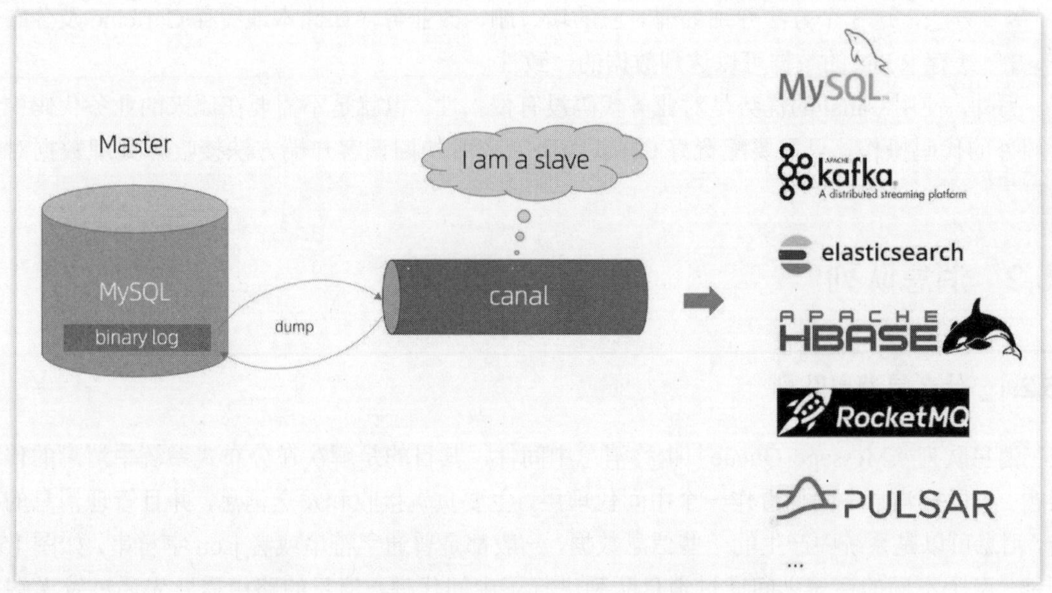

图 15-4　Canal 同步过程原理（引自 Canal 官方 github）

结合 Canal 后，保证缓存与数据库的数据一致性的过程可以参考图 15-5 所示。

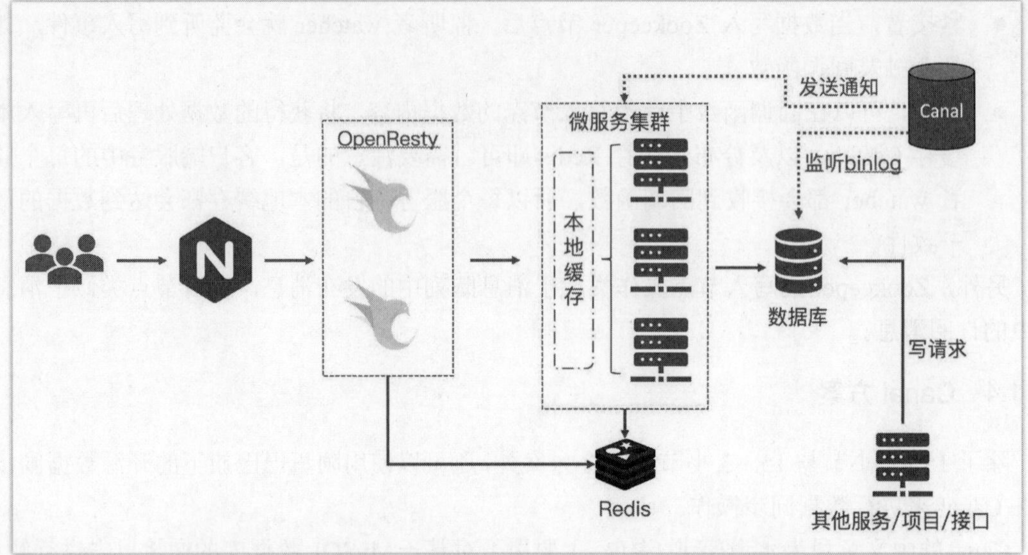

图 15-5　使用 Canal 中间件进行数据库 binlog 监听实现数据同步

如图 15-5 所示，代码业务的流程如下。

- 首先，配置好 Canal 对数据库的监听（可以针对某表也可以全库监听），当被监听的表数据发生变动，比如增、删、改这样的操作，都会有对应的 binlog 日志产生。
- 随后，由于 Canal 客户端与代码解耦，一旦 binlog 中对应的数据变动被监听到，那么回调函数就能接收到来自 Canal 的异步通知。
- 最终，在每个服务节点的异步回调通知中，都会包含数据对象的新增、修改以及删除方法，这 3 个方法分别处理对应的增、删、改业务，如此本地缓存 Caffeine 及分布式缓存 Redis 的数据可以达到数据的一致性。

另外，使用 Canal 的优势是对业务代码没有侵入性，也就是不需要在原来的业务代码中进行额外的代码操作，只需要配置好 Canal 监听及监听的回调客户端方法接收并处理数据对象即可。

15.2　消息队列

15.2.1　什么是消息队列

消息队列（Message Queue）也称消息中间件，其目的是解决在分布式系统中消息的传递问题。可以把消息中间件看作一个中间代理层，主要负责接收和发送消息，并且管理消息的存储。消息可以是系统中产生的一些信息数据，一般都是普通字符串或者 json 字符串，如图 15-6 所示。两个不同的系统之间通过消息队列进行了中间代理，消息的路由需要先通过发送端发起，经过消息队列，随后才会到达接收端进行处理。如此，两个系统之间的交互就由消息队列建立起了桥梁。

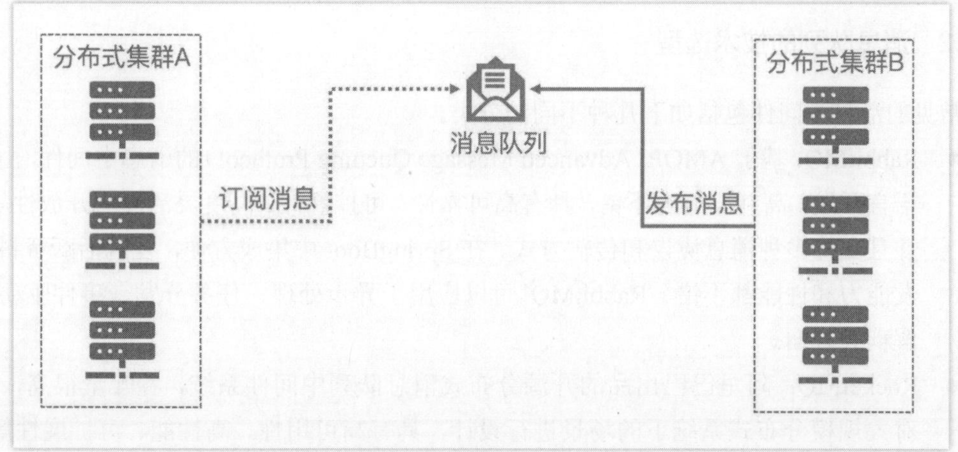

图 15-6　分布式系统之间借助消息队列进行消息传播

也许有读者会问：两个系统之间发一个 HTTP 的调用进行相互调用和通信不就可以了吗？其实不然，使用消息队列具有以下优势：

- 提高效率与性能：消息队列作为中间代理层，可以使得通信交互更快速，实现更高的并发，比普通的 HTTP 调用快得多，通信也更高效。
- 异步提升用户体验：消息队列是异步通信，在超高并发的场景（比如电商秒杀、12306 购票等）中，一个请求的链路会经过很多微服务或各个分布式子系统以及相关业务模块，使用消息队列，可以立即把响应返回告知给用户，待最终成功或失败的业务结果处理完毕即可，也就是不要让用户处于等待中，立马响应会提升用户的体验感。成功或失败的通知后续通过手机、邮箱或者 App 推送即可。
- 降低系统之间的耦合度：分布式系统之间的相互调用，无疑会造成彼此之间的依赖，如果一个系统宕机了，那么其他依赖的子系统就无法正常运作。但是结合消息队列后，各个系统就能通过消息队列来进行消息的获取，就无须依赖其他子系统了。如此一来，开发者对代码的维护也会更方便，维护成本也会降低。
- 并发流量控制：对于高并发的场景，除了异步处理外，消息队列还可以针对瞬时并发流量进行限制，消息队列自身会尽可能地处理更多的消息，但是一旦超过阈值就直接拒绝额外的流量请求了，如此，可以起到保护系统的作用。反观如果仅通过 HTTP 进行系统之间的交互，那么并发流量进来就可能直接导致系统崩溃。

所以，在分布式系统中使用消息队列无疑可以使得系统之间的通信更加高效便捷，也符合互联网高并发的各种场景要求。

为了更形象地理解消息队列，笔者在此举个例子：可以想象一下，大家去餐厅吃饭，顾客可能会有很多，而餐厅厨师人数是固定的，如果每个顾客点餐时都需要和厨师进行沟通，那么厨师的烹饪效率可能会比较低，此时顾客与厨师的耦合度比较高。如果这时候餐厅有服务员（消息队列）为顾客点餐，那么厨师与顾客就是彼此独立的个体，顾客只需要点餐（产生消息），服务员把餐单列表（消息）发给厨师进行烹饪（消息消费）即可。因此，顾客与厨师之间可以通过服务员进行解耦，双方也都是通过服务员（消费队列）来进行消息的传播与交互。

15.2.2 消息队列的技术选型

常见的消息中间件包括如下几种不同的分类。

- RabbitMQ：基于 AMQP（Advanced Message Queuing Protocol）的消息中间件，由 Erlang 语言开发，高并发能力不错，具有高可靠性、可扩展性、高度灵活性与开放性等特点，并且支持多种消息协议和传输方式。在 SpringBoot 中集成方便，社区活跃资料多。并发能力和性能都不错。RabbitMQ 可以应用于异步处理、任务分发、事件驱动、系统解耦等方面。
- RocketMQ：阿里巴巴出品的开源分布式消息队列中间件系统，吞吐量很高，主要针对大规模分布式系统下的场景进行设计，具有高可用性、高性能、可扩展性等特点。功能很全，扩展性也很好。RocketMQ 支持多种不同的消息协议和传输方式，如 JMS、MQTT、HTTP 等，此外还支持消息顺序、事务消息等特性。金融类项目优先推荐使用。
- Kafka：Apache 出品，是一种高吞吐量、分布式的消息队列系统。以日志为基础，支持高吞吐量、低延迟的数据传输，并且具有可靠性、可扩展性、高可用性等特点。在海量数据、高并发的场景下都可以使用，比如日志收集、数据处理、消息通信等。在大数据领域使用较多，吞吐量很大，可以与其他开源中间件结合共同使用，比如 Zookeeper、RocketMQ、Elasticsearch 等。Kafka 在数据查询、监控、安全等方面使用居多。
- ActiveMQ：早期使用很多，可用性高。目前维护偏少，高吞吐量的使用场景不多。

相比之下，Kafka 的性能是最好的，而且目前在很多项目中也都会使用，但是维护成本比较高，需要配合其他中间件或组件共同使用；RabbitMQ 的可靠性很高，而且集成与落地相当简单快捷，运维成本也比较低，有可视化的后台界面可以使用；RocketMQ 有付费版，上云集成推荐使用付费版。

综合来讲，中小型公司前期可以使用 RabbitMQ，以低成本和快速开发为首要目标，满足自身的业务场景即可，一旦业务扩大，可以考虑转型迁移为付费版的 RocketMQ。RocketMQ 由 Java 开发，可以进行二次重构来满足企业更复杂的业务；而 RabbitMQ 是由 Erlang 语言开发的，不容易进行二次重构。本章在消息队列实现的缓存数据一致性方案中会采用 RabbitMQ 来进行集成，如果读者对 Kafka 或 RocketMQ 很熟悉，也可以直接使用。

15.2.3 生产者与消费者

为了更好地理解消息队列中的相关概念与知识点，笔者在此先举一个例子，如图 15-7 所示。工厂制作鞋子，批发商从工厂进货，拿到货后再销售给用户。在这个过程中，工厂作为“生产者”，用于生产鞋子，提供给批发商进货并售卖；而批发商则是“消费者”，“消费”可以认为是处理，拿到鞋子后对鞋子进行各种处理操作，售卖、送人或者自己穿。

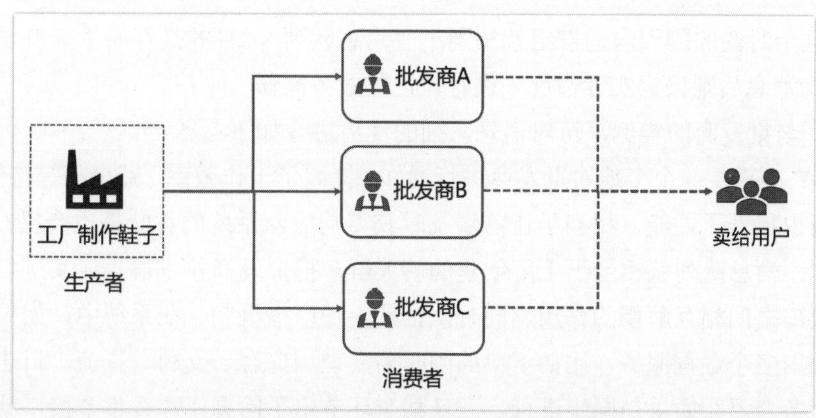

图 15-7　工厂制作鞋子给批发商进行销售

当然，整个过程会存在以下问题。

- 工厂生产完鞋子后，每次都要打电话通知批发商，且需要一个一个地通知，效率不高。批发商越多，那么工厂需要通知的也越多，耗时也更多，效率很低。
- 每次有新合作的批发商加入或者老的批发商电话变更，工厂则需要存入或者修改这些批发商的电话（新增/修改代码，耦合偏高）。

那么思考一下，能不能有更好的运作模式呢？

- 能不能让工厂只通知一次，然后让批发商看到通知后自己来进货呢？
- 工厂的业务越做越大，批发商也越来越多，这个时候工厂能不能只管发通知呢？批发商来不来进货就看各自的需求，要不要来进货都可以。

按照这样的新模式，工厂借助了互联网工具 QQ 或者微信这样的即时通信工具，准备优化进货渠道，提升工作效率，如图 15-8 所示。工厂创建了一个聊天群，用于发送通知。工厂作为“生产者”制作完鞋子后，此时不再需要一个个地打电话通知批发商了，只需要发消息到群组，通知大家来进货即可，批发商作为“消费者”接到通知后会根据自己的业务来自行决定是否前来进货。如此一来，工厂不需要轮番打电话了，从而提高了工作效率。如果有新的批发商，工厂也不需要添加电话到通讯录，只需要拉入群组即可。

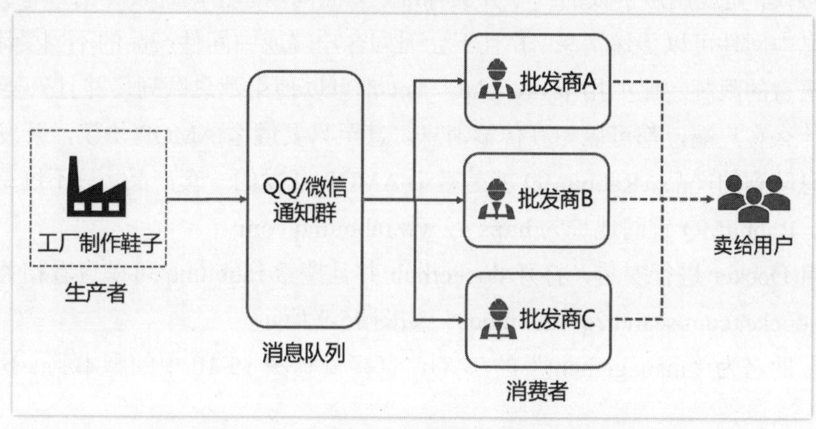

图 15-8　工厂借助聊天群发布进货通知

那么，这个时候的聊天沟通群组就相当于“消息队列”，目的是存储生产者发来的消息。消费者在收到消息后则根据实际情况来进行自己的业务操作。

基于工厂与批发商的实例，可对消息队列的优势进行如下总结。

- 异步：不需要一个个地对批发商进行通知，提高了工作效率，减少了等待的响应时间。从而也提升了性能，相当于让前端及时获得响应，系统的吞吐量也会提升很多。
- 解耦：消息队列就相当于工厂创建的聊天群，把批发商拉进群，让其进行监听，起到了接口之间相互解耦的作用。同时，也是一种广播机制。在系统中，如果一个接口需要调用多个远程服务，比如下单的同时需要调用库存、支付、物流、日志、积分等多个服务，那么如果是同步进行，一旦某个环节出了问题，那么整个接口就崩了，整个系统的容错性太低；如果使用消息队列解耦，那么某个环节出问题并不影响整体，大大降低了系统发生问题的风险。
- 削峰填谷：高并发场景中会出现的，假设工厂有100万双鞋子，需要快速清仓，现在所有批发商的清货能力只有5万双左右，而且也没有那么多钱进货。所以通过消息队列这个中介，工厂把鞋子都放入中介，批发商慢慢把鞋子卖出去以后再把后续的5万双鞋子逐步进货就行了。这就是瞬时高并发所遇到的情况，比如秒杀，服务器里Redis、数据库等处理能力不高，流量太大，那就直接把请求放入消息队列中，如此一来，后续的数据慢慢处理就行了。这也就和去餐厅吃饭在外面排队等位是一个道理。处理不来，就慢慢排队等着。

15.3 安装RabbitMQ

15.3.1 Docker安装RabbitMQ

RabbitMQ基于AMQP协议，Advanced Message Queuing Protocol（高级消息队列协议），是一个网络协议，是应用层协议的一个开放标准，为面向消息中间件设计的。基于这个协议的客户端和消息中间件可以传递消息，并且不会因为客户端或中间件产品的不同受限，也不会受到不同开发语言的限制。比如用java、php、.net都可以使用消息队列，并且只要支持AMQP协议，不论什么客户端，都可以相互传输消息。甚至只要遵循AMQP协议，开发者也能自由开发一套消息队列的产品。RabbitMQ就是基于AMQP开发的一套产品，只不过是基于Erlang语言开发的。RabbitMQ官网地址为https://www.rabbitmq.com/。

下面使用Docker进行安装，打开dockerhub并且搜索rabbitmq可以查看相关的镜像资源（https://hub.docker.com/search?q=rabbitmq），如图15-9所示。

找到对应的名为“management”的TAG，直接复制图15-10中的脚本到ssh命令行运行即可。

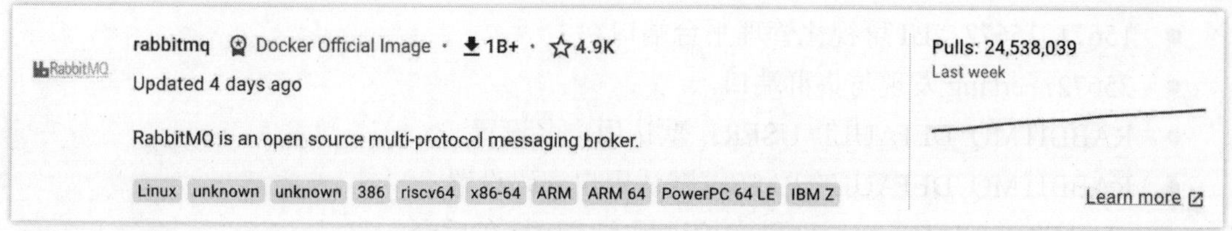

图 15-9　搜索的 rabbitmq 镜像资源

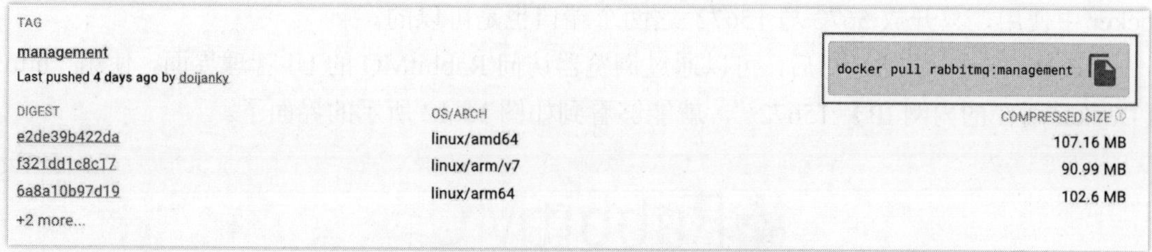

图 15-10　使用对应的 TAG 进行 pull

打开 ssh 命令行工具，运行如下 docker pull 命令。

```
> docker pull rabbitmq:management
```

下载镜像完毕后，通过“docker images”可以看到 rabbitmq 的镜像下载成功，如图 15-11 所示。

```
[root@centos7-basic ~]# docker images
REPOSITORY   TAG          IMAGE ID       CREATED         SIZE
redis        6.2.13       808c9871bf9d   2 months ago    127MB
mysql        8.0.33       91b53e2624b4   3 months ago    565MB
rabbitmq     management   6c3c2a225947   22 months ago   253MB
```

图 15-11　rabbitmq:management 镜像资源下载成功

接下来，运行如下“docker run”命令。

```
docker run --name rabbitmq \
-p 5671:5671 \
-p 5672:5672 \
-p 4369:4369 \
-p 15671:15671 \
-p 15672:15672 \
-p 25672:25672 \
--restart always \
-e RABBITMQ_DEFAULT_USER=itzixi \
-e RABBITMQ_DEFAULT_PASS=itzixi \
-d rabbitmq:management
```

以上参数配置的说明如下，其中端口偏多。

- 5671：AMQP 端口。
- 5672：AMQP 端口。
- 4369：用于发现服务。

- 15671, 15672：UI 可视化管理平台端口。
- 25672：erlang 发现与集群端口。
- RABBITMQ_DEFAULT_USER：默认用户名设置。
- RABBITMQ_DEFAULT_PASS：默认用户密码设置。
- -d rabbitmq:management：以守护进程方式运行在后台。

还有更多的端口开放说明详见 https://www.rabbitmq.com/networking.html，如果仅在本地 docker 中使用，只开放 5672 与 15672 这两个端口也是可以的。

“docker run”成功运行后，可以通过浏览器访问 RabbitMQ 的 UI 管理界面，使用“http://【Docker 所在的内网 IP】:15672/”，就能够看到如图 15-12 所示的界面了。

图 15-12　RabbitMQ 的 UI 管理默认界面

15.3.2　RabbitMQ 的可视化后台管理

上一小节我们已经成功在 Docker 中安装 RabbitMQ，使用设置的默认登录名和密码进入管理界面，进入后如图 15-13 所示。

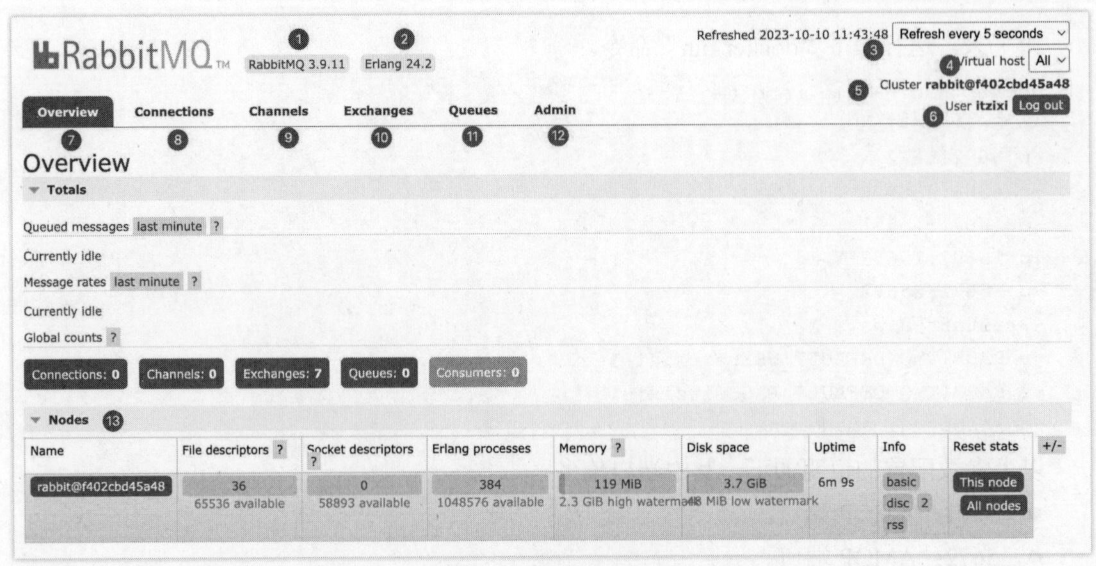

图 15-13　RabbitMQ 总览

图 15-13 中各标记的说明如下。

- ❶ 处：当前 RabbitMQ 的版本号。
- ❷ 处：当前 RabbitMQ 所使用的 Erlang 语言对应的版本号。
- ❸ 处：设置页面每隔多久刷新。
- ❹ 处：可以选择虚拟 host 节点，可在 Admin 中进行设置创建。
- ❺ 处：当前节点名称。
- ❻ 处：当前登录用户。
- ❼ 处：Overview，总览 tab 页面，包含很多相关信息。
- ❽ 处：Connections，查看所有连接。
- ❾ 处：Channels，查看所有通信管道。
- ❿ 处：Exchanges，查看所有的交换机，初始包含了默认的交换机列表。
- ⓫ 处：Queues，查看所有的消息队列列表。
- ⓬ 处：Admin，管理端的相关信息设置。
- ⓭ 处：集群节点列表，当前只有一个，与 ❺ 处保持一致。

为了更好地使用 RabbitMQ，建议创建一个新的用户供不同的项目使用，在 Admin 设置页中创建新用户，如图 15-14 所示。

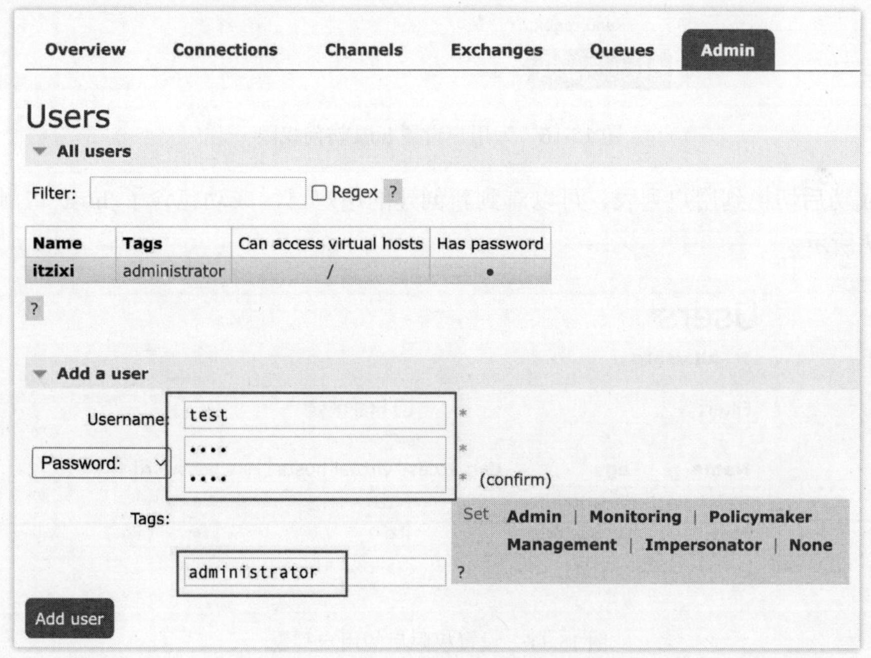

图 15-14　为 RabbitMQ 创建新用户

新用户创建好后，需要对其进行 host 设置，切换使用“Virtual Hosts”导航菜单，设置创建一个新的 host，取名任意，如图 15-15 所示。

创建完毕后，返回 Admin 的用户列表，进入 test 用户对其进行 host 权限访问设置，如图 15-16 所示。

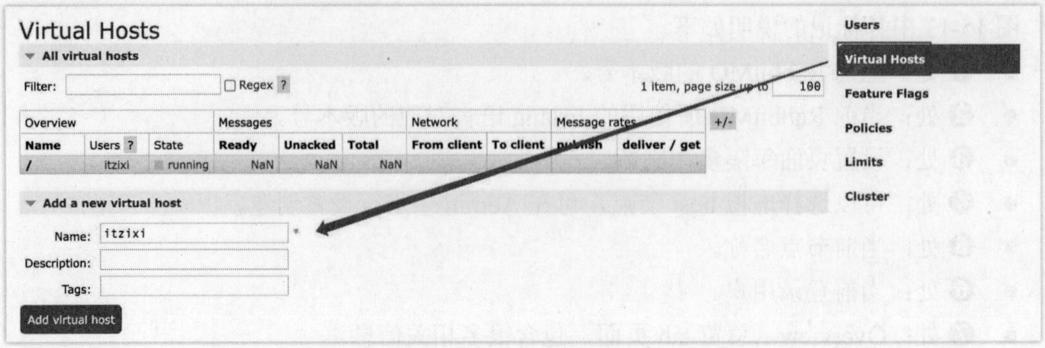

图 15-15　为 RabbitMQ 创建新的 Virtual Host

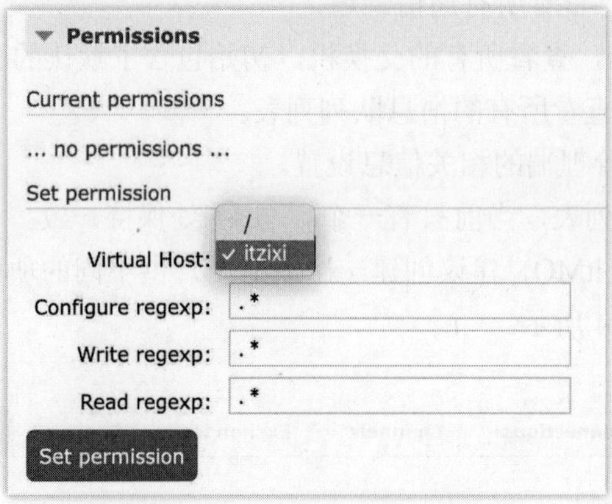

图 15-16　为用户设置 host 访问权限

设置成功后切换到用户列表，可以看到新创建的用户已经成功包含了 host 访问的权限，如图 15-17 所示。

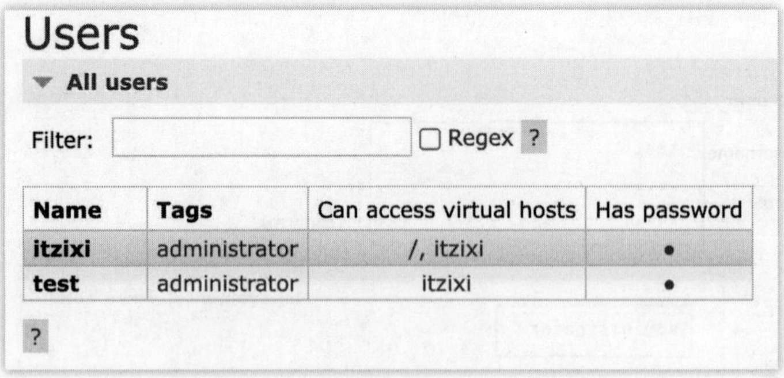

图 15-17　设置权限后的用户列表

15.3.3　RabbitMQ 的模型原理

如图 15-18 所示，笔者在此绘制了 RabbitMQ 的模型图，方便读者对 RabbitMQ 进行整体理解，后续在进行编码的时候，也能参照 RabbitMQ 的模型进行构建，可以更好地上手 RabbitMQ。

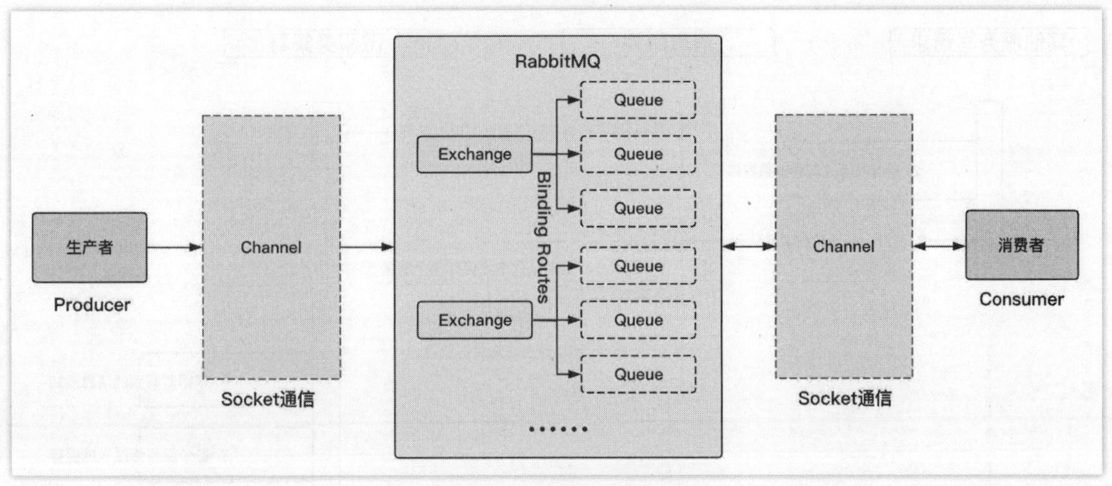

图 15-18　RabbitMQ 模型图

- RabbitMQ：消息队列服务中间件。
- 生产者 Producer：创建消息，发送到消息队列服务。
- 消费者 Consumer：监听消息，处理业务通知。
- Exchange：消息队列的交换机。Exchange 会按照一定的规则来转发消息到某个队列，类似 SpringBoot 中的 Controller 路由 Mapping 映射机制，如"/passport/getUserInfo"，起到分发网络请求的作用。
- Queue：队列，用于存储消息。相当于 Controller。可以被消费者监听，一旦有消息，会被消费者接收到。
- Binding Routes：交换机和队列的绑定关系，通过路由结合在一起。消息如何通过交换机发送到队列，是通过路由机制，类似于@RequestMapping，路由规则一旦匹配，那么就可以存储对应的消息，所以交换机和队列之间的关系使用"routing key"来进行绑定，一个交换机可以有多个队列。
- Channel：生产者、消费者与消息队列建立的通道。相当于 HttpSession 会话，一旦客户端与消息队列服务建立请求就会有 Channel。此处也可以理解为起到桥梁的作用，消息经过桥梁到达消息队列服务中的 Queue。Channel 的目的是管理每次请求到 RabbitMQ-Server 的连接 Connection，如此才能更好地节约资源的开支，提高客户端与服务端的通信效率。

15.4　缓存数据的一致性落地

15.4.1　缓存数据的同步过程

接下来就需要结合代码来实现缓存数据的一致性同步，如图 15-19 所示为该过程时序图。

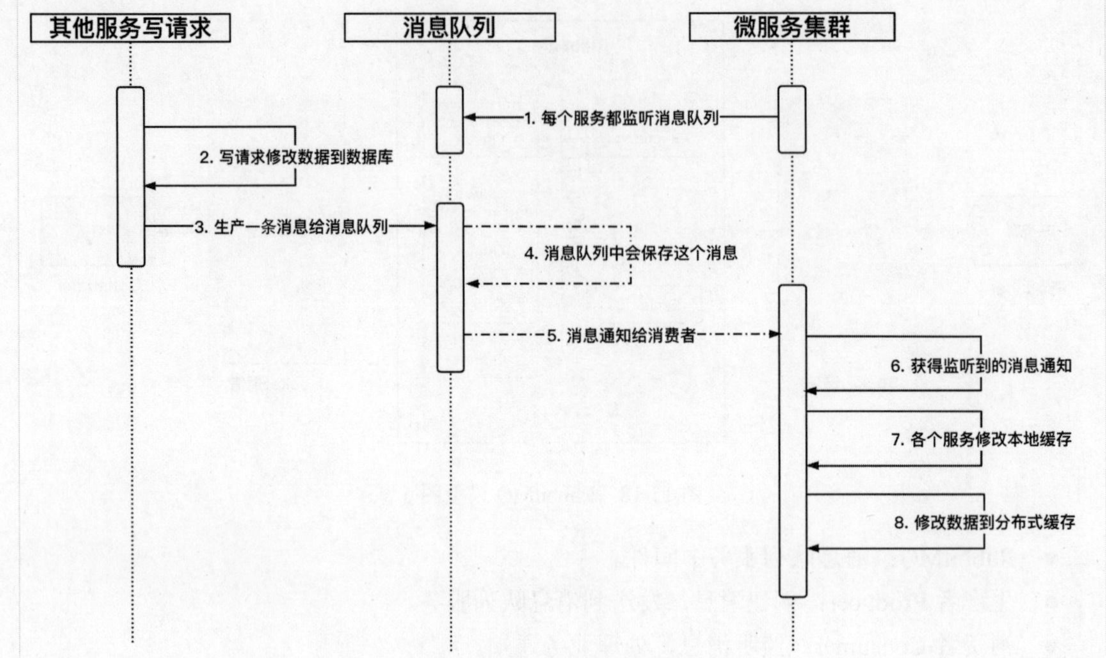

图 15-19　缓存数据同步过程时序图

缓存数据的同步过程如下。

- 第一步，每个需要修改本地缓存的服务（节点）都要监听消息队列，如果不监听，消息会发送在消息队列中，直到消费端的服务启动成功后进行监听才会获得异步通知并处理。
- 第二步，其他服务节点发起写请求修改数据到数据库，此时数据库的数据被变更，但是服务集群内的本地缓存 Caffeine 和分布式缓存 Redis 中的数据还是旧数据，目前处于数据不一致阶段。
- 第三步，修改完数据后，当前业务作为生产者，生产一条消息发送给消息队列。这一步就是告知消息队列当前业务处理了哪些数据，一般以 Json 字符串的形式发送即可。
- 第四步，消息队列接收到来自生产者的消息，会保存该消息。需要注意，这一步为虚线，并不需要开发者实现。
- 第五步，一旦消费者监听的队列符合监听规则（Routing Key），消息便会发送到消费者端。需要注意，这一步为虚线，并不需要开发者实现。
- 第六步，微服务集群中的多个消费者都会获得监听到的消息通知，该通知会进入监听的函数方法中，这个时候就可以获得消息数据进行业务处理了。
- 第七步，每个微服务中获得的变更数据，直接重写本地缓存 Caffeine 中的旧数据，对其进行覆盖即可，如此所有的本地缓存都会和数据库中的新数据保持一致。
- 第八步，每个微服务中获得的变更数据，也在 Redis 中进行重写覆盖，使其在分布式缓存中也达到一致性。

如此一来，经过异步通知的处理，数据最终达到一致性，称之为数据的“弱一致性”。

15.4.2　SpringBoot 集成 RabbitMQ

按照以下流程，可以一步一步集成并且使用 RabbitMQ。

首先，打开项目，在 pom.xml 中新增如下依赖，目的是加载 RabbitMQ 的坐标便于后续集成。

```
<!-- SpringBoot 整合 RabbitMQ 依赖 -->
<dependency>
    <groupId>org.springframework.boot</groupId>
    <artifactId>spring-boot-starter-amqp</artifactId>
</dependency>
```

随后，打开“application-dev.yml”文件，在 spring 节点下添加 RabbitMQ 的配置信息，整体配置的内容如下。

```
server:
port: ${port:8080}

spring:
    datasource:
        type: com.zaxxer.hikari.HikariDataSource
        driver-class-name: com.mysql.cj.jdbc.Driver
        url: jdbc:mysql://192.168.1.60:3306/my-shop?useUnicode=
              true&characterEncoding=UTF-8&autoReconnect=true
        username: root
        password: root
        hikari:
            connection-timeout: 30000
            minimum-idle: 5
            maximum-pool-size: 20
            auto-commit: true
            idle-timeout: 600000
            pool-name: DataSourceHikariCP
            max-lifetime: 18000000
            connection-test-query: SELECT 1
    redis:
        host: 192.168.1.60
        port: 6379
        database: 0
        password: 123456
    rabbitmq:
        host: 192.168.1.60
        port: 5672
        virtual-host: itzixi
        username: test
        password: test
```

上述配置中，“rabbitmq”为新增的节点配置，相关子项配置的释义如下。

- host：RabbitMQ 所在的节点，笔者目前所使用的 Docker，容器 IP 为 192.168.1.60。

- port: RabbitMQ 通信交互的端口，注意不要和网页 UI 控制端的混淆，网页端是 15672。
- username&password：通过 RabbitMQ 中的 admin 所配置的用户与密码，不建议直接使用默认用户，有安全风险。
- virtual-host：当前登录用户所被授权的虚拟主机。

最后，启动项目，观察控制台有无报错信息，如果启动没有异常信息表示当前 RabbitMQ 与项目集成成功。

15.4.3 配置交换机与队列

进行 RabbitMQ 相关代码编写的时候，可以参照图 15-18 的 RabbitMQ 模型图，先进行队列和交换机的设置与绑定，这是前置配置，是作为消息发送和消费的基础项。

打开项目，创建一个专门为消息队列进行编码的 package，该 package 的命名可以随意，只要能够被 SpringBoot 容器扫描到即可，如图 15-20 所示。

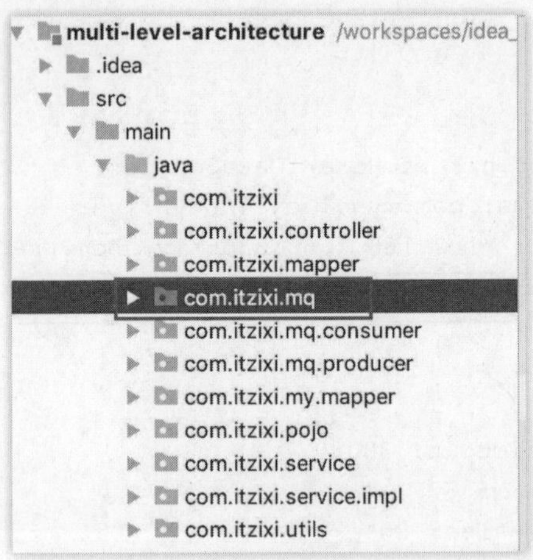

图 15-20 创建消息队列的 package

创建好 package 后，在该 package 中创建 RabbitMQ 的配置类，并取名为"RabbitMQConfig.java"，目的是定义基本的交换机与队列参数以及绑定关系，相关代码片段如下。

```
/**
 * RabbitMQ 的配置类
 */ @Configuration
public class RabbitMQConfig {

    // 定义交换机的名称
    public static final String EXCHANGE_SYNC_CACHE = "exchange_sync_cache";

    // 定义队列的名称
    public static final String QUEUE_SYNC_CACHE = "queue_sync_cache";

    // 统一定义路由 key
```

```
    public static final String ROUTING_KEY_SYNC_CACHE_INSERT = "sync.cache.insert";
    public static final String ROUTING_KEY_SYNC_CACHE_MODIFY = "sync.cache.modify";
    public static final String ROUTING_KEY_SYNC_CACHE_DELETE = "sync.cache.delete";

    /**
     * 创建交换机
     * @return
     */
    @Bean(EXCHANGE_SYNC_CACHE)
    public Exchange exchange() {
        return ExchangeBuilder
                .fanoutExchange(EXCHANGE_SYNC_CACHE)
                .durable(true)
                .build();
    }

    /**
     * 创建队列
     * @return
     */
    @Bean(QUEUE_SYNC_CACHE)
    public Queue queue() {
        return QueueBuilder
                .durable(QUEUE_SYNC_CACHE)
                .build();
    }

    /**
     * 创建交换机与队列的绑定关系
     * @param exchange
     *
     * @param queue
     * @return
     */
    @Bean
    public Binding bindingRelationship(@Qualifier(EXCHANGE_SYNC_CACHE) Exchange
                exchange, @Qualifier(QUEUE_SYNC_CACHE) Queue queue) {
        return BindingBuilder
                .bind(queue)
                .to(exchange)
                .with("sync.cache.*")
                .noargs();
    }
}
```

上述片段，主要分为以下 4 个层次。

- 定义常量参数：主要为交换机与队列的名称，以及统一的路由 Key。路由 Key 是为了寻址，与 Controller 中的@RequestMapping 意义相同。此处定义了 3 种，分别为新增、修改以及删除，可以为后续的写操作进行服务。

- 创建交换机：定义一个可以持久化的（durable）交换机，交换机名为常量“EXCHANGE_SYNC_CACHE”对应的值。该交换机的类型为“fanout”，广播机制，也称发布订阅模式，交换机中的队列都可以收到消息，收到消息后可以根据不同的路由 Key 判断进行哪个写操作类型的业务。
- 创建队列：定义一个可以持久化的（durable）队列，队列名为常量“QUEUE_SYNC_CACHE”对应的值。
- 创建交换机与队列的绑定关系：建立交换机与队列的绑定关系，它们之间所采用的路由匹配模式为“sync.cache.*”，星号占位符代表可以被任意的英文替代，满足前缀“sync.cache”即可发消息并被消费者监听处理。占位符用于体现交换机和队列的一对多绑定关系，如果是一对一的关系，那么写死一个固定常量即可，如“sync.cache.do”，如此一来，消费者就是只针对某一个特定业务进行处理了。

需要注意，千万不要忘记“@Configuration”注解，该配置类需要被 SpringBoot 容器扫描到。

15.4.4 构建生产者——发送消息

编写完“RabbitMQConfig.java”配置类后，下面编写生产者来发送消息。打开“ItemCategoryController.java”，先注入“RabbitTemplate”模板类，目的是使用并调用 RabbitMQ 的消息发送 api，代码如下。

```
@Autowired
private RabbitTemplate rabbitTemplate;
```

随后，找到任意一个写操作，笔者此处以更新操作为例，修改更新操作的代码如下。

```
@PutMapping("update")
public String updateItemCategory(Integer id, String categoryName) throws Exception {

    // 1. 先更新数据库
    itemCategoryService.updateItemCategory(id, categoryName);

    // 2. 后发异步消息队列，让消费者做缓存数据的一致性处理操作
    rabbitTemplate.convertAndSend(RabbitMQConfig.EXCHANGE_SYNC_CACHE,
                    RabbitMQConfig.ROUTING_KEY_SYNC_CACHE_MODIFY,
                    String.valueOf(id));

    return "修改成功！";
}
```

上述代码片段中，“rabbitTemplate.convertAndSend”为 RabbitMQ 发送消息的方法，包含 3 个参数，意义如下。

- 第一个参数：交换机名称。
- 第二个参数：匹配给哪一个路由 Key，后续会让消费者进行判断是哪一种操作类型。
- 第三个参数：消息数据，此处使用字符串进行传输，复杂业务也可传入 Json。

写完配置类后，重启项目，并且访问当前的 update 接口，可以看到控制台有如下输出。

```
Attempting to connect to: [192.168.1.60:5672]
Created new connection: rabbitConnectionFactory#7ea2412c:0/
    SimpleConnection@50ba5982 [delegate=amqp://test@192.168.1.60:5672/
```

上述控制台日志输出的释义如下。

- 尝试连接到 RabbitMQ 的节点，也就是 192.168.1.60:5672。
- 连接成功后，会创建一个新的连接，名为“rabbitConnectionFactory# 7ea2412c:0”，本地端口为“59558”。

然后，再打开 RabbitMQ 的 UI 管理界面，可以看到“Connections”标签页如图 15-21 所示，图中包含了一个新的连接，连接名与控制台的输出是一致的。

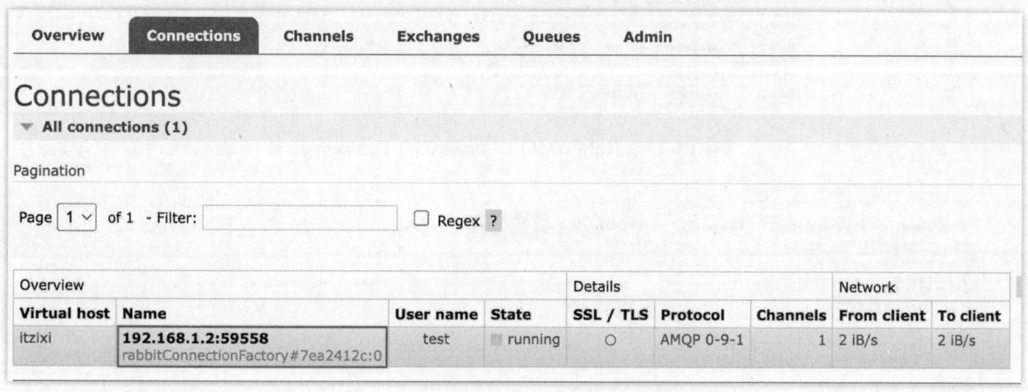

图 15-21　RabbitMQ 中新建立的 Connection

再打开“Channels”标签页，此时可以看到，也多了一个 Channel，正是生产端发的消息所建立的通信管道，如图 15-22 所示。

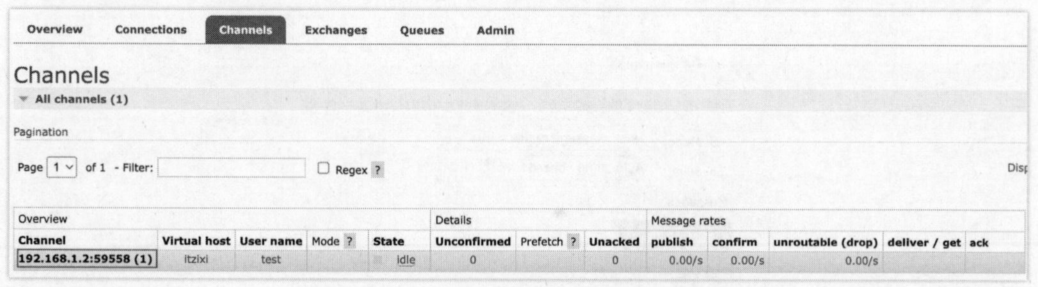

图 15-22　RabbitMQ 中新建立的 Channel

还可以再打开“Exchanges”标签页，也可以看到，新增加了一个名为“exchange_sync_cache”的交换机，这与项目代码里所写的保持一致，如图 15-23 所示。

此外，还有与交换机绑定的队列，也可以在“Queues”标签页中看到，如图 15-24 所示。

而且对于发送的消息，可以点击队列 Queue 的名称，进入内部进行获取，如图 15-25 所示，就是通过 UI 界面端获得到的消息内容，Payload 作为数据的载体可以用于显示。

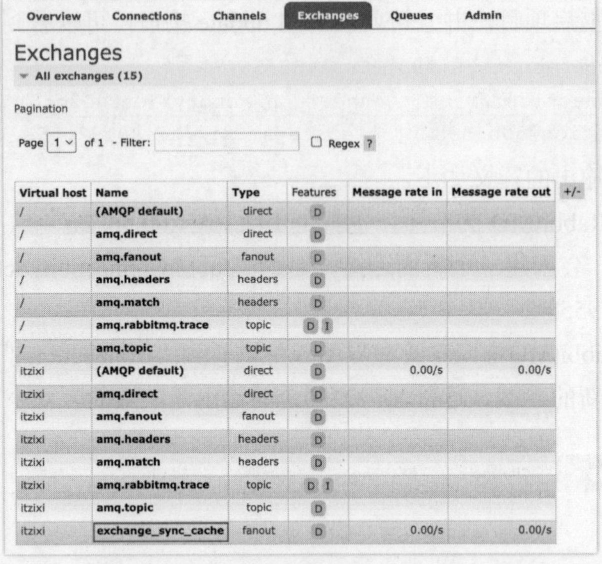

Virtual host	Name	Type	Features	Message rate in	Message rate out
/	(AMQP default)	direct	D		
/	amq.direct	direct	D		
/	amq.fanout	fanout	D		
/	amq.headers	headers	D		
/	amq.match	headers	D		
/	amq.rabbitmq.trace	topic	D I		
/	amq.topic	topic	D		
itzixi	(AMQP default)	direct	D	0.00/s	0.00/s
itzixi	amq.direct	direct	D		
itzixi	amq.fanout	fanout	D		
itzixi	amq.headers	headers	D		
itzixi	amq.match	headers	D		
itzixi	amq.rabbitmq.trace	topic	D I		
itzixi	amq.topic	topic	D		
itzixi	exchange_sync_cache	fanout	D	0.00/s	0.00/s

图 15-23　RabbitMQ 中新建立的 Exchange

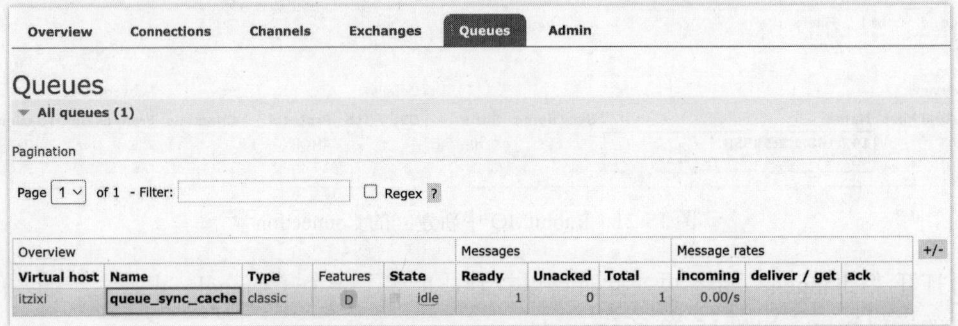

Overview					Messages			Message rates		
Virtual host	Name	Type	Features	State	Ready	Unacked	Total	incoming	deliver / get	ack
itzixi	queue_sync_cache	classic	D	idle	1	0	1	0.00/s		

图 15-24　RabbitMQ 中新建立的 Queue

Get messages

Warning: getting messages from a queue is a destructive action. ?

Ack Mode: Nack message requeue true

Encoding: Auto string / base64 ?

Messages: 1

Get Message(s)

Message 1

The server reported 0 messages remaining.

Exchange	exchange_sync_cache
Routing Key	sync.cache.modify
Redelivered	○
Properties	priority: 0 delivery_mode: 2 headers: content_encoding: UTF-8 content_type: text/plain
Payload 4 bytes Encoding: string	1001

图 15-25　进入队列内部所查看到的消息

需要注意，消息保存在队列中，如果消费者没有启动监听或不存在，那么消息依然存在于队列中。

15.4.5　构建消费者——监听队列

编写完“RabbitMQConfig.java”中的生产者代码后，接下来还需要编写消费者代码，消费者存在于集群中的各个节点，创建一个名为“RabbitMQConsumer.java”类，其代码如下。

```
@Component
public class RabbitMQConsumer {

    @RabbitListener(queues = {RabbitMQConfig.QUEUE_SYNC_CACHE})
    public void watchQueue(Message message, Channel channel) throws Exception {

        String routingKey = message.getMessageProperties()
                .getReceivedRoutingKey();
        System.out.println("routingKey = " + routingKey);

        String msg = new String(message.getBody());
        System.out.println("msg = " + msg);

        if (StringUtils.isBlank(msg)) {
            return;
        }
    }
}
```

上述代码主要用于对消息队列进行监听和消费，注意不要忘记“@Component”注解，该配置类需要被 SpringBoot 容器扫描到。整段代码的释义如下。

- 定义@RabbitListener 注解：用于对队列的监听。
- watchQueue 回调函数：一旦监听到队列有消息，则会进入该方法。
  - 参数 Message：获得的消息内容。
  - 参数 Channel：通信管道。
- 方法内部通过 Message 可以获得当前的路由 Key 以及消息内容，并且打印。

再次重启项目，并且不做任何操作，观察控制台的输出，其中一个控制台有如下打印。

```
routingKey = sync.cache.modify
msg = 1001
```

很明显，该日志由监听到的回调方法所打印，说明当前的消息监听成功并且被消费了。

15.4.6　多节点对同一消息的监听处理

虽然我们已经实现了消息队列的监听并且消费，但是，细心的读者应该会发现，目前有两个节点，却只有一个节点的控制台做了输出打印，而另一个却没有。这是因为，目前两个服务节点共用同一个队列名，也就是在“RabbitMQConfig.java”中定义的“QUEUE_ SYNC_CACHE = "queue_sync_cache";”。多个节点共用一个队列名，那么消息会在它们之间负载均衡，也就是每个节点轮着消费消息。

如果要实现每个节点同时监听并且消费消息，那么则需要对每个节点定义不同的队列名称，步骤如下。

第一步，修改“RabbitMQConfig.java”中的队列名为 8080，如下所示。

```
// 定义队列的名称
public static final String QUEUE_SYNC_CACHE = "queue_sync_cache_8080";
```

第二步，单独重启 8080 节点服务。

第三步，再次修改队列名为 8090，如下所示。

```
// 定义队列的名称
public static final String QUEUE_SYNC_CACHE = "queue_sync_cache_8090";
```

第四步，单独重启 8090 节点服务。

最后进行测试，再次请求 update 接口，可以看到两个控制台同时打印了监听到的消息数据，如图 15-26 所示。说明当前的监听已经生效，可以让消费者进行自定义业务的处理。

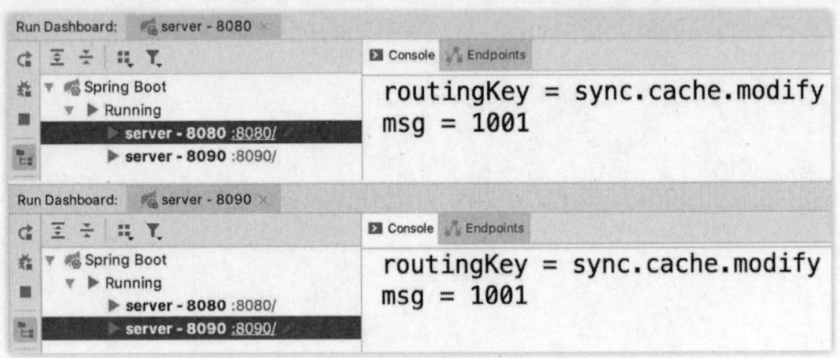

图 15-26　多节点同时监听消息并且消费

15.4.7　完成并测试缓存数据的同步

目前，我们已经实现了多节点的消息监听，那么接下来就可以完善监听的消费方法，使其在监听到消息后，对消息进行处理，也就是把数据同步到各自服务的本地缓存 Caffeine 以及分布式缓存 Redis 中。

修改“RabbitMQConsumer.java”的代码，参考如下。

```
@Component
public class RabbitMQConsumer {

    @Autowired
    private ItemCategoryService itemCategoryService;

    @Resource
    private Cache<String, ItemCategory> cache;

    @Autowired
    private RedisOperator redisOperator;
```

```
@RabbitListener(queues = {RabbitMQConfig.QUEUE_SYNC_CACHE})
public void watchQueue(Message message, Channel channel) throws Exception {

    String routingKey = message.getMessageProperties()
                        .getReceivedRoutingKey();
    System.out.println("routingKey = " + routingKey);

    String msg = new String(message.getBody());
    System.out.println("msg = " + msg);

    if (StringUtils.isBlank(msg)) {
        return;
    }

    String itemCategoryId = msg;
    ItemCategory itemCategoryPending = itemCategoryService
                .queryItemCategoryById(Integer.valueOf(itemCategoryId));

     String itemCategoryKey = "itemCategory:" + itemCategoryId;
    if (routingKey.equalsIgnoreCase(RabbitMQConfig
                .ROUTING_KEY_SYNC_CACHE_INSERT)) {
        System.out.println("此处执行数据新增操作的业务处理");

        // 覆盖本地缓存 Caffeine 中的旧数据
        cache.put(itemCategoryKey, itemCategoryPending);

        // 覆盖分布式缓存 Redis 中的旧数据
        redisOperator.set(itemCategoryKey, JsonUtils
                .objectToJson(itemCategoryPending));

    } else if (routingKey.equalsIgnoreCase(RabbitMQConfig
                        .ROUTING_KEY_SYNC_CACHE_MODIFY)) {
        System.out.println("此处执行数据修改操作的业务处理");

        // 覆盖本地缓存 Caffeine 中的旧数据
        cache.put(itemCategoryKey, itemCategoryPending);

        // 覆盖分布式缓存 Redis 中的旧数据
        redisOperator.set(itemCategoryKey, JsonUtils
                .objectToJson(itemCategoryPending));

    } else if (routingKey.equalsIgnoreCase(RabbitMQConfig
                        .ROUTING_KEY_SYNC_CACHE_DELETE)) {
        System.out.println("此处执行数据删除操作的业务处理");

        // 删除本地缓存 Caffeine 中的旧数据
        cache.invalidate(itemCategoryKey);
```

```
                // 删除分布式缓存 Redis 中的旧数据
                redisOperator.del(itemCategoryKey);
            }
        }
    }
```

上述代码主要新增了以下两个部分。

- 一是增加了注入的内容，如下所示。
  - ItemCategoryService：用于从数据库中查询最新的数据。
  - Cache：用于处理同步本地缓存。
  - RedisOperator：用于处理同步分布式缓存。
- 二是新增对业务的处理，也就是“if-else”的判断代码块。
  - 新增数据操作：把新增的数据同步到本地缓存 Caffeine 与分布式缓存 Redis 中。
  - 修改数据操作：把修改的新数据同步到本地缓存 Caffeine 与分布式缓存 Redis 中。
  - 删除数据操作：把删除的数据从本地缓存 Caffeine 与分布式缓存 Redis 中各自删除。

为了方便测试，在“ItemCategoryController.java”中新增如下代码，该代码仅用于查询各个服务节点的本地缓存数据。

```
@GetMapping("getAfterConsumer")
public Object getAfterConsumer(Integer id) {
    String itemCategoryKey = "itemCategory:" + id;
    return cache.getIfPresent(itemCategoryKey);
}
```

接下来，修改队列端口并各自单独重启服务。访问“getAfterConsumer”接口，访问结果如图 15-27 所示。

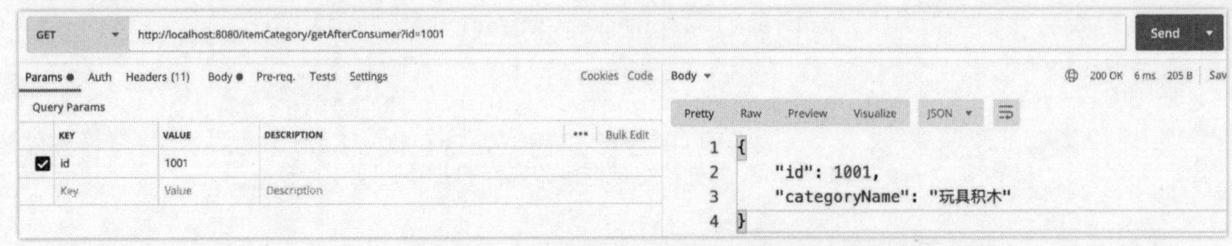

图 15-27　测试在本地缓存中的数据

从图 15-27 中可以看到，本地缓存中的数据为 1001 所对应的“玩具积木”，然后调用“update”接口，对其进行修改。调用结果如图 15-28 所示，调用成功。

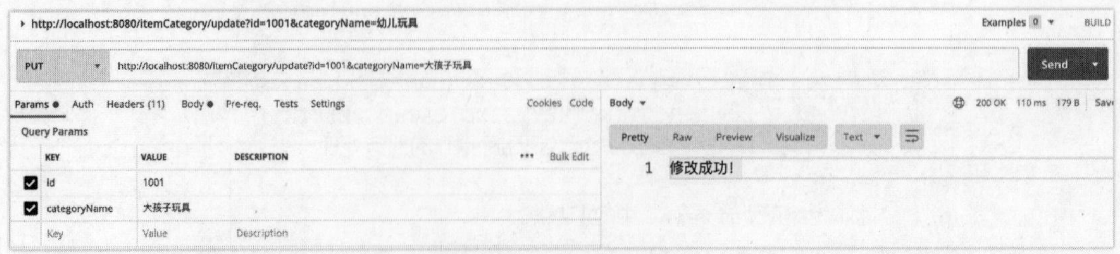

图 15-28　调用修改接口

再次调用“getAfterConsumer”接口，访问结果如图 15-29 所示。

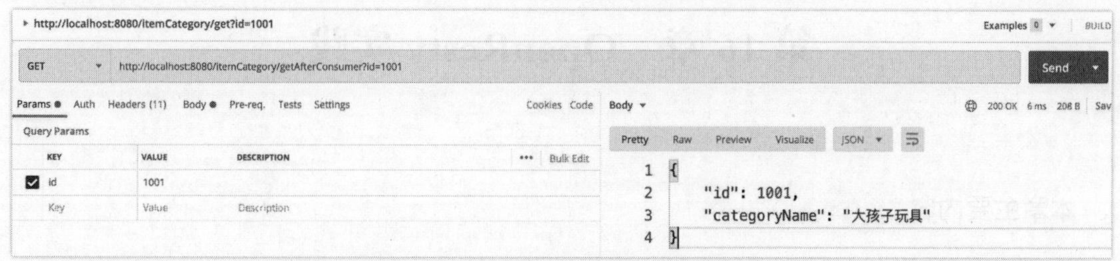

图 15-29　本地缓存中的最新数据

可以看到，本地缓存中的数据已同步为最新数据。

最后，打开 Redis Desktop Manager 观察对应的数据，如图 15-30 所示，也已经修改为最新数据。

图 15-30　Redis 中的最新数据

至此，使用 RabbitMQ 消息队列进行数据同步的操作完成。

15.5　本章小结

本章主要针对缓存数据同步方案进行了学习，整体围绕 RabbitMQ 消息队列的方案来处理缓存数据的同步。此外，也学习了 RabbitMQ 的模型，构建了生产者与消费者，通过配置类进行交换机与队列的定义和绑定，最终可以通过消费端进行监听并且处理业务。

当然，Zookeeper 与 Canal 方案也可以做数据同步，本章仅做了简单介绍，读者知道其原理即可，在面试的时候也有概率会被会问到。相对而言，MQ 比较通用，企业里使用也较多。

第 16 章　OpenResty 实践

本章主要内容

- 请求频率防刷控制
- 网关黑名单
- OpenResty 集成 MySQL

前面几章，我们已经使用了高性能的 Web 平台 OpenResty，OpenResty 的功能有很多，本章在此进行额外拓展，将会学习直接在网关层控制用户的流量请求，限制用户请求的频率，并且也可以直接在网关层对数据库 MySQL 进行调用。

16.1　用户请求频率限制与黑名单

16.1.1　网关限流需求说明

在某些互联网业务场景中，需要对用户的请求进行限制。如果用户频繁对某个接口进行访问，或者恶意发起高并发访问，一个 IP 就造成上万甚至上百万的请求，那么对系统平台来说，一定会影响整体的性能，从而导致正常业务无法进行。这样的情况需要尽量规避，为了实现这样的功能，可以结合 OpenResty 在网关对用户请求进行处理。

那么，现在提出“网关黑名单”这样的需求，对用户请求的 IP 做一定的限制，需求如下。

- 判断用户请求的 IP 在 20 秒内连续请求的次数是否超过 5 次。
- 如果超过 5 次，则限制访问 30 秒。
- 等待 30 秒静默以后，才能够收复访问。

上述需求中的时间和次数，是为了测试方便而进行的定义，实际情况可以按需修改。所以，这个业务中会涉及 3 个变量，如下所示。

- IP 连续请求的次数：用户请求达到一定次数，则开启限制用户请求。
- IP 判断的时间间隔：特定时间间隔内用户连续访问次数超过限定次数，则限制用户。
- 限制用户 IP 的时间：把用户 IP 设置为黑名单的时间，该时间段内，用户无法正常访问。

16.1.2　封装请求拦截函数

提出需求后，则可以在业务网关 OpenResty 中开始进行代码的编写。

第一步，在“/usr/local/openresty/lualib”路径下创建一个名为“ipLimitUtils.lua”的空文件，该文件的目的是对请求的限制方法进行封装，其中会包含一个函数，如图 16-1 所示。

```
[root@centos7-basic lualib]# pwd
/usr/local/openresty/lualib
[root@centos7-basic lualib]# ll
总用量 76
-rwxr-xr-x. 1 root root 37384 7月   18 12:38 cjson.so
-rw-r--r--. 1 root root  1068 9月   20 10:46 http.lua
-rw-r--r--. 1 root root  3468 10月  16 10:31 ipLimitUtils.lua
-rwxr-xr-x. 1 root root 14192 7月   18 12:38 librestysignal.so
drwxr-xr-x. 3 root root   205 9月   13 13:24 ngx
drwxr-xr-x. 2 root root    23 9月   13 13:24 redis
-rw-r--r--. 1 root root  3262 9月   26 12:10 redisUtils.lua
drwxr-xr-x. 8 root root  4096 9月   13 13:24 resty
-rw-r--r--. 1 root root  1409 7月   18 12:38 tablepool.lua
```

图 16-1　创建 ipLimitUtils.lua 空文件

第二步，在“ipLimitUtils.lua”文件中编写如下代码。

```
-- 网关黑名单功能需求：
-- 判断用户请求的 ip 在 20 秒内连续请求的次数是否超过 5 次
-- 如果超过，则限制访问 30 秒
-- 等待 30 秒静默以后，才能够恢复访问

-- ip 连续请求的次数
continueCounts = 5;
-- ip 判断的时间间隔，单位：秒
timeInterval = 20;
-- 限制用户 ip 的时间，单位：秒
limitTimes = 30;

-- 定义 Redis 服务所在的 IP 与端口号
redis_ip = "192.168.1.60";
redis_port = 6379;

-- 定义 IP 请求限制的函数
local function ip_limiter_display(ip)
   -- 导入 redis
   local redis = require "resty.redis";
   -- 声明 redis
   local red = redis:new();

   -- 超时时间，单位：毫秒
   -- 1. 建立连接的超时时间
   -- 2. 发送请求的超时时间
   -- 3. 数据响应的超时时间
   red:set_timeouts(1000, 1000, 1000);
   -- 建立与 Redis 的连接
   local ok, err = red:connect(redis_ip, redis_port)
   if not ok then
      ngx.say("failed to connect: ", err)
       return false;
   end
```

```
-- 登录授权
local res, err = red:auth("123456")
if not res then
   ngx.say("failed to authenticate: ", err)
    return false;
end

-- 定义正常的可以访问的 ip
local ipOkKey = "gateway-ip:ok:" .. ip;
-- 定义被拦截的黑名单 ip，如果该 key 对应的数据存在，则表示当前正被拦截中
local ipBlackKey = "gateway-ip:black:" .. ip;

-- 获得当前黑名单 ip 的缓存数据，查询还剩余的拦截时间，单位：秒
local blockTTL = red:ttl(ipBlackKey);
-- -2: key 不存在或已过期; -1: 永久
-- ngx.say("blockTTL: ", blockTTL)
if blockTTL > 0 then
   -- 剩余时间大于 0，说明当前 ip 不可以继续访问，直接拦截
   -- ngx.say("请求过于频繁，请稍后重试！")
   return false;
end
-- 判断如果 <= 0，说明当前用户的请求 ip 可以访问业务

-- 在 Redis 中累加当前正常 ip 访问的次数，并且获得累加次数
local requestCounts = red:incr(ipOkKey);
ngx.say("requestCounts: ", requestCounts);
-- 如果该用户是第 1 次进来，则初期访问就是 1，并且在此设置访问的间隔时间，也就是连续请求的间
隔时间
if (requestCounts == 1) then
   -- ngx.say("第 1 次进来");
   -- 初次请求设置间隔，作为一个时间区间进行统计
   red:expire(ipOkKey, timeInterval);
end

-- 如果还能取得请求的次数，说明用户的连续请求落在限定的[timeInterval 秒]之内
-- 一旦请求次数超过限定的连续访问次数[continueCounts]，则需要限制当前 ip
if (requestCounts > continueCounts) then
   -- 限制 ip 访问的时间[limitTimes]
   red:set(ipBlackKey, 1);
   -- 设置的 1 为随意，只要表示当前 key 存在即可
   red:expire(ipBlackKey, limitTimes);
   -- 终止请求，并且返回错误
   -- ngx.say("请求过于频繁，请稍后重试！");
   return false;
end

-- 优雅地关闭，连接池
-- do_redis_pool(red);
```

```
    -- 优雅地关闭，连接池
    -- 1. 连接池的最大空闲时间，单位：毫秒
    -- 2. 连接池的大小
    local ok, err = red:set_keepalive(10000, 100)
    if not ok then
       ngx.say("failed to set keepalive: ", err)

       return false;
    end

    return true;
end

-- 导出函数
local _M = {
    ip_limiter_display = ip_limiter_display
}
return _M;
```

上述代码主要包括如下 3 个层次。

- 对全局变量的参数定义，也就是对应了 16.1.1 小节中的 3 个参数。
- 封装一个名为“ip_limiter_display”的函数方法。
- 把“ip_limiter_display”导出函数到“_M”对象。

对于“ip_limiter_display”函数，该函数的业务流程如下。

- 与 Redis 建立连接并授权登录。
- 定义两个参数 Key。
  - ipOkKey：可以正常访问的 IP 所对应的 Redis 的 Key 定义。
  - ipBlackKey：被视作并拦截的黑名单 IP 所对应的 Redis 的 Key 定义。
- 判断当前用户请求的 IP 是否被拦截为黑名单，如果还存在剩余时间 ttl，则表示限制请求的时间还没有过，仍在被拦截的时间段内。如果没有 ttl，说明当前请求是正常的 IP，则放行继续向下执行。
- 获得并定义正常 IP 的连续请求次数“requestCounts”，并且对其使用 increment 进行次数的累加，视作连续请求的次数。这个时候，需要对该次数进行判断。
  - 如果该正常的连续请求次数当前为 1，表示用户是第一次请求，这个时候需要设置限制的时间期，即需求中允许用户正常请求的时间期间。在此使用 Redis 的过期时间 expire 函数即可。
  - 如果正常的连续请求次数“requestCounts”超过定义的限制参数“continueCounts”，则表示该 IP 对应的用户请求次数过于频繁，需要进行限制，限制后该用户的请求 IP 被视作黑名单，在限制期间内无法正常访问业务。
- 最后对 Redis 连接的 keepalive 进行设置。

上述流程中的核心部分是对连续请求次数的判断，笔者也在代码中加了一些注释，读者可以结合业务流程以及代码注释进行理解。

16.1.3 结合业务进行拦截

16.1.2 节中的 IP 限制函数封装并导出后，需要结合自身业务进行使用。打开文件“/usr/local/openresty/nginx/lua/getItemCategory.lua”，在该 Lua 文件中增加内容如下。

```
-- 导入 ip 请求限制的工具类
local ipLimitUtils = require("ipLimitUtils");

-- 获取请求的客户端 ip
local headers = ngx.req.get_headers();
local clientIp = headers["X-REAL-IP"] or headers["X_FORWARDED_FOR"] or
            ngx.var.remote_addr or "0.0.0.0";
    ngx.say("当前请求的 ip 为: ", clientIp);
-- 调用 ip 请求限制工具
local isRequestIpOk = ipLimitUtils.ip_limiter_display(clientIp);
ngx.say("isRequestIpOk: ", isRequestIpOk);
if isRequestIpOk then
    -- 此处进行正常业务调用
else
    -- 此处直接返回错误结果
    ngx.say("请求过于频繁，请稍后重试! ")
end
```

上述代码中，首先需要获得用户请求的 IP，随后把该 IP 作为参数来调用 IP 限制工具类的封装函数。通过函数调用获得的 boolean 类型来判断业务是否可以继续向下执行。如果获得 false，则直接提示用户“请求过于频繁，请稍后重试!”；如果为 true，则业务正常继续。

接下来进行测试。可以直接在浏览器中打开“/usr/local/openresty/nginx/sbin/nginx -s reload”进行测试。连续请求多次，可以看到结果如图 16-2 所示。

图 16-2 用户请求 IP 被限制的测试结果

如图 16-2 所示，前 5 次请求都是没有问题的，从第 6 次开始往后都是处于“被禁止访问期”，所以显示“请求过于频繁，请稍后重试！”的错误提示。如此一来，工具类生效。等待“被禁止访问期”过后，再次访问，则恢复如初，用户又能正常访问了。

16.2 OpenResty 集成 MySQL

16.2.1 解读 lua-resty-mysql 示例代码

OpenResty 除了可以结合自身的业务来做定制化功能外，还可以结合 MySQL 在网关中直接实现针对数据库的增、删、改、查操作，所以相关的业务功能也可以在网关层面进行实现和落地，如此业务型网关更能凸显其自身的强大功能。

OpenResty 对 MySQL 集成的功能支持在官方的 Github 中也有所提及，读者可以打开 https://github.com/openresty/lua-resty-mysql 进行查阅，其中包含了详细的说明。其中有一个官方提供的示例代码，如下所示（笔者在此对其添加了部分注释，可以结合代码直接阅读）。

```
-- 导入"resty.mysql"包
local mysql = require "resty.mysql"
-- 实例化 db 对象，类型为
mysql local db, err = mysql:new()
-- 如果 db 实例化失败，则返回错误信息
if not db then
    ngx.say("failed to instantiate mysql: ", err)
    return
end

-- 设置 1 秒的超时时间
db:set_timeout(1000) -- 1 sec

-- or connect to a unix domain socket file listened
-- by a mysql server:
--    local ok, err, errcode, sqlstate =
--        db:connect{
--            path = "/path/to/mysql.sock",
--            database = "ngx_test",
--            user = "ngx_test",
--            password = "ngx_test" }

-- 建立和数据库的连接
local ok, err, errcode, sqlstate = db:connect{
    host = "127.0.0.1",
    port = 3306,
    database = "ngx_test",
    user = "ngx_test",
    password = "ngx_test",
    charset = "utf8",
```

```
    max_packet_size = 1024 * 1024,
}

-- 如果数据库连接建立失败，则返回错误信息
if not ok then
    ngx.say("failed to connect: ", err, ": ", errcode, " ", sqlstate)
    return
end

-- 数据库连接建立成功，输出信息
ngx.say("connected to mysql.")

-- 操作数据库，如果存在cats表，则删除
local res, err, errcode, sqlstate =
    db:query("drop table if exists cats")
if not res then
    ngx.say("bad result: ", err, ": ", errcode, ": ", sqlstate, ".")
    return
end

-- 在数据库中创建一张名为cats的表
res, err, errcode, sqlstate =
    db:query("create table cats "
            .. "(id serial primary key, "
            .. "name varchar(5))")
-- cats表创建失败则返回错误信息
if not res then
    ngx.say("bad result: ", err, ": ", errcode, ": ", sqlstate, ".")
    return
end

-- cats表创建成功信息提示
ngx.say("table cats created.")

-- 向cats表中插入一条记录
res, err, errcode, sqlstate =
    db:query("insert into cats (name) "
            .. "values (\'Bob\'),(\'\'),(null)")
-- 插入操作失败，则提示错误信息
if not res then
    ngx.say("bad result: ", err, ": ", errcode, ": ", sqlstate, ".")
    return
end

-- 插入操作成功，获得影响的记录行数并且输出
ngx.say(res.affected_rows, " rows inserted into table cats ",
        "(last insert id: ", res.insert_id, ")")
```

```
-- 从 cats 表中查询记录
-- run a select query, expected about 10 rows in
-- the result set:
res, err, errcode, sqlstate =
    db:query("select * from cats order by id asc", 10)
-- 如果查询失败，则返回错误信息
if not res then
    ngx.say("bad result: ", err, ": ", errcode, ": ", sqlstate, ".")
    return
end

-- 导入 cjson 包，用于解析数据
local cjson = require "cjson"
-- 把解析后的数据返回输出并显示
ngx.say("result: ", cjson.encode(res))

-- 设置数据库连接池 keepalive（原理同 redis）
-- put it into the connection pool of size 100,
-- with 10 seconds max idle timeout
local ok, err = db:set_keepalive(10000, 100)
if not ok then
    ngx.say("failed to set keepalive: ", err)
    return
end

-- 或者仅关闭数据库连接也可以
-- or just close the connection right away:
-- local ok, err = db:close()
-- if not ok then
--     ngx.say("failed to close: ", err)
--     return
-- end
```

上述 Lua 脚本的编写方式与 Redis 类似，只是最终的存储介质中间件发生了变化，通过结合注释，不难看出，代码逻辑相对简单，只是代码量相比 Java 要多一些。

16.2.2　封装 MySQL 请求函数

参考 16.2.1 小节中官方的示例代码，可以编写自己的 MySQL 工具类。以查询为例，结合当前业务，现在的需求为：在业务网关 OpenResty 中根据传入的参数 ID，构建 MySQL 的查询语句，并在网关中直接查询数据库且展示。

那么接下来，先编写一个 MySQL 调用工具类，在“/usr/local/openresty/lualib/”路径下创建一个名为“mysqlUtils.lua”的文件，内容如下所示。

```
-- 定义 mysql 的全局参数变量
mysql_host = "192.168.1.60";
mysql_port = 3306;
mysql_database = "my-shop";
```

```
mysql_user = "root";
mysql_password = "root";
mysql_charset = "utf8";
mysql_max_packet_size = 1024 * 1024;

-- 封装一个查询函数方法，查询的 sql 语句通过外部调用传入
local function query_data_from_mysql(query_sql_script)

    -- 导入 mysql
    local mysql = require "resty.mysql"
    -- 声明 mysql
    local db, err = mysql:new()
    if not db then
       ngx.say("failed to instantiate mysql: ", err)
       return
    end

    -- 超时时间，单位：毫秒
    db:set_timeout(1000) -- 1 sec

    -- 建立连接
    local ok, err, errcode, sqlstate = db:connect{
       host = mysql_host,
       port = mysql_port,
       database = mysql_database,
       user = mysql_user,
       password = mysql_password,
       charset = mysql_charset,
       max_packet_size = mysql_max_packet_size,
    }

    -- 建立失败则返回错误信息
    if not ok then
       ngx.say("failed to connect: ", err, ": ", errcode, " ", sqlstate)
       return
    end

    -- 连接成功，则提示信息
    -- ngx.say("connected to mysql.")

    -- 根据脚本查询数据库
    -- run a select query, expected about 10 rows in
    -- the result set:
    res, err, errcode, sqlstate = :query(query_sql_script)
     if not res then
       ngx.say("bad result: ", err, ": ", errcode, ": ", sqlstate, ".")
       return
```

```
    end

    -- 导入 cjson 并对查询结果进行解析
    local cjson = require "cjson"
    -- ngx.say("result: ", cjson.encode(res))
    local sqlResult = cjson.encode(res);

    -- 优雅地关闭，连接池
    -- put it into the connection pool of size 100,
    -- with 10 seconds max idle timeout
    local ok, err = db:set_keepalive(10000, 100)
    if not ok then
        ngx.say("failed to set keepalive: ", err)
        return
    end

    -- 返回查询结果
    return sqlResult;
end

-- 导出函数
local _M = {
    query = query_data_from_mysql
}
return _M;
```

上述代码中笔者加入了一些相关注释辅助理解，整体的代码结构与官方示例类似，只是在代码的一开始把全局变量参数前置，并且在最后把函数进行了导出。导出成功后便可以提供给其他 Lua 脚本文件进行业务上的调用了。

16.2.3　实现调用 MySQL 业务

16.2.2 小节中封装了一个用于查询数据表的函数，那么接下来就可以编写业务代码进行 sql 的查询。

在“/usr/local/openresty/nginx/lua”路径下创建一个名为“mysqlOperator.lua”的文件，目的就是调用查询函数并且返回输出，内容如下所示。

```
-- 导入工具类 mysqlUtils
local mysql = require("mysqlUtils");
-- 从 url 中获得参数 id
local params = ngx.req.get_uri_args(); local catId = params["id"];

-- 定义查询的 sql 语句并调用函数发起查询
local queryScript= "select * from item_category where id = " .. catId;
-- ngx.say(queryScript);
local queryResult = mysql.query(queryScript); ngx.say(queryResult);
```

16.2.4 转发请求到 sql 查询的 Lua 文件

编写好业务代码的 Lua 文件后，还需要对其进行反向代理，在“nginx.conf”中进行如下配置。

```
server {
    listen      33;
    server_name localhost;

    location /queryMySqlInLua {
        default_type application/json;
        content_by_lua_file lua/mysqlOperator.lua;
    }
}
```

上述配置中以 33 端口为例进行监听（读者可以各自定义，不和其他端口冲突即可），此外还定义了一个名为“/queryMySqlInLua”的路由，在该路由的转发下，请求都会访问“mysqlOperator.lua”文件。

代码配置编写完毕后，接下来通过“nginx -s reload”重载一下，通过 33 端口来访问该 url 进行测试，测试结果如图 16-3 所示。

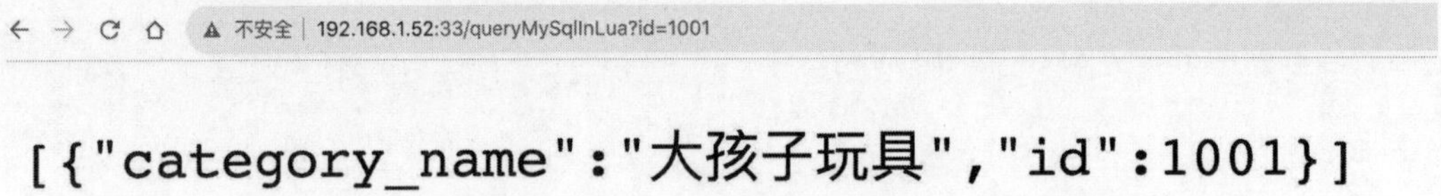

不安全 | 192.168.1.52:33/queryMySqlInLua?id=1001

[{"category_name":"大孩子玩具","id":1001}]

图 16-3　在网关 OpenResty 中请求 MySQL 的查询结果

可以看到，从数据库中进行查询的结果已经在图 16-3 中的浏览器里显示，说明 MySQL 在 Lua 中的集成调用成功。

16.3 本章小结

本章主要对 OpenResty 进行了功能性的延伸，实现了网关黑名单，对过高频率的请求进行拦截；以及实现了数据库 MySQL 的集成与数据查询。通过拓展延伸可以看出，在 OpenResty 中可以实现更强大的功能，处理更多的业务从而提升系统的整体性能。

云原生与 DevOps

第 17 章　云原生与 KubeSphere

本章主要内容

- DevOps 与 CICD 概述
- Kubernetes 概述与架构原理
- KubeSphere 概述与安装
- KubeSphere 多租户

通过前面章节的学习，我们已经实现了多级缓存与多级网关架构的落地，并且对 OpenResty 做了基础实践，整个环节也都已经完成了闭环与落地。那么在接下来的最终部分，笔者会带着大家进行项目的部署，采用基于 Kubernetes 的 KubeSphere 来实现 DevOps 上线全流程。

17.1　DevOps 与 CICD

17.1.1　DevOps 概述

每个项目开发完毕后都需要进行测试，待测试完毕后，最终还需要进行上线部署。早期对项目的部署很简单，由于早期都是单体单应用方式进行开发，所以往往在最终上线部署的时候，将项目打包为一个整体的 war 包或者 jar 包再上传到服务器运行即可。

在现如今的互联网大环境里，随着系统架构越来越复杂，分布式微服务的架构融入，不同的项目会有更多的子项目或模块化组件，一个完整的系统可能会有几十个甚至上百个部署文件（jar 或 war），如果运维人员一个一个地上传部署到服务器，效率很低，而且也极容易出错。而且不同的团队之间也需要相互配合，各种功能需要融入和迭代，很显然，手动上传部署的方式已经过于老旧，这种方式需要被打破。

此外，早期的项目从开发到上线，开发和运维部署是两回事，彼此相互独立。在需要上线的时候，开发需要告知运维安装什么环境、运行什么项目即可，通过口口相传的方式来表达。但是实际上，一旦上线会发生很多莫名的问题，各种报错各种异常信息，其实最主要的原因还是开发环境与生产环境会有很多安装软件及各类环境的版本不一致不统一，所以必定会导致莫名其妙的问题发生。甚至在更庞大的项目中，还有质量管理流程，测试环境、预发布环境等，步骤环节越多，出错的概率也就越大，如此，整个流程异常复杂，耗时耗力，效率也极其低下。

所以，现如今引入了一个名为“DevOps”的新概念。如图 17-1 所示，为一个软件项目从 0 到 1 的全流程生命周期。

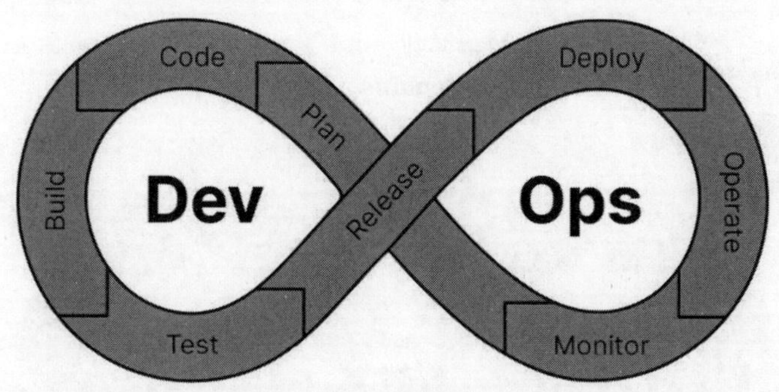

图 17-1　DevOps 流程阶段（引自百度搜索）

图 17-1 中，我们可以看到有如下 8 个阶段。

- Plan：计划阶段，开始准备一个项目，对项目进行拆解，分析需求，制订开发、测试、运维计划等。
- Code：编码阶段，开发项目，完成需求对应的功能实现。
- Build：集成阶段，提交代码到代码库进行整合，构建部署文件。
- Test：测试阶段，确保开发的软件或项目的质量是否过关，整个阶段包括各种测试，如单元测试、集成测试、系统测试、功能测试、性能测试等。
- Release&Deploy：发布&部署阶段，把整个软件或项目部署到生产环境，也包括各种配置工具、监控配置等。
- Operate：运维阶段，运维团队对软件项目上线运行后的支持，如排查故障、服务器性能等。
- Monitor：监控阶段，对整个软件项目、服务器、网络资源等进行监控，确保整体运行的状态是否正常。

可以看出，这 8 个阶段把整个流程进行了融合，其中“Plan”“Code”“Build”与“Test”组成了“开发流程”，“Release”“Deploy”“Operate”与“Monitor”组成了运维流程。通过整个流程的融合，打破了开发和运维之间的边界，让开发与运维彼此之间可以更丝滑地对接，这就是“DevOps”（Dev：Development；Ops：Operations）的目的。可以让开发、测试、运维更加快捷、高效地进行协作，使得彼此之间更加可靠，如此最终发布的软件或项目才能更加符合产品预期以及达到更高的质量标准。

此外，需要熟知的是，“DevOps”并不是一项技术，而是一套方法论，是一个概念。比如早期提出的“分布式”概念与“微服务”概念也是如此，先有概念、方法论，后有落地的技术方案。比如 SpringCloud&Alibaba 就是“微服务”概念的落地技术方案。“DevOps”也是如此，需要有落地方案来支持这套方法论，如此才能真正打破开发和运维之间的边界。如图 17-2 所示，图中包含了很多工具，通过使用某些工具，是可以对“DevOps”这套方法论进行落地的。

从技术方案的手段上来说，容器化技术 Docker 以及 Kubernetes 是“DevOps”的核心内容。当然，在未来可能还会有更好的技术手段来替代 Docker 和 Kubernetes。就目前环境来说，容器化 Kubernetes 是比较好的技术落地方案，所以这也是本书在部署阶段所采用的方式。

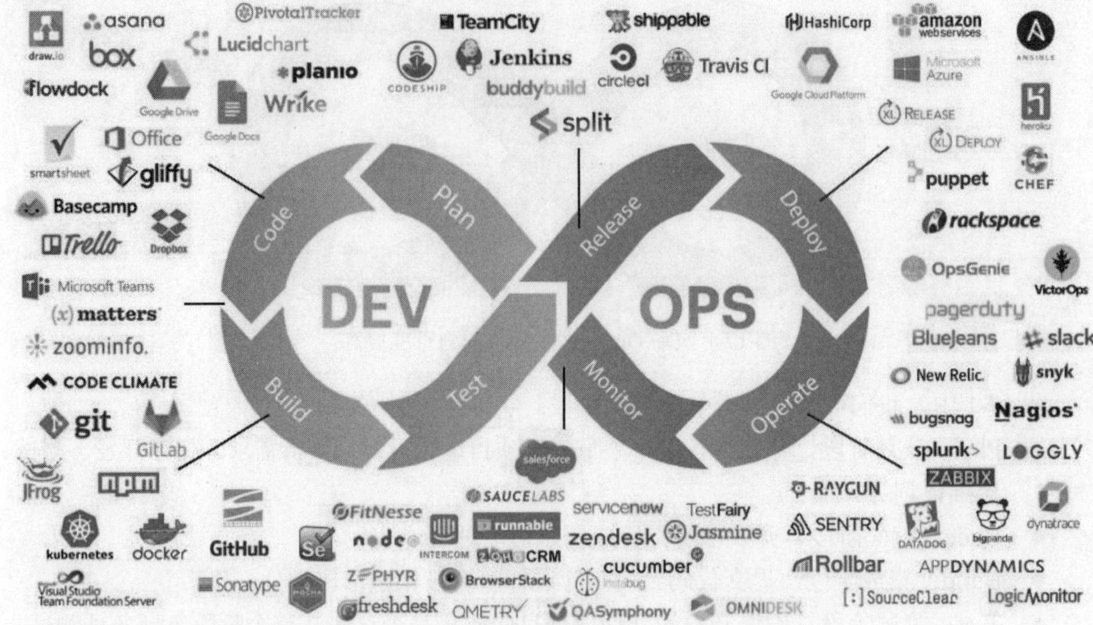

图 17-2　DevOps 方法论落地工具展示（引自百度搜索）

17.1.2　CICD 概述

DevOps 是一个可持续发展的流程，一个项目完成了以后，还会有二次开发甚至三期、四期的迭代以及更多的功能维护。所以，整个过程并非在第一次做完就结束了，为了保证项目的可持续发展，企业可以使用“CICD”思想来落地可持续的项目，如此可以使得 DevOps 更高效。

CICD 可以拆解为“CI”与“CD”，如图 17-3 所示。

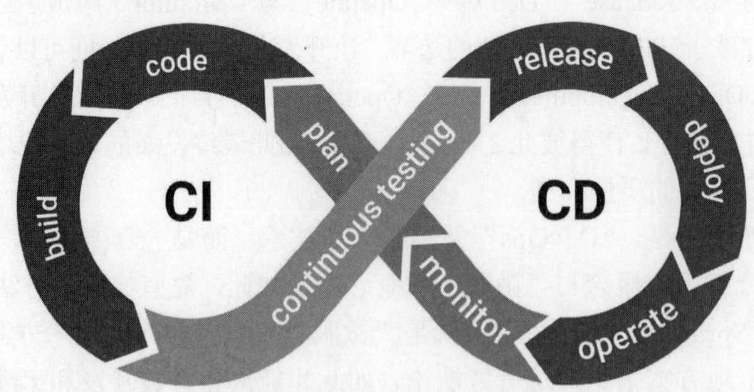

图 17-3　CICD（引自百度搜索）

- “CI”为“Dev”，意为 Continuous Integration 持续集成。
- “CD”为“Ops”，意为 Continuous Delivery 持续交付 + Continuous Deployment 持续部署。

对于 CICD 的持续集成、持续交付与持续部署的解析如下。

- 持续集成：为开发+构建+测试+代码合并提交整合的过程。这个过程简单来说就是自动合并构建代码。团队成员在进行开发的时候，每个成员都会提交代码到代码仓库，而且每个项目也都有不同的分支，各个成员自己的独立分支需要提交并合并到 master 主分支。在合并的过程中，往往会出现很多“代码冲突”类问题，一旦出现该问题，则需要人工干预去解决冲突，最终再由测试人员对合并后的结果进行各种测试。团队人数越多，则整个过程越复杂。“CI”持续集成的目的就是让项目自动进行整合，也就是各个分支的代码可以自动合并到 master 主分支，随后再自动构建并且进行自动化测试，再校验提交合并的代码更改，如此可以保证新代码不会影响旧代码。如此一来，便可以更便捷地发现新旧代码之间的冲突或问题，所以通过 CI 持续集成，可以更高效地整合构建代码。
- 持续交付：自动构建项目并存储在某个提交的仓库。在 CI 持续集成之后，就可以进行持续交付，持续交付可以把代码发布到具体的某个仓库位置，如此一来，便有了一个已经准备好的完整代码库（镜像/jar/war 等）了，该代码库可以随时发布到生产环境。需要注意的是，从持续集成到持续交付的过程，中间可能会有一系列的自动化测试。在此之后，运维才能更方便地进行生产环境项目的部署。
- 持续部署：自动部署项目到生产环境。在持续集成和持续交付之后，还需要对代码进行生产环境的部署，持续部署可以达到这个目的，可以将已经构建好的项目应用发布到生产环境。当持续部署成功后，项目的上线发布也就更加容易和方便了。

从上述过程可以看得出来，CICD 可以减少人工的干预，也会降低发布过程的各种风险，从而提升整体的工作效率。

持续集成、持续交付与持续部署，这三者前后相互关联，是一个整体的过程，需要依赖一些软件工具，图 17-4 所示为 CICD 流程中可以借鉴使用的自动化工具，其中所包含的工具集合分别如下。

- 软件应用生命周期管理工具。
- 代码管理工具。
- 沟通交流工具。
- 持续集成工具。
- 知识分享库工具。
- 构建工具。
- 数据库管理工具。
- 测试工具。
- 开发工具。
- 配置管理工具。
- 资源构建库工具。
- 云计算工具。
- 编排调度工具。
- 监控工具。

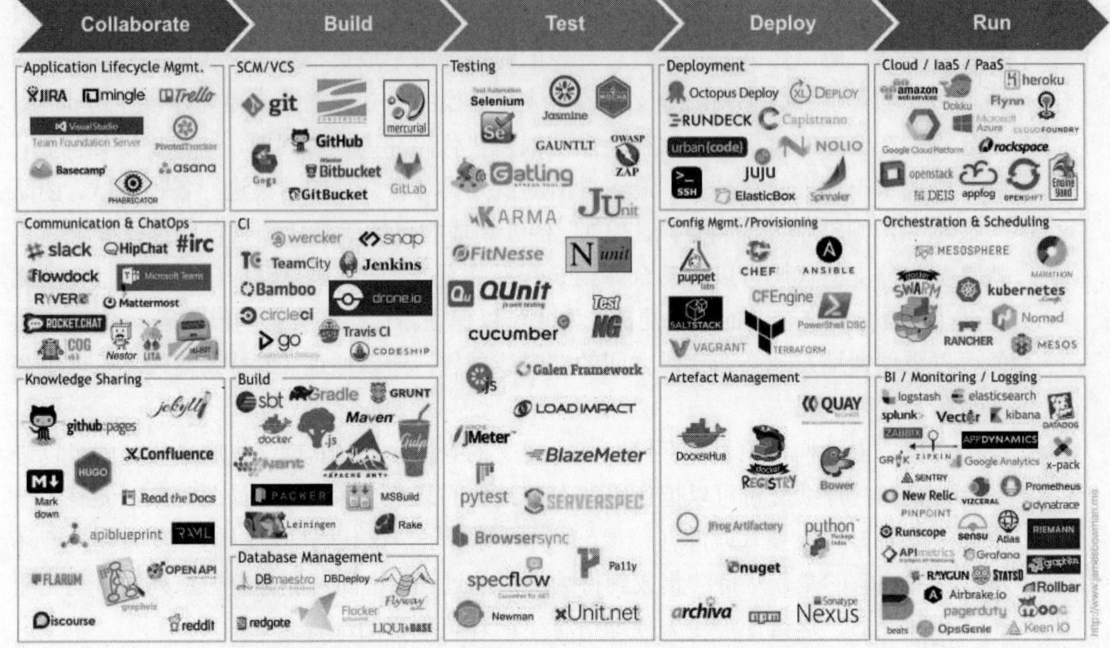

图 17-4　CICD 持续交付工具（引自 www.jamesbowman.me）

17.2　Kubernetes 初探

17.2.1　Kubernetes 概述

通过 17.1.2 小节的学习，可以看到有很多工具能够基于 DevOps 这套方法论来实现 CICD 的流程，其中 Docker 与 Kubernetes 就是实现的手段之一，也是目前很多企业所采用的方式。而在本书中，我们已经使用 Docker 进行了容器化的安装，也就是 MySQL、Redis 以及 RabbitMQ，那么接下来，所需要学习的内容将会是 Kubernetes。

Kubernetes 简称“k8s”（k 与 s 之间有 8 个英文字符），是一个开源的容器编排系统（容器的资源规划），可用于自动部署、扩展和管理容器化的应用程序。k8s 可以提供高可用性、高可扩展性以及安全性，可以部署在物理机、虚拟机、容器平台或者托管的云平台中。

Kubernetes 提供了很多强大的功能，包括自动部署、自动扩展、弹性伸缩、滚动更新、负载均衡、网络、存储和安全性等，并且支持 Docker 容器化平台，可以支持大规模的容器化应用程序。

那么为何要使用 Kubernetes 呢？又或者说使用 Kubernetes 的意义是什么？

图 17-5 所示为生产环境部署项目的三个历史阶段更迭，分别如下。

- 传统部署：互联网早期，很多企业会直接把开发后的应用程序打包部署在物理机上。这么做的话，不能为物理服务器上运行的多个应用定义资源边界，所有的应用共享同一台物理服务器上的所有资源，包括内存、处理器、硬盘、网络等。因为系统资源存

在竞争，其中一个应用可能会占用大部分的资源而其他应用只占用小部分资源，甚至可能会有一些应用因为最终无资源可占用而导致该应用无法正常运行。因此，有时候企业需要购买多个物理机来解决此类问题，但是，这么做，服务器资源就浪费了，成本也会随之升高。

➢ 优点：单一部署，简单快速，不需要其他技术人员的参与。

➢ 缺点：不能为应用程序定义资源使用边界，很难合理地分配计算资源，应用程序之间可以相互影响。

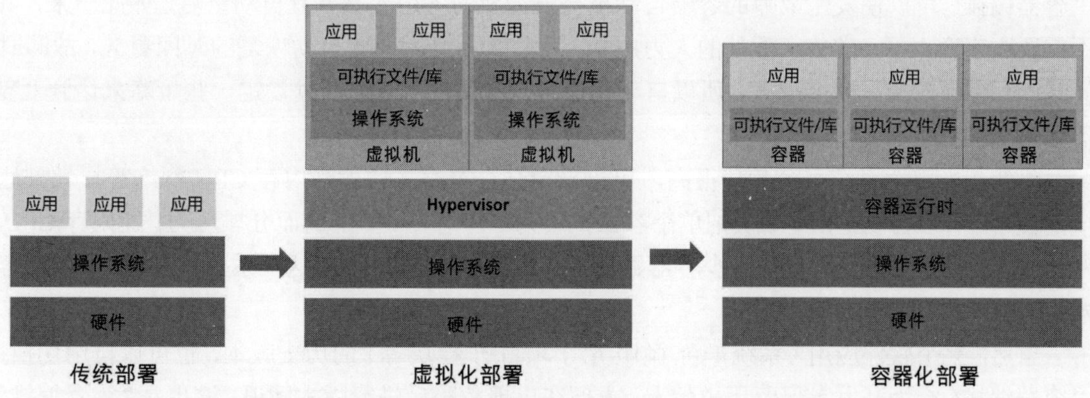

图 17-5　生产环境历史部署变迁（引自 Kubernetes 官网）

- 虚拟化部署：可以在一台物理机上运行多个虚拟机，每个虚拟机都是独立的环境，解决了传统部署架构的资源边界问题。这些虚拟机使用虚拟化技术合理分配一台物理主机上的内存、处理器、磁盘等资源，并且虚拟机之间是安全隔离的，不存在资源竞争问题。
  ➢ 优点：软件应用程序之间的环境不会相互影响，提供了一定程度的安全性和隔离性。
  ➢ 缺点：每个虚拟机都需要增加操作系统，浪费了部分资源。
- 容器化部署：与虚拟化类似，但是共享了操作系统，可以为运行在同一台物理服务器上的不同应用准确地定义资源边界。容器化技术可以为应用提供更加灵活、更加宽松的方式，也可以安全地分享同一台物理服务器上的内存、处理器、磁盘、网络等资源。
  ➢ 优点：可以保证每个容器拥有自己的文件系统、CPU、内存、进程空间等。容器化的应用程序可以跨云服务商、跨 Linux 操作系统、跨平台进行部署。可移植性很高，迁移到其他平台非常方便。可以集成 CICD，持续开发、持续集成、持续部署。
  ➢ 缺点：需要一定的运维功底，对运维人员的技术经验有一定要求。

17.2.2　Kubernetes 可以用来做什么

17.2.1 小节中提到了容器编排，何为容器编排呢？假设目前正在运行 Redis 分布式缓存中间件以及 MySQL 数据库，在某个时间段 Redis 发生了故障，那么这个时候 Redis 容器就会下线，此时项目必定会受到影响，因为Redis不可用。如果要恢复，则需要人工介入进行排错或重启，甚至替换一个新的Redis备用容器。需要注意，这一系列操作都是需要有人工（运维人员）介入的。

如果是一个大型的工业级项目，那么它所在的生产环境是由一系列庞大容器集群所共同组成的，会有成千上万个容器，如果某些容器一出问题就需要人工介入，那么运维人员可能就需要24小时轮班值守，耗时耗力，甚至还有出错的风险。

既然如此，有没有更好的自动化方式呢？这个时候就有了"容器编排"这样的概念提出，"容器编排"可以使发生故障的容器自动被替换为新的备用容器并且自动重启，如此一来，就不需要人工介入了，省去了额外的人力成本。而且人工介入会比自动恢复的时间更久，故障时间越久，客户的损失就会越大，所以自动化能带来优质的体验，通过设定一些策略来达到"容器编排"的目的。

此外，当整个系统平台负载很高，可以设定某个策略，比如当内存/CPU/网络等损耗到达一定程度，可以自动扩展容器，把单个容器扩展为多个容器集群，从而分摊压力；当内存/CPU/网络等损耗逐渐降低，则自动减少容器数量，从而节省资源的开支。这一系列的过程都是由"容器编排"来实现的自动化流程。

当然，整个软件应用（系统平台/微服务/子项目/子模块等）的历史版本，也可以自由切换，"容器编排"会为开发者保留历史版本，方便在出现故障后进行版本回退。这也是"容器编排"所带来的更优特性。

并且，对于一些敏感数据可以进行安全化配置，比如密码、密钥等可以在不修改容器的情况下进行配置管理，以提高整体的系统平台安全性。

为了实现"容器编排"可以使用Kubernetes，"容器编排"其实就是把容器更有效地管理起来。简而言之，Kubernetes就是容器的监护责任人，或者说是一个容器化的弹性框架。Kubernetes可以在生产环境中大规模地对应用程序进行自动化编排管理工作，所以目前Kubernetes是很多企业所采用的容器编排解决方案。

17.2.3 Kubernetes 架构原理

Kubernetes是"Master-Slave"主从式架构模式，Master负责资源调度、管理、运维等，Slave用于执行用户的应用程序，其整体架构如图17-6所示。

图中各个部分的释义如下。

- Node：Node为节点的意思，在Kubernetes中，一组工作的机器称为"节点"，一般来说节点可以是一台虚拟主机、物理机器或者云服务器。整个集群中有很多节点，它们会运行容器化的应用程序，可以是分布式中间件，也可以是开发者开发的软件应用程序。每个Kubernetes集群中至少包含一个节点，如果没有节点，当前集群只是个"空壳子"，没有实际的对外服务能力。需要注意，每个节点都是独立存在的，相互不影响，也不通信。
- Control Plane：也称"控制平面组件"，可以控制整个集群和各个Node，为整个集群做出全局的决策，"控制平面组件"可以在集群的任何节点中运行。

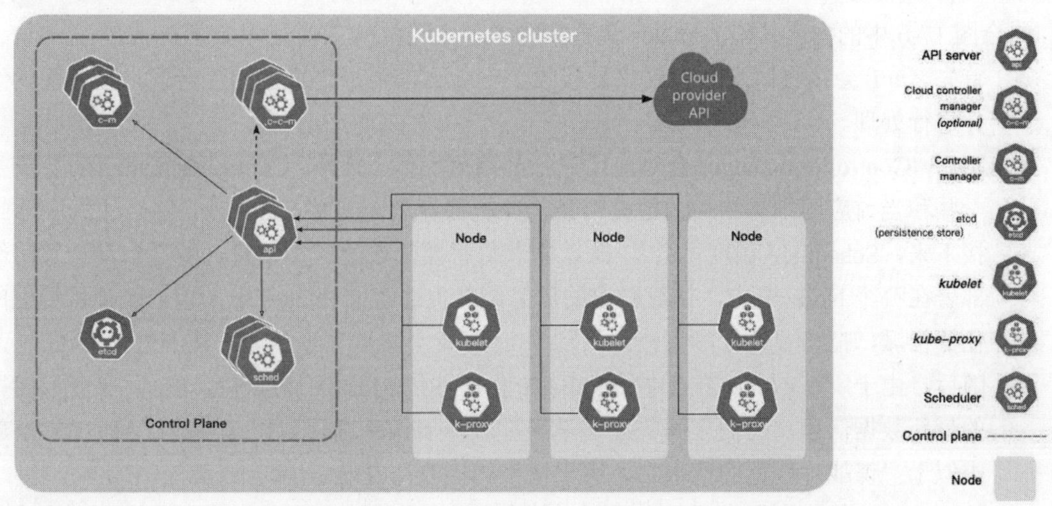

图 17-6　Kubernetes 集群架构（引自 Kubernetes 官网）

在 Kubernetes 中，主节点一般被称为 Master 节点，而从节点则被称为 Worker Node 节点，每个 Worker Node 节点都会被 Master 节点分配一些工作负载，当某个 Node 节点宕机时，该节点上的工作负载会被 Master 自动转移到其他节点上去。

Master 组件可以在整个集群架构中的任何计算机上运行，但建议 Master 节点占据一个独立的服务器。因为 Master 是整个集群的核心中枢，如果 Master 所在节点宕机或不可用，那么所有的控制命令都将失效。

Control Plane 组件中包含如下核心组件。

- api：API server 是整个系统的网关服务器，可以对外暴露，和外界的通信就是基于 api 组件，Master 中的其他组件交互也都会经过 api 组件。
- c-m：Controller manager 控制管理器，是整个集群的管理控制中心，如果某个 Worker Node 节点宕机，那么控制管理器就会发现并且执行自动化的修复流程，保证集群架构的状态稳定。
- etcd：键值数据库（K-V 键值对），属于 Kubernetes 的存储服务，可以保存集群中的数据。
- sched：Scheduler 调度器，Kubernetes 的所有集群操作都要经过调度器。
- c-c-m：Cloud controller manager 云控制器管理器，可以把开发者的集群连接云厂商所提供的 api 进行对接。在 Kubernetes 中如果启用了 Cloud provider，才会使用到。所以图 17-6 中的虚线部分，是可选组件。

Node 节点中所包含的核心组件，如下所示。

- kubelet：每个 Node 上运行的小组件，也可以称之为“节点代理”，会定期发送当前 Node 中的状态信息给 Master 节点，同时也会接收来自 Master 节点的命令从而进行一些任务的执行或策略的调整。kubelet 可以认为就是一个 Worker 执行者，是任务的最终执行人。
- kube-proxy：Kubernetes 的网络代理，负责 Node 在 Kubernetes 中的网络通信工作，如负载均衡等。

结合图 17-6 中的内容，Kubernetes 集群架构中各个组件的工作流程如下。

- 首先，api 会接收请求，但仅仅是接收，它什么都不干，直接向后转发，让后面的组件进行处理。
- 随后，Controller manager 会对应用进行部署等操作。此外，Controller manager 会产生一些和当前应用部署相关的数据信息，并且保存到 etcd 中。
- 接下来，Scheduler 调度器会从 etcd 中获得将要部署的应用信息，随之自动计算将会部署在哪个 Node 节点，计算得出的信息结果也会存储在 etcd 中，相当于项目经理的任务指派，把将要执行的工作记录到“jira”或“禅道”等管理工具中进行指派。
- 随后，由于所有 Node 节点中的 kubelet 会定时和 Master 节点进行通信，来获取相关的最新数据信息，它们之间的通信是经过 API server 进行数据交互的，API server 就类似于“谍战片”里的情报站，用于情报的接收与发送。
- 紧接着，获得信息指令后，如需要在某个 Node 节点上部署软件应用程序，那么该节点的 kubelet 就会在自己 Node 中 run 一个容器，并定时与 Master 通信，汇报状态信息。

需要注意，在网络中进行通信，需要借助于 kube-proxy。kube-proxy 类似于手机中的通信录，用于记录每个人的号码，去电和来电都是先经过电话簿的。其实也就是 Node 节点会维护网络规则和四层负载均衡规则，负责写入规则到 iptables 或 ipvs 来实现服务的映射访问。

17.2.4 Kubernetes 的 Pod 容器

Kubernetes 的集群架构中，还有一个非常重要的核心成员——Pod 容器，如图 17-7 所示。

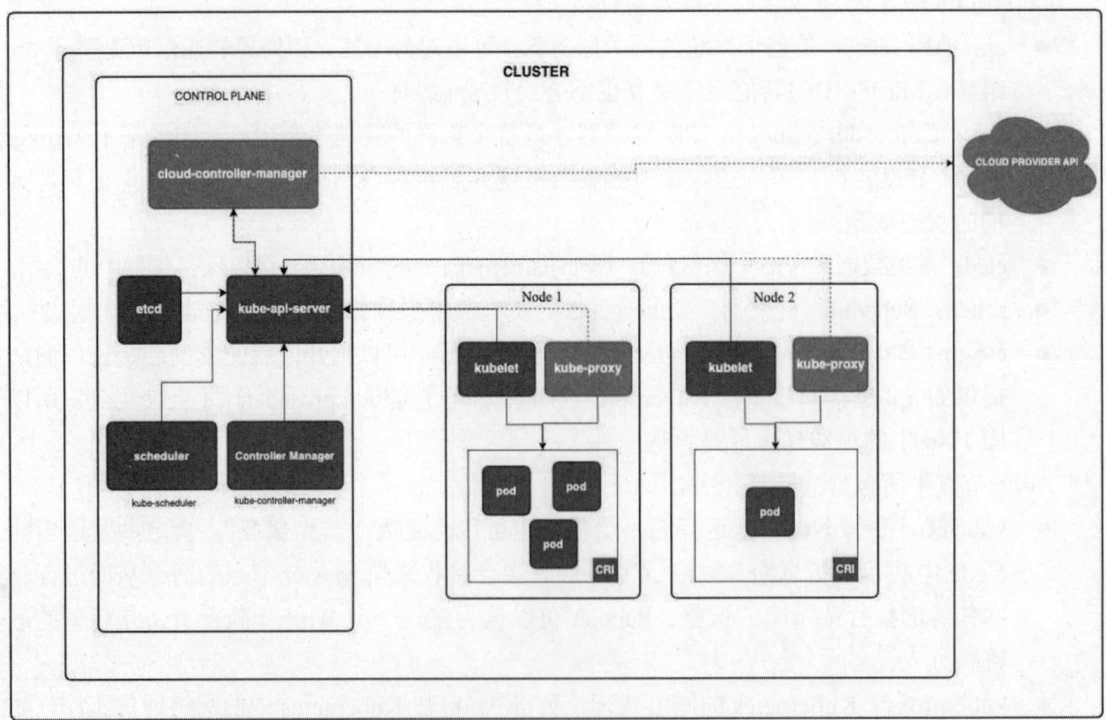

图 17-7 Kubernetes 集群架构中的 Pod 容器（引自 Kubernetes 官网）

与图 17-6 不同的是，Node 中多了一些 Pod，这些 Pod 是可以在 Kubernetes 中创建和管理的、最小的可部署的计算单元。Kubernetes 用 Pod 来组织管理一组容器，但不是直接使用，而是通过 kubelet 来操作 Pod。此外，调度器 Scheduler 并非直接调度 Node，而是调度 Pod，通过自己的计算策略来选择最合适的 Node 节点来分配 Pod。一个 Docker 中可以有多个 Pod，一个 Pod 中的所有容器都使用同一个网，类似于同网段的局域网、私有网络或专有网络。Pod 中有多个容器，所以可以实现负载均衡。

假设开发者要部署一个简单的应用程序，环境包含 MySQL 数据库、nginx 服务器以及 Redis 缓存中间件，如果使用 Docker 则需要启动 3 个容器，这 3 个容器都是各自隔离的而且需要各自管理，全部启动后才可以使用项目。而 Kubernetes 的 Pod 就直接包含了 MySQL、nginx 以及 Redis，启动 Pod 就启动了内部的所有容器，如此会更加便捷。也就是说，Pod 可以让自身容器中的应用程序更紧密地联系在一起，所以内部也是多进程的设计原理。反观 Docker，Docker 中的一个容器对应运行一个应用程序，所以是 1 对 1，而 Pod 是 1 对多，如此一来，Pod 中的应用程序之间的交互可以更频繁，也更能结合共享网络来提供调用服务。

打个比方，可以把 Pod 比作一辆公交车，这辆公交车里可以有很多乘客，乘客之间可以走动、相互交谈；而 Docker 则是一辆自行车，自行车只能由一个人来骑行，需要靠近其他自行车才能交流，沟通不便。

17.3　KubeSphere 的使用与安装

17.3.1　KubeSphere 概述

17.2 小节我们对 Kubernetes 进行了简单了解，本节我们来学习 KubeSphere。

KubeSphere 是基于 Kubernetes 的一套工具。KubeSphere 中提供了 DevOps，这是基于 Jenkins 的 CICD 流水线，并且支持自动化工作流，可以帮助企业更好地推进产品，快速自动化上线项目，加快产品的上市时间。也就是说，KubeSphere 是个工具集，它集成了 Kubernetes、Docker 以及 CICD 流水线的核心部分，也支持插件化的应用安装，以“所见即所得”的方式来进行可视化操作，要远比用命令行的形式操作 Kubernetes 更方便，也能降低错误率。通过 KubeSphere 可以一键部署平台，极其方便灵活。KubeSphere 提供了更友好的运维向导式操作界面，能帮助企业快速构建一个强大且功能丰富的容器云平台，可以更好地提高生产效率。

可以这么说，KubeSphere 是一个强大的操作控制台，而且内部集成了很多套件，可以打通 DevOps 并可以更便捷地结合各类应用以及 CICD 的流水线。官方地址为 https://kubesphere.io/zh/。

KubeSphere 的特点如下。

- 完全开源：100%开源的平台，由社区驱动与开发，社区环境强大，辅助资料便于参考与学习。
- 安装简单：可以在本地 Linux 或云服务器在线或离线安装，也支持一键升级与集群扩容，使用更方便灵活。

- 功能丰富：包括 DevOps、云原生平台、服务网关、多租户、多集群、分布式、存储与网络等功能。
- 模块化&可插拔：整个 KubeSphere 应用平台中的所有功能都是可插拔与松耦合的，企业或开发者可以按需选择安装或卸载，“所见即所得”的操作方式，更灵活。

KubeSphere 有着强大的多租户设计架构，可以让不同的团队角色在同一个平台的不同企业空间下进行云原生应用的部署。用户只需要通过界面操作即可快速部署应用程序，并且平台内置了监控工具，更便于运维团队及时定位问题以及快速交付。

如何简单地理解 KubeSphere 与 Kubernetes 之间的区别关系呢？其实可以把 KubeSphere 看作 Kubernetes 的一个增强扩展，它在 Kubernetes 的基础上提供了更多功能，从而使得容器化应用的管理变得更加简单和高效。此外，笔者在此举如下 4 点对比：

- 用户界面：
  - Kubernetes：Kubernetes 通过命令行工具和 API 进行操作，对于新手来说使用难度略高。
  - KubeSphere：KubeSphere 提供所见即所得的可视化用户界面，用户可以更轻松地管理和监控各个容器化应用。
- 多租户：
  - Kubernetes：Kubernetes 支持命名空间的隔离，但需要通过额外配置来实现多租户管理。
  - KubeSphere：KubeSphere 提供更强大的多租户管理功能，通过所见即所得的可视化管理界面即可进行管理和配置，简化了多租户环境的部署。
- 应用管理：
  - Kubernetes：在 Kubernetes 中，开发者需要手动编写 YAML 描述文件，部署和管理相对烦琐复杂。
  - KubeSphere：KubeSphere 提供了应用市场和 DevOps 工作流，开发者可以通过自定义模板快速构建、部署和管理应用，从而可以实现快速交付和持续集成。
- 监控与日志：
  - Kubernetes：Kubernetes 提供了基本的监控和日志能力，但需要额外配置方可实现。
  - KubeSphere：KubeSphere 集成了监控和日志工具，提供了可视化的监控和日志管理界面，更方便地提供给开发者查看集群和应用的状态和性能指标。

17.3.2 KubeSphere 环境准备

安装 KubeSphere 之前，需要准备一下环境，由于是发布一个项目，笔者在此使用云服务器作为演示，效果更佳。使用云服务器需要在各大云厂商进行云服务器的购买，在此笔者以腾讯云（https://cloud.tencent.com/）为例进行购买。

图 17-8 为官方推荐的硬件配置图，最低配置为 2 核 4GB 内存，但是下方的备注说明为最小化安装，由于 KubeSphere 的使用一般都要安装套件以及开发者的一些应用，所以 8 核 16GB 更为推荐。

硬件推荐配置

操作系统	最低配置
Ubuntu *16.04, 18.04, 20.04, 22.04*	2 核 CPU，4 GB 内存，40 GB 磁盘空间
Debian *Buster, Stretch*	2 核 CPU，4 GB 内存，40 GB 磁盘空间
CentOS *7.x*	2 核 CPU，4 GB 内存，40 GB 磁盘空间
Red Hat Enterprise Linux 7	2 核 CPU，4 GB 内存，40 GB 磁盘空间
SUSE Linux Enterprise Server 15/openSUSE Leap 15.2	2 核 CPU，4 GB 内存，40 GB 磁盘空间

备注

以上的系统要求和以下的教程适用于没有启用任何可选组件的默认最小化安装。如果您的机器至少有 8 核 CPU 和 16 GB 内存，则建议启用所有组件。有关更多信息，请参见启用可插拔组件。

图 17-8　安装 KubeSphere 的硬件配置（引自 KubeSphere 官网）

打开腾讯云官方网站 https://cloud.tencent.com/product/cvm 进行选购，参考图 17-9 所示。

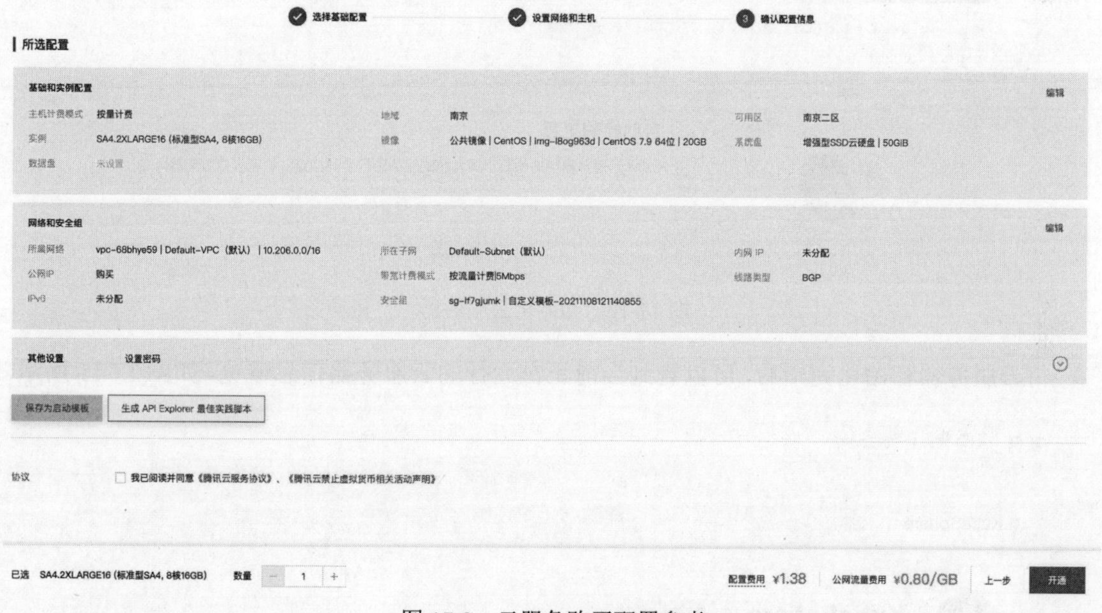

图 17-9　云服务购买配置参考

如图 17-9 所示，笔者购买的配置如下。

- 计费方式：按量计费，由于云服务区的配置越高则费用也越贵，所以笔者在此演示使用按量计费。若实际购买使用，建议以包年或包月的方式直接采购。
- 地域：所在区域为南京，读者可以按需更改，需要注意，如果为多节点服务器，跨地域不可内网互通。
- 可用区：某个地域下的不同分区，可以固定选择也可以随机分配。
- 实例：8 核 CPU 与 16GB 的内存。
- 镜像：操作系统的使用，此处以 CentOS7.9 为实例进行安装。

- 系统盘：默认为增强型 SSD 云硬盘，这个按需选择即可，默认 50GB。如果项目比较大，资源比较多，可以多加磁盘。
- 所属网络&所在子网：默认分配，如果是多节点分布式或集群，建议同一个网络即可。
- 安全组：这点非常重要，和 Linux 中的防火墙是一个意思，云服务器中没有防火墙，但是有安全组，通过安全组对端口的开放，可以控制外部流量能否访问某个端口。初始化的时候可以选择默认安全组，后期可以自己创建。

开通云服务器后，进入控制台，需要等待一段时间进行服务器的创建初始化，如图 17-10 所示。

图 17-10　初始化云服务器

待云服务器初始化完毕后，可以看到当前正在运行的云服务器信息概览，如图 17-11 所示。

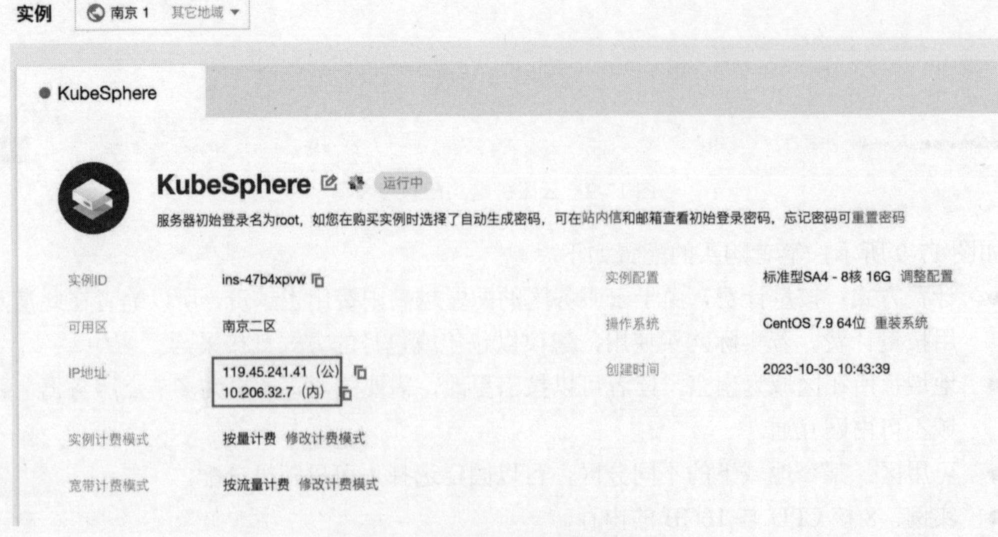

图 17-11　正在运行的云服务器信息

需要注意的是，图 17-11 中的方框处为分批的内网和公网 IP，如果将云服务器关机，关机后当前服务器则不会收取费用，但是再次启动访问的公网会发生变化，这点务必注意。如果要求关机后 IP 不变，需要切换为弹性公网 IP，弹性公网 IP 需要另外付费。

至此，云服务器的初始化成功，后续可以在该云服务器中进行 KubeSphere 的安装。

17.3.3　KubeSphere 安装

KubeSphere 的安装有两种方式：一种是基于已有 k8s 进行安装；另一种是在没有安装过 k8s 的纯净环境节点上以“All In One”的形式进行安装。由于 k8s 的安装过程比较烦琐，固笔者在此以“All In One”的形式演示安装。

打开云服务器的安全组设置，请务必保证 22 端口与 30880 端口对外开放，安装 KubeSphere 需要使用 ssh 命令行进行连接，并且 KubeSphere 的控制台为 30880 端口，如图 17-12 所示。

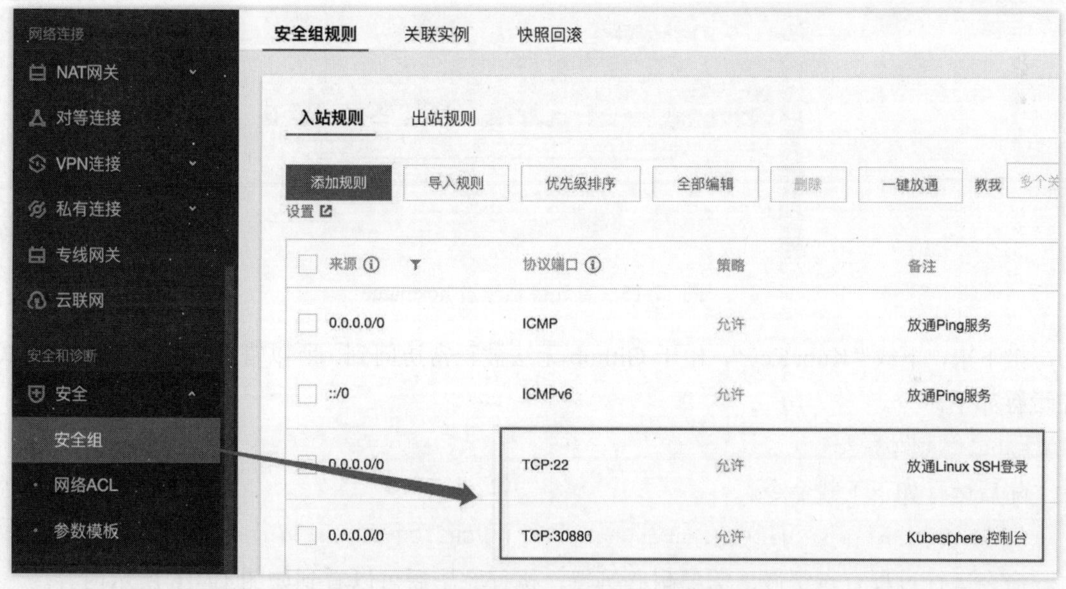

图 17-12　开放云服务器的 22 端口与 30880 端口

随后通过 ssh 命令行创建连接云服务的会话，如图 17-13 所示。

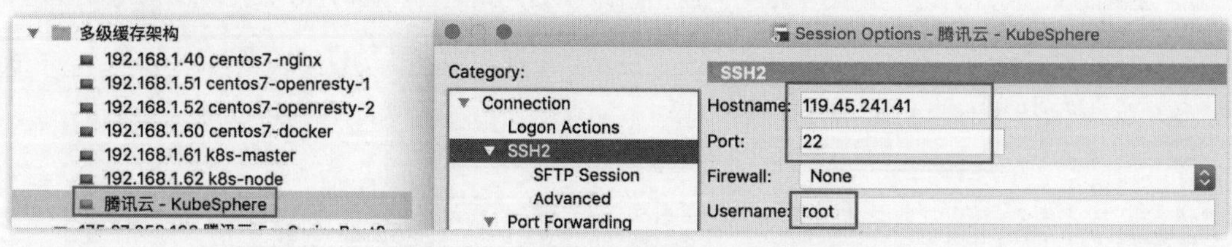

图 17-13　本地 ssh 连接远程云服务器

图 17-13 中，在方框处填入云服务器的 IP 和端口，以及用户名 root。点击确定后进行连接，并且输入云服务器的密码。如此可以成功连接到云服务器，并且通过“ifconfig”查看当前内网 IP，若与云服务器控制台面板中的一致，说明当前连接成功，如图 17-14 所示。

```
root@VM-32-7-centos:~
[root@VM-32-7-centos ~]# ifconfig
eth0: flags=4163<UP,BROADCAST,RUNNING,MULTICAST>  mtu 1500
        inet 10.206.32.7  netmask 255.255.240.0  broadcast 10.206.47.255
        inet6 fe80::5054:ff:fe26:d0b8  prefixlen 64  scopeid 0x20<link>
        ether 52:54:00:26:d0:b8  txqueuelen 1000  (Ethernet)
        RX packets 32760  bytes 41831805 (39.8 MiB)
        RX errors 0  dropped 0  overruns 0  frame 0
        TX packets 9446  bytes 1014530 (990.7 KiB)
        TX errors 0  dropped 0 overruns 0  carrier 0  collisions 0
```

图 17-14　云服务器的内网 IP 检查

接下来，正式安装KubeSphere。首先，设置当前云服务器的hostname，一般来说，这都是拿到一个服务器后的通常做法，类似于打标签，运行命令如下。

```
hostnamectl set-hostname kubesphere-allinone
```

关闭会话重新连接，可以看到 hostname 已经发生变化，如图 17-15 所示。

图 17-15　重连会话查看 hostname

接下来，下载“KubeKey”，由于 Github 无法被正常访问到，所以官方提供了第二种方式，先运行如下命令。

```
export KKZONE=cn
```

随后运行如下下载命令。

```
curl -sfL https://get-kk.kubesphere.io | VERSION=v3.0.7 sh -
```

命令运行过程有点缓慢，需要耐心等待，执行完毕后可以看到如图 17-16 所示内容。

```
[root@kubesphere-allinone home]#  export KKZONE=cn
[root@kubesphere-allinone home]# curl -sfL https://get-kk.kubesphere.io | VERSION=v3.0.7 sh -

Downloading kubekey v3.0.7 from https://kubernetes.pek3b.qingstor.com/kubekey/releases/download/
64.tar.gz ...


Kubekey v3.0.7 Download Complete!

[root@kubesphere-allinone home]# ll
total 111992
-rwxr-xr-x 1 root root 78901793 Jan 18  2023 kk
-rw-r--r-- 1 root root 35769576 Oct 30 11:29 kubekey-v3.0.7-linux-amd64.tar.gz
```

图 17-16　下载 KubeKey 的过程与结果

紧接着，通过运行命令“chmod +x kk”，为“kk”添加可执行的权限。但是在安装 KubeSphere 之前，还需要安装前置的软件依赖环境，运行命令如下。

```
yum install -y conntrack socat
```

conntrack 与 socat 依赖包安装完毕后的结果如图 17-17 所示。

```
Total                                                                        3.6 MB/s | 535 1
Running transaction check
Running transaction test
Transaction test succeeded
Running transaction
  Installing : libnetfilter_queue-1.0.2-2.el7_2.x86_64
  Installing : libnetfilter_cthelper-1.0.0-11.el7.x86_64
  Installing : libnetfilter_cttimeout-1.0.0-7.el7.x86_64
  Installing : conntrack-tools-1.4.4-7.el7.x86_64
  Installing : socat-1.7.3.2-2.el7.x86_64
  Verifying  : libnetfilter_cttimeout-1.0.0-7.el7.x86_64
  Verifying  : socat-1.7.3.2-2.el7.x86_64
  Verifying  : libnetfilter_cthelper-1.0.0-11.el7.x86_64
  Verifying  : conntrack-tools-1.4.4-7.el7.x86_64
  Verifying  : libnetfilter_queue-1.0.2-2.el7_2.x86_64

Installed:
  conntrack-tools.x86_64 0:1.4.4-7.el7                          socat.x86_64 0:1.7.3.2-2.el7

Dependency Installed:
  libnetfilter_cthelper.x86_64 0:1.0.0-11.el7              libnetfilter_cttimeout.x86_64 0:1.0.0-7.el7
  libnetfilter_queue.x86_64 0:1.0.2-2.el7_2

Complete!
```

图 17-17　安装 conntrack 与 socat 依赖包

最后，执行如下命令进行安装。该命令中使用的 Kubernetes 版本为 v1.22.12，KubeSphere 版本为 v3.3.2，彼此之间的版本需要匹配，否则不兼容。

```
./kk create cluster --with-kubernetes v1.22.12 --with-kubesphere v3.3.2
```

KubeSphere 的安装过程比较慢，请读者耐心等待，因为是纯净的环境，需要安装 Docker、Kubernetes 以及其他相关的依赖环境。安装的最终结果如图 17-18 所示。

```
11:47:05 CST success: [kubesphere-allinone]
#####################################################
###              Welcome to KubeSphere!           ###
#####################################################

Console: http://10.206.32.7:30880
Account: admin
Password: P@88w0rd
NOTES:
  1. After you log into the console, please check the
     monitoring status of service components in
     "Cluster Management". If any service is not
     ready, please wait patiently until all components
     are up and running.
  2. Please change the default password after login.

#####################################################
https://kubesphere.io             2023-10-30 11:51:56
#####################################################
11:51:58 CST success: [kubesphere-allinone]
11:51:58 CST Pipeline[CreateClusterPipeline] execute successfully
Installation is complete.

Please check the result using the command:

        kubectl logs -n kubesphere-system $(kubectl get pod -n kubes
path='{.items[0].metadata.name}') -f
```

图 17-18　KubeSphere 安装成功

如图 17-18 方框中所示，默认分配的 Console 为可以访问 KubeSphere 的控制台 url 地址，Account 与 Password 为默认的用户名和密码（建议登录后进行密码修改）。需要注意的是，Console 对应的 url 地址为内网 IP，需要自行更改为公网 IP 然后再进行访问，KubeSphere 控制台的登录界面如图 17-19 所示。

图 17-19 KubeSphere 控制台的登录界面

登录成功后，可以看到如图 17-20 所示的欢迎界面，至此，KubeSphere 安装成功。

图 17-20 KubeSphere 的欢迎界面

17.3.4 KubeSphere 启用 DevOps

进行项目部署的时候需要使用 DevOps 流水线，KubeSphere 中包含了 DevOps 组件，这套组件系统是专门为 KubeSphere 中的 CICD 工作流设计的，运维团队可以通过可视化的操作来进行项目的部署与迭代。所以为了后续的工作，本小节需要对 DevOps 组件进行开启。

第一步，打开平台管理，在左侧菜单中找到“定制资源定义”，进入后在右侧搜索“clusterconfiguration”，结果如图 17-21 所示。

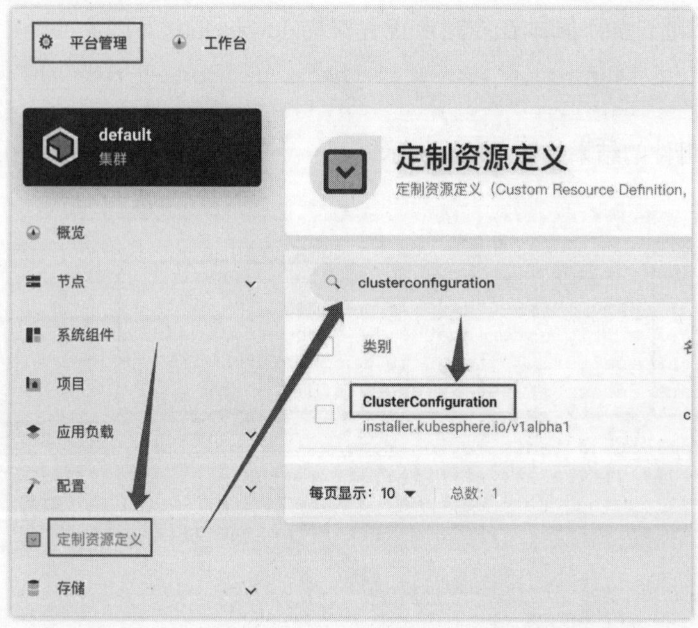

图 17-21　在“定制资源定义”中搜索“clusterconfiguration”

第二步，点击“clusterconfiguration”，进入其资源内部，并且选择“ks-installer”后方的“编辑 YAML”选项，如图 17-22 所示。

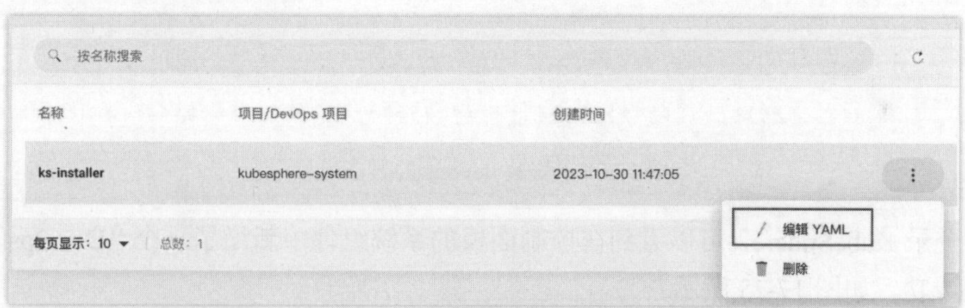

图 17-22　编辑“clusterconfiguration”的 YAML

第三步，在 YAML 文件中，搜索“devops”，把“enabled”从“false”改为“true”。修改完后点击右下角的“确定”，并保存配置，如图 17-23 所示。

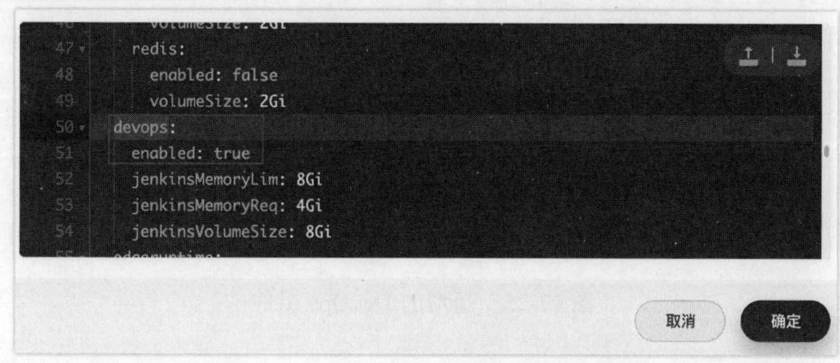

图 17-23　在 YAML 配置中开启 devops

同时，也可以通过如下脚本在控制台查看安装 devops 的过程。

```
kubectl logs -n kubesphere-system $(kubectl get pod -n kubesphere-system -l 'app in (ks-install, ks-installer)' -o jsonpath='{.items[0].
```

安装 devops 组件的结果如图 17-24 所示。

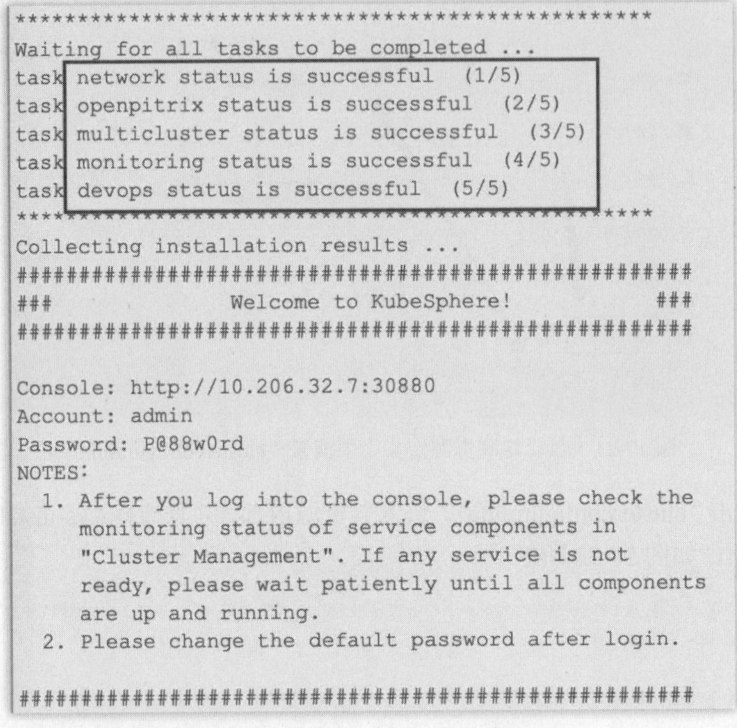

图 17-24　安装 devops 的日志结果

再次登录 KubeSphere，可以看到在控制面板的系统组件中新增了一个“DevOps”，说明该组件启用成功，如图 17-25 所示。

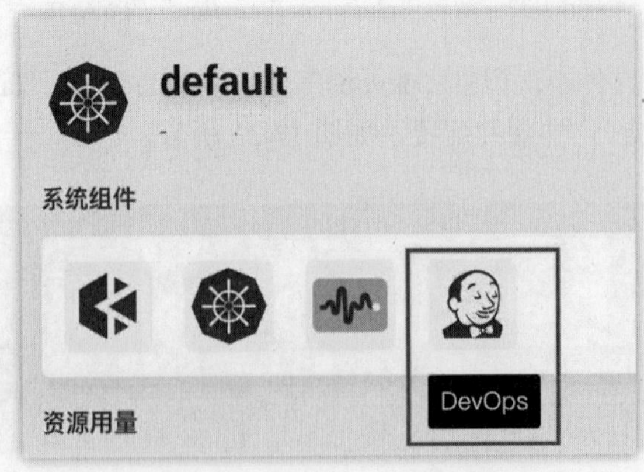

图 17-25　新增的 DevOps 组件

17.4　KubeSphere 多租户

17.4.1　KubeSphere 多租户系统

KubeSphere 是基于多租户的设计架构，可以允许不同企业在平台中设置不同的角色并且分配权限进行使用，不同角色的权限不同则操作的功能也不同。

KubeSphere 的多租户系统分为 3 个层级，分别如下。

- 集群：这是范围最大最广的，整个 KubeSphere 中所有的组件都在集群之下。也可以认为是 ROOT 根节点。
- 企业空间：集群下可以包含多个企业空间。不同的企业甚至不同的团队都可以创建不同的企业空间。每个责任人的角色就位于企业空间之下，不同角色的操作权限也不同。
- 项目：每个企业都可以有很多项目，不同的项目可以由不同的责任人进行管理。

集群、企业空间与项目的关系如图 17-26 所示。

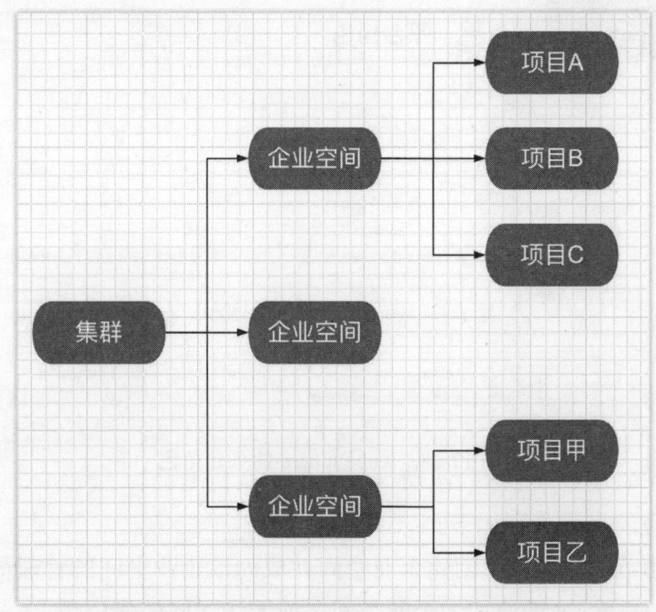

图 17-26　集群、企业空间与项目的关系

17.4.2　KubeSphere 多租户角色

在 KubeSphere 安装完毕之后，系统会默认分配一个“admin”账号进行登录，使用“admin”账号登录后，点击页面左上角的“平台管理”，并且切换到“访问控制”，如图 17-27 所示。

图 17-27 切换到“访问控制”页面

在“访问控制”页面中，可以看到如图 17-28 的 3 个角色。

图 17-28 KubeSphere 的平台角色

这 3 个平台角色的描述分别如下。

- platform-self-provisioner：创建企业空间并成为该企业空间的管理员。
- platform-regular：被邀请加入企业空间之前无法访问任何资源。
- platform-admin：管理 KubeSphere 平台上的所有资源。一般为系统管理员 admin、企业 Boss、运维总监等高层职务。

17.4.3 KubeSphere 多租户账号分配

在了解 KubeSphere 多租户的角色类别后，可以对其进行账号分配。首先分配一个高权限账号，为其设置如下信息并且绑定一个“platform-admin”角色。

- 用户名：boss。

- 邮箱：boss@abc.com。
- 平台角色：platform-admin。
- 密码：Abc_123456。

分配 boss 账号的过程与结果如图 17-29 所示。

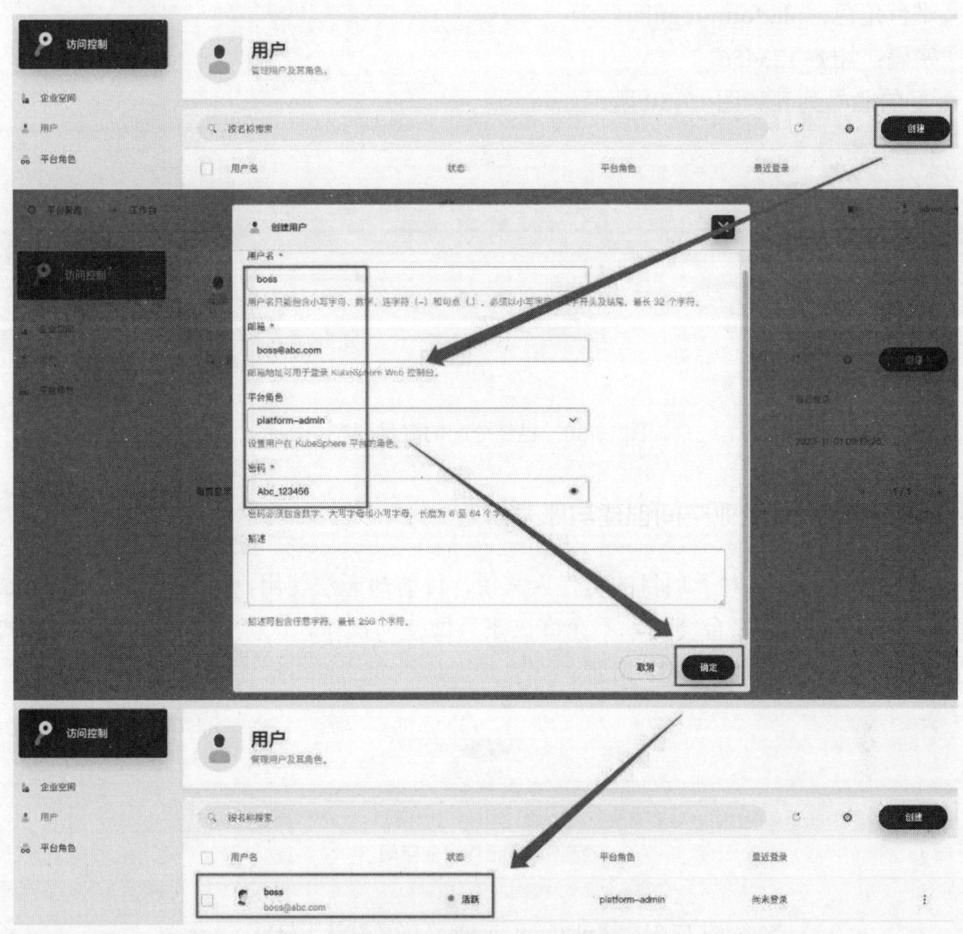

图 17-29　分配 boss 高权限账号

分配完 boss 账号后，可以使用该账号进行登录，登录后该账号的权限与 admin 一致。假设这个 boss 有很多公司，现在为某个企业创建一个平台账号，也就是创建企业空间，并且每个企业会有一个管理者，现在分配一个总经理角色，专门用于管理企业空间以及空间下的资源，分配信息如下。

- 用户名：general-manager。
- 邮箱：gm@abc.com。
- 平台角色：platform-self-provisioner。
- 密码：Abc_123456。

最后，再分配一个企业空间的责任人，因为总经理可以创建多个企业空间，而自己通常是管理不过来的，所以需要有下属来进行独立管理，一般可以是部门经理、项目总监或者项目经理等。此处以项目经理 ProjectManager 为例来进行分配，该角色可以管理某一个企业空间下的资源，分配信息如下。

- 用户名：project-manager。
- 邮箱：pm@abc.com。
- 平台角色：platform-regular。
- 密码：Abc_123456。

分配好的账号列表如图 17-30 所示。

用户名	状态	平台角色
project-manager pm@abc.com	活跃	platform-regular
general-manager gm@abc.com	活跃	platform-self-provisioner
boss boss@abc.com	活跃	platform-admin

图 17-30　已经分配的账号列表

17.4.4　KubeSphere 企业空间创建与账号绑定

分配好 3 个账号后，对于项目的责任人来说，目前却无法使用。如果使用“pm@abc.com”账号登录，KubeSphere 平台会提示不允许该账号做任何操作，因为该角色的权限需要被邀请到空间后才可以使用，如图 17-31 所示。

图 17-31　“platform-regular”角色默认无权限

重新使用总经理账号“gm@abc.com”登录 KubeSphere 平台，对于 platform-self-provisioner 角色来讲，首先需要做的，就是创建属于自己的企业空间，如图 17-32 所示。

图 17-32　待创建企业空间

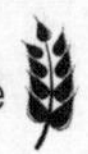

点击“创建”按钮，进行企业空间的创建，如图 17-33 所示。

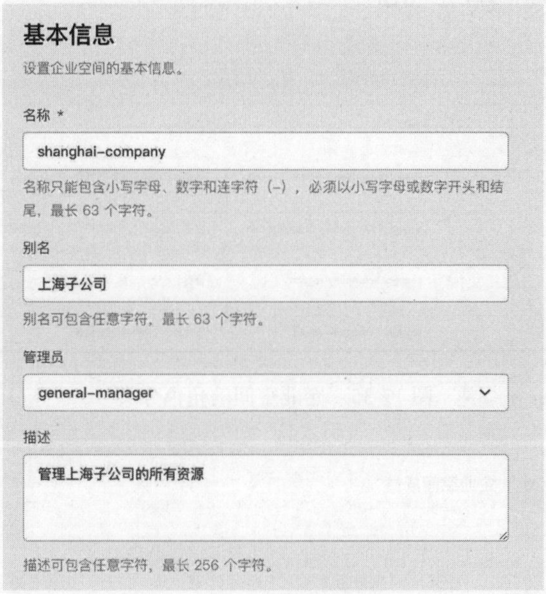

基本信息
设置企业空间的基本信息。
名称 *
shanghai-company
名称只能包含小写字母、数字和连字符（-），必须以小写字母或数字开头和结尾，最长 63 个字符。
别名
上海子公司
别名可包含任意字符，最长 63 个字符。
管理员
general-manager
描述
管理上海子公司的所有资源
描述可包含任意字符，最长 256 个字符。

图 17-33　创建企业空间

企业空间创建成功后，可以在列表中看到如图 17-34 所示内容（企业空间可以创建多个）。

企业空间
企业空间是一个组织您的项目和 DevOps 项目、管理资源访问权限以及在团队内部共享资源等的逻辑单元
按名称搜索
名称
shanghai-company (上海子公司)
管理上海子公司的所有资源

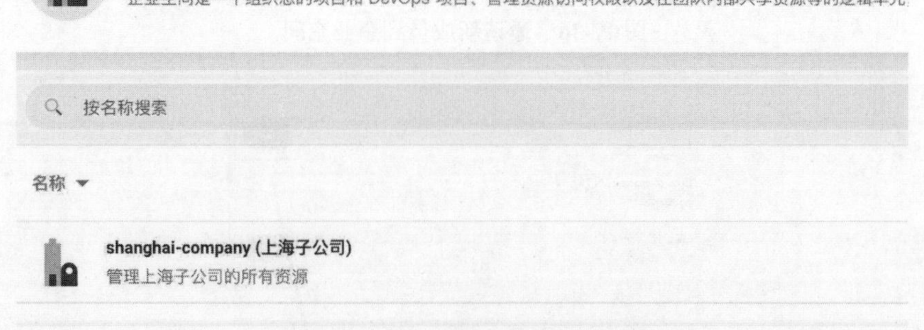

图 17-34　已创建的企业空间列表

进入企业空间内部，可以在“企业空间角色”菜单中看到在该企业空间下，也有多个不同的角色，这些角色都专属于企业空间，每个企业空间都有，如图 17-35 所示。

随后，邀请项目经理“pm@abc.com”到空间参与管理，如图 17-36 中所示，点击“邀请”按钮。

接下来，为项目经理“pm@abc.com”绑定一个新的角色，名为“shanghai-company-admin”，如此，当前空间就可以直接交给该项目经理进行管理了，因为企业空间的最高角色“总经理”没有必要参与日常空间的管理，直接把当前空间交给项目经理即可，项目经理就是责任人。如果有多个企业空间，可以分配给多个项目经理分开管理，保证职责的边界隔离，如图 17-37 所示。

图 17-35 企业空间的角色分类

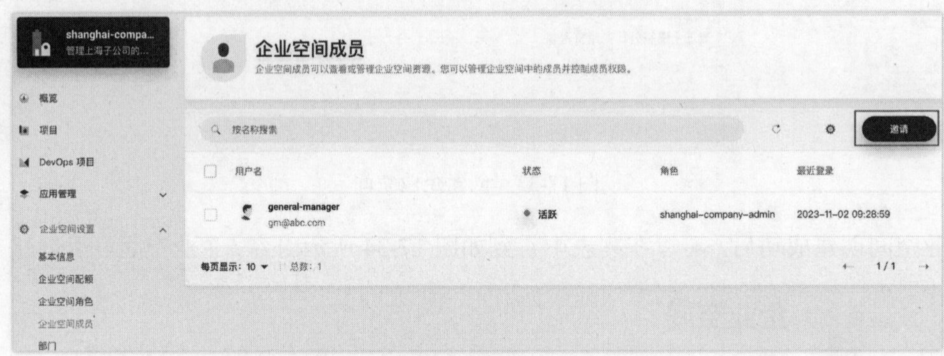

图 17-36 邀请新成员到企业空间

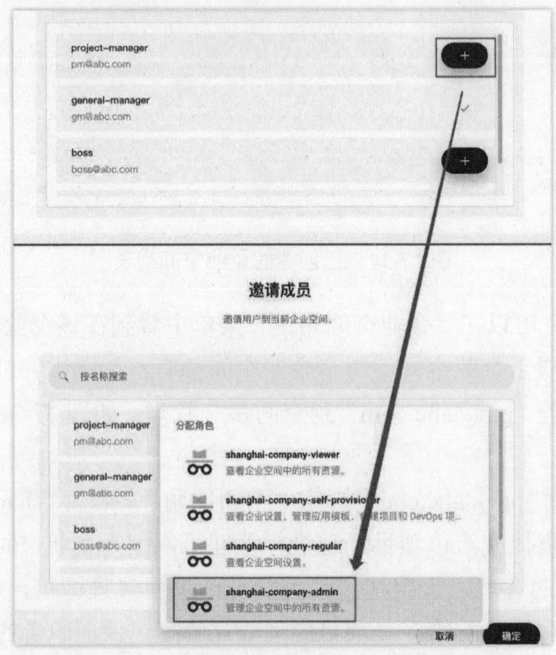

图 17-37 为新成员绑定企业空间的权限角色

成功邀请项目经理后，退出登录，再使用项目经理的账号进行登录，可以看到当前的项目经理已经包含了该企业空间下的资源管理内容，如图 17-38 所示。

图 17-38　邀请后的项目经理所包含的企业空间访问页面

至此，企业空间与项目经理的账号角色分配完毕。

17.4.5　KubeSphere 项目负责人账号分配

在 17.4.4 小节中，我们已经完成了对企业空间的创建和成员邀请管理，重新使用项目经理的账号“pm@abc.com”登录，可以看到如图 17-39 所示内容。

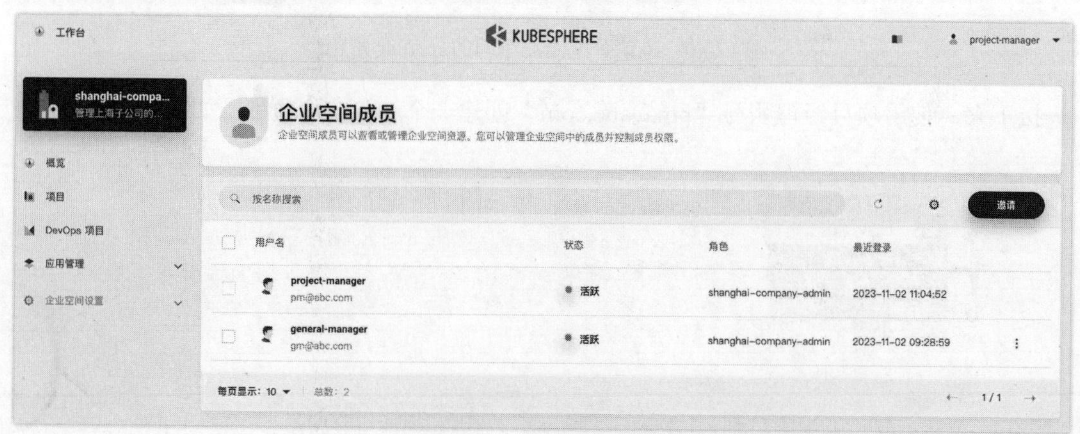

图 17-39　企业空间责任人页面

图 17-39 中，项目经理所看到的内容与总经理一致，只是总经理可以创建多个企业空间，而项目经理不行，项目经理只能在当前被分配的企业空间下进行管理。项目经理是可以管理多个项目的，每个项目也可能会有一个独立的技术组长来负责，所以本小节来创建一个 TeamLeader 的账号，来对独立项目进行管理，如此保证项目之间的边界隔离。

首先，使用顶级权限账号 boss 或者 admin 创建一个 TeamLeader 账号，账号信息如下。

- 用户名：team-leader。

- 邮箱：tl@abc.com。
- 平台角色：platform-regular。
- 密码：Abc_123456。

随后，使用企业空间管理员总经理账号“gm@abc.com”邀请 TeamLeader 到企业空间，因为项目经理无法直接把 boss 创建的账号拉入项目中，不能跨级操作，只能先由总经理拉入企业空间，再由项目经理拉入项目。图 17-40 所示为被邀请分配的空间角色。

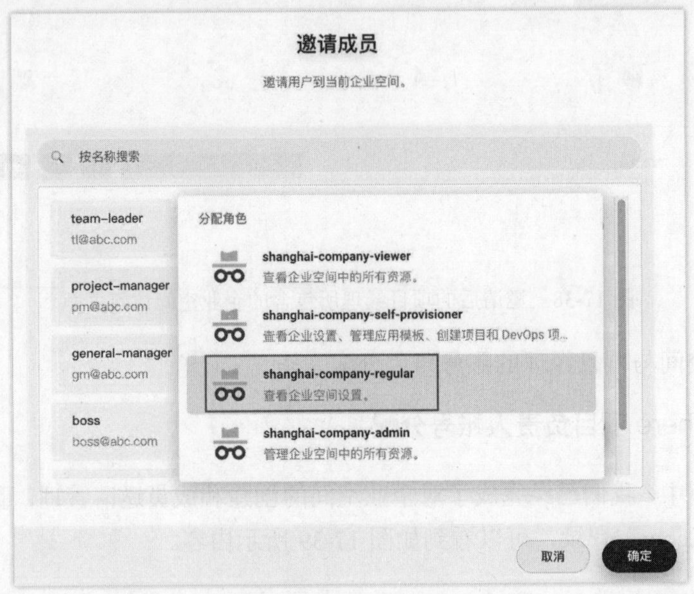

图 17-40　邀请分配企业空间的 regular 角色

接下来，使用项目经理账号“pm@abc.com”创建一个 DevOps 项目，如图 17-41 所示。

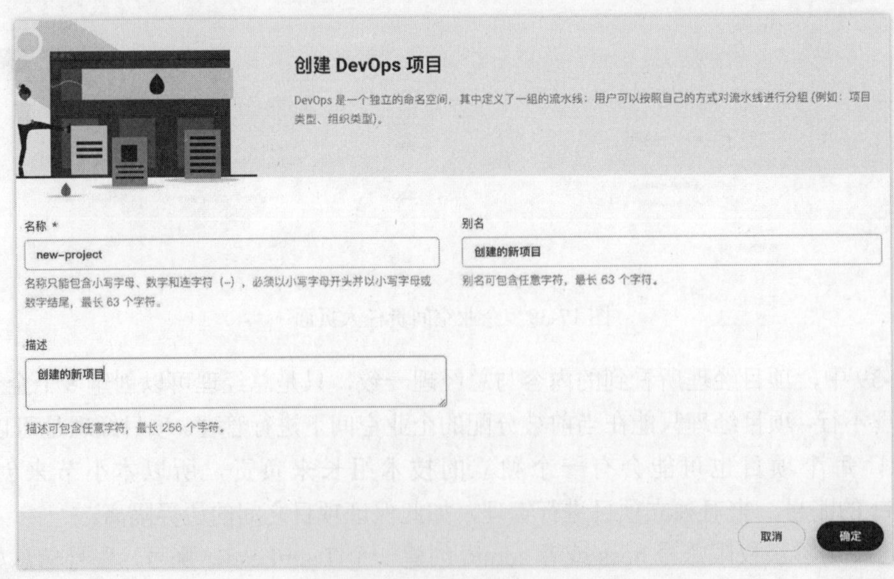

图 17-41　创建 DevOps 项目

创建好项目后，点击并进入该项目，每个项目也包含不同的角色，这些角色的权限仅限当前项目，如图 17-42 所示。

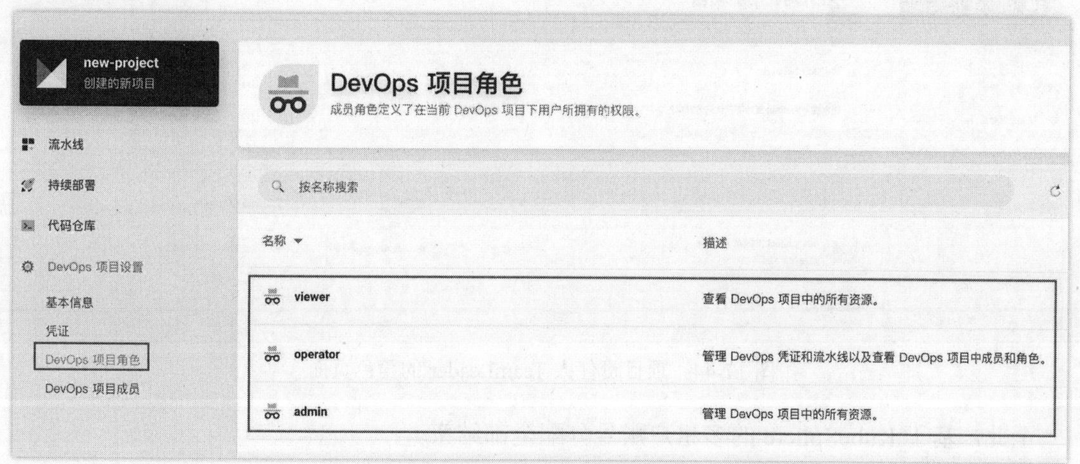

图 17-42　项目中的角色分类

随后邀请 TeamLeader 到项目中，如图 17-43 所示，选择“operator”角色，只需要管理项目即可。

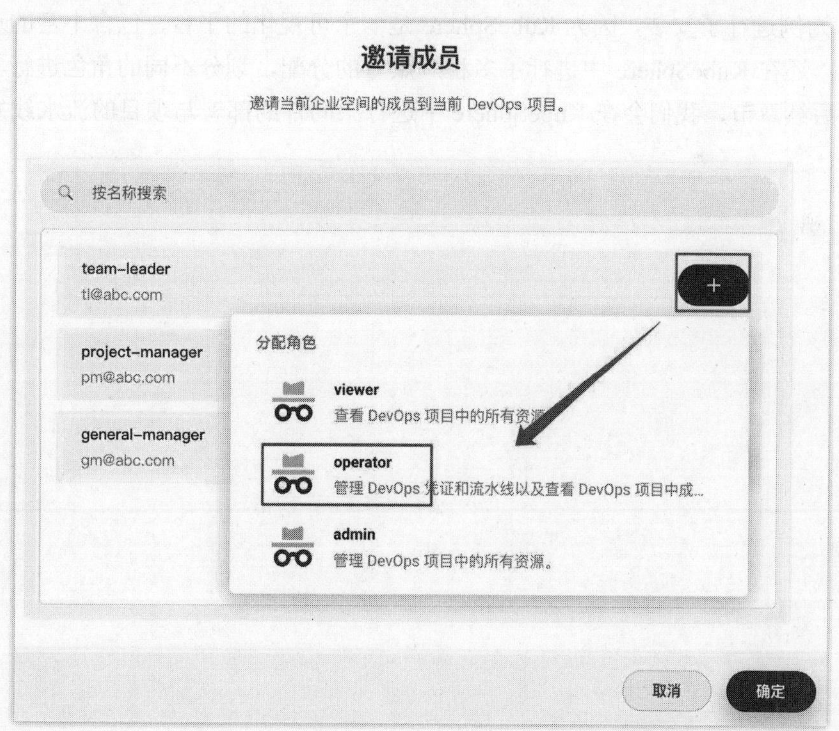

图 17-43　为 TeamLeader 分配 operator 角色权限

最后，重新使用 TeamLeader 账号登录，可以看到如图 17-44 所示的内容，当前 TeamLeader 仅能操作项目中的资源。

图 17-44　项目责任人 TeamLeader 的角色页面

至此，基于 KubeSphere 的多租户账号分配全部结束。

17.5　本章小结

本章主要对 DevOps 与 CICD 的概念做了阐述，也对 Kubernetes 进行了原理讲解。随后以 KubeSphere 为例进行了安装，因为 KubeSphere 是一个可视化的平台，包含丰富的运维功能与体系。此外，还在 KubeSphere 中进行了多租户账号的分配，划分不同的角色进行不同层级的权限操作。后续章节，我们会在 KubeSphere 中进行中间件的部署与项目的流水线发布。

第 18 章　KubeSphere 部署中间件

本章主要内容

- 应用的状态
- MySQL 部署
- Redis 部署
- RabbitMQ 部署
- OpenResty 部署
- 云负载均衡器 CLB

上一章，主要对 KubeSphere 进行了安装部署，以及多租户系统的应用。本章的主要内容是安装各类中间件，把项目所需要依赖的应用软件中间件在 KubeSphere 内部进行安装。此外，也会安装原生的 OpenResty 以及云负载均衡器 CLB。

18.1　应用的状态

18.1.1　有状态应用

有状态应用是指在运行过程中需要维系管理状态的应用程序。用大白话来讲，就是这个应用程序会存储管理数据信息，如果有需要，应用程序可以提供数据给外部访问，同时存储的数据信息也可以用来做迁移、备份或数据恢复。这么看来，很像数据库吧？没错，数据库就是有状态的应用程序。只要涉及数据，可以说就是有状态。再比如 Redis 缓存中间件，因为也有数据的管理，所以也是有状态应用。还有 RabbitMQ 消息队列中间件（消息存储）、Elasticsearch 搜索引擎中间件（分词存储）、Zookeeper 分布式协调中间件（节点数据存储）等，也都是有状态应用。

18.1.2　无状态应用

与有状态应用相反的就是无状态应用，无状态应用的交互是没有共享数据的，或者说是没有共享状态的。一般来说，某个任务完成以后不保留任何数据的存储，那当前就是无状态应用。比如一个独立的 SpringBoot 应用，只是返回一些固定的字符串，那么当前的 SpringBoot 应用就是一个无状态的。如果这个 SpringBoot 应用和数据库做了集成，每次请求响应都会和数据库交互，那么该 SpringBoot 应用则是有状态的。

一般来说，无状态应用的请求、响应、性能、资源都是独立的，不需要共享任何数据与状态信息。

18.1.3 KubeSphere 项目的存储、服务与配置

通过 18.1.1 小节与 18.1.2 小节对有状态应用与无状态应用的阐述，再结合图 18-1 所示，可以了解有状态应用在 KubeSphere 中的部署结构。

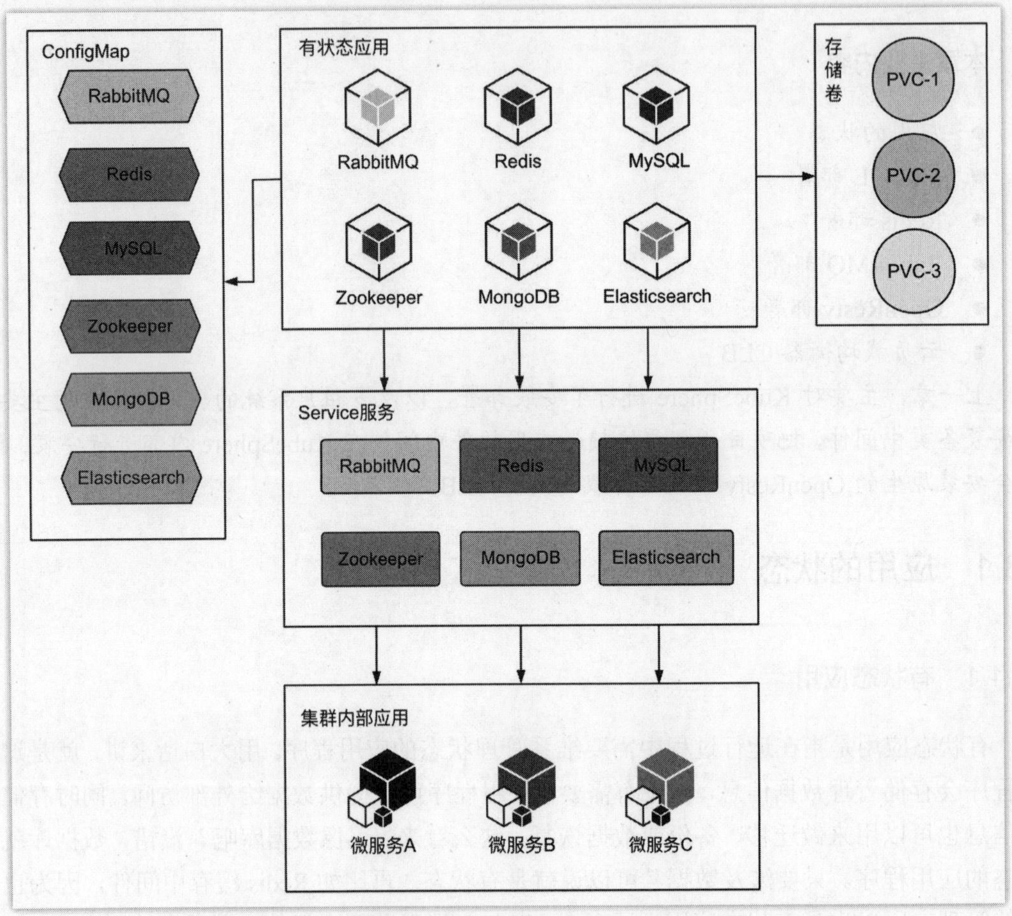

图 18-1　有状态应用在 KubeSphere 中的部署结构

图 18-1 中，核心部分是有状态应用（分布式中间件）。

- 有状态应用需要存储数据，在 KubeSphere 中，需要为这些中间件配置 PVC，也就是存储卷（持久卷）的意思，所有的数据都会存储在 PVC 中，每个中间件的安装都需要和 PVC 进行绑定。如果某个中间件容器损坏了，那么重新恢复数据也只需要与 PVC 绑定即可，非常丝滑。
- 每个有状态的应用中间件，都会有各自的配置，不同的中间件配置不同。在 KubeSphere 中，会统一设置 ConfigMap，ConfigMap 包含了不同中间件的配置，所以每个有状态应用都可以设置各自的 ConfigMap。
- 有状态应用在安装完毕后，并不能够直接使用，需要对外以服务的形式进行发布，即 Service 服务。

- 当整体的有状态应用全部安装配置完毕，那么就可以提供给 KubeSphere 中的项目进行对接使用了，即集群（KubeSphere 的集群）内部应用。

下面我们对 KubeSphere 进行操作。

首先，使用项目经理 project-manager 身份登录 KubeSphere 平台，创建一个项目，如图 18-2 所示。

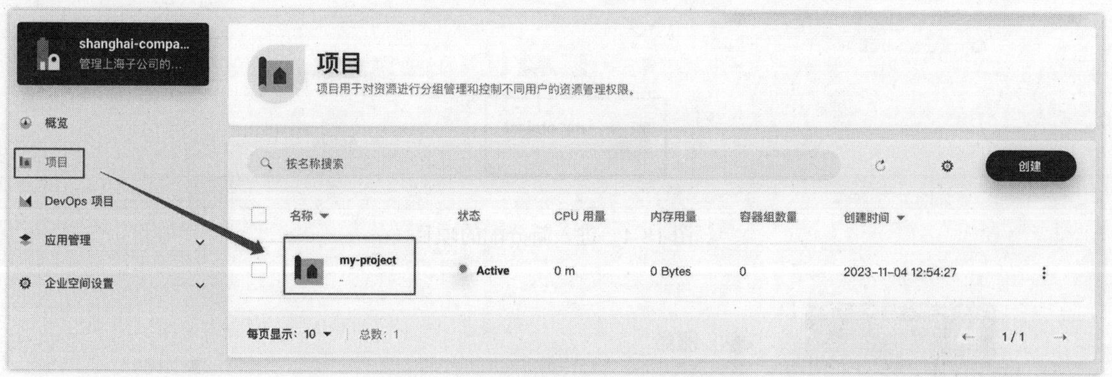

图 18-2　使用项目经理身份创建项目

随后，把该项目分配给项目组长 team-leader，直接邀请用户即可，角色绑定为“operator”，如图 18-3 所示。

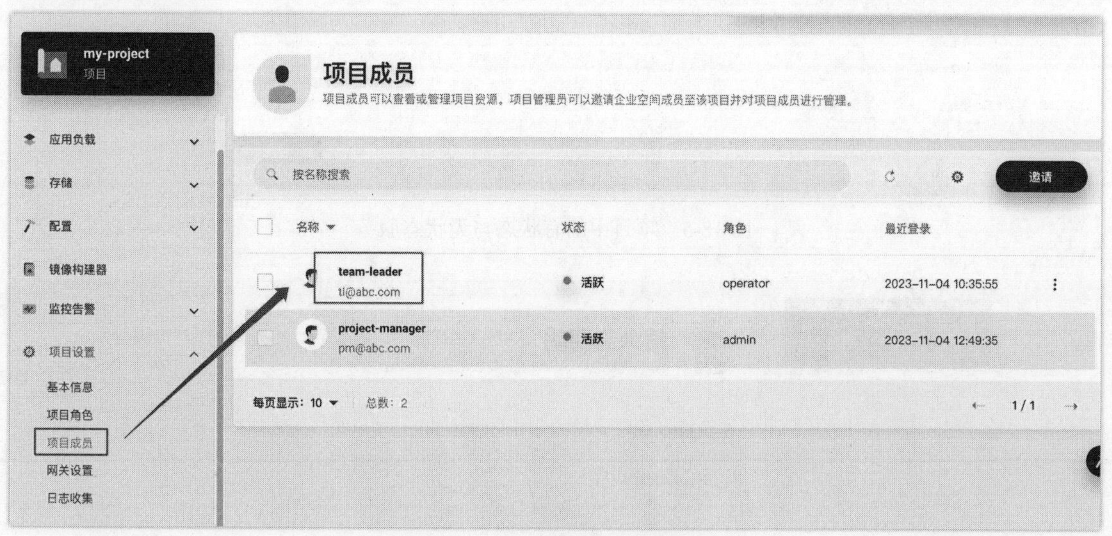

图 18-3　邀请项目组长到项目中

接下来，退出登录，使用项目组长的账号 tl@abc.com 进行登录，登录后，点击并进入刚才新分配的项目“my- project”，如图 18-4 所示。

进入项目后，在左侧菜单处，通过“应用负载—服务”即可看到如图 18-5 所示的有状态与无状态服务位置。

在“存储—持久卷声明”处可以看到持久卷（存储卷），如图 18-6 所示。

图 18-4　进入新分配的项目

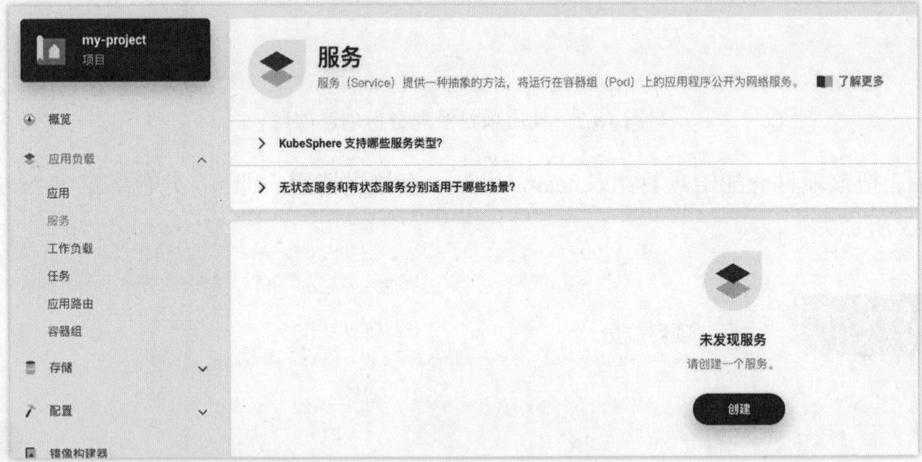

图 18-5　项目中的有状态与无状态服务

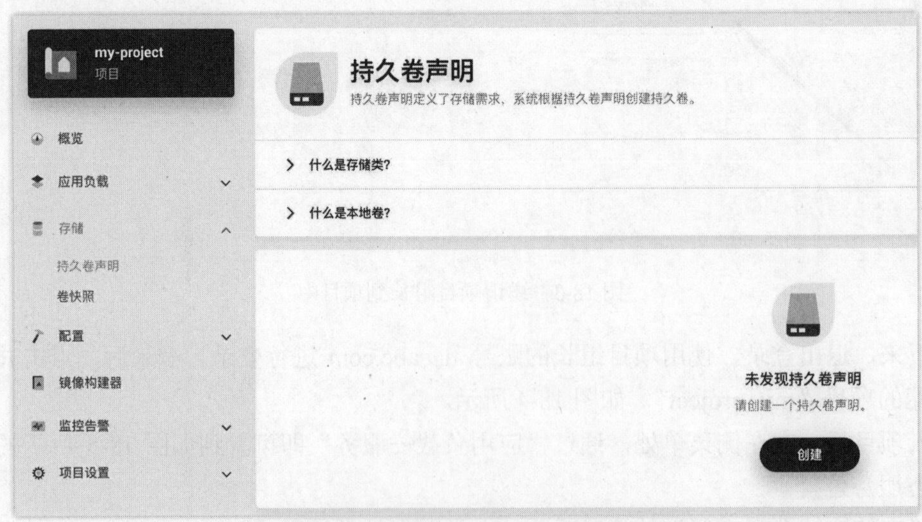

图 18-6　项目中的 PVC 持久卷

在“配置—配置字典”处可以看到如图 18-7 所示内容，这个就是 ConfigMap。

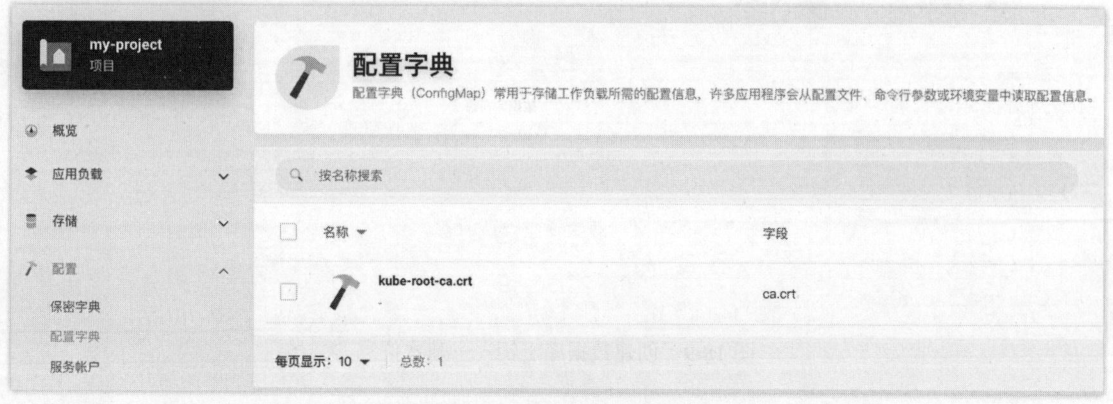

图 18-7　项目中的 ConfigMap 配置字典

如此，通过操作 KubeSphere，我们成功创建了“项目”以及“角色的绑定”。通过绑定的项目，可以查看到“服务”“持久卷”以及“配置字典”。

18.2　KubeSphere 部署中间件 MySQL8

18.2.1　设置保密字典

MySQL8 作为第一个将要部署的中间件，先要创建保密字典（密钥），如图 18-8 所示。

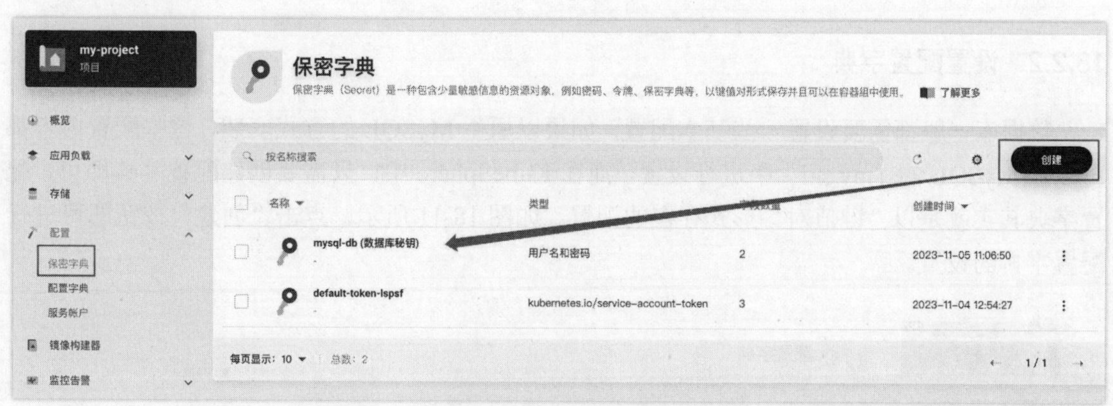

图 18-8　已创建完毕的保密字典

创建过程中需要输入“名称”与“别名”，如图 18-9 所示。

随后下一个 tab 页中，输入数据库的用户名和密码，如图 18-10 所示。

至此，MySQL 数据库密钥设置成功。

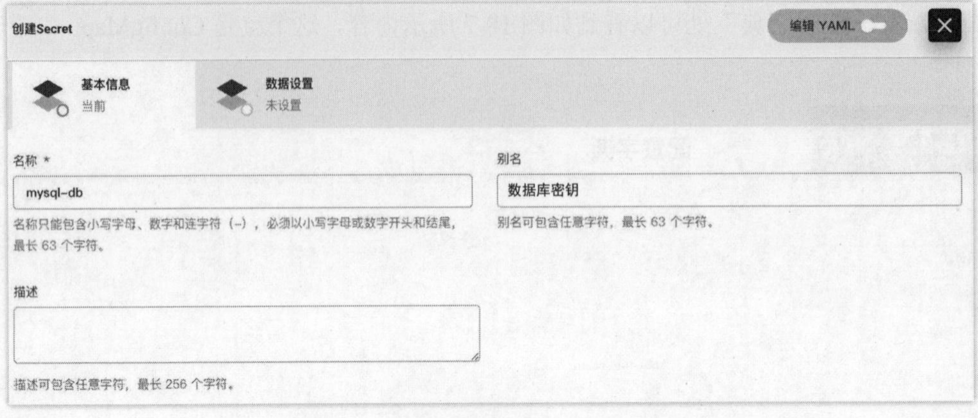

图 18-9　创建数据库密钥——基本信息

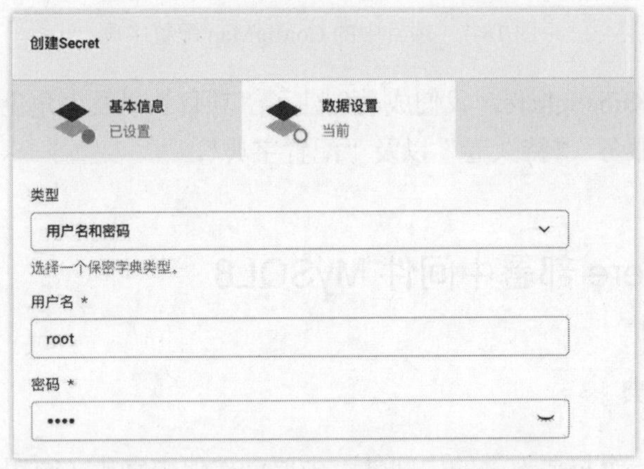

图 18-10　创建数据库密钥——数据设置

18.2.2　设置配置字典

数据库一般都需要设置一些基本配置，如果以原生 MySQL 的方式安装，这些配置内容都可以在 MySQL 的“my.cnf”中进行设置。而在 KubeSphere 中，只需要创建配置字典即可，配置字典其实就是以“键值对”形式存在的配置。如图 18-11 所示，点击“创建”按钮即可进行配置字典的设置。

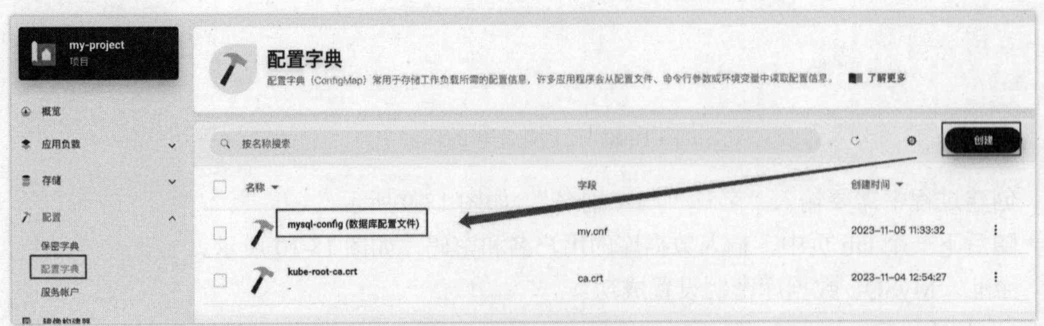

图 18-11　为 MySQL 数据库创建配置字典

首先，设置基本信息，为配置字典任意取一个“名称”与“别名”，如图 18-12 所示。

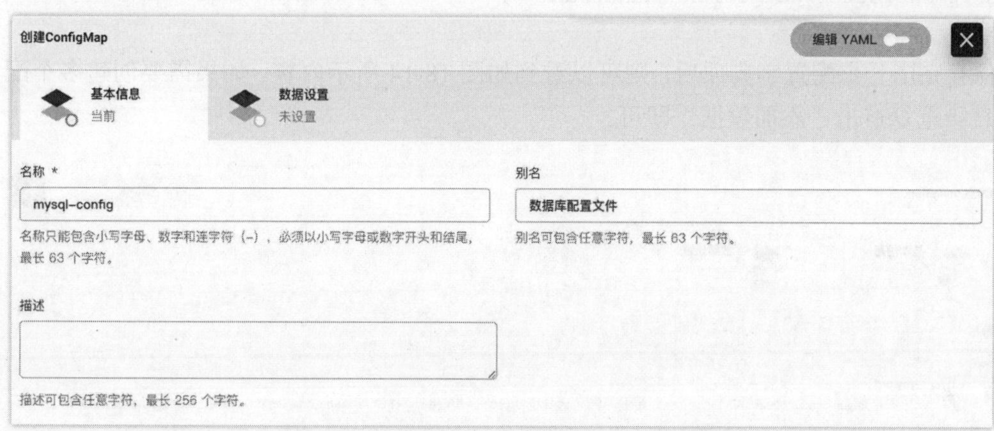

图 18-12　设置 MySQL 配置字典——基本信息

随后，进行数据设置，即当前配置字典的具体内容配置，以“键值对”形式存在，配置如图 18-13 所示。

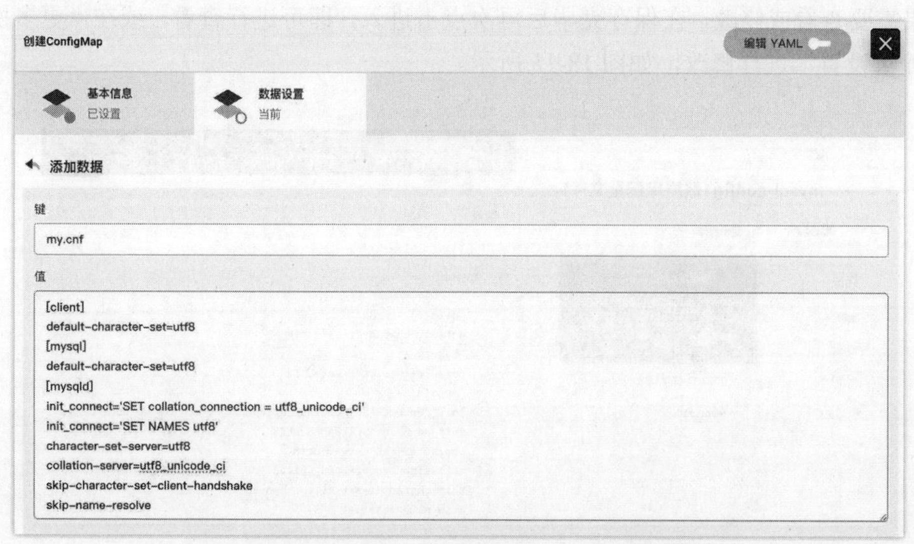

图 18-13　设置 MySQL 配置字典——数据设置

图 18-13 中，“键”可以定义为文件的名称，这样也方便理解和区分，“值”可以直接复制如下配置作为 value，该配置主要用来进行字符集的相关配置（读者也可适当精简或扩充）。

```
[client]
default-character-set=utf8
[mysql]
default-character-set=utf8
[mysqld]
init_connect='SET collation_connection = utf8_unicode_ci'
 init_connect='SET NAMES utf8'
character-set-server=utf8
```

```
collation-server=utf8_unicode_ci
skip-character-set-client-handshake
skip-name-resolve
```

保存完毕一个配置字典项后，则可以看到如图 18-14 所示内容。如果需要创建多个配置字典，直接重复点击“添加数据”即可。

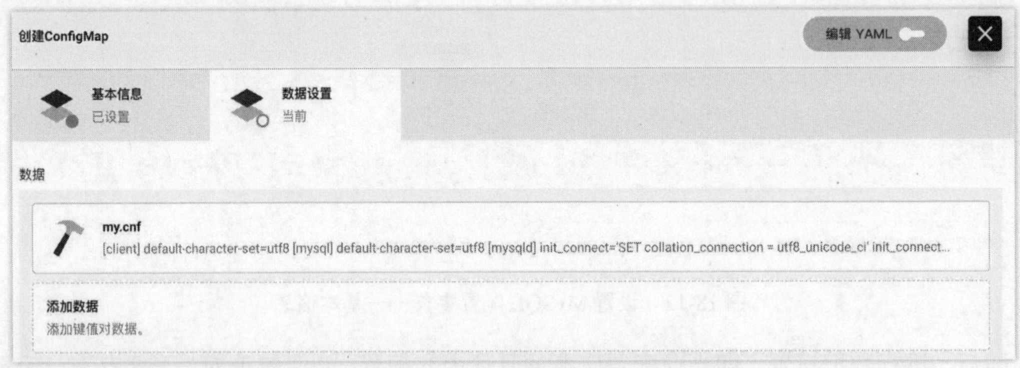

图 18-14　已保存的配置字典项

如果需要查看或修改，在保存完毕后再次点击进入，即可进行查看，或在“更多操作”中点击“编辑设置”进行修改，如图 18-15 所示。

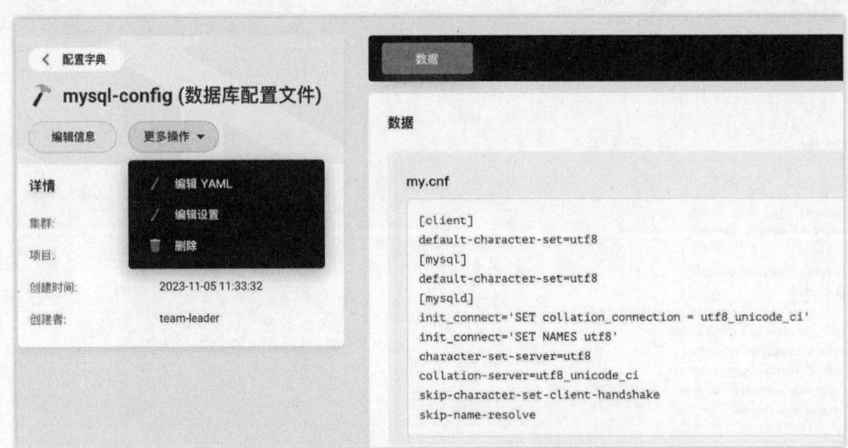

图 18-15　查看或修改 MySQL 数据库配置字典

至此，MySQL 数据库配置字典设置成功。

18.2.3　配置 MySQL 的持久卷 PVC

MySQL 数据库需要配置 PVC 持久卷进行数据的保存，点击“持久卷声明—创建”，如图 18-16 所示。

设置“基本信息”，填入“名称”与“别名”即可，如图 18-17 所示。

“存储设置”保持默认即可，如果读者的磁盘空间很大，也可以适当提升空间，如图 18-18 所示。

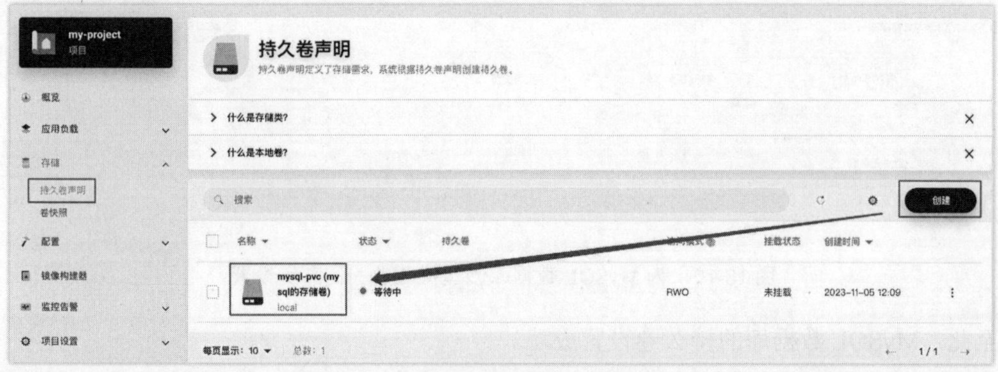

图 18-16　为 MySQL 数据库创建持久卷

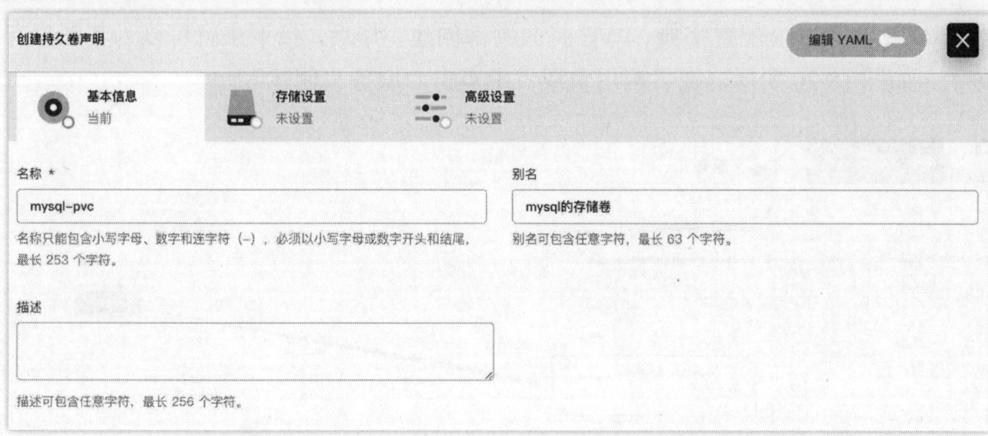

图 18-17　为 MySQL 数据库创建持久卷——设置基本信息

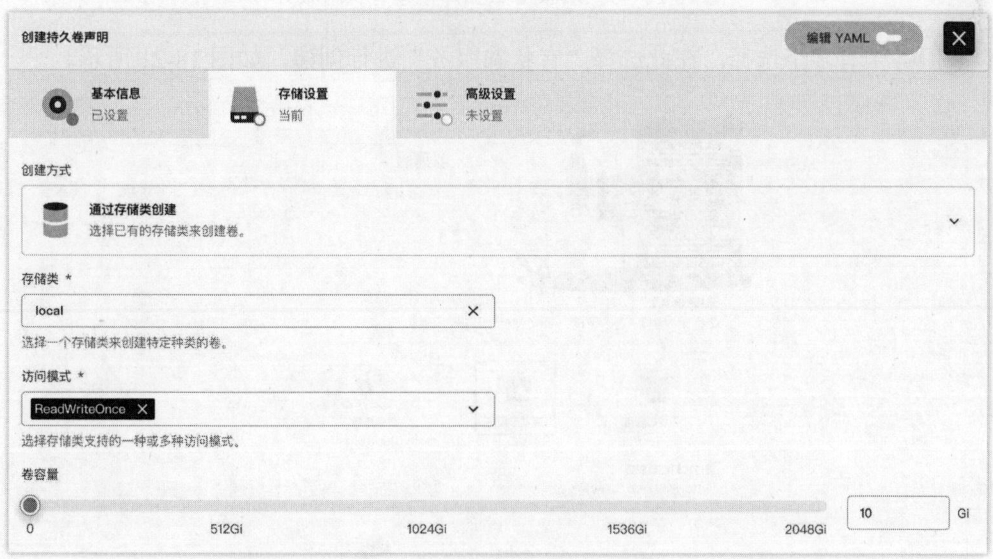

图 18-18　为 MySQL 数据库创建持久卷——存储设置

对于“高级设置”来说，也可以直接保持默认，直接点击“下一步”即可，如图 18-19 所示。

图 18-19　为 MySQL 数据库创建持久卷——高级设置

至此，MySQL 数据库的持久卷设置成功。

18.2.4　创建 MySQL 的有状态服务

当 MySQL 的密钥、配置字典、PVC 持久卷都创建完毕后，接下来就可以为其创建有状态的服务了。如图 18-20 所示，在“应用负载”中点击“服务—创建”。

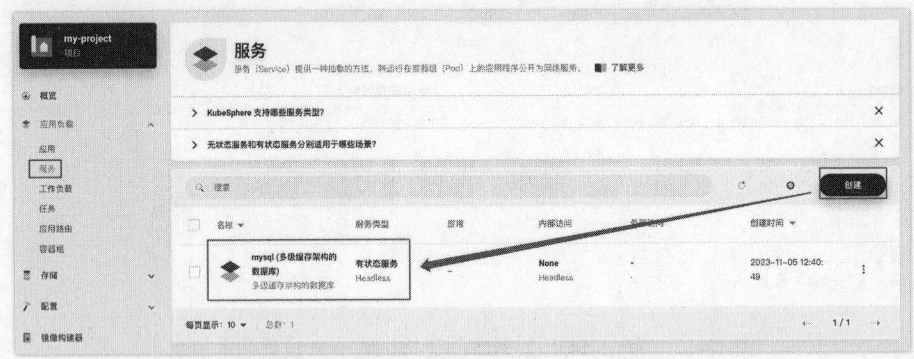

图 18-20　为 MySQL 数据库创建有状态服务

创建服务中有多个选择，在此选择“有状态服务”进行创建，如图 18-21 所示。

图 18-21　创建 MySQL 有状态服务——选择服务类型

在第一个“基本信息”标签页中，设置服务的名称、别名与描述，如图 18-22 所示。

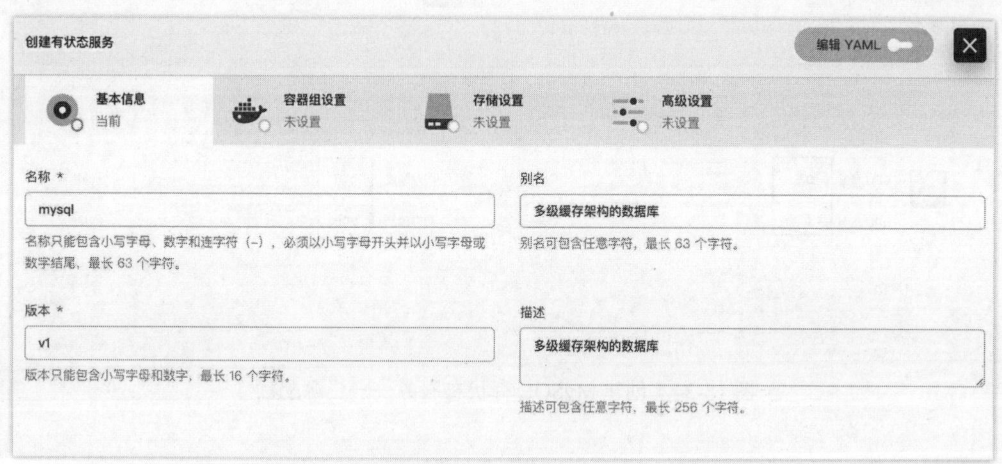

图 18-22　创建 MySQL 有状态服务——基本信息

在“容器组设置”标签页需要设置的信息稍多，先选择容器的名称，这个是直连 Docker Hub，其核心就是 Docker 下载，所以这里选择的容器与本书第 2 章的在 Docker 中安装 MySQL 是一致的，均为“mysql:8.0.33”，并且点击“使用默认端口”为其进行端口映射，如图 18-23 所示。

图 18-23　创建 MySQL 有状态服务——容器组设置

随后，再为容器设置配额，CPU 的预留与限制设置分别为 0.5 与 1，内存的预留与限制设置分别为 500 与 2000，如果读者的服务器配置很好，此处的配额可以设置更高。容器名称可以随意，或者保持默认。具体配置如图 18-24 所示。

接下来的端口设置可以采用 MySQL 默认的，或者自行更改，如图 18-25 所示。

随后很重要的就是配置环境变量，该环境变量就是在 18.2.1 小节中所设置的密钥，在此需要关联使用。如图 18-26 所示，选择来自保密字典，名称为“MYSQL_ROOT_PASSWORD”，选择密码 password 即可。

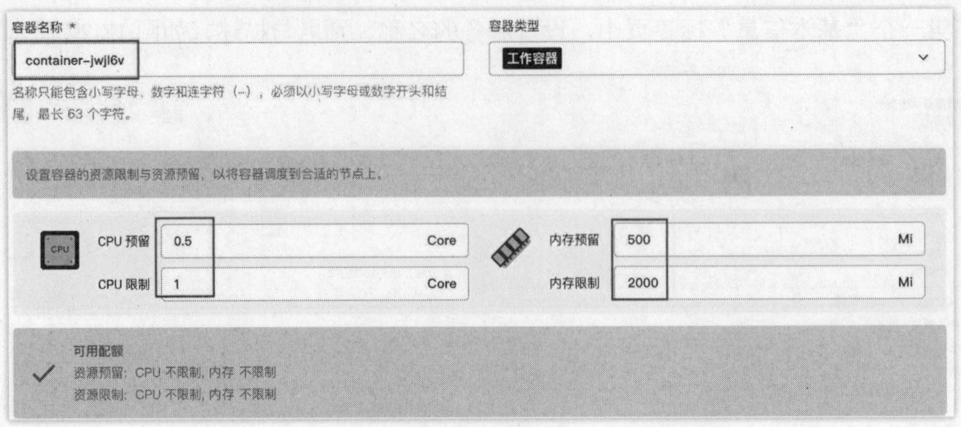

图 18-24　创建 MySQL 有状态服务——资源配额

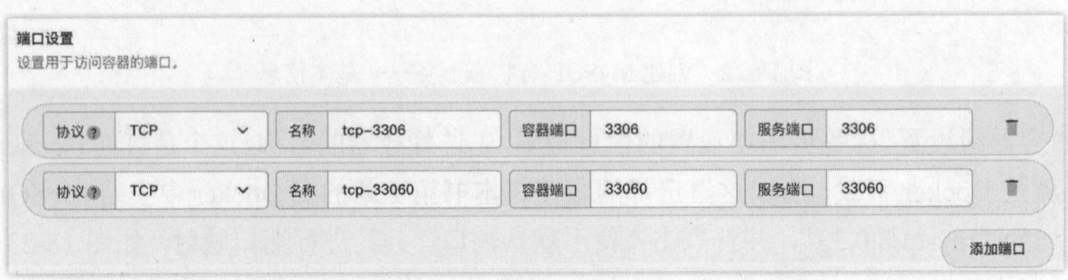

图 18-25　创建 MySQL 有状态服务——端口设置

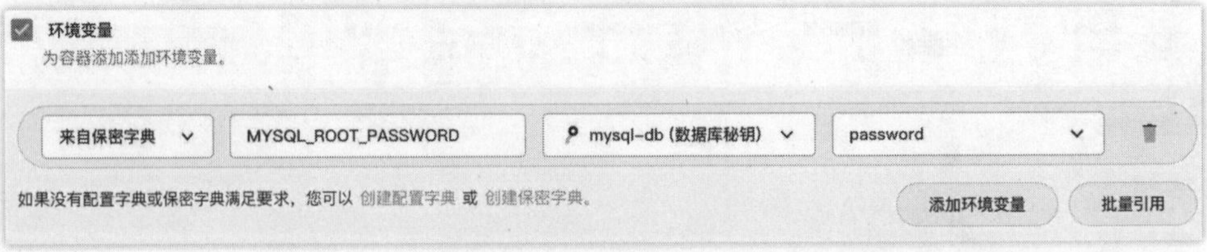

环境变量
为容器添加添加环境变量。

来自保密字典　MYSQL_ROOT_PASSWORD　mysql-db (数据库秘钥)　password

如果没有配置字典或保密字典满足要求，您可以 创建配置字典 或 创建保密字典。　添加环境变量　批量引用

图 18-26　创建 MySQL 有状态服务——环境变量

在当前标签页的最后，选择调度规则，此处使用分散调度，该规则类似于数据分片，可以把数据分散到不同节点进行调度，如图 18-27 所示。

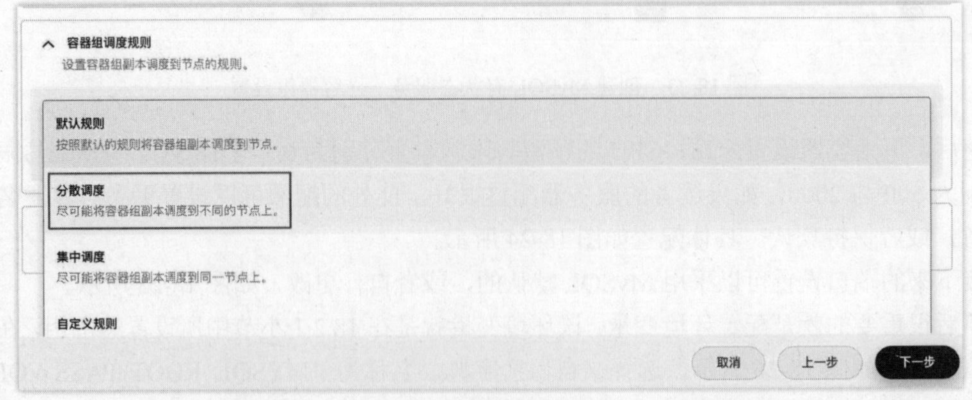

图 18-27　创建 MySQL 有状态服务——调度规则

进入下一个标签页“存储设置”，此处先进行配置字典设置，此处选择 18.2.2 小节中的配置字典即可，并且设置为“只读”配置，路径为“/etc/mysql/conf.d”（该路径与第 2 章 Docker 安装 MySQL 的保持一致），并且还需要选择特定键，也就是配置字典中的“my.cnf”，映射的文件名也为“my.cnf”，最后点击右下角的“钩”进行保存即可，如图 18-28 所示。

图 18-28　创建 MySQL 有状态服务——存储设置的配置字典

配置字典保存完毕后如图 18-29 所示。

图 18-29　创建 MySQL 有状态服务——创建好的配置字典

配置字典的下方可以再配置持久卷（挂载卷），此处选择 18.2.3 小节创建的 PVC 即可，挂载卷中涉及数据的保存，所以选择“读写”，并且路径挂载为“/var/lib/mysql”，与第 2 章的 Docker 创建 MySQL 的路径保持一致，如图 18-30 所示。

配置字典与持久卷配置成功后如图 18-31 所示。

图 18-30　创建 MySQL 有状态服务——配置持久卷

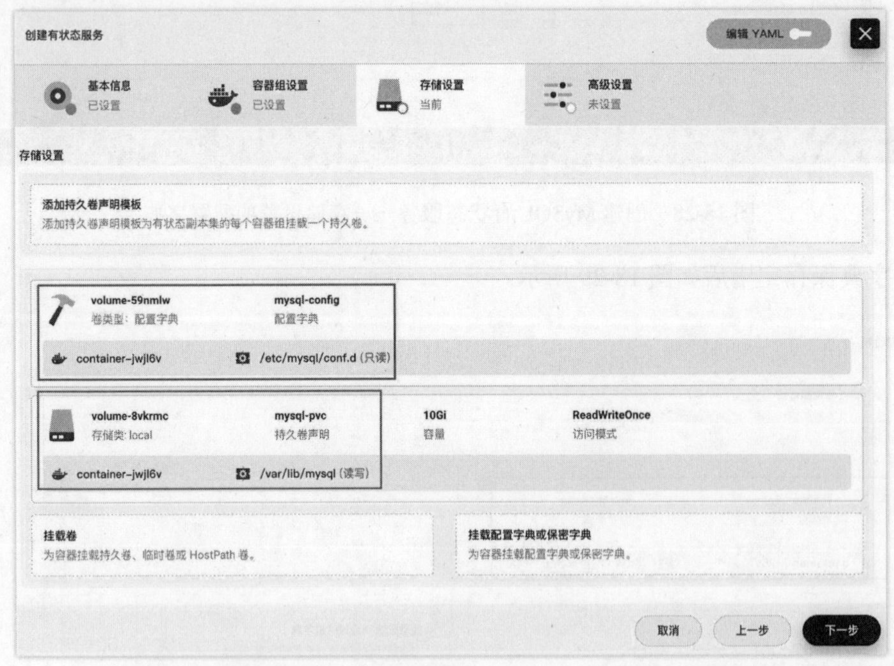

图 18-31　创建 MySQL 有状态服务——持久卷与配置字典配置完毕

进入“高级设置”标签页中，此页面保持默认即可，其中的“会话保持”，可以保证一定的时间内客户端固定访问某个容器组节点，如图 18-32 所示。

最终保存后，可以进入 MySQL 有状态服务中，查看到具体的详情内容。左侧方框处为容器详情，右侧为端口映射以及正在运行的绿色状态，如果容器创建失败，此处为红色标记，如图 18-33 所示。

图 18-32　创建 MySQL 有状态服务——高级设置

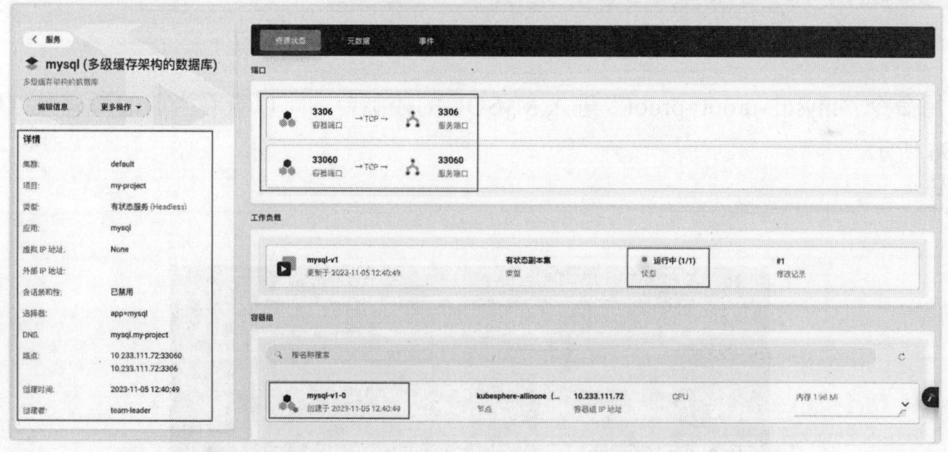

图 18-33　创建 MySQL 有状态服务——创建成功的详情内容

至此，有状态服务的 MySQL 创建成功。

18.2.5　为 MySQL 创建数据库并导入数据

当 MySQL 在 KubeSphere 中部署完毕后，需要把现有开发环境的数据进行导入。KubeSphere 平台可以通过网页端直接进入容器的内部，在网页中就能进行命令行的操作，相当便捷。进入容器组“MySQL”，点击“终端”按钮，如图 18-34 所示。

点击“终端”后可以看到如图 18-35 所示的网页 ssh 控制台，该控制台所显示的内容本质就是容器的内部。

图 18-34　点击 MySQL 容器组的“终端”

图 18-35　进入 MySQL 的容器内部控制台

使用命令“mysql -uroot -proot”进入 MySQL 的控制台，可以查看当前的所有数据库，如图 18-36 所示。

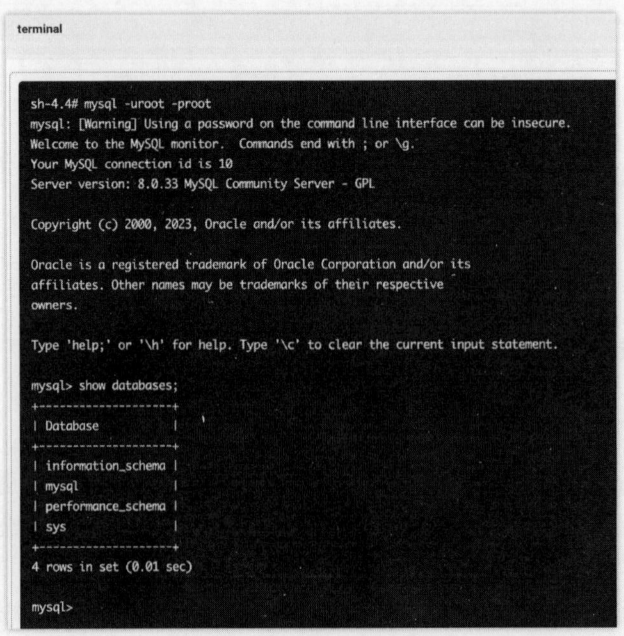

图 18-36　进入 MySQL 控制台并且显示所有数据库

使用脚本"create database myshop default character set utf8mb4;"创建数据库，如图 18-37 所示。

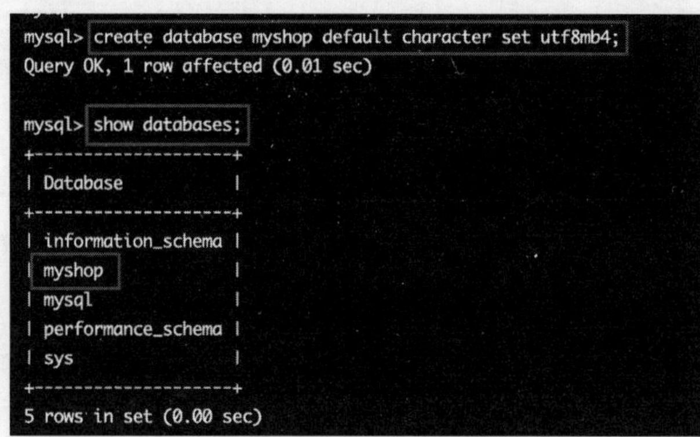

图 18-37　数据库创建成功

随后使用 Navicat 打开数据库并进行数据备份，以"结构+数据"的形式保存备份的脚本，如图 18-38 所示。

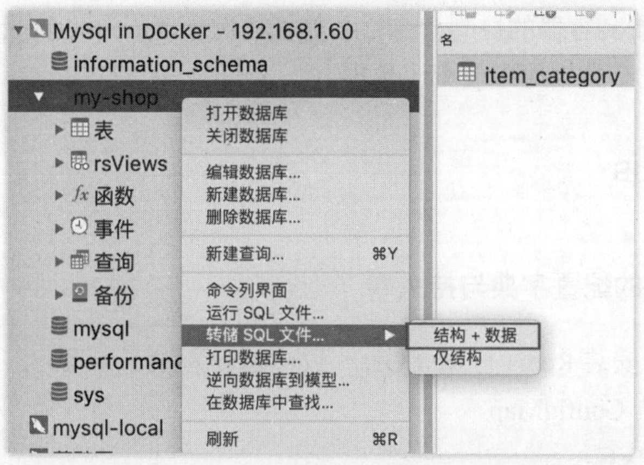

图 18-38　备份数据库导出的 sql 脚本

备份并导出的脚本内容如下。

```
SET NAMES utf8mb4;
SET FOREIGN_KEY_CHECKS = 0;
-- ----------------------------
-- Table structure for item_category
-- ----------------------------
DROP TABLE IF EXISTS `item_category`;
CREATE TABLE `item_category` (
`id` int NOT NULL COMMENT '主键id',
`category_name` varchar(64) COLLATE utf8mb4_unicode_ci NOT NULL COMMENT '商品分类名称', PRIMARY KEY (`id`)
) ENGINE=InnoDB DEFAULT CHARSET=utf8mb4 COLLATE=utf8mb4_unicode_ci;
```

```
-- ----------------------------
-- Records of item_category
-- ----------------------------
BEGIN;
INSERT INTO `item_category` VALUES (1001, '大孩子玩具');
INSERT INTO `item_category` VALUES (1002, '母婴');
INSERT INTO `item_category` VALUES (1003, '生活用品');
INSERT INTO `item_category` VALUES (1004, '音像制品');
INSERT INTO `item_category` VALUES (2001, '书籍');
INSERT INTO `item_category` VALUES (2002, '服饰');
INSERT INTO `item_category` VALUES (3001, '手机');
INSERT INTO `item_category` VALUES (3002, '电脑');
INSERT INTO `item_category` VALUES (3003, '数码产品');
INSERT INTO `item_category` VALUES (4001, '家居用品');
INSERT INTO `item_category` VALUES (4002, '食品');
INSERT INTO `item_category` VALUES (4003, '线材');
INSERT INTO `item_category` VALUES (5001, '软件服务');
COMMIT;

SET FOREIGN_KEY_CHECKS = 1;
```

在把上述脚本复制到容器的控制命令行之前，先运行“use myshop;”，随后再运行上述脚本即可。如此，MySQL 数据库中便有了数据。

18.3 部署 Redis

18.3.1 创建 Redis 的配置字典与持久卷

在 KubeSphere 中安装 Redis 与 MySQL 一致，也分为如下步骤。

- 创建配置字典 ConfigMap。
- 创建持久卷 PVC。
- 创建有状态服务。

Redis 的密码是在配置文件中设置的，所以不需要配置保密字典（密钥），这点需要区别开来。

首先，创建配置字典 ConfigMap，“名称”与“别名”可以随意取，如图 18-39 所示。

复制如下配置到配置字典的数据设置中。

```
## 密码配置
requirepass fengjianyingyue
## 使用 AOF 存储模式
appendonly yes
```

复制配置后，“键”的名称保持和 Redis 的配置文件名“redis.conf”一致即可，也便于区分，如图 18-40 所示。

保存后的配置字典如图 18-41 所示。

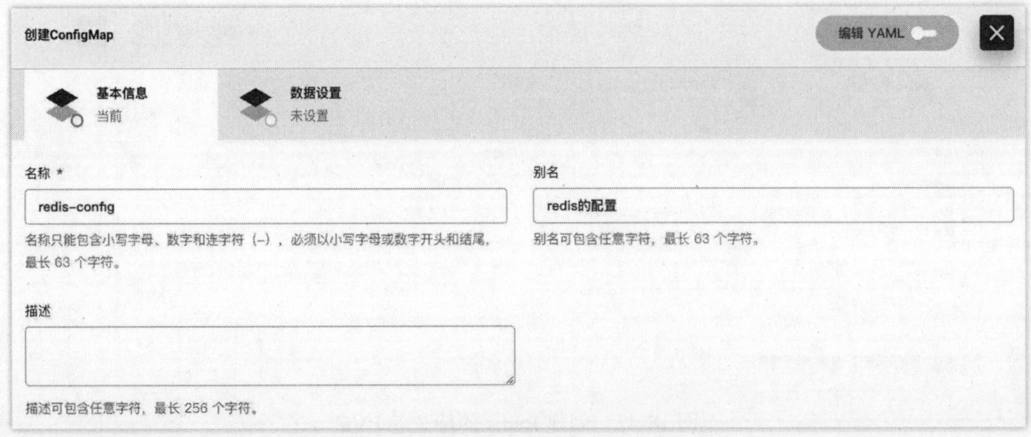

图 18-39　创建 Redis 的 ConfigMap

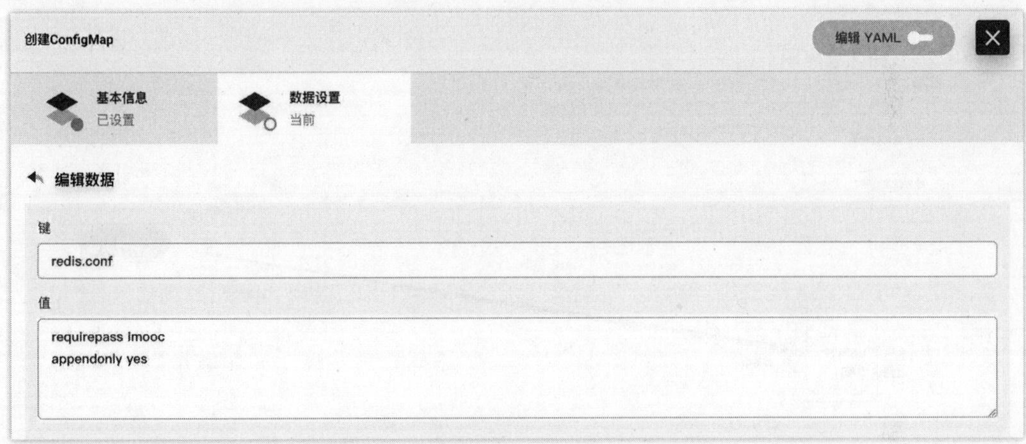

图 18-40　在数据设置中进行 Redis 的配置

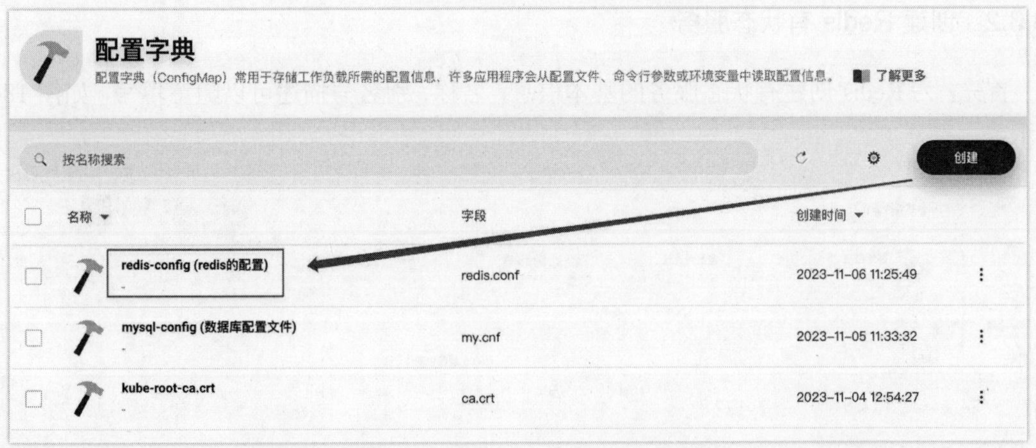

图 18-41　创建成功的 Redis 配置字典

随后，再创建 Redis 的持久卷 PVC，如图 18-42 所示。

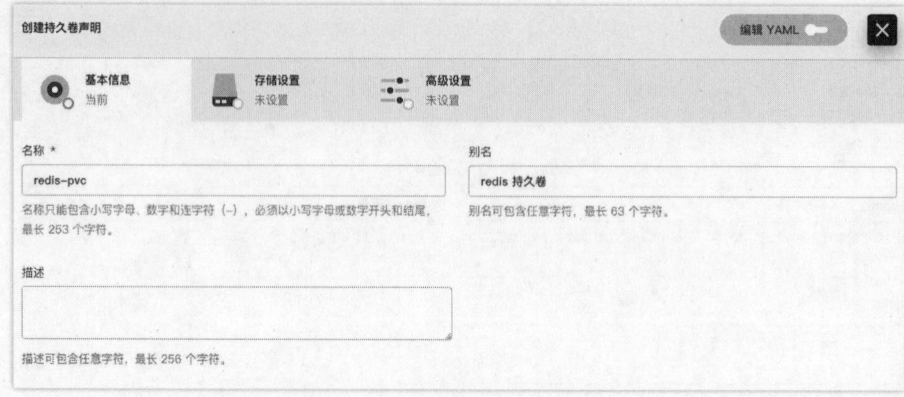

图 18-42　创建 Redis 的持久卷 PVC

创建成功后，如图 18-43 所示。

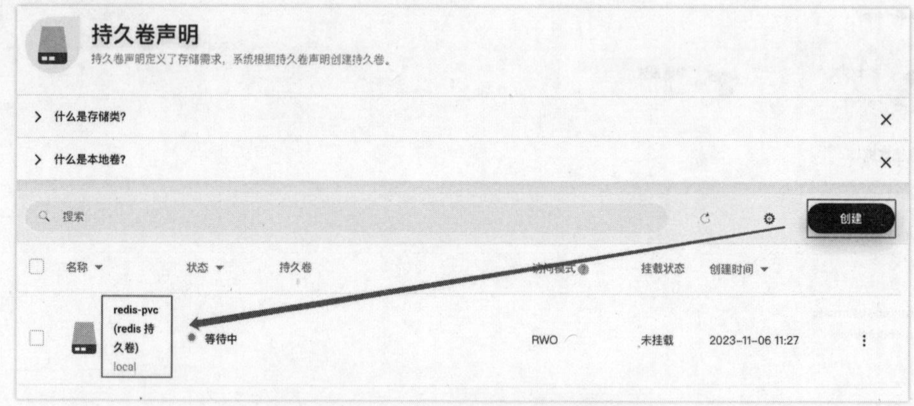

图 18-43　创建成功的 Redis 持久卷 PVC

18.3.2　创建 Redis 有状态服务

首先，为 Redis 创建有状态服务的基本信息，名称、别名与描述可以随意填写，如图 18-44 所示。

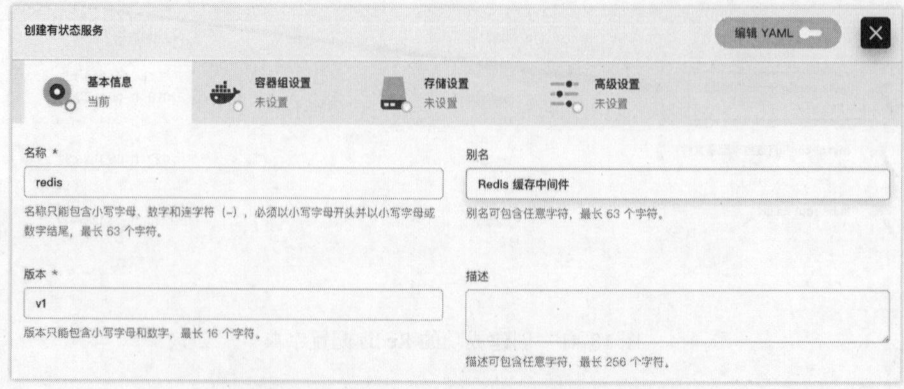

图 18-44　创建 Redis 有状态服务的基本信息

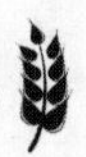

随后，使用“Redis:6.2.13”这个版本进行部署，如图 18-45 所示。

添加容器
容器设置
设置容器的镜像、名称、类型和计算资源。
镜像 *
Docker Hub
redis:6.2.13
如需使用私有镜像服务，您需要先创建镜像服务保密字典。了解更多
redis:6.2.13
更新于 4 个月前
使用默认端口
6.2.13
标签
6379/tcp
端口
docker.io
镜像服务

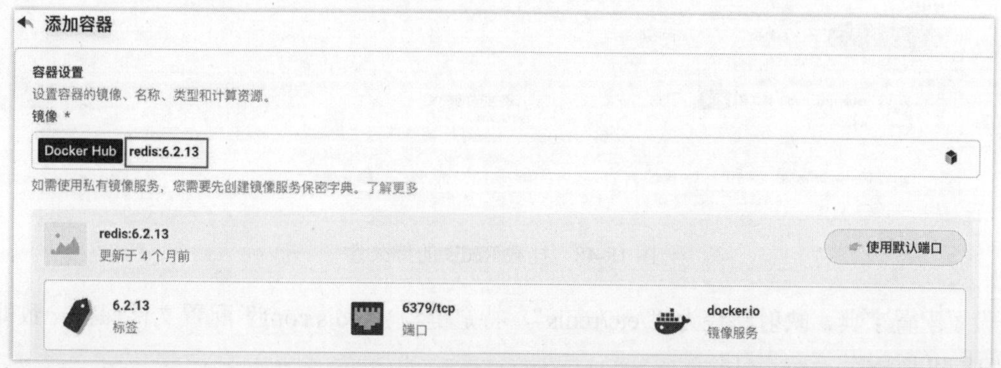

图 18-45 选择对应的 Redis 版本进行部署

配置 Redis 的 CPU 与内存限额，读者可以根据服务器的实际硬件资源进行调整，如图 18-46 所示。

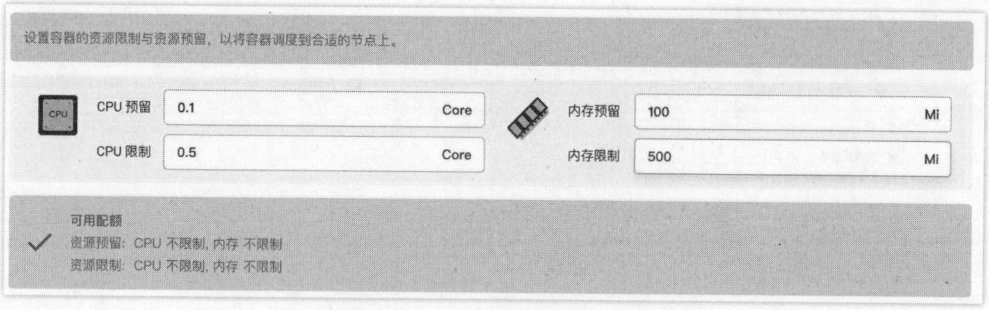
设置容器的资源限制与资源预留，以将容器调度到合适的节点上。
CPU 预留
0.1
Core
CPU 限制
0.5
Core
内存预留
100
Mi
内存限制
500
Mi
可用配额
资源预留：CPU 不限制，内存 不限制
资源限制：CPU 不限制，内存 不限制

图 18-46 设定硬件资源的配合

设置启动命令，这与 Docker 安装 Redis 中的命令是一致的，通过“redis-server”命令启动，如图 18-47 所示。

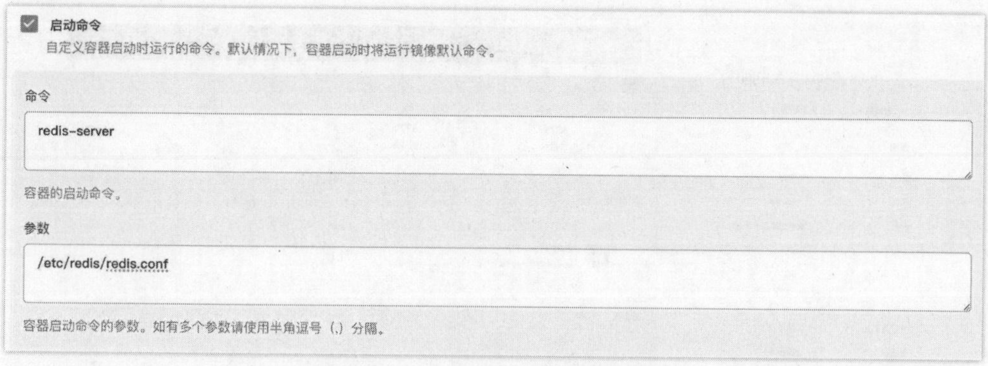
启动命令
自定义容器启动时运行的命令。默认情况下，容器启动时将运行镜像默认命令。
命令
redis-server
容器的启动命令。
参数
/etc/redis/redis.conf
容器启动命令的参数。如有多个参数请使用半角逗号（,）分隔。

图 18-47 设置 Redis 的启动命令

配置挂载的持久卷，设置为“读写”，路径为“/data”，如图 18-48 所示。

图 18-48　挂载 Redis 的持久卷

设置配置字典，映射路径为“/etc/redis”，特定键与“redis.conf”配置文件保持一致即可，如图 18-49 所示。

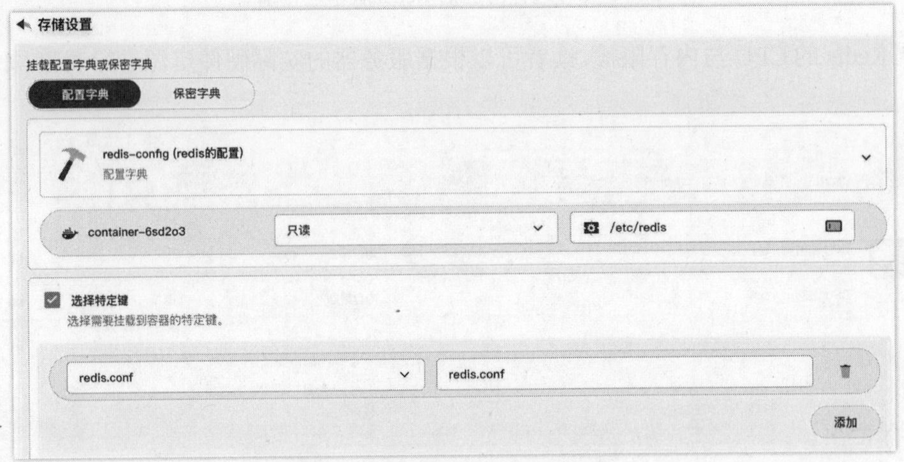

图 18-49　设置 Redis 的配置字典

最终点击创建，完成 Redis 在 KubeSphere 中的部署。如图 18-50 所示为 Redis 的容器信息展示。

图 18-50　Redis 的容器信息展示

进入 Redis 的容器内部，测试 Redis，可以简单地通过"redis-cli"进行登录并且执行相关操作，如图 18-51 所示。

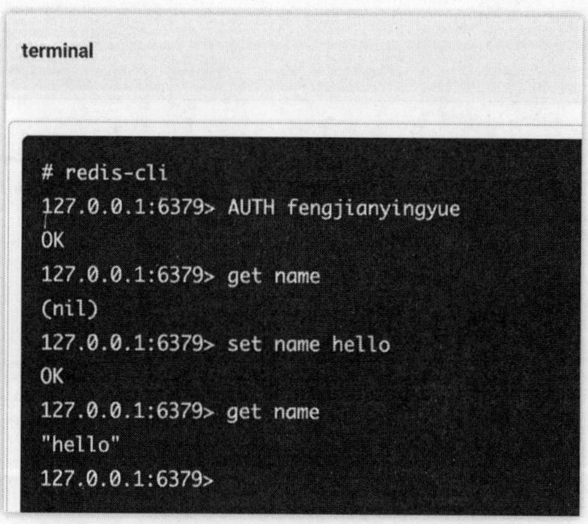

图 18-51 在 Redis 容器内部进行的基本操作

至此，Redis 在 KubeSphere 中部署成功。

18.4 部署 RabbitMQ

18.4.1 创建 RabbitMQ 的持久卷与配置字典

在 KubeSphere 中部署 RabbitMQ 的步骤与 Redis 类似，首先创建持久卷 PVC，如图 18-52 所示。

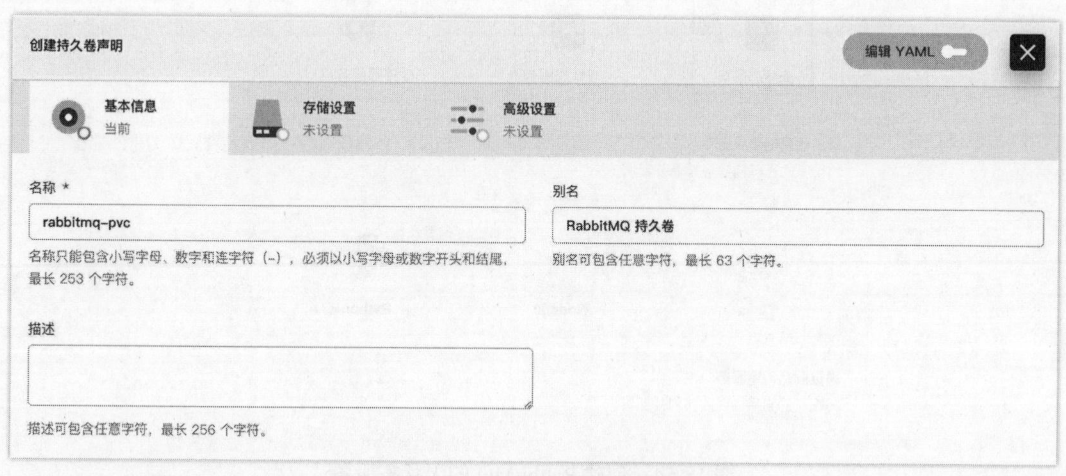

图 18-52 创建 RabbitMQ 的持久卷 PVC

持久卷创建成功，如图 18-53 所示。

如果不需要对 RabbitMQ 做任何配置，那么就不需要创建 ConfigMap。

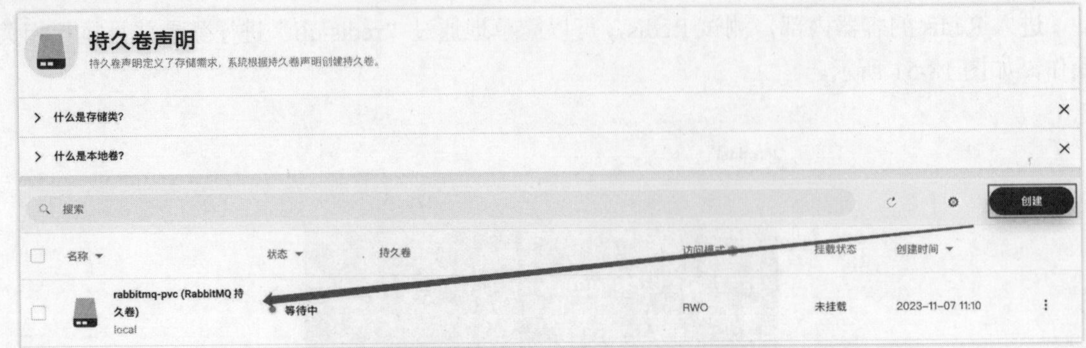

图 18-53　创建成功的 RabbitMQ 持久卷 PVC

18.4.2　创建 RabbitMQ 的无状态服务

由于 RabbitMQ 有一个网页端的控制台，需要以一个“对外访问”的形式进行发布，所以这里要以“无状态服务”进行创建，如图 18-54 所示。

图 18-54　创建 RabbitMQ 的无状态服务

在 RabbitMQ 无状态服务的创建标签页中填入基本信息，如图 18-55 所示。

随后，在“容器组设置”中选择“rabbitmq:management”进行使用，如图 18-56 所示。

RabbitMQ 的容器资源配额按照服务器硬件配置的实际情况设置即可，如图 18-57 所示。

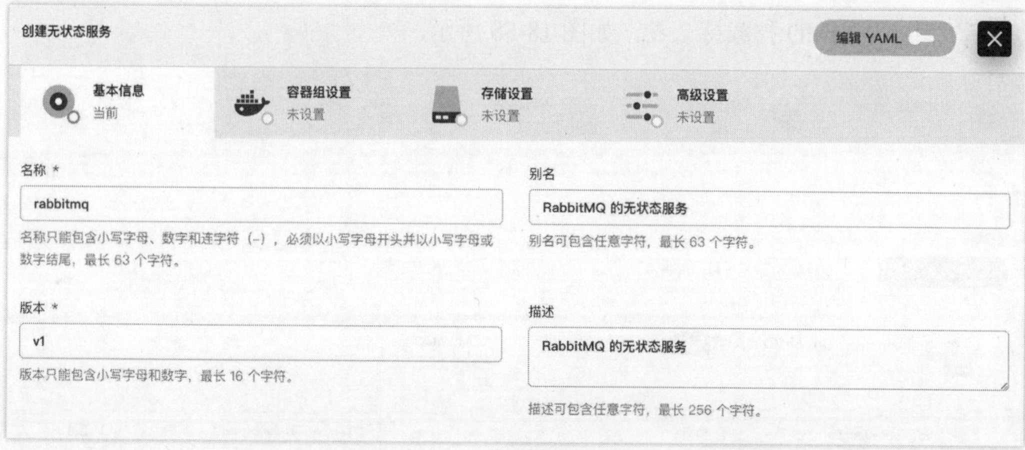

图 18-55　创建 RabbitMQ 的无状态服务——基本信息

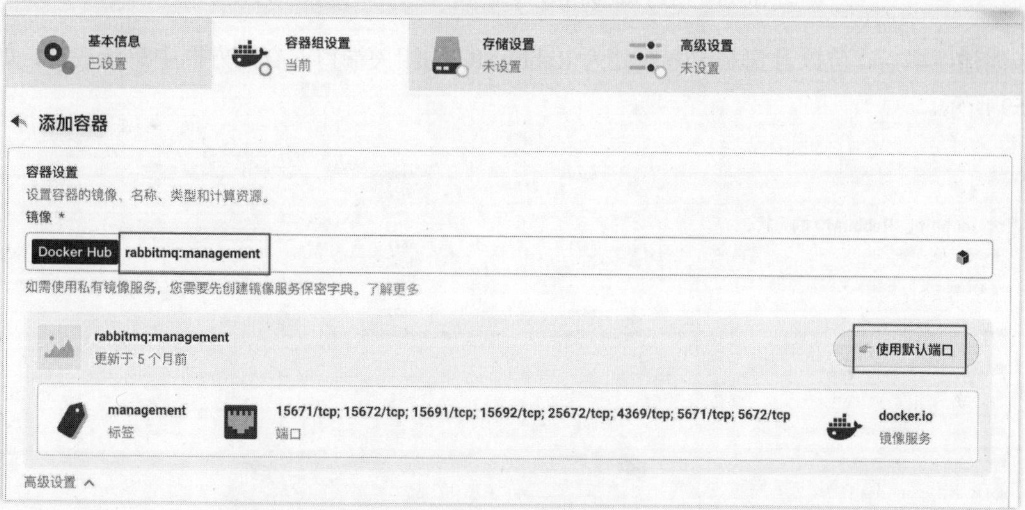

图 18-56　创建 RabbitMQ 的无状态服务——选择容器

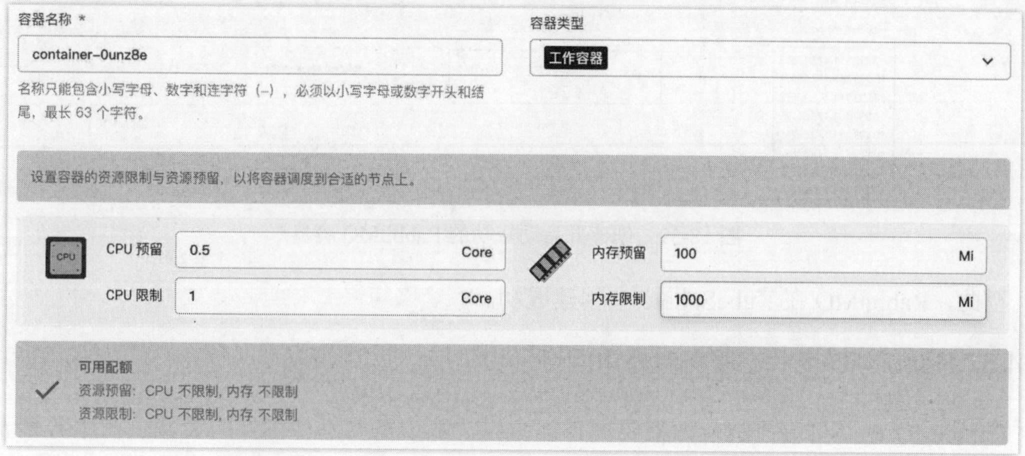

图 18-57　创建 RabbitMQ 的无状态服务——设置配额

最后，为 RabbitMQ 挂载持久卷，如图 18-58 所示。

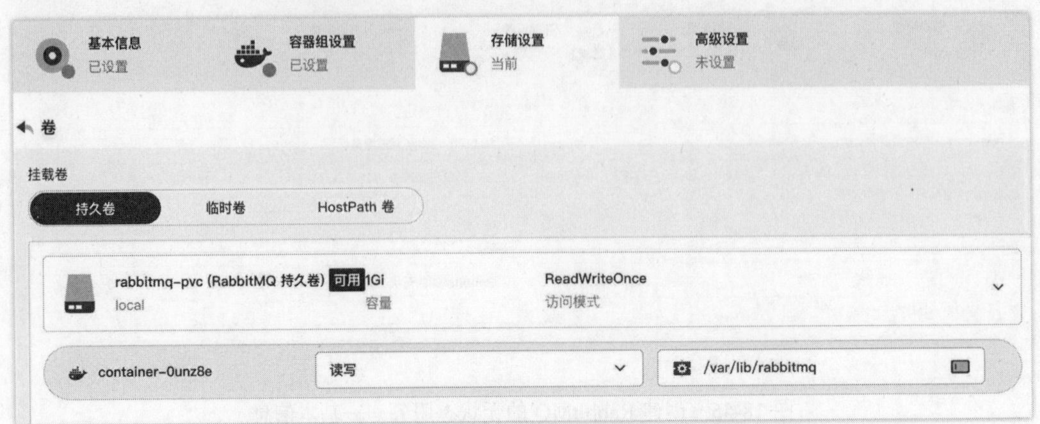

图 18-58　创建 RabbitMQ 的无状态服务——挂载持久卷

创建完毕后，可以看到左侧方框处为 RabbitMQ 的相关端口，右侧方框中启动成功，如图 18-59 所示。

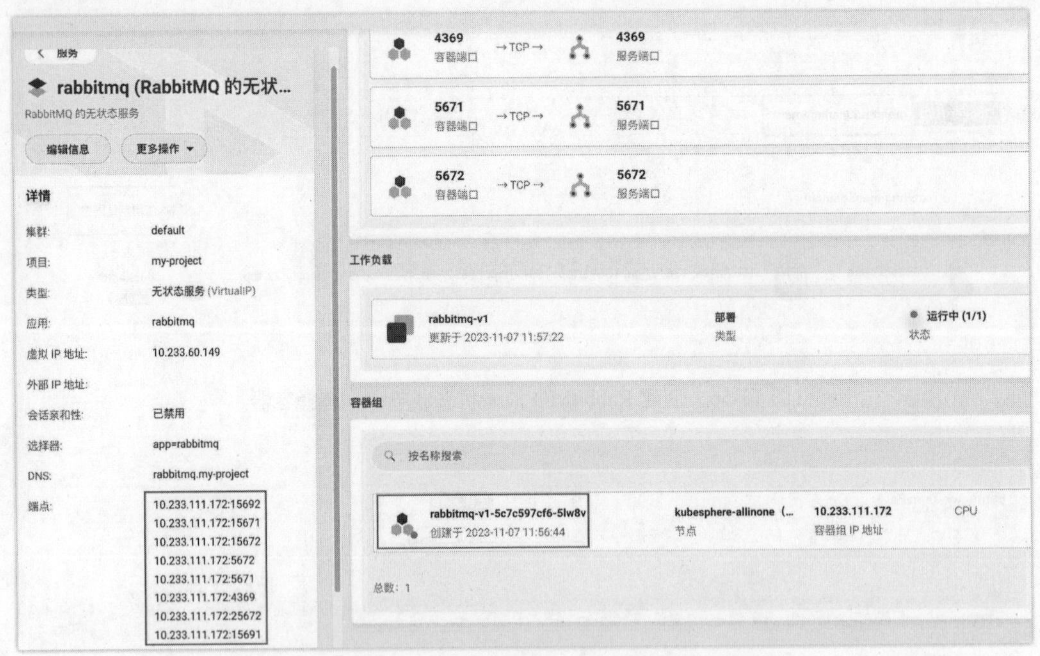

图 18-59　创建并启动成功的 RabbitMQ 容器

至此，RabbitMQ 在 KubeSphere 中创建成功。

18.4.3　RabbitMQ 无状态服务对外访问

RabbitMQ 的网页端控制台如果要被外部访问，那么需要进行额外的设置。在服务列表中选择并点击“编辑外部访问”，如图 18-60 所示。

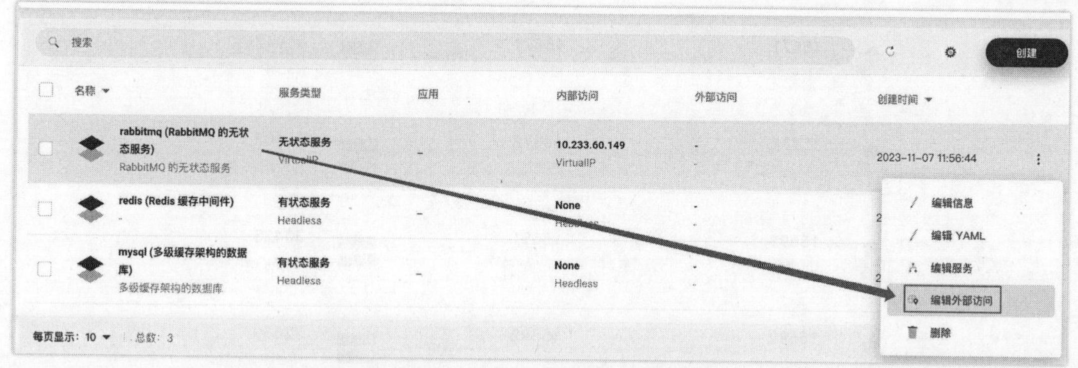

图 18-60　对 RabbitMQ 选择“编辑外部访问”

外部访问有两种方式：一种是“NodePort”，通过节点的端口进行访问；另一种是“LoadBalancer”负载均衡器。此处选择“NodePort”即可，如图 18-61 所示。

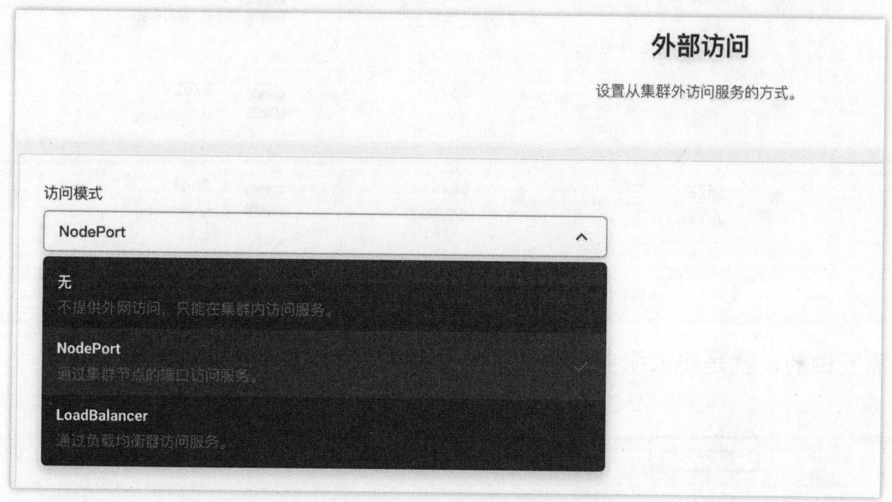

图 18-61　使用 NodePort 开启对外访问

设置“NodePort”成功后，可以看到服务列表中的“外部访问”中显示了很多的端口，如图 18-62 所示。

图 18-62　已经开启的外部访问端口

这些已经开启的端口乍一看也许看不出什么名堂，那么直接点击并进入 RabbitMQ 的服务，可以看到端口已经做了映射，只不过映射的端口是随机访问的，如控制台的访问端口 15672 所对应的为端口 31408，这就是目前可以被访问到的端口，如图 18-63 所示。

图 18-63　容器内部 NodePort 端口映射

现在需要做的，就是在云服务器中开启安全组的端口，如图 18-64 所示。

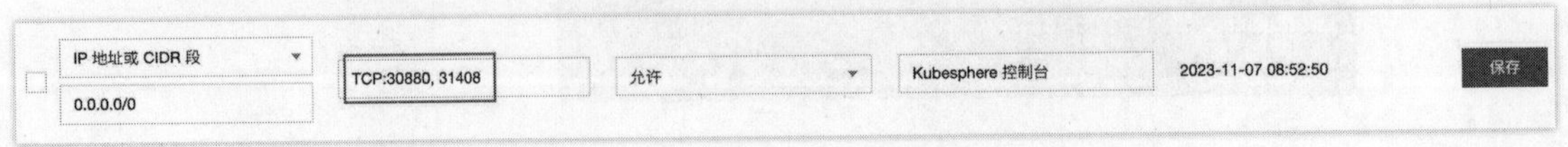

图 18-64　在云服务器中新增端口开放

最后，就可以通过云服务器的 IP 和端口进行访问了，默认用户名与密码均为 guest，如图 18-65 所示。

图 18-65　在外网成功访问 KubeSphere 中的 RabbitMQ

至此，无状态服务 RabbitMQ 安装成功。对于 RabbitMQ 中的 user 与 virtual-host，读者可以自行设置，后续在打包项目中会使用到，参考图 18-66 所示。

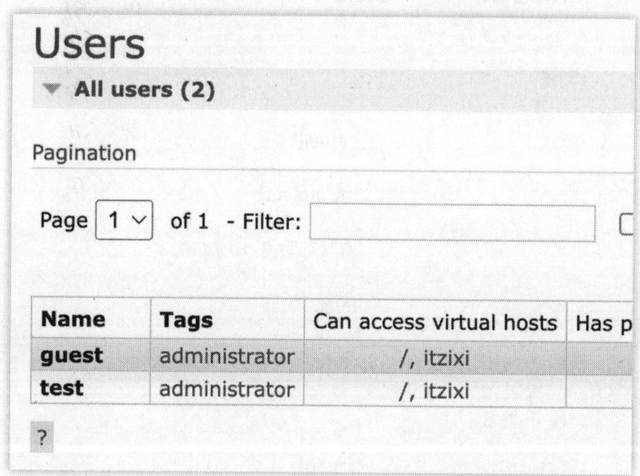

图 18-66　设置 RabbitMQ 的 user 与 virtual-host

18.5　原生安装 OpenResty

OpenResty 的安装与本书第 12 章一样，会采用原生的安装方式，因为编写 Lua 脚本以及修改配置文件会更方便，往往在生产部署中也可以直接把 OpenResty 作为独立节点进行部署。

笔者会在云服务器中部署一个 OpenResty 实例进行使用作为部署示例，具体的部署步骤与本书第 12 章的第 12.2.2 小节一致，请读者前往参考并以相同的步骤进行安装即可。

待云服务器中的 OpenResty 安装完毕后，请把各自在本地虚拟机中的相关 Lua 工具类复制到服务器中的相同位置，主要有“/usr/local/openresty/lualib”路径下的“http.lua”“ipLimitUtils.lua”与“redisUtils.lua”文件，如图 18-67 所示。

```
/usr/local/openresty/lualib
[root@kubesphere-allinone lualib]# ll
total 84
-rwxr-xr-x 1 root root 37384 Nov  4 15:43 cjson.so
-rw-r--r-- 1 root root  1068 Nov  8 10:58 http.lua
-rw-r--r-- 1 root root  3468 Nov  8 10:58 ipLimitUtils.lua
-rwxr-xr-x 1 root root 14192 Nov  4 15:43 librestysignal.so
drwxr-xr-x 3 root root  4096 Nov  8 09:15 ngx
drwxr-xr-x 2 root root  4096 Nov  8 09:15 redis
-rw-r--r-- 1 root root  3262 Nov  8 10:59 redisUtils.lua
drwxr-xr-x 8 root root  4096 Nov  8 09:15 resty
-rw-r--r-- 1 root root  1409 Nov  4 15:43 tablepool.lua
```

图 18-67　lualib 下的 Lua 封装工具类

需要注意，在“redisUtils.lua”与“ipLimitUtils.lua”文件中，请务必修改 Redis 的 IP 地址与密码，IP 修改为 redis 在 KubeSphere 中的端点 IP 即可，密码为“fengjianyingyue”（见 18.3.2 小节的图 18-51），端点 IP 参考图 18-68 所示。

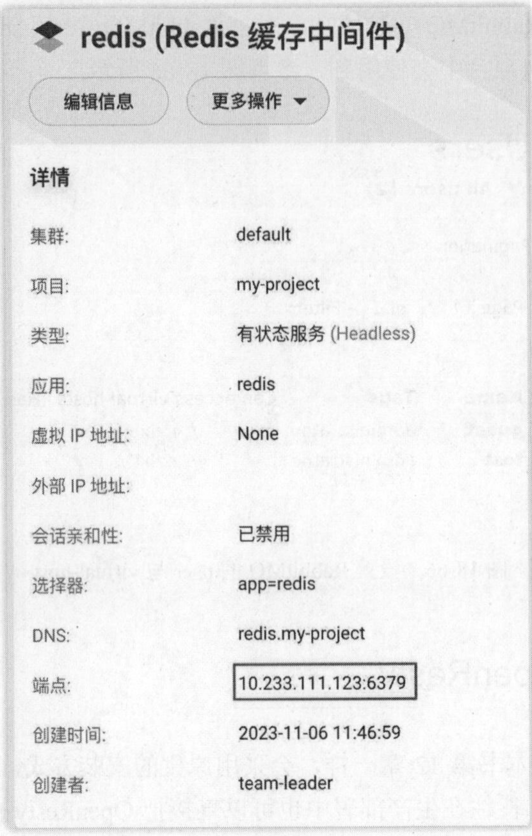

图 18-68　Redis 服务在 KubeSphere 中的端点 IP

此外，还有在“/usr/local/openresty/nginx/lua”路径下用于进行业务处理的 Lua 文件“getItemCategory.lua”，也同样进行复制到云服务器中的相同路径位置下，如图 18-69 所示。

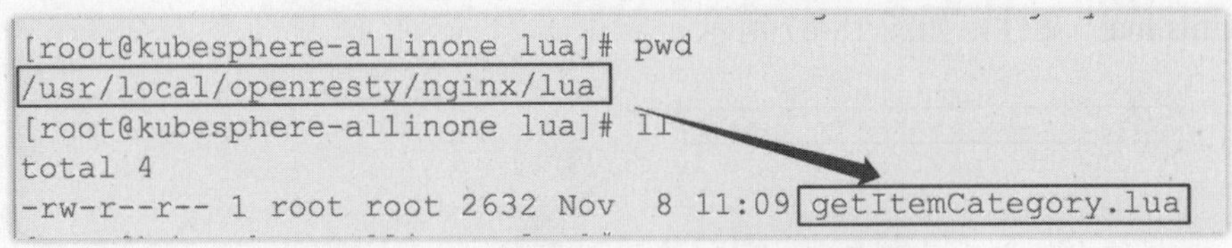

图 18-69　业务处理的 Lua 文件复制到同路径

此外，nginx.conf 配置文件也需要进行修改，修改内容也同样从原来的本地虚拟机里进行复制即可。但是此处的 nginx.conf 需要稍作修改，笔者在此把 nginx.conf 的内容贴出来进行参考，如下所示。

```
worker_processes 1;

 events {
   worker_connections 1024;
 }

http {
```

```
    include  mime.types;
    default_type application/octet-stream;

     sendfile on;

    keepalive_timeout 65;

    server {
        listen 88;
        server_name localhost;

        location / {
            root   html;
            index index.html index.htm;
        }
    }

    # 加载 lua 模块
    lua_package_path "/usr/local/openresty/lualib/?.lua;;";
    # 加载 c 模块
    lua_package_cpath "/usr/local/openresty/lualib/?.so;;";
    # 开启 lua 本地共享字典 -> 本地缓存
    lua_shared_dict item_cache 5m;

    upstream server-cluster {
        server 10.206.32.7:8080;
    }

    server {
        listen   55;
        server_name localhost;

        location /getLua {
            default_type application/json;
            content_by_lua_file lua/getItemCategory.lua;
        }


        location /itemCategory/get {
            default_type application/json;
            proxy_pass http://server-cluster;
        }
    }
}
```

上述 nginx.conf 配置代码中，需要注意以下几点。

- 原来的 80 端口修改为 88 端口（与本地虚拟机中的相同），只要不是 80 端口就行，因为 80 端口一般都是提供给 nginx 使用，如果没有 nginx，那么保持默认也行。

- 加载的 Lua 模块、C 模块，以及开启共享字典直接复制过来即可，无须改动。
- upstream 所配置的集群列表，此处只放一个即可，IP 暂时使用当前云服务器的 IP 即可，后期会修改，端口暂定 8080，后期发布项目也会修改。
- 实际使用的 55 端口是为 OpenResty 的业务处理进行服务的，配置内容保持不变。

在云服务器的安全组中开放 88 端口与 55 端口提供给 OpenResty 访问，如图 18-70 所示。

0.0.0.0/0	TCP:88,55	允许	OpenResty

图 18-70　云服务器安全组开放 88 端口与 55 端口

随后，启动 OpenResty 进行访问测试，使用云服务器的公网 IP 外加 88 端口即可，如图 18-71 所示，可以正常访问到 OpenResty 的欢迎页面。

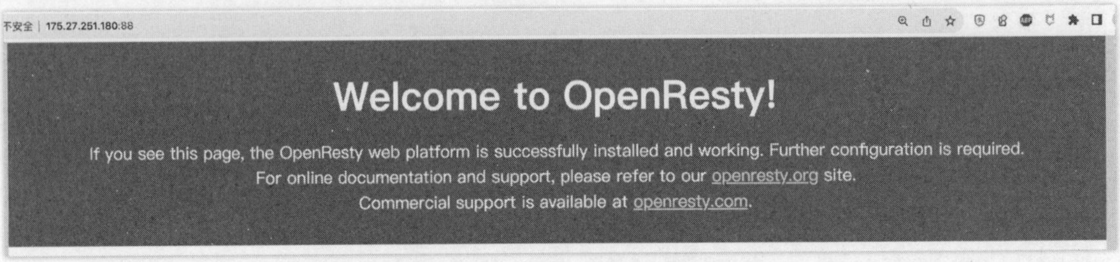

图 18-71　OpenResty 的欢迎页面

此外，当请求正式的接口“getLua”时，对 IP 的限制访问次数也是生效的。说明目前的配置全部正常，可以为后续提供服务，如图 18-72 所示。

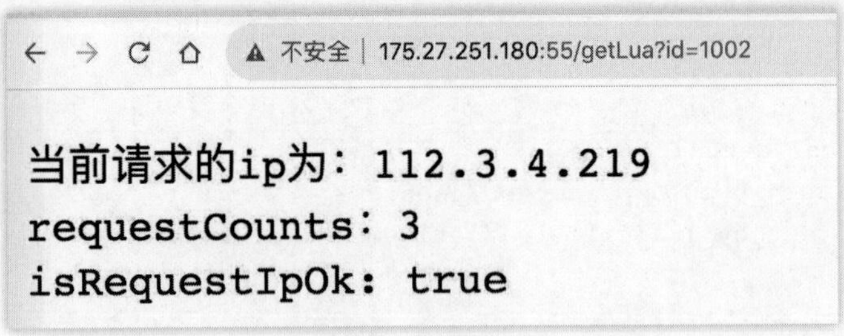

图 18-72　测试接口访问对 IP 请求的限制

至此，OpenResty 在云服务器中部署成功。

18.6　本章小结

本章主要使用 KubeSphere 对中间件进行了部署，涉及有状态与无状态应用的概念区别，部署了 MySQL、Redis、RabbitMQ 以及 OpenResty，为后续最后一章部署项目做好了前置的准备工作。

第 19 章　DevOps 流水线发布项目

本章主要内容

- DevOps 与 CICD 原理
- DockerFile
- JenkinsFile
- Gitee 使用与代码上传
- 镜像制作与推送
- CICD 流水线部署
- 集群与扩容
- 云负载均衡器

前面两章对 KubeSphere 进行了环境的配备与依赖环境中间件的安装，本章将会对项目进行发布，通过 KubeSphere 中的流水线工具来进行一键部署，并且最终结合云服务器的负载均衡器来实现请求的流转与分发。

19.1　DevOps 前置准备工作

19.1.1　DevOps 部署流程

当 KubeSphere 中的中间件环境都准备好之后，就可以进行项目的发布，项目发布以 DevOps 流水线的方式进行。KubeSphere 中是以 JenkinsFile 文件来进行流水线的定义的，JenkinsFile 会把整个部署的流程（工作流）以代码的形式进行存储。

如图 19-1 所示为 KubeSphere 官方所提供的部署流程。

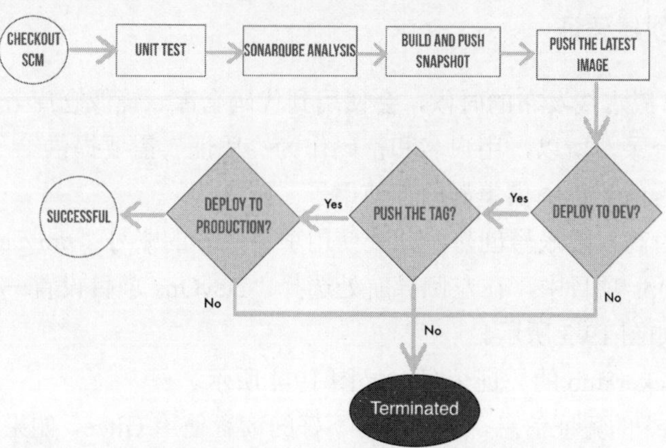

图 19-1　KubeSphere 部署流程（引自 KubeSphere 官网）

图 19-1 中各个阶段流程的释义如下。

（1）CHECKOUT SCM：从代码仓库（如 Github、码云 Gitee 等）拉取代码，SCM 为 Source Control Manager 的缩写。

（2）UNIT TEST：单元测试。本步骤为可选。

（3）SONARQUBE ANALYSIS：代码质量分析。本步骤为可选。

（4）BUILD AND PUSH SNAPSHOT：基于拉取的代码构建一个版本，并推送快照到镜像仓库 DockerHub 或阿里云镜像仓库。这个镜像可以手动在 Docker 或 k8s 中部署，也可以在 KubeSphere 中以流水线的形式部署。

（5）PUSH THE LATEST IMAGE：基于上一个步骤，把最新的 tag 作为 latest 进行推送。本步骤可选。

（6）DEPLOY TO DEV：是否部署到开发环境。本步骤可选。

（7）PUSH THE TAG：生成标签，并且推送到 DockerHub。

（8）DEPLOY TO PRODUCTION：部署到生产环境。

（6）～（8）三个步骤都是选择流程，如果"No"不继续，则流程中断；如果全部"Yes"继续，则流程发布成功。

本书对项目的发布可以不需要完全参照图 19-1 所示，对其精简后如图 19-2 所示。

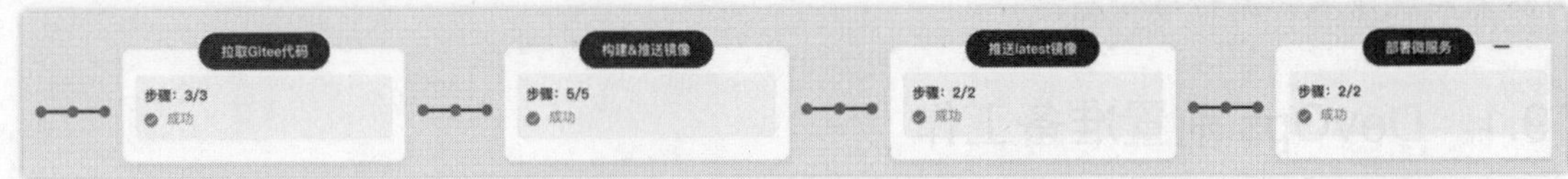

图 19-2　精简后的项目发布流程

如图 19-2 中所示，分为 4 个步骤。

（1）从代码仓库拉取代码。

（2）构建并推送带版本号的镜像。

（3）推送 latest 镜像。

（4）部署项目到生产环境。

19.1.2　为流水线创建凭证

在进行 DevOps 流水线发布的时候，会使用到代码仓库、镜像仓库等，这些仓库需要使用用户名、密码进行登录，所以，用户名和密码作为"凭证"需要提供给 KubeSphere，创建好凭证后就可以在部署的流程中供集群内部使用了。

"凭证"需要由高权限账号创建，此处使用项目经理的账号"pm@abc.com"进行登录，随后进入某个 DevOps 项目中，在左侧导航处选择"DevOps 项目设置—凭证"菜单，如此便可以创建凭证了，如图 19-3 所示。

首先，创建 DockerHub 的凭证信息，如图 19-4 所示。

随后，创建 Gitee 的凭证信息，建议网络不好的读者使用 Gitee，如果网络通畅使用 Github 会更好，如图 19-5 所示。

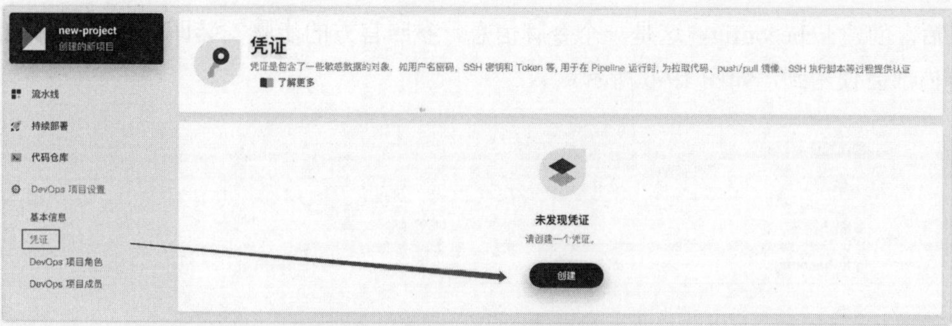

图 19-3　创建 DevOps 流水线的凭证

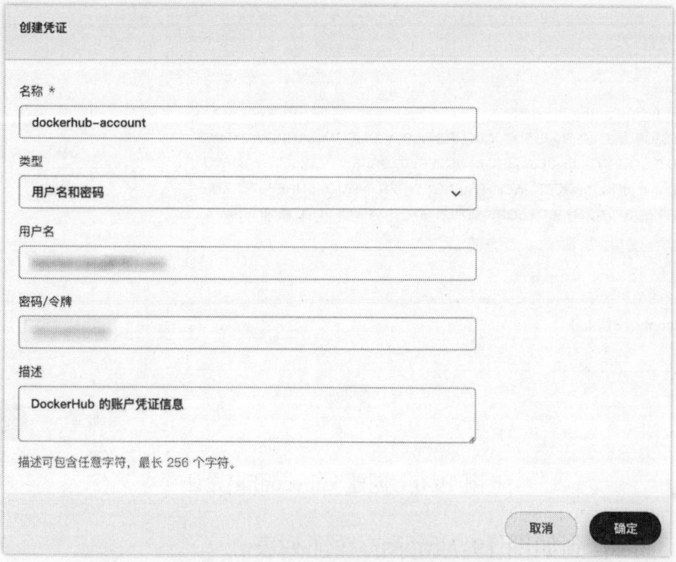

创建凭证

名称 *

dockerhub-account

类型

用户名和密码

用户名

密码/令牌

描述

DockerHub 的账户凭证信息

描述可包含任意字符，最长 256 个字符。

取消　确定

图 19-4　创建 DockerHub 凭证

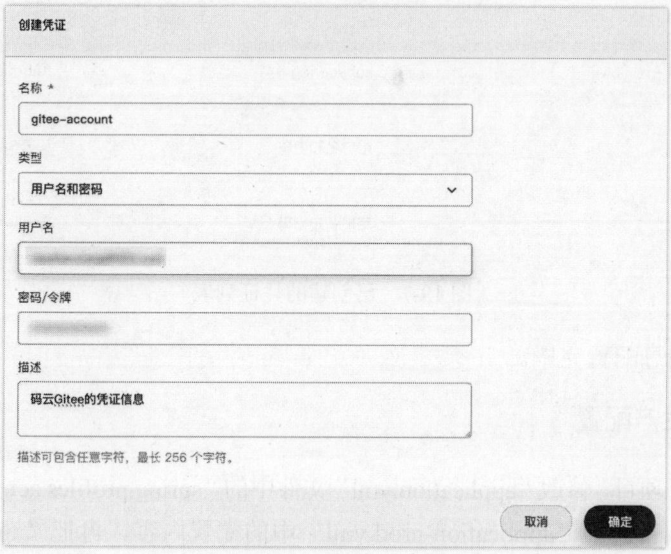

创建凭证

名称 *

gitee-account

类型

用户名和密码

用户名

密码/令牌

描述

码云Gitee的凭证信息

描述可包含任意字符，最长 256 个字符。

取消　确定

图 19-5　创建 Gitee 凭证

最后，创建 kubeconfig，这是一个令牌信息，参照官方的步骤安装即可，在流水线过程中的集群内部会使用到，如图 19-6 所示。

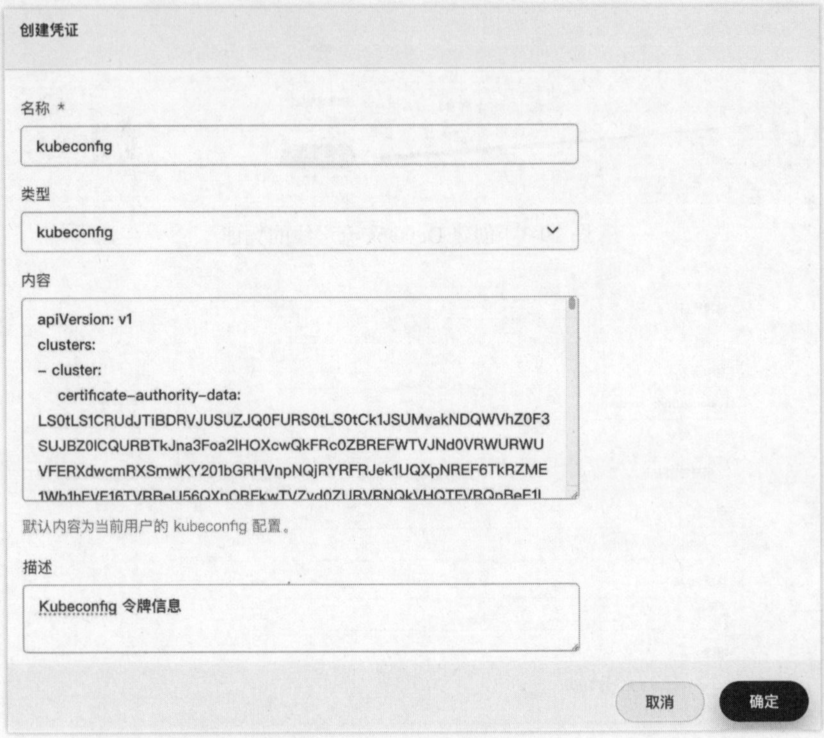

图 19-6　创建 kubeconfig 凭证

创建完毕后，可以看到如图 19-7 所示的凭证列表。

名称	类型	描述
kubeconfig	kubeconfig	Kubeconfig 令牌信息
gitee-account	用户名和密码	码云Gitee的凭证信息
dockerhub-account	用户名和密码	DockerHub 的账户凭证信息

图 19-7　已创建的凭证列表

至此，凭证信息配置完毕。

19.1.3　项目的生产配置

使用 idea 打开项目，修改“application.yml”文件中的“spring.profiles.active”的值为“prod”，如此就可以使得项目使用“application-prod.yml”中的配置内容。再把“application-dev.yml”中的配置直接全部复制到“application-prod.yml”文件中，再将其修改为如下内容。

```
server:
   port: 9090

spring:
   datasource:
      type: com.zaxxer.hikari.HikariDataSource
      driver-class-name: com.mysql.cj.jdbc.Driver
      url: jdbc:mysql://mysql.my-project:3306/my-shop?useUnicode=
            true&characterEncoding=UTF-8&autoReconnect=true
      username: root
      password: root
       hikari:
         connection-timeout: 30000
         minimum-idle: 5
         maximum-pool-size: 20
         auto-commit: true
         idle-timeout: 600000
         pool-name: DataSourceHikariCP
         max-lifetime: 18000000
         connection-test-query: SELECT 1
   redis:
      host: redis.my-project
      port: 6379
      database: 0
      password: fengjianyingyue
   rabbitmq:
      host: rabbitmq.my-project
      port: 5672
      virtual-host: itzixi
      username: test
      password: test
```

上述 prod 中的配置，修改的几处内容如下。

- 端口号为了做区别，改成了 9090。
- 数据源 datasource 的 url 地址改为了“mysql.my-project”。
- redis 的 host 改为了“redis.my-project”。
- redis 的密码改为了“fengjianyingyue”。
- rabbitmq 的 host 改为了“rabbitmq.my-project”。

其中，url 的地址全部改成了 KubeSphere 中的 DNS 地址，如图 19-8 方框中所示，这些 DNS 都是可以在 KubeSphere 中内部相互通信的，所以只需要把原来项目中的 url 或 host 改成对应的 DNS 地址即可。

项目部署到 KubeSphere 中后，该项目与其他中间件是可以通信的，所以端口也不需要进行修改，保持现有的即可，也不需要在云服务器的安全组中开放，保持默认即可。

此外，在 pom.xml 文件中添加如下 Maven 插件，用于项目打包，打包完毕后项目会以 jar 的形式出现在项目的 target 文件夹中。需要注意，<build>标签与<dependencies>同级。

图 19-8　KubeSphere 中服务的 DNS 地址

```
<build>
    <finalName>${project.artifactId}</finalName>
    <plugins>
        <plugin>
            <groupId>org.springframework.boot</groupId>
            <artifactId>spring-boot-maven-plugin</artifactId>
        </plugin>
    </plugins>
</build>
```

如此一来，为生产环境准备的前置配置设置完毕。

19.1.4　编写 DockerFile

19.1.1 小节中的图 19-1，第四阶段是需要构建镜像的，在流水线进行的过程中自动构建，而且该镜像是可以运行在 Docker 中的，如果发布到 DockerHub 中，那么则可以使用“docker pull”以及“docker run”来使其运行在 Docker 容器中。如此一来，这个镜像也就可以被 KubeSphere 下载使用，成为流水线的一部分，是可以自动化来进行构筑的。

那么对于项目的镜像构建，是需要使用到 DockerFile 的。DockerFile 可以用于构建 Docker 镜像的文本文件，其中包含了一些指令，可以用于描述如何构建一个基础的镜像、使用什么样的软件包，并且可以设置环境变量参数以及运行的应用程序等。通过 DockerFile 的使用，开发者可以定义一个可重复、可自动化的发布流程，并且可以使得在不同的环境中发布项目变得更简便，降低部署过程中出错的概率。

项目打包发布如果仅使用“maven install”，则会出现在“target”目录中，如图 19-9 所示。

“target”目录需要设置后才能看到，点击顶部导航“File - Project Structure”，打开如图 19-10 所示页面并且设置即可。

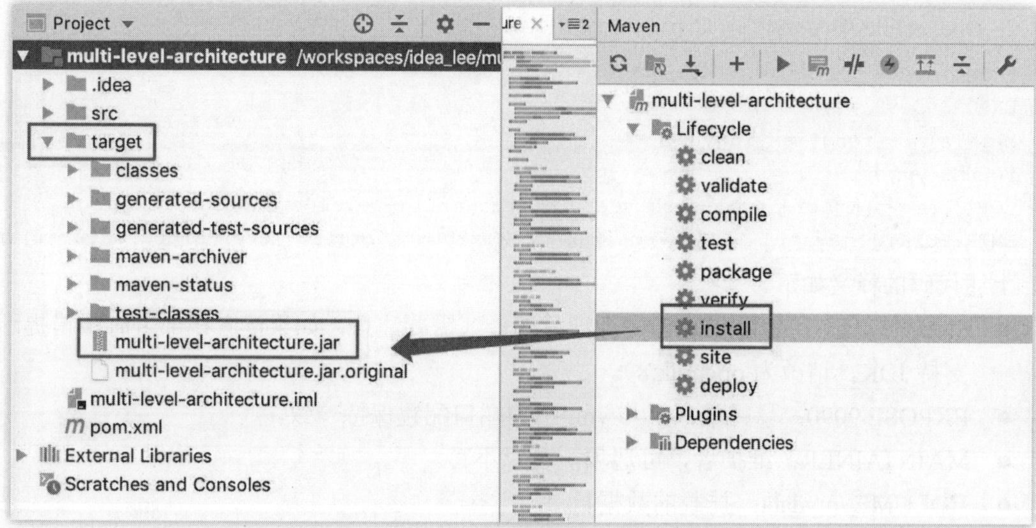

图 19-9　“maven install”打包 jar 项目

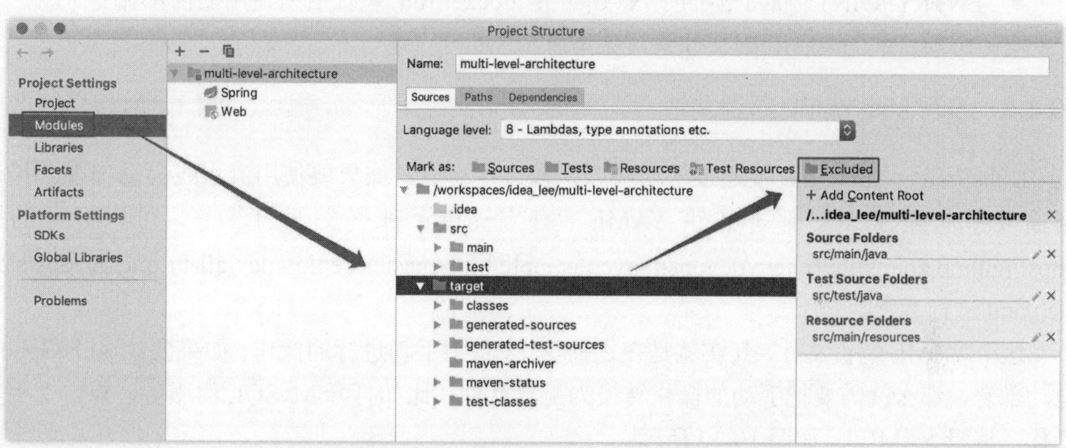

图 19-10　展示并查看项目中的“target”目录

使用流水线自动发布项目的话，那么 DockerFile 则需要写入项目中。DockerFile 的创建位置，如图 19-11 所示。

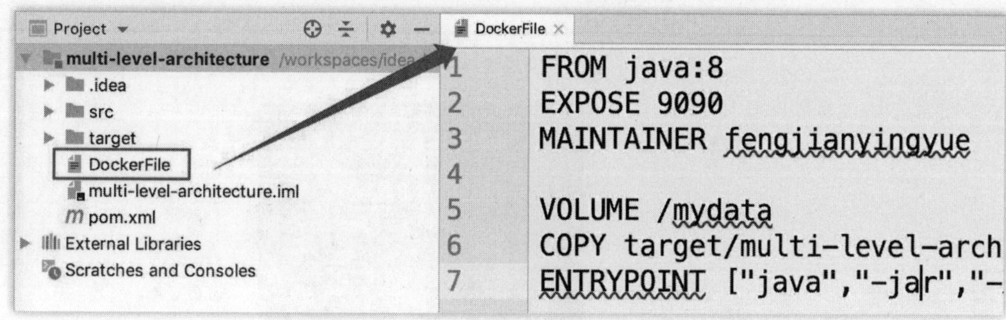

图 19-11　DockerFile 在项目中的创建位置

在 DockerFile 中复制代码如下。

```
FROM java:8
EXPOSE 9090
MAINTAINER fengjianyingyue
VOLUME /mydata
COPY target/multi-level-architecture.jar /multi-level-architecture.jar
ENTRYPOINT ["java","-jar","-Xms128m","-Xmx256m","/multi-level-architecture.jar"]
```

上述代码的释义如下。

- FROM java:8：使用 JDK8 进行项目编译（需要注意，如果读者在部署时报错提示不支持 JDK，请改为 openjdk:8）。
- EXPOSE 9090：暴露端口，与 yml 中的端口配置保持一致。
- MAINTAINER：维护者，可选项，可以不写。
- VOLUME /mydata：挂载的数据目录。
- COPY target/xxx.jar /xxx.jar：把目标的 jar 包复制到根目录，并且取新的名字。
- ENTRYPOINT ["java","-jar","/xxx.jar"]：docker run 运行后所使用的内部命令。

至此，项目的 DockerFile 文件编写完毕。

19.1.5 编写 k8s-YAML 部署文件

KubeSphere 中可以直接通过手动部署镜像进行拉取，如果要使用流水线自动部署，那么则需要手动配置 k8s 部署文件 YAML。官方提供了部署文件的参考，可以打开链接 https://github.com/kubesphere/devops-maven-sample/blob/master/deploy/dev-all-in-one/devops-sample.yaml 进行参考。

这个 YAML 配置文件，其实就是在之前第 18 章中手动进行的操作。如果要让 KubeSphere 自动部署，那么就需要把手动的操作转换为配置文件。比如打开 MySQL 的服务，点击“更多操作—编辑 YAML”，如图 19-12 所示。

图 19-12　MySQL 服务的“编辑 YAML”

如图 19-13 所示的配置文件，就是 MySQL 的 YAML 配置。

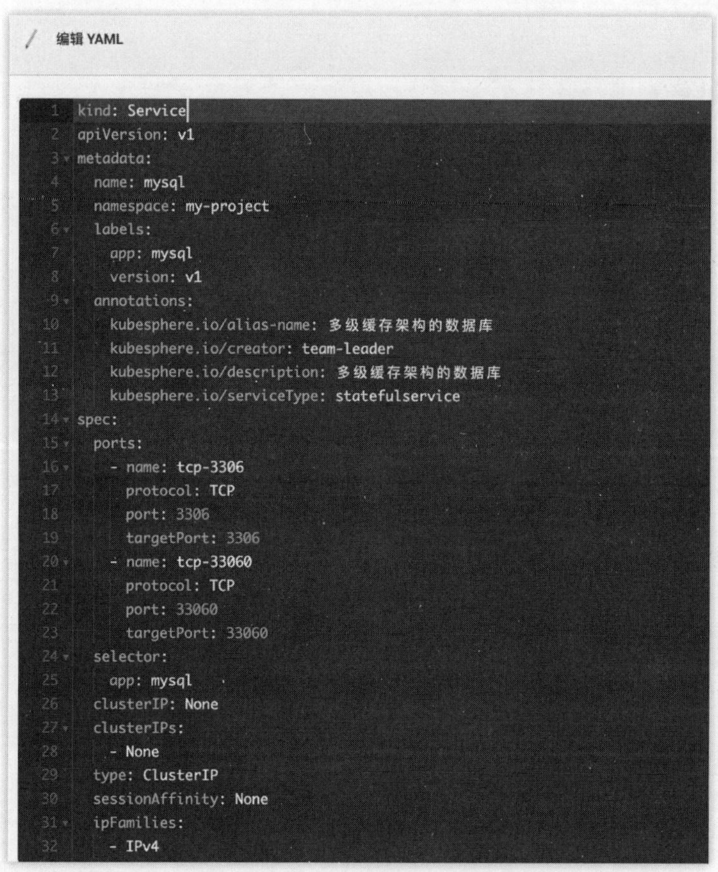

图 19-13　MySQL 的配置文件 YAML

那么接下来，打开项目，在项目的根目录创建一个 k8s 的空配置文件，文件名可以随意，如图 19-14 所示。

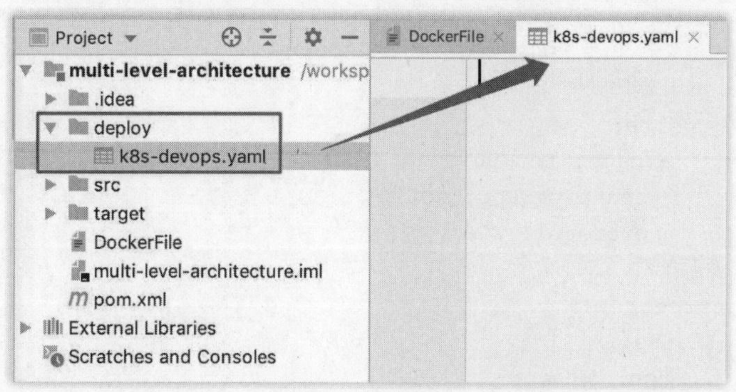

图 19-14　创建 k8s-devops.yaml 配置文件

在新创建的 k8s-devops.yaml 配置文件中，填入如下内容（这些配置由官方的示例配置修改而来，注释也已经附在配置中）。

```
## 配置的类型，为部署文件，同左侧菜单“应用负载—工作负载—点击进入—更多操作—编辑 YAML 查看”
kind: Deployment
## 应用的版本号
apiVersion: apps/v1
## 应用的元数据信息
metadata:
    ## 应用的名称
    name: multi-level-architecture
    ## 项目的命名空间，和 kubesphere 中定义的保持一致
    namespace: my-project
    ## 标签，与应用名称保持一致
    labels:
        app: multi-level-architecture
## 详细配置描述
spec:
    ## 应用实例的副本数，填入 n 个就会启动 n 个实例，前提是硬件资源给力
    replicas: 1
    selector:
        ## 与应用名称保持一致
        matchLabels:
            app: multi-level-architecture
    ## 模板信息
    template:
        metadata:
            labels:
                ## 与应用名称保持一致
                app: multi-level-architecture
        spec:
            ## 容器的详细配置信息
            containers:
                ## 容器名称
                - name: container-multi-level-architecture
                  ## 镜像，使用流水线构建的过程中会使用动态参数来获取值，便于 devops 动态构建
                  image: $REGISTRY/$DOCKERHUB_NAMESPACE/$PROJECT_NAME:
                             $PROJECT_VERSION
                  ## 端口映射
                  ports:
                    - name: tcp-9090
                      containerPort: 9090
                      protocol: TCP
            ## 资源配额
            resources:
                limits:
                    cpu: 500m
                    memory: 500Mi
                requests:
                    cpu: 50m
                    memory: 50Mi
```

```
            ### 中断日志保存路径
            terminationMessagePath: /dev/termination-log
            ## 中断消息策略：文件形式
            terminationMessagePolicy: File
            ## 镜像拉取策略
            imagePullPolicy: IfNotPresent
        ## 重启策略
        restartPolicy: Always
        ## 优雅停机
        terminationGracePeriodSeconds: 30
    strategy:
    ## 滚动更新：比较优雅的版本更新方式，多个容器存在的情况下，先停止一个启动一个，完毕后再依次执行，而不是全部停止全部启动
    type: RollingUpdate
    rollingUpdate:
        ## 更新的时候不可用的比例,比如 1000 个节点,可以关闭 250 个,再滚动下一个批次的 251～500 台
        maxUnavailable: 25%
        ## 更新期间最低的存活数，比如 1000 个节点中至少要有 250 个节点是可用的
        maxSurge: 25%
  ## 应用更新的历史版本，可以保存 10 个
  revisionHistoryLimit: 10
  ## 升级过程中有可能由于各种原因升级卡住，600 秒没有响应则认为有问题，标记失败
  progressDeadlineSeconds: 600

## 分隔符，不同配置类型之间可以用“---”进行连接，否则每个不同的 YAML 只能作为单独的一份配置文件使用
---

## 配置的类型，为服务文件，同左侧菜单“应用负载—服务—点击进入—更多操作—编辑 YAML 查看”
kind: Service
## 版本号
apiVersion: v1
 ## 元数据信息
metadata:
  name: multi-level-architecture
  namespace: my-project
  labels:
    app: multi-level-architecture
## 详细配置信息
spec:
  ports:
    - name: tcp-9090
       protocol: TCP
      port: 9090
      targetPort: 9090
      ## 对外发布的端口，可以在公网被请求到，这个端口取值必须在 30000~32767 之间
      nodePort: 30090
```

```
    selector:
      app: multi-level-architecture
  ## 外部访问的方式
  type: NodePort
  ## 会话的分发策略
  sessionAffinity: None
```

至此，YAML 的配置文件创建成功。如果读者有多个服务需要发布，那么这份配置文件在不同的项目服务中创建多份即可。

19.2 开始 DevOps 流程

19.2.1 推送代码

当整个项目的生成环境配置、DockerFile、k8s 的描述文件 YAML 都准备完毕后，就需要把整个项目推送到代码仓库才能够开始 DevOps 的流程，笔者在此以 Gitee 作为代码仓库进行演示。

首先，打开 gitee.com，注册并登录，创建一个新仓库，如图 19-15 所示。

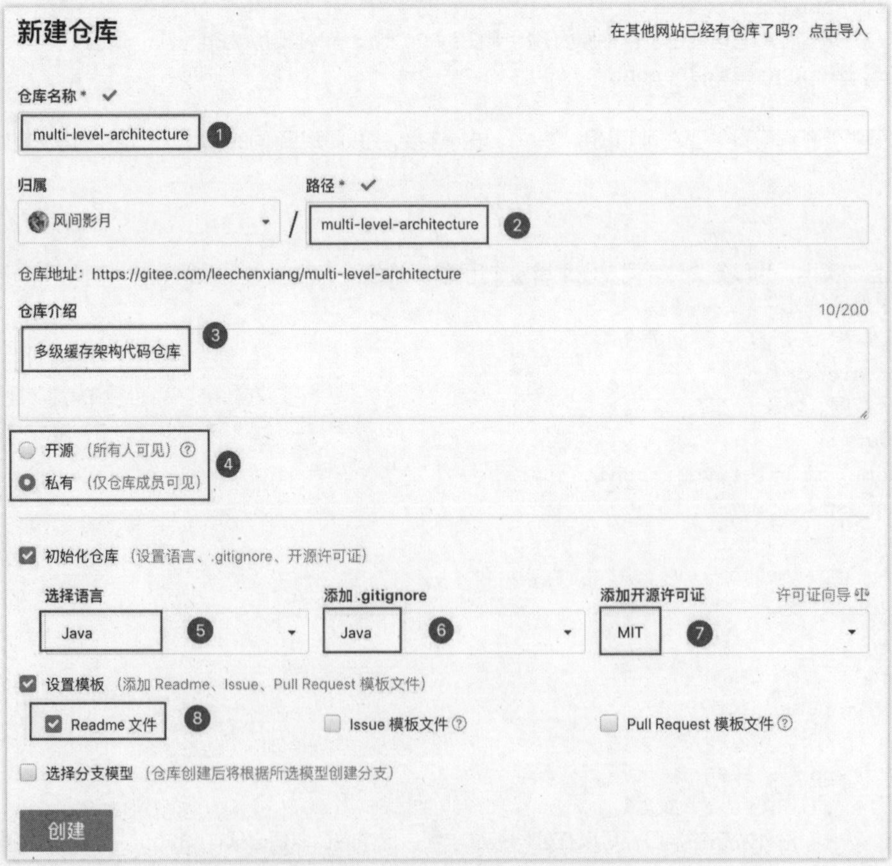

图 19-15 在 Gitee 中创建新仓库

图 19-15 中各方框处的释义如下。

- ❶ 处填入仓库名称，一般与项目名称相同。
- ❷ 处会自动填充，与项目名称相同。
- ❸ 处填写仓库的介绍。
- ❹ 处选择私有或开源。
- ❺ 处选择开发语言。
- ❻ 处选择忽略文件的类型。
- ❼ 处选择开源许可证的类型。
- ❽ 处可选，添加一个 Readme 文件，一般都会有，可以作为项目的说明文件。

代码仓库创建成功后，如图 19-16 所示。

图 19-16　成功创建的代码仓库

随后把这个空仓库克隆到本地任意目录下，笔者在此以 Sourcetree 为例，如果读者使用命令行下载或者其他类型的代码仓库管理工具也都可以，如图 19-17 所示。

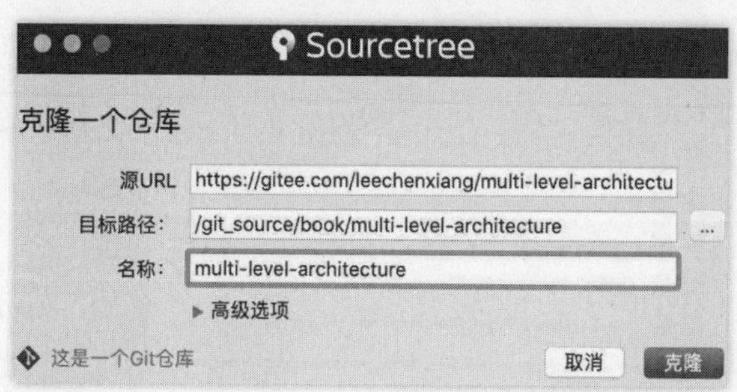

图 19-17　使用 Sourcetree 克隆新仓库到本地

成功克隆到本地后，现在本地的为空仓库，把整个项目复制到该仓库中（复制到空文件夹中）即可。需要注意，不要复制整个项目的单独文件夹，进入项目中复制所有子目录以及子文件夹即可，如图 19-18 所示。

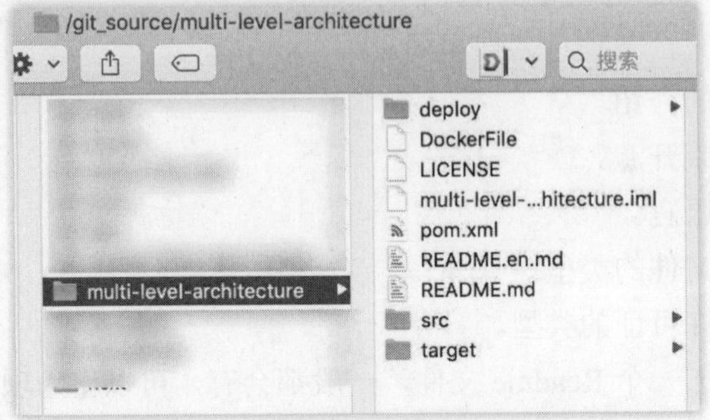

图 19-18　本地代码仓库的目录结构

打开 Sourcetree，可以看到新增的代码如图 19-19 所示。

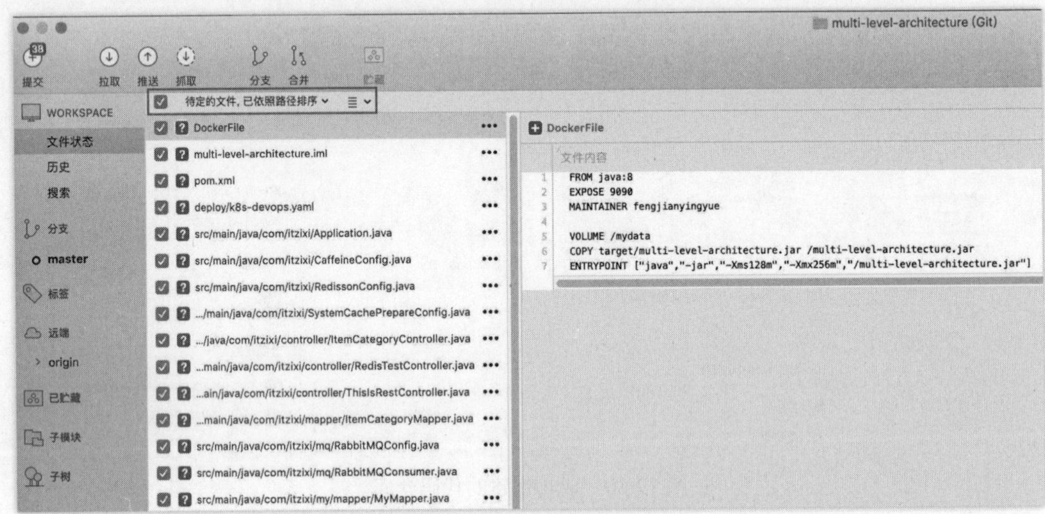

图 19-19　Sourcetree 中的本地仓库

全选所有文件，点击左上角的“提交”按钮，并且输入提交信息，如图 19-20 所示。

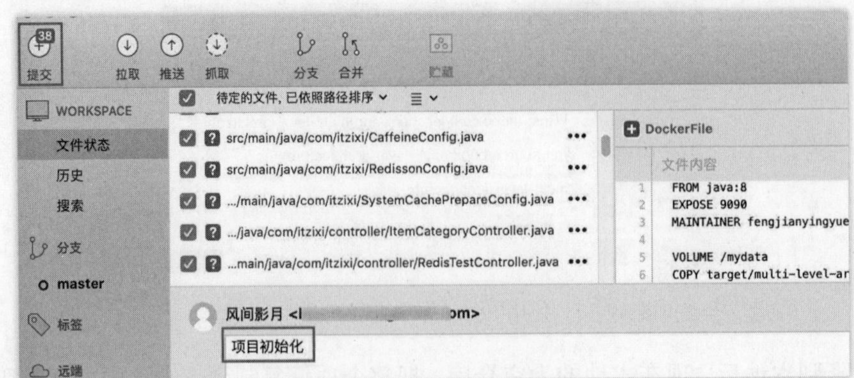

图 19-20　提交代码到 Gitee

提交后并没有把代码完全上传到 Gitee，还需要点击图 19-21 中的“推送”按钮才可以完成闭环。

图 19-21　推送代码到 Gitee

推送成功后，打开网页 Gitee 可以看到本地的代码已经全部成功上传到云端仓库，如图 19-22 所示。

图 19-22　成功上传到云端仓库

至此，代码上传成功，后续便可以开始进入 DevOps 的流程。

19.2.2 创建项目流水线

要进行 DevOps 项目发布，必须先在 KubeSphere 中创建一个 DevOps 项目，该 DevOps 项目在之前的章节中已经创建过，名为“new-project”，如图 19-23 所示，可以通过“工作台”切换并显示。

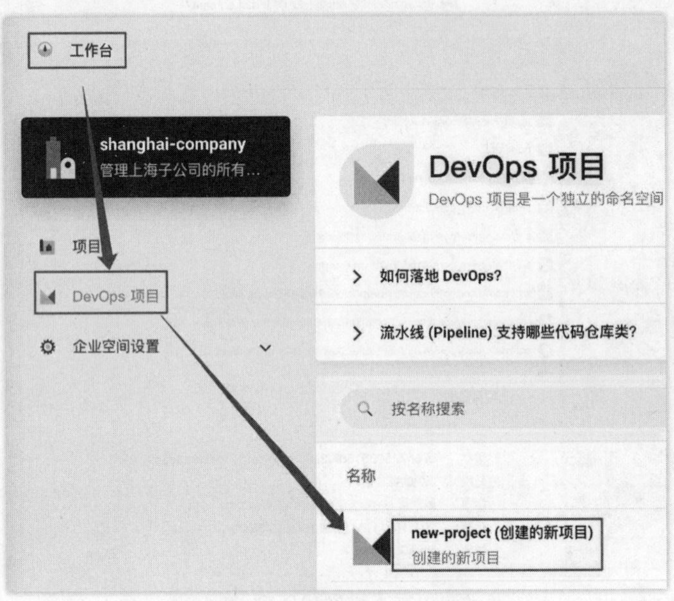

图 19-23 切换到 DevOps 项目

进入 DevOps 项目中，发布项目是一个流程，该流程其实是通过 Jenkins 来操作的，Jenkins 在 KubeSphere 中作为流水线可以用“所见即所得”的方式进行操作，所以在此先创建一个新的流水线，如图 19-24 所示。

图 19-24 创建新的流水线

为流水线创建一个名称和描述，如图 19-25 所示。

图 19-25　创建流水线——设置名称与描述

在创建流水线的高级设置中，保持默认即可，如图 19-26 所示。

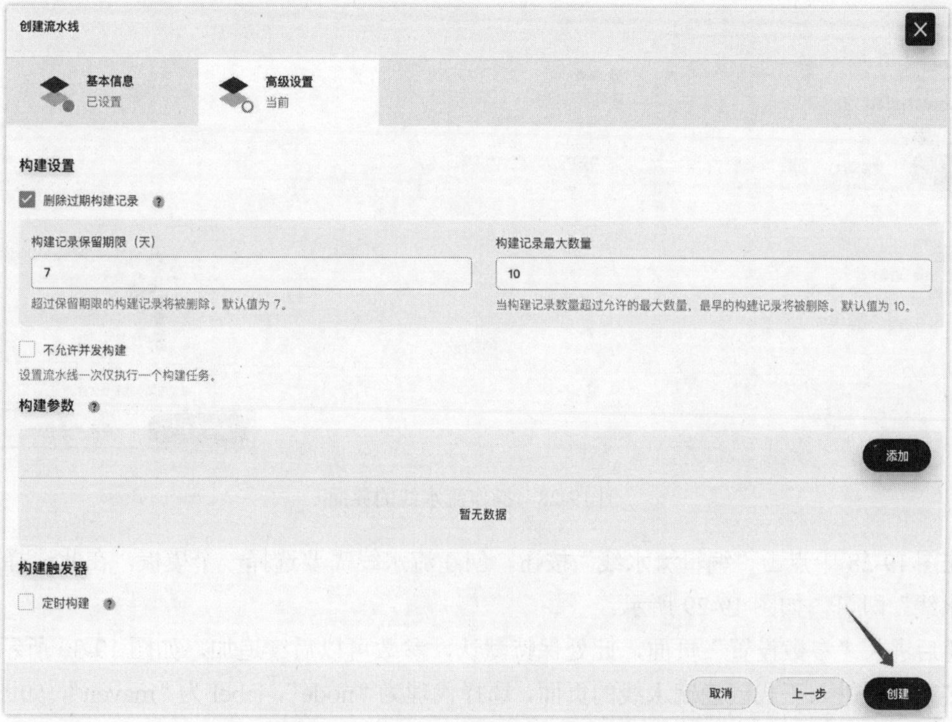

图 19-26　创建流水线——默认高级设置

点击“创建”按钮，可以看到有一条空流水线创建成功，如图 19-27 所示。

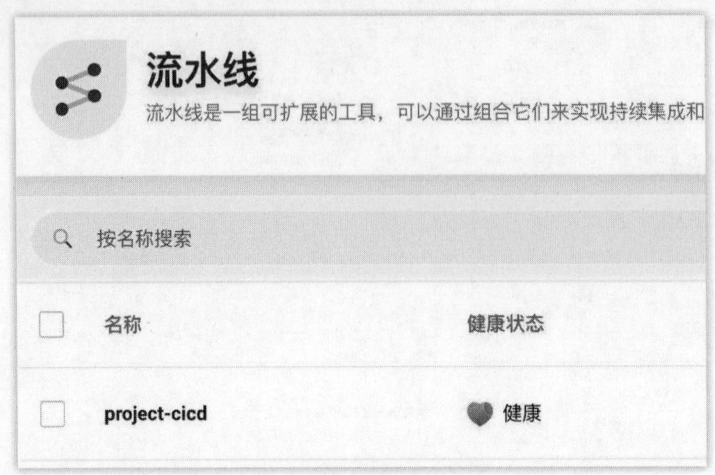

图 19-27　新创建的流水线

19.2.3　拉取代码

进入 19.2.2 小节中成功创建的流水线，可以看到两个按钮，分别为“编辑流水线”和“编辑 Jenkinsfile”，前者可以用“所见即所得”的方式来构建，后者可以直接把现有的文件内容复制进去以代码形式编辑即可操作，如图 19-28 所示。

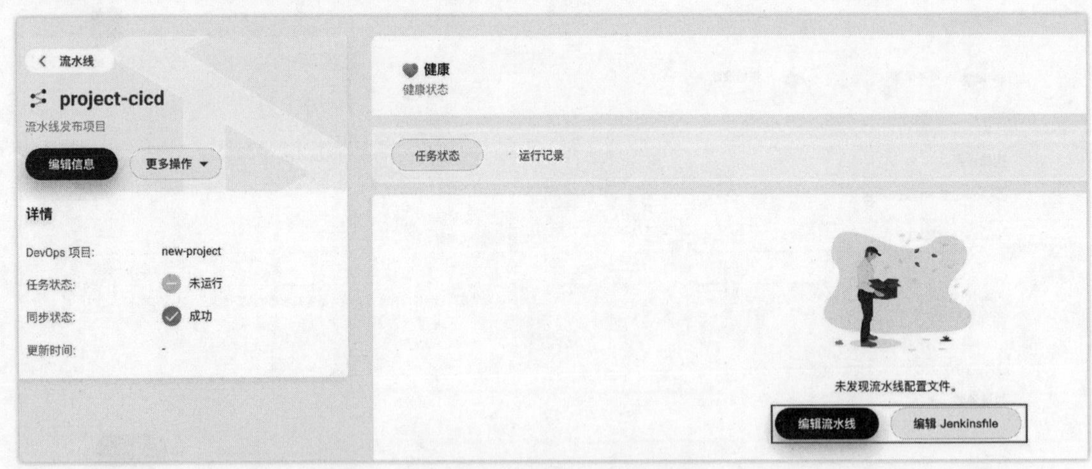

图 19-28　操作流水线的界面

在图 19-28 中点击“编辑流水线”按钮，创建流水线需要选择一个模板，在此选择“自定义流水线”即可，如图 19-29 所示。

随后进入“参数设置”页面，此处保持默认，参数可以后续追加，如图 19-30 所示。

接下来就进入正式创建流水线的页面，选择代理为“node”，label 为“maven”，如图 19-31 所示。

图 19-29　选择“自定义流水线”模板

图 19-30　默认空参数创建模板

图 19-31　创建流水线——选择代理与 label

在图 19-31 中点击 ❸ 处的“+”号，可以添加流水线的第一步，如图 19-32 所示。

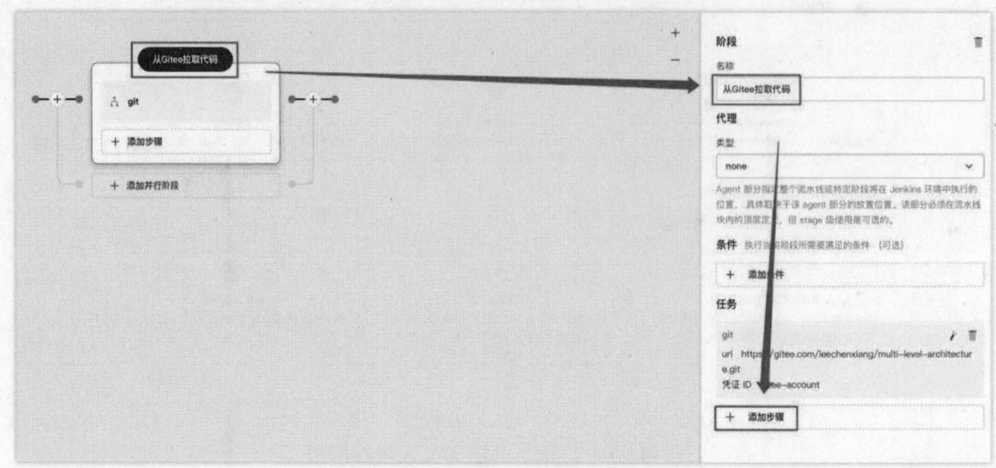

图 19-32　添加流水线的第一步

在图 19-32 中，选择黑色标题，可以修改名称并且添加任务，这里的任务就是该流程所需要做的任务，也就是从 Gitee 拉取代码。所以点击“添加步骤”，选择代码仓库的类型为“git”，如图 19-33 所示。

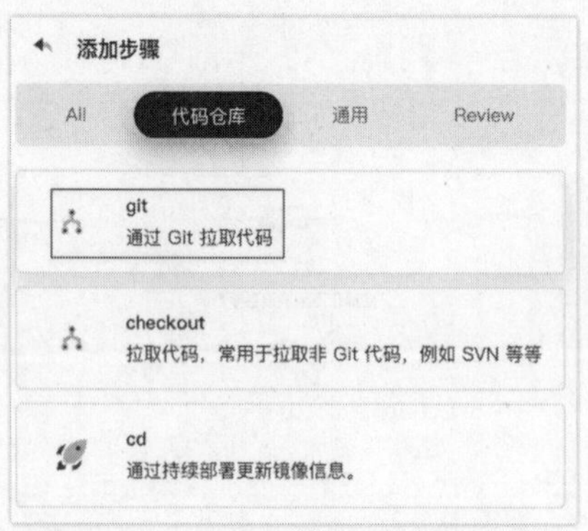

图 19-33　选择代码仓库的类型

填入 Gitee 的仓库地址，并且选择已创建的 Gitee 凭证再点击“确定”，如图 19-34 所示。

图 19-34　使用 Gitee 代码仓库

如此一来，拉取 Gitee 步骤完成，如图 19-35 所示。

图 19-35　拉取 Gitee 步骤创建完毕

在图 19-35 中点击“编辑 Jenkinsfile”按钮，可以看到如图 19-36 所示内容，这就是 Jenkins 的文件内容，是以代码的形式构建的。所以如果已经有了相关 Jenkins 流水线的源码，直接复制进去进行创建即可，也是相当方便的。

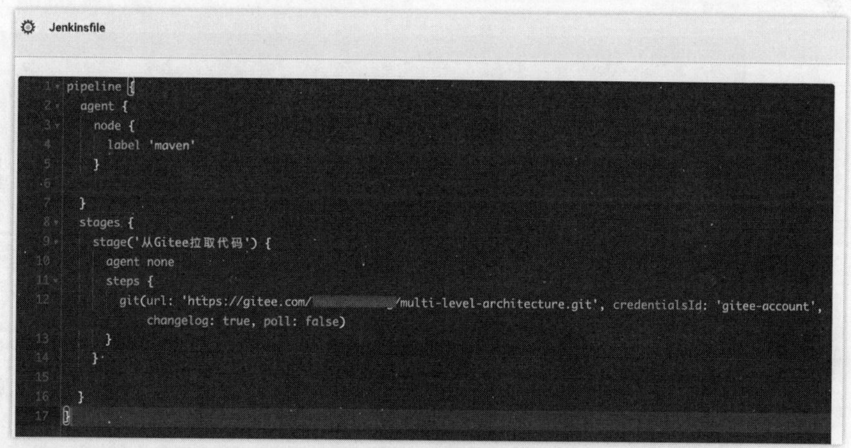

```
Jenkinsfile
pipeline {
  agent {
    node {
      label 'maven'
    }

  }
  stages {
    stage('从Gitee拉取代码') {
      agent none
      steps {
        git(url: 'https://gitee.com/          /multi-level-architecture.git', credentialsId: 'gitee-account',
            changelog: true, poll: false)
      }
    }

  }
}
```

图 19-36　Jenkinsfile 的文件内容

接下来，点击图 19-35 中的“运行”按钮，流水线会自动运行，如图 19-37 所示。

健康
健康状态

任务状态　运行记录

状态	运行 ID	提交	最后消息	持续时间	更新时间
运行中	1	-	Started by user team-leader	-	2023-11-14 11:37:35

图 19-37　正在运行的流水线

耐心等待一段时间，流水线运行成功，可以看到绿色的打钩图标，如图 19-38 所示。

图 19-38　运行成功的流水线

也可以通过“查看日志”来观察整个流水线构建的步骤与过程，如图 19-39 所示。

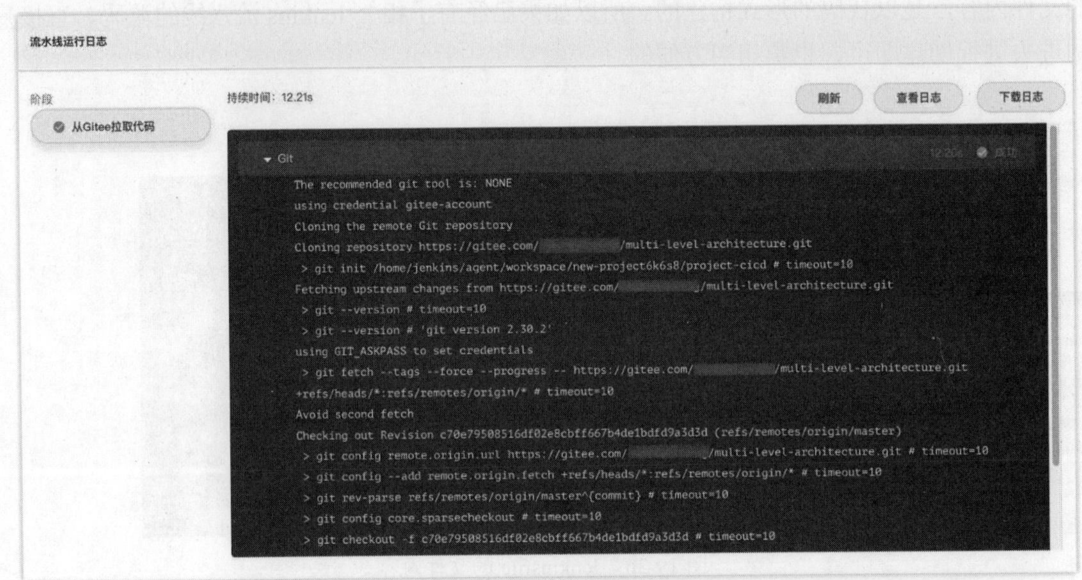

图 19-39　流水线构建的日志

至此，流水线的第一步“拉取代码”成功。

19.2.4　为流水线构建动态参数

在 19.1.5 小节中，k8s 的描述文件 YAML 设置了镜像 image 为“$REGISTRY/$DOCKERHUB_NAMESPACE/$PROJECT_NAME:$PROJECT_VERSION”，这个镜像中的“PROJECT_NAME”与“PROJECT_VERSION”是作为参数动态构建的，因为一个项目或服务的发布会经历多次迭代，如果不以动态参数构建，那么每次迭代发布项目，都需要手动修改流水线中的版本号，这无疑会增加额外的时间成本与风险发生的可能。所以，往往把一些和项目相关的内容作为动态参数来进行构建是比较好的方式。

那么接下来，修改编辑流水线的 Jenkinsfile 文件，添加代码配置如下。

```
    parameters {
        string(name: 'PROJECT_NAME', defaultValue: '多级缓存项目', description: '此处填写项目名称')
        string(name: 'PROJECT_VERSION', defaultValue: '0.0.1', description: '此处填写项目的版本号')
    }
```

上述配置所添加的位置参考图 19-40 所示。

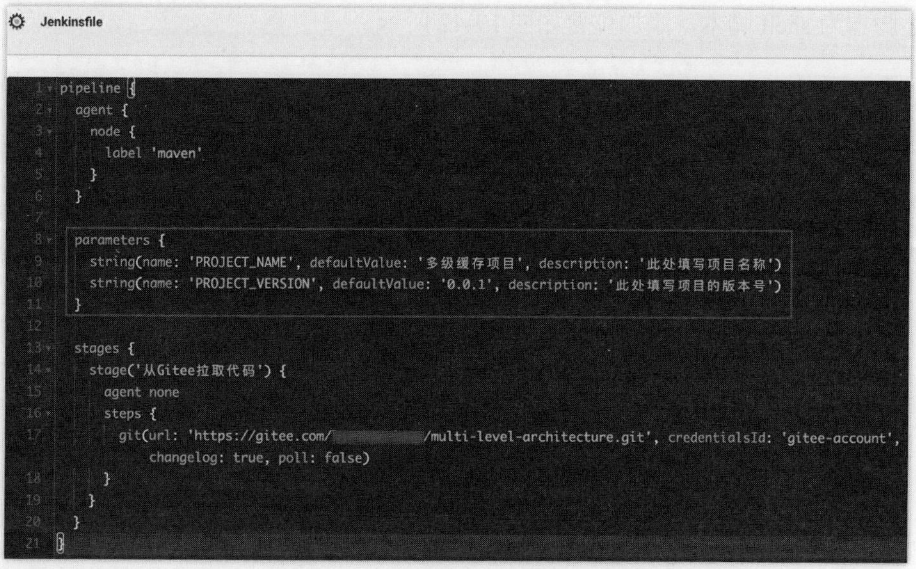

Jenkinsfile

```
pipeline {
  agent {
    node {
      label 'maven'
    }
  }

  parameters {
    string(name: 'PROJECT_NAME', defaultValue: '多级缓存项目', description: '此处填写项目名称')
    string(name: 'PROJECT_VERSION', defaultValue: '0.0.1', description: '此处填写项目的版本号')
  }

  stages {
    stage('从Gitee拉取代码') {
      agent none
      steps {
        git(url: 'https://gitee.com/          /multi-level-architecture.git', credentialsId: 'gitee-account',
          changelog: true, poll: false)
      }
    }
  }
}
```

图 19-40　Jenkinsfile 动态参数配置

保存 Jenkinsfile 后，重新运行流水线，可以看到如图 19-41 所示的弹窗，需要用户提供参数给流水线使用，这些参数就是在 Jenkinsfile 中所配置的“parameters”代码块。

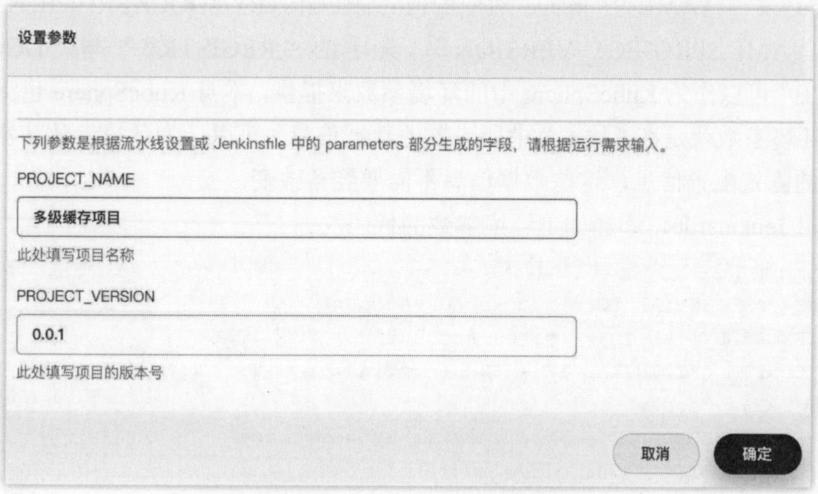

设置参数

下列参数是根据流水线设置或 Jenkinsfile 中的 parameters 部分生成的字段，请根据运行需求输入。

PROJECT_NAME

多级缓存项目

此处填写项目名称

PROJECT_VERSION

0.0.1

此处填写项目的版本号

取消　确定

图 19-41　为流水线输入动态参数的数据

点击“确定”按钮运行流水线，等待一会儿即可运行成功。

19.2.5 流水线打印动态参数

在 19.2.4 小节中可以成功地配置并且运行动态参数下的流水线，但是这些参数是否成功传入目前无法得知。如果用户可以在日志中查看参数的具体数据，那么显然是更友好的。

重新编辑 Jenkinsfile，添加如下脚本代码块。

```
sh 'echo 即将发布的项目信息为：$PROJECT_NAME:$PROJECT_VERSION'
```

上述脚本为 shell 脚本，添加位置如图 19-42 所示。

```
stages {
  stage('从Gitee拉取代码') {
    agent none
    steps {
      git(url: 'https://gitee.com/          /multi-level-architecture.git', credentialsId: 'gitee-account',
          changelog: true, poll: false)
      sh 'echo 即将发布的项目信息为：$PROJECT_NAME:$PROJECT_VERSION'
    }
  }
}
```

图 19-42　shell 脚本打印动态参数的数据

重新运行流水线，查看日志，可以成功看到日志中动态参数数据的打印，如图 19-43 所示。

```
▾ Shell Script
    + echo 即将发布的项目信息为：多级缓存项目:0.0.1
    即将发布的项目信息为：多级缓存项目:0.0.1
```

图 19-43　动态参数数据日志打印

19.2.6 为流水线配置环境变量

k8s 的描述文件 YAML 中 image 对应的值“$REGISTRY/$DOCKERHUB_NAMESPACE/$PROJECT_NAME:$PROJECT_VERSION”，其中的“REGISTRY”与“DOCKERHUB_NAMESPACE”可以作为 KubeSphere 中的环境参数来提供，本身 KubeSphere 也支持这样的环境配置。而环境参数就是在“凭证”中所设置的数据信息。可以认为环境参数其实就是一些项目中所需要的固定配置信息，这些数据信息不需要经常改变。

重新编辑 Jenkinsfile，添加如下环境参数的代码块。

```
environment {
   DOCKER_CREDENTIAL_ID = 'dockerhub-account'
   GITEE_CREDENTIAL_ID = 'gitee-account'
   KUBECONFIG_CREDENTIAL_ID = 'kubeconfig'
   REGISTRY = 'docker.io'
   DOCKERHUB_NAMESPACE = 'your_dockerhub_namespace'
   GITEE_ACCOUNT = 'your_gitee_account'
}
```

上述环境配置的释义如下。

- DOCKER_CREDENTIAL_ID：DockerHub 的凭证信息，已在“凭证”中配置，拿来即用。

- GITEE_CREDENTIAL_ID：Gitee 的凭证信息，已在“凭证”中配置，拿来即用。
- KUBECONFIG_CREDENTIAL_ID：Kubeconfig 配置，已在“凭证”中配置，拿来即用。
- REGISTRY：镜像仓库地址。
- DOCKERHUB_NAMESPACE：DockerHub 的命名空间。
- GITEE_ACCOUNT：Gitee 的账号。

环境配置的所处位置如图 19-44 所示。

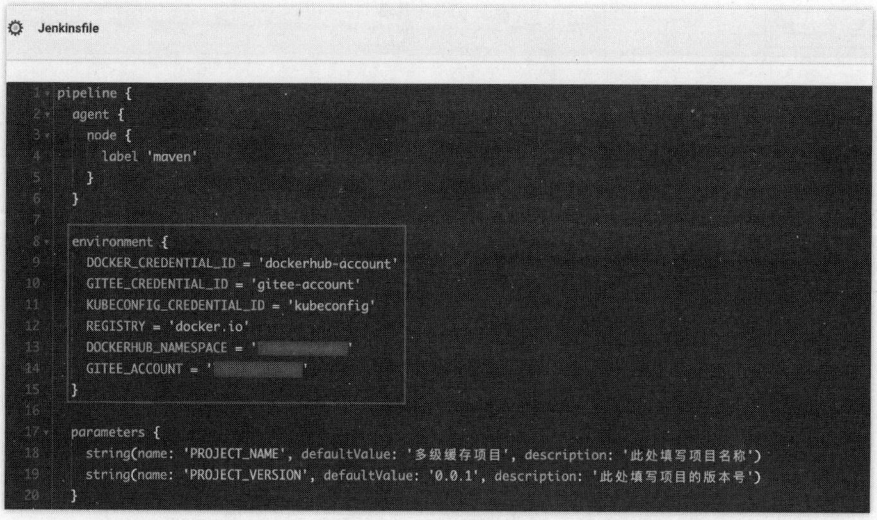

Jenkinsfile

```
pipeline {
  agent {
    node {
      label 'maven'
    }
  }

  environment {
    DOCKER_CREDENTIAL_ID = 'dockerhub-account'
    GITEE_CREDENTIAL_ID = 'gitee-account'
    KUBECONFIG_CREDENTIAL_ID = 'kubeconfig'
    REGISTRY = 'docker.io'
    DOCKERHUB_NAMESPACE = '          '
    GITEE_ACCOUNT = '          '
  }

  parameters {
    string(name: 'PROJECT_NAME', defaultValue: '多级缓存项目', description: '此处填写项目名称')
    string(name: 'PROJECT_VERSION', defaultValue: '0.0.1', description: '此处填写项目的版本号')
  }
```

图 19-44　环境配置

19.2.7　流水线推送镜像到 DockerHub

在 19.2.3 小节中，我们已经成功地拉取了代码，拉取代码后，就可以通过流水线来构建项目的镜像文件并且推送到 DockerHub。如此一来，该镜像就可以在 Docker 环境中被拉取（docker pull）和运行了（docker run）。只有镜像存在，才可以在 KubeSphere 中被构建为有状态或无状态服务。

接下来，编辑流水线，点击图 19-45 方框中的“+”号来创建第二步。

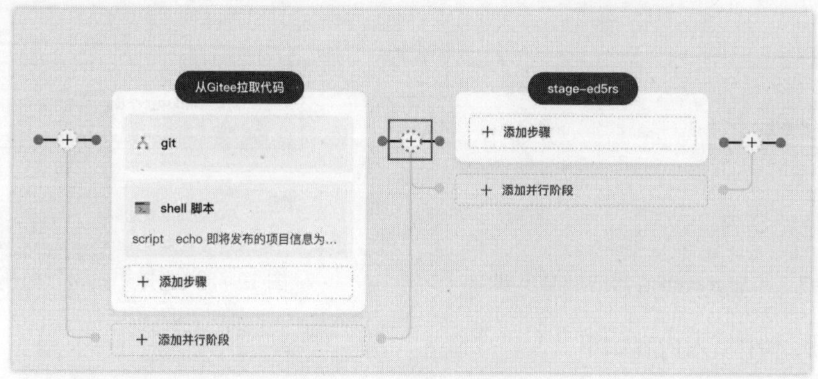

图 19-45　创建流水线的第二步

随后，修改当前步骤的名称，可以随意取名。并且要指定一个运行容器，这里使用的是“maven”，这个 maven 容器指的是项目构建时所使用的 maven 命令，而且官方的示例中也以 maven 容器为主，如图 19-46 所示。

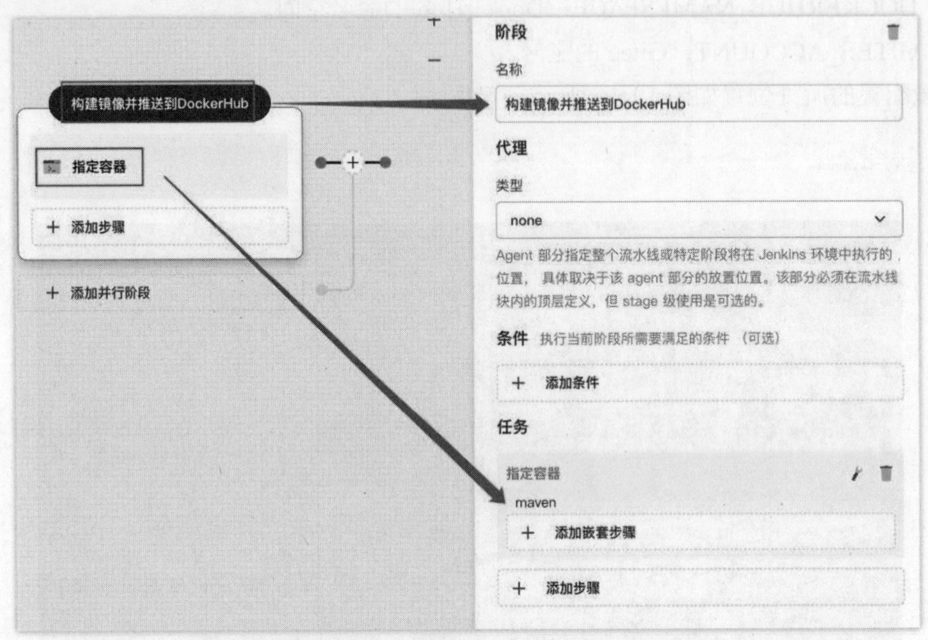

图 19-46　修改步骤名并且指定 maven 容器

对项目进行编译和打包都是使用的 maven 命令，那么在当前流水线的步骤中就需要被“嵌套”在 maven 容器中使用，点击图 19-47 中方框处的按钮。

在添加步骤中，选择 shell 脚本，因为 maven 的相关命令运行是需要基于 shell 的，所以这里要添加运行的步骤，如图 19-48 所示。

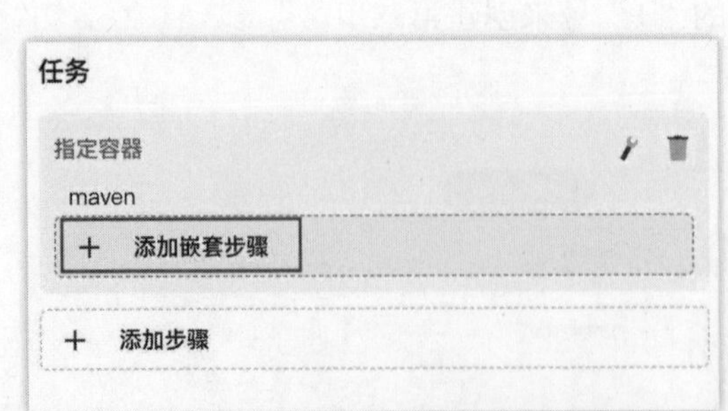

图 19-47　添加 maven 容器的嵌套步骤

图 19-48　选择“shell”构建命令

在 shell 脚本中填入内容如下。

```
mvn -Dmaven.test.skip=true clean package
```

上述代码内容为跳过 test，并且在 clean 后进行 package 打包，如图 19-49 所示。

确定新增 shell 脚本后，可以看到如图 19-50 所示的界面。

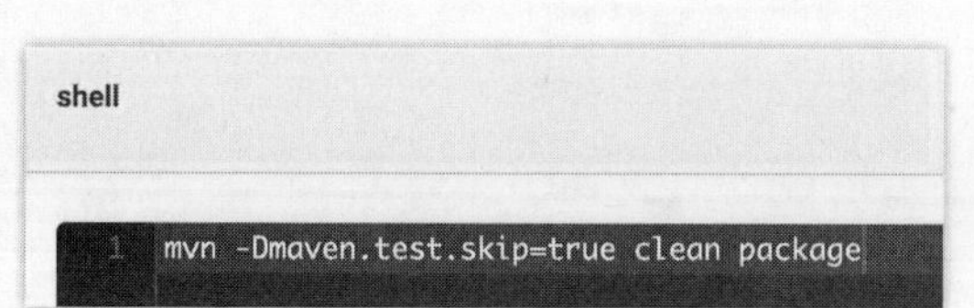

图 19-49　添加项目打包的 maven 脚本

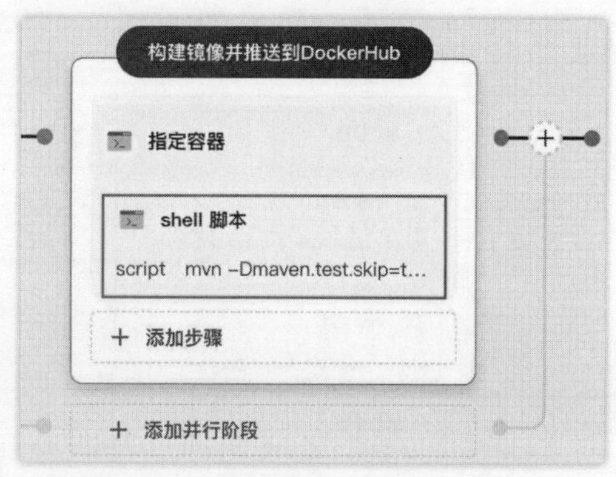

图 19-50　新增 maven 的 shell 脚本

随后，再次添加嵌套的 shell 脚本，添加内容如下。

```
docker build -f DockerFile -t $REGISTRY/$DOCKERHUB_NAMESPACE/
    $PROJECT_NAME:$PROJECT_VERSION .
```

输入的嵌套 shell 脚本如图 19-51 所示。

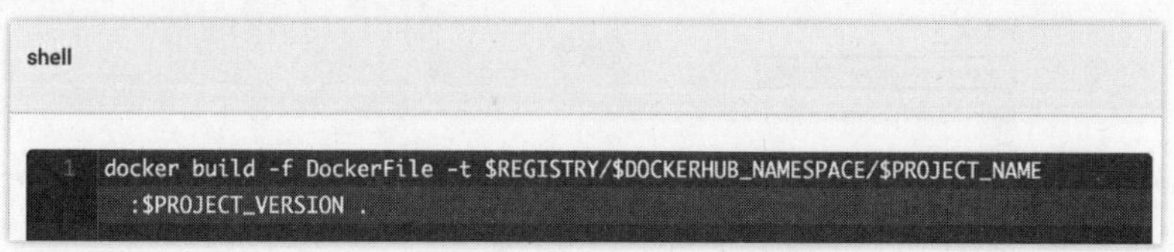

图 19-51　输入嵌套的镜像构建脚本

上述代码脚本中使用 Docker 构建镜像，其中“-f”后的“DockerFile”就是在目前项目中的文件名，Docker 在构建镜像的时候，就是根据当前在 KubeSphere 中拉取代码中的 DockerFile 文件来构筑的，所以 shell 中不要填写错，如图 19-52 所示。

此外，“-t”后的内容就是最终构建的镜像标签，脚本中所使用的为动态参数与环境参数相互结合的方式；后面还有一个点“.”代表当前目录。添加 shell 脚本成功后，可以看到如图 19-53 所示页面。

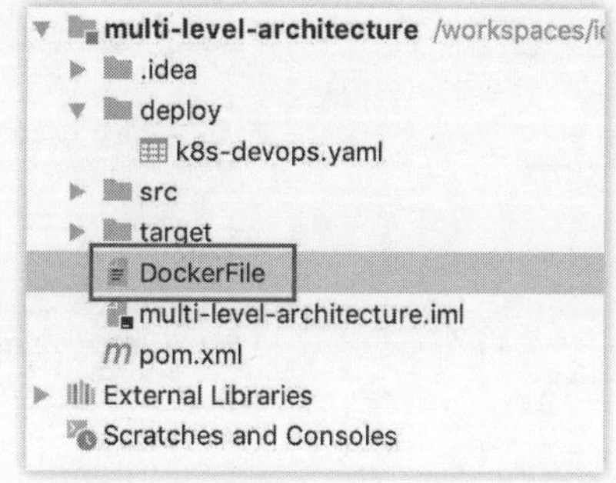

图 19-52　项目中的 DockerFile 文件位置

镜像构建完毕后，需要推送到DockerHub，这里并不是直接可以推送的，需要登录才可以。所以此处就需要使用到另外一种“嵌套步骤”的类型，就是“凭证”，如图19-54所示。

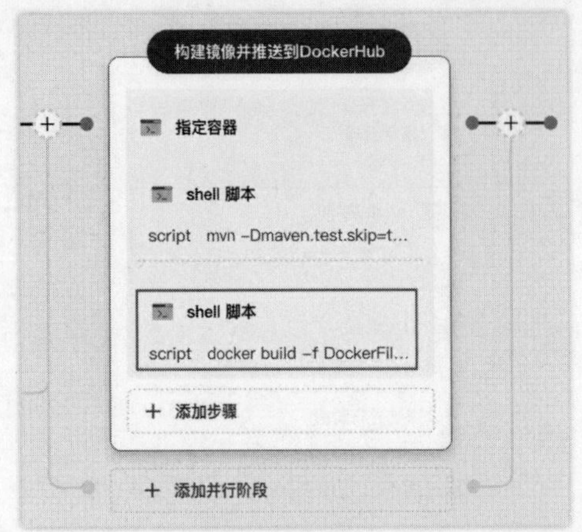

图19-53　同maven容器下的两个嵌套shell脚本

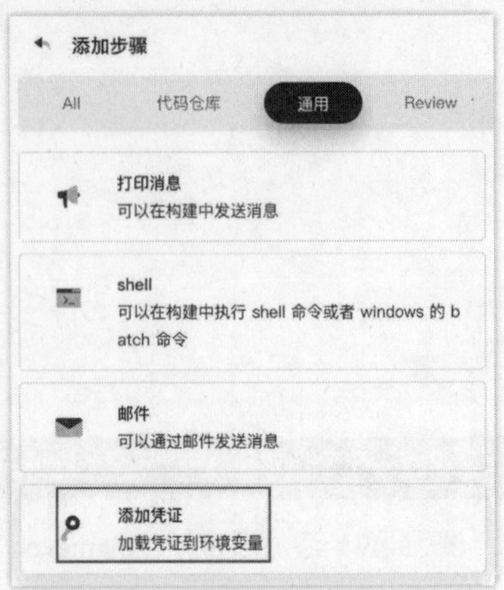

图19-54　添加嵌套步骤——凭证

选择自己的DockerHub凭证，并且输入密码和用户名的变量即可，如图19-55所示。

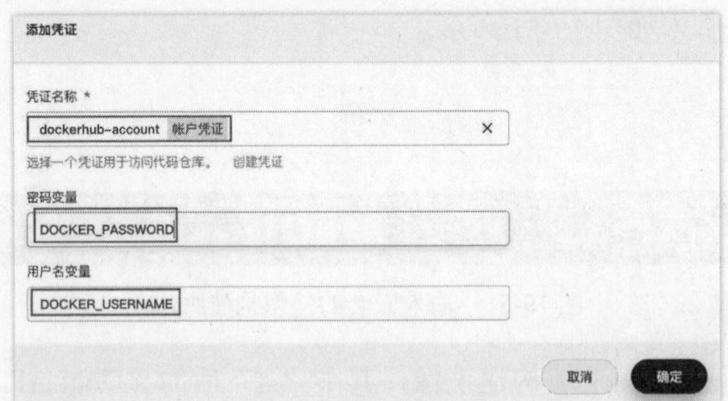

图19-55　添加DockerHub的凭证

最终添加好的DockerHub凭证信息如图19-56所示。

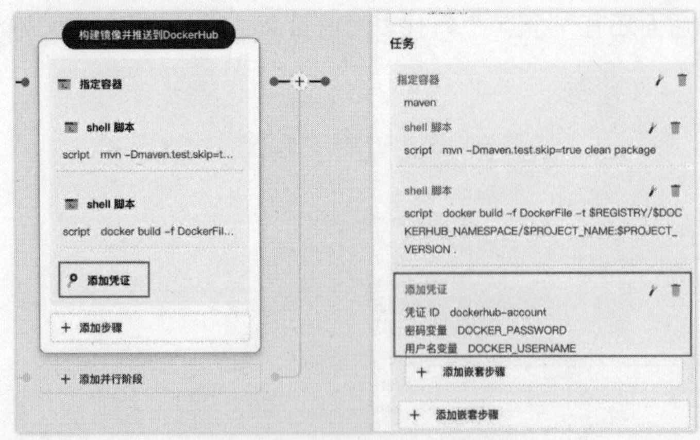

图19-56　DockerHub凭证信息

要使用凭证那么需要先进行登录，随后才能推送。所以，基于“凭证”之下，添加“凭证”的嵌套步骤，因为只有被嵌套了，才能使用到“凭证”信息中的用户名与密码，这就相当于是一个“局部变量”，在内部可以被使用，添加的嵌套 shell 脚本如下。

```
echo "$DOCKER_PASSWORD" | docker login $REGISTRY -u "$DOCKER_USERNAME" --password-stdin
```

登录成功后，需要推送镜像到 DockerHub，所以再次添加“嵌套步骤”，添加的内容如下。

```
docker push $REGISTRY/$DOCKERHUB_NAMESPACE/$PROJECT_NAME:$PROJECT_VERSION
```

凭证下的两个嵌套步骤添加完毕后如图 19-57 所示。

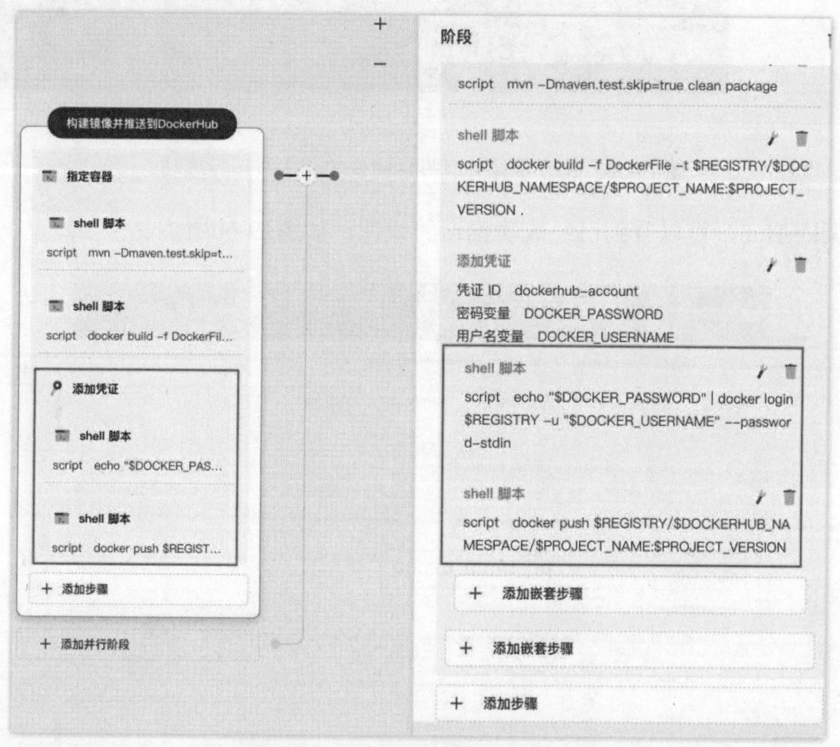

图 19-57　凭证下的两个嵌套步骤

查看 Jenkinsfile 文件，新增加的步骤如图 19-58 所示。

```
stage('构建镜像并推送到DockerHub') {
  agent none
  steps {
    container('maven') {
      sh 'mvn -Dmaven.test.skip=true clean package'
      sh 'docker build -f DockerFile -t $REGISTRY/$DOCKERHUB_NAMESPACE/$PROJECT_NAME:$PROJECT_VERSION .'
      withCredentials([usernamePassword(credentialsId : 'dockerhub-account' ,passwordVariable :
        'DOCKER_PASSWORD' ,usernameVariable : 'DOCKER_USERNAME' ,)]) {
        sh 'echo "$DOCKER_PASSWORD" | docker login $REGISTRY -u "$DOCKER_USERNAME" --password-stdin'
        sh 'docker push $REGISTRY/$DOCKERHUB_NAMESPACE/$PROJECT_NAME:$PROJECT_VERSION'
      }
    }
  }
}
```

图 19-58　构建镜像并推送的 Jenkinsfile 流程步骤

最终，再次运行流水线，构建过程比较缓慢，等待后可以看到运行成功的日志记录，如图19-59所示。

图 19-59 构建镜像并且推送镜像的流水线运行成功

打开DockerHub，可以看到已经成功推送的镜像，如图19-60所示。

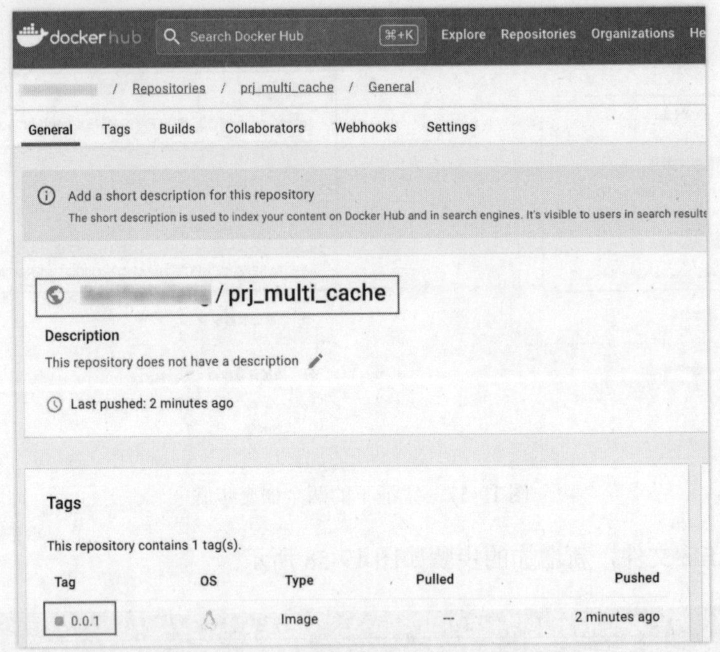

图 19-60 成功推送镜像到 DockerHub

19.2.8 推送 latest 镜像到 DockerHub

一般来说，在 DockerHub 中的镜像除了具体的版本号以外，还会有一个 latest 镜像，表示最新镜像，如果用户直接“docker pull”则默认下载最新的镜像。所以，为了符合规范，本小节就来进行 latest 镜像的构建和推送。

构建 latest 镜像本质上只需要对当前镜像做一个新的 tag 即可，这个 tag 就是 latest，tag 完毕之后直接推送即可。所以，Jenkinsfile 文件中的步骤就是通过 shell 脚本来操作的。添加如

下脚本代码到流水线中，作为流水线的第三步。

```
stage('推送 latest 镜像'){
    steps{
        container ('maven') {
            sh 'docker tag $REGISTRY/$DOCKERHUB_NAMESPACE/$PROJECT_NAME:
            $PROJECT_VERSION $REGISTRY/$DOCKERHUB_NAMESPACE/$PROJECT_NAME:latest
            sh 'docker push $REGISTRY/$DOCKERHUB_NAMESPACE/$PROJECT_NAME:latest '
        }
    }
}
```

上述脚本所追加的代码位置如图 19-61 所示。

```
stage('构建镜像并推送到DockerHub') {
  agent none
  steps {
    container('maven') {
      sh 'mvn -Dmaven.test.skip=true -gs `pwd`/mvn-settings.xml clean package'
      sh 'docker build -f DockerFile -t $REGISTRY/$DOCKERHUB_NAMESPACE/$PROJECT_NAME:$PROJECT_VERSION .'
      withCredentials([usernamePassword(credentialsId : 'dockerhub-account' ,passwordVariable :
        'DOCKER_PASSWORD' ,usernameVariable : 'DOCKER_USERNAME' ,)]) {
        sh 'echo "$DOCKER_PASSWORD" | docker login $REGISTRY -u "$DOCKER_USERNAME" --password-stdin'
        sh 'docker push $REGISTRY/$DOCKERHUB_NAMESPACE/$PROJECT_NAME:$PROJECT_VERSION'
      }
    }
  }
}

stage('推送latest镜像'){
   steps{
       container ('maven') {
         sh 'docker tag  $REGISTRY/$DOCKERHUB_NAMESPACE/$PROJECT_NAME:$PROJECT_VERSION $REGISTRY
           /$DOCKERHUB_NAMESPACE/$PROJECT_NAME:latest '
         sh 'docker push  $REGISTRY/$DOCKERHUB_NAMESPACE/$PROJECT_NAME:latest '
       }
   }
}
```

图 19-61　推送 latest 镜像脚本在 Jenkinsfile 中的位置

添加成功后，可以看到流水线中多了一个流程，如图19-62所示。

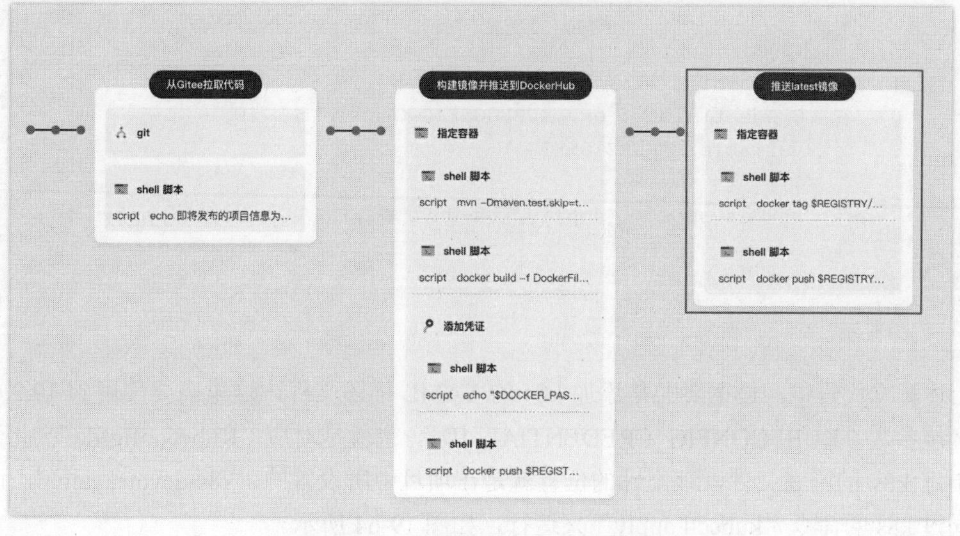

图 19-62　新增的第三个流水线流程

随后，重新运行流水线，待运行成功后，可以看到 DockerHub 中已经有被推送的 latest 镜像了，如图 19-63 所示。

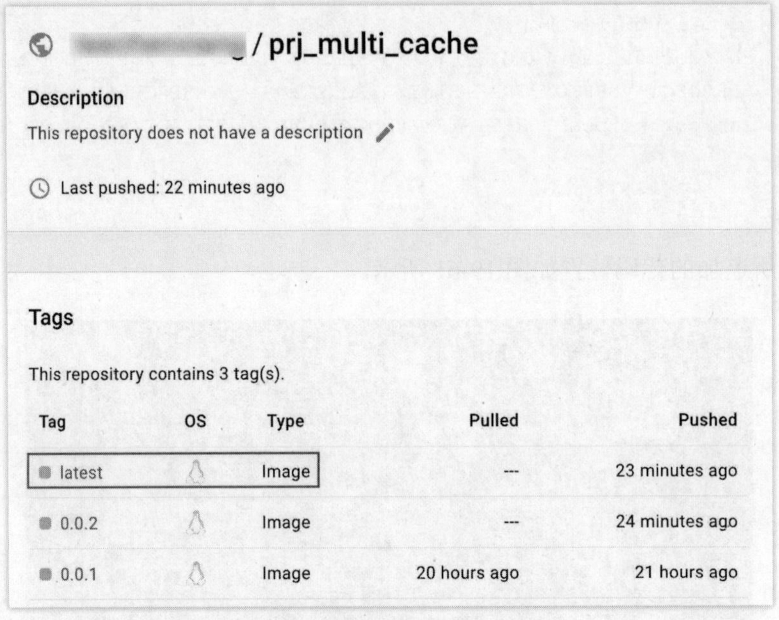

图 19-63　被推送的 latest 镜像

19.2.9　流水线部署项目到 KubeSphere 环境中

待镜像全部推送完毕后，就可以提供给流水线，让其进行 k8s 的部署。复制如下代码到 Jenkinsfile 中作为流水线的第四步骤。

```
stage('部署项目到 k8s') {
    steps {
        Container ('maven') {
            withcredentials([
                Kubeconfigfile(
                Credentialsid: env.KUBECONFIG_CREDENTIAL_ID,
                variable: 'KUBECONFIG')
                ]) {
                Sh 'envsubst < deploy/k8s-devops.yaml | kubectl apply -f -'
            }
        }
    }
}
```

上述脚本代码中，最主要的是添加 k8s 的 YAML 描述文件，这里需要使用到 19.2.6 小节中的环境参数“KUBECONFIG_CREDENTIAL_ID”，也就是对应“Kubeconfigfile”；此外，还需要指定 k8s 的描述文件，该文件的位置就是在项目中所设置的“k8s-devops.yaml”，该描述文件通过 k8s 的命令“kubectl apply”来运行，如图 19-64 所示。

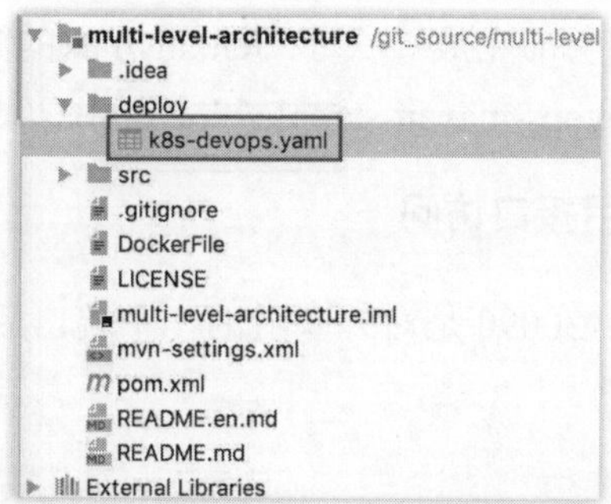

图 19-64　k8s-devops.yaml 在项目中的所处位置

随后，重新运行流水线，运行成功后，可以在项目的应用负载中看到当前发布的项目，会以服务的形式存在，如图 19-65 所示。

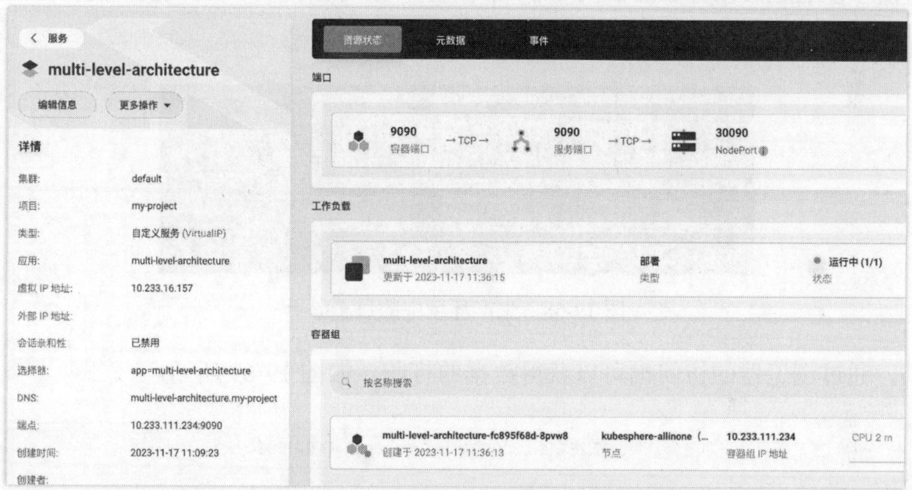

图 19-65　成功发布的项目运行状态

此外，也可以看到发布成功项目的运行日志，如图 19-66 所示。

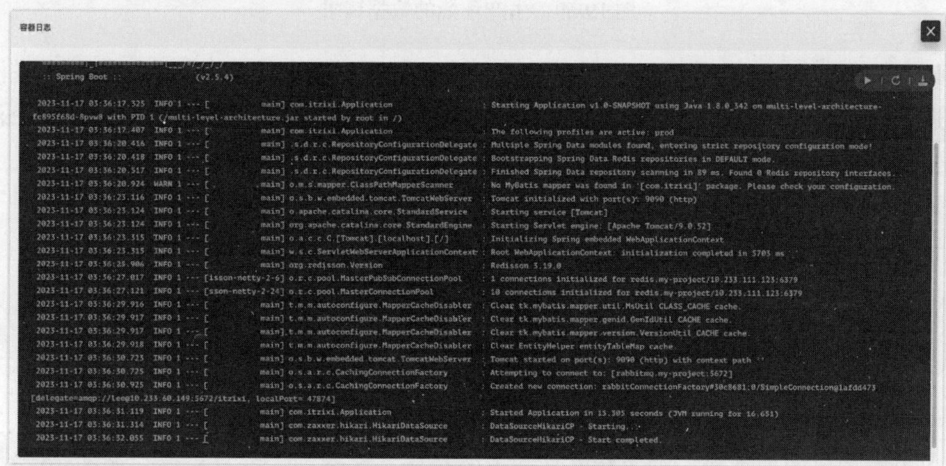

图 19-66　项目成功运行的日志

至此，整个流水线的步骤全部完成。关于 Jenkinsfile 的参考也有官方所提供的，参考 https://github.com/kubesphere/devops-maven-sample/blob/master/Jenkinsfile-online。

19.2.10 测试生产环境的项目接口访问

项目已经发布至生产环境，30090 是对外映射的一个端口后，可以为了测试将其在安全组中对外开放，如图 19-67 所示。

0.0.0.0/0
TCP:30880,30090
允许

图 19-67 新增开放 30090 端口

随后便可以通过云服务器的公网 IP 外加 30090 端口进行访问，测试接口的日志如图 19-68 所示。

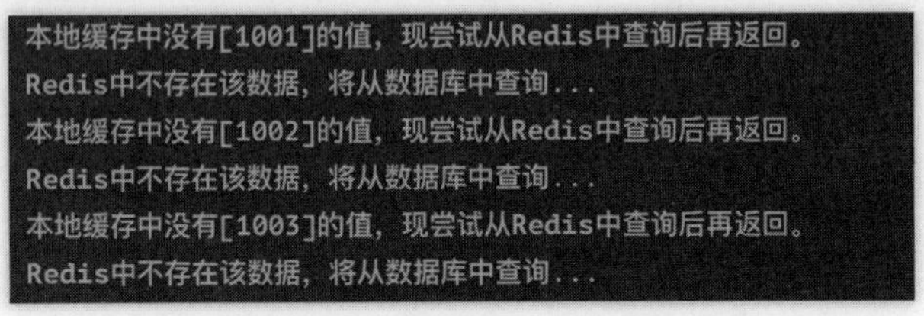

本地缓存中没有[1001]的值，现尝试从Redis中查询后再返回。
Redis中不存在该数据，将从数据库中查询...
本地缓存中没有[1002]的值，现尝试从Redis中查询后再返回。
Redis中不存在该数据，将从数据库中查询...
本地缓存中没有[1003]的值，现尝试从Redis中查询后再返回。
Redis中不存在该数据，将从数据库中查询...

图 19-68 生产环境中的日志显示

此外，通过浏览器的访问也可以获得数据的打印，如图 19-69 所示。

不安全 | 175.27.251.180:30090/itemCategory/get?id=1003
{"id":1003,"categoryName":"游戏卡带"}

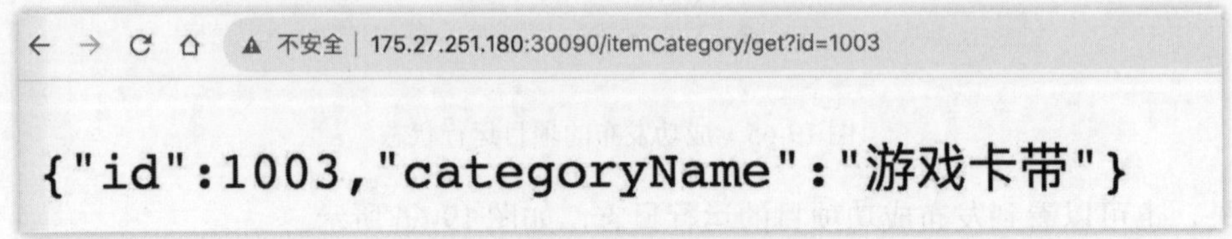

图 19-69 生产环境的数据请求

如此一来，通过测试可以验证目前的生产环境中，项目是发布成功的。如果读者在测试的过程中遇到问题，通过打开日志来进行排错与调整即可。项目发布的过程其实就是一个漫长的调试排错过程。

19.3 集群与扩容

19.3.1 手动扩容

为了保证项目的高可用，可以对其进行扩容设置，水平扩容为多节点的集群。进入工作负载，可以设置项目的副本数，副本数就是节点的数量，多个副本就是集群，如图 19-70 所示。

部署
multi-level-architecture
编辑信息
更多操作
详情
集群: default
项目: my-project
应用: -
创建时间: 2023-11-17 11:09:23
更新时间: 2023-11-17 11:58:44
创建者:
资源状态
修改记录
元数据
监控
2/2
副本
期望副本数: 2
当前副本数: 2
端口
名称
tcp-9090
容器组

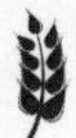

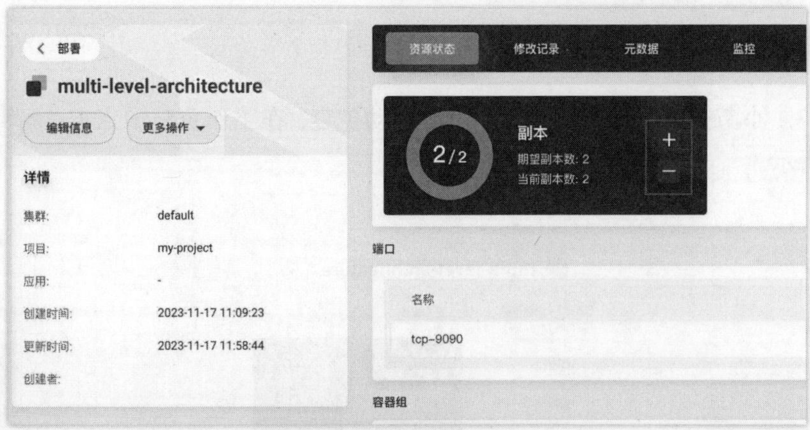

图 19-70 增减项目的副本数

笔者在此扩容为 3 个副本，设置成功后，进入项目的服务中，可以看到如图 19-71 所示的方框处，为目前的 3 个副本，这些副本的端口都是一致的，而 IP 并不相同，这是由 k8s 内部所分配的。通过外部端口 30090 的访问，内部会实现 DNS 的负载均衡。

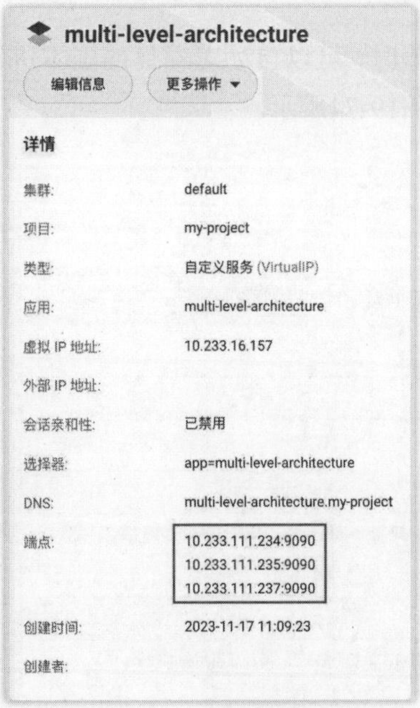

multi-level-architecture
编辑信息
更多操作
详情
集群: default
项目: my-project
类型: 自定义服务 (VirtualIP)
应用: multi-level-architecture
虚拟 IP 地址: 10.233.16.157
外部 IP 地址:
会话亲和性: 已禁用
选择器: app=multi-level-architecture
DNS: multi-level-architecture.my-project
端点: 10.233.111.234:9090
10.233.111.235:9090
10.233.111.237:9090
创建时间: 2023-11-17 11:09:23
创建者:

图 19-71 项目的端点查看

此外，通过浏览器的访问也依然可以获得数据的打印，如图 19-72 所示。

不安全 | 175.27.251.180:30090/itemCategory/get?id=1003
{"id":1003,"categoryName":"游戏卡带"}

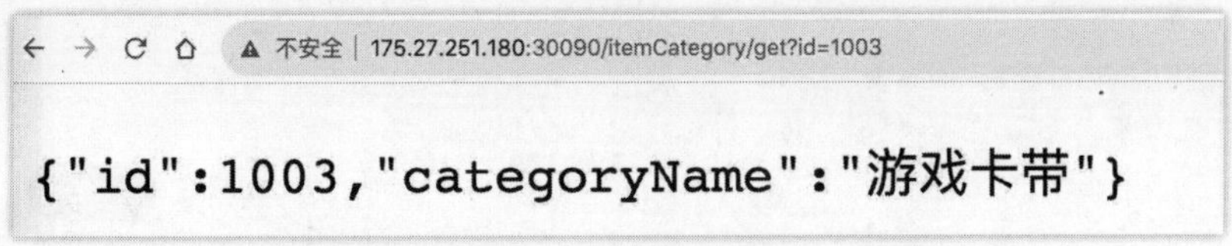

图 19-72 多副本节点负载均衡请求的数据

19.3.2 自动扩容

除了 19.3.1 小节中的手动扩容外，还可以自动扩容，在工作负载中点击“编辑自动扩缩”，如图 19-73 所示。

部署
multi-level-architecture
编辑信息
更多操作
详情
集群:
项目:
应用:
创建时间:
更新时间:
创建者:
回退
编辑自动扩缩
编辑设置
编辑 YAML
重新创建
删除

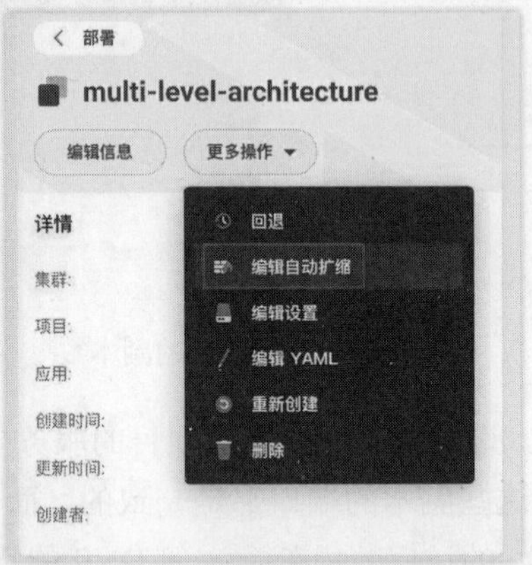

图 19-73　对项目设置自动扩缩机制

当系统的资源达到一定阈值时，可以自动对项目的副本进行增加或减少，这里的资源主要以CPU与内存的指标为主，如图19-74所示。

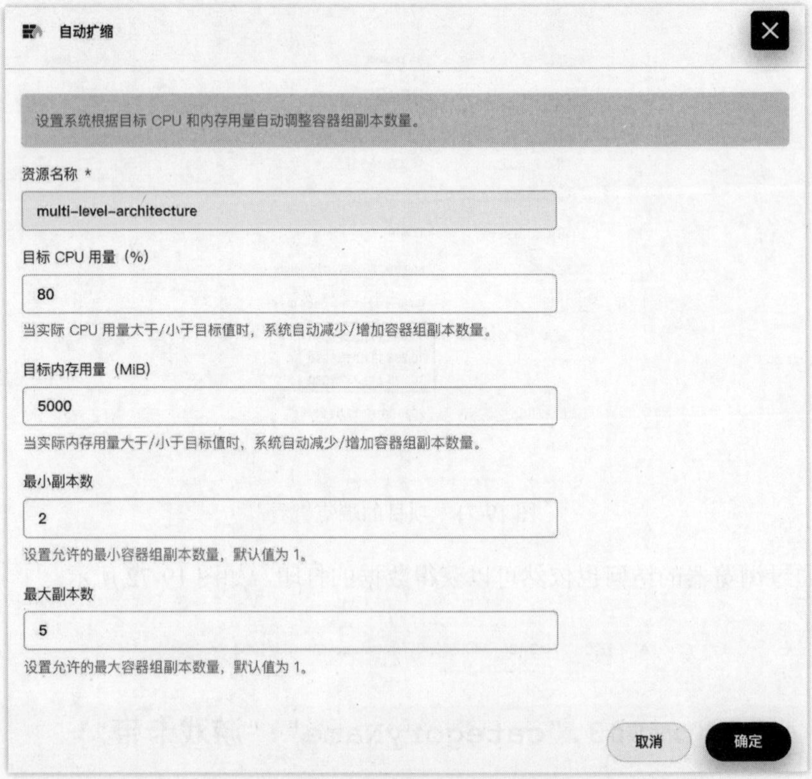
自动扩缩
设置系统根据目标 CPU 和内存用量自动调整容器组副本数量。
资源名称 *
multi-level-architecture
目标 CPU 用量（%）
80
当实际 CPU 用量大于/小于目标值时，系统自动减少/增加容器组副本数量。
目标内存用量（MiB）
5000
当实际内存用量大于/小于目标值时，系统自动减少/增加容器组副本数量。
最小副本数
2
设置允许的最小容器组副本数量，默认值为 1。
最大副本数
5
设置允许的最大容器组副本数量，默认值为 1。
取消
确定

图 19-74　设置自动扩缩参数

设置自动扩缩配置后，可以看到如图 19-75 所示的数值面板。

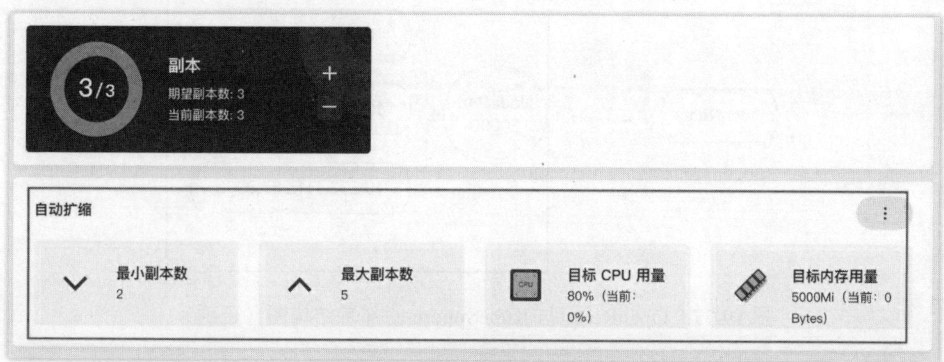

图 19-75　已配置的自动扩缩面板

19.3.3　OpenResty 集群配置

我们在第 18 章中已经部署了原生的 OpenResty，那么就可以和现有的已经发布的项目进行配置请求转发了。先来看一下目前的 OpenResty 与 KubeSphere 的部署结构，如图 19-76 所示。

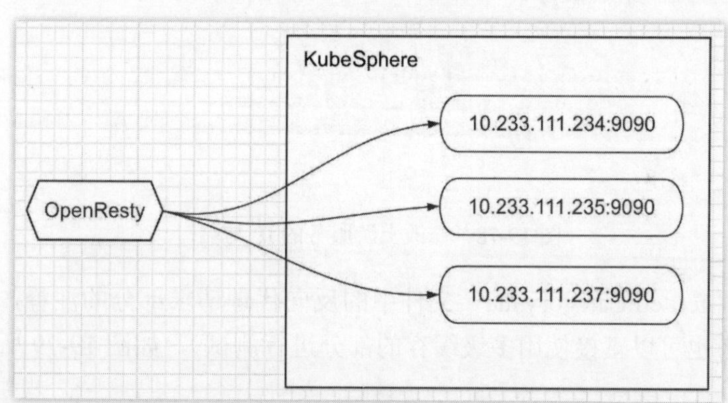

图 19-76　OpenResty 与 KubeSphere 的部署结构图（错误）

在图 19-76 中，OpenResty 配置请求的分发，会使用 upstream 配置 3 个节点列表进行集群反向代理，按理说是没有问题的。但是在目前的架构中，OpenResty 是独立部署的，而项目是在 KubeSphere 中扩展了 3 个副本集群，项目是在 KubeSphere 内部的，9090 端口无法脱离 KubeSphere 被 OpenResty 请求。所以这样的配置架构是无法正常通信的。由于在 k8s 的描述文件 YAML 中，暴露了 30090 这个端口，所以该端口就是提供给容器外部进行访问的，它起到一个桥梁作用，用于建立两端的交互。如图 19-77 所示，OpenResty 只需要把请求反向代理作用到 30090 端口即可，请求就会被分发到 KubeSphere 内部的 3 个节点中去了。

所以，接下来，配置 OpenResty 的相关内容。首先，修改 OpenResty 中的“nginx.conf”文件，把 upstream 中的地址改为当前云服务器的内网 IP 与 KubeSphere 中的暴露端口 30090（读者根据自己实际情况进行修改），修改完毕后如图 19-78 所示。

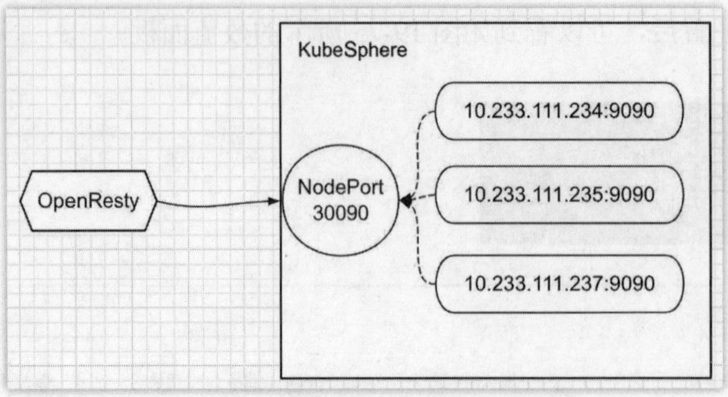

图 19-77　OpenResty 与 KubeSphere 的部署结构图（正确）

```
upstream server-cluster {
    server 10.206.32.7:30090;
}

server {
    listen       55;
    server_name  localhost;

    location /getLua {
        default_type application/json;
        content_by_lua_file lua/getItemCategory.lua;
    }

    location /itemCategory/get {
        default_type application/json;
        proxy_pass http://server-cluster;
    }
}
```

图 19-78　修改上游服务的 IP 与端口

随后，去掉“getItemCategory.lua”文件中的反向代理请求部分的注释，使其可以向后进行请求转发（读者也可以直接使用多级缓存的部分进行测试），如图 19-79 所示。

```
-- 在OpenResty中控制请求的反向代理
local result = get("/itemCategory/get", params);
ngx.say(result);
```

图 19-79　在 OpenResty 中直接向上游服务转发请求

最后，通过“nginx -s reload”命令重启 OpenResty。接下来测试访问，通过 OpenResty 的 55 端口进行访问即可（需要开放安全组中的 55 端口）。访问成功，如图 19-80 所示。

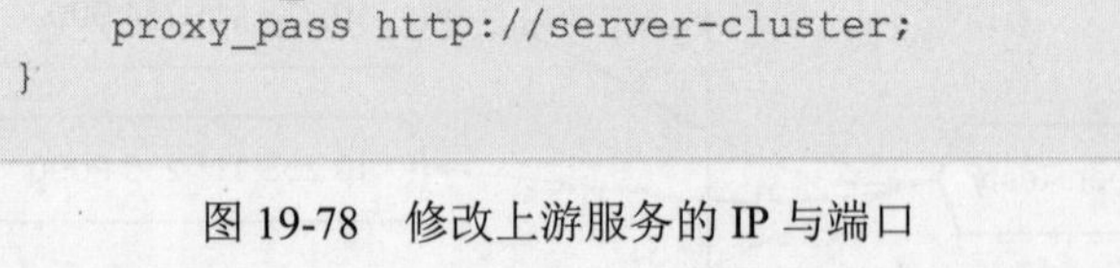

图 19-80　通过 OpenResty 所访问的服务接口

19.4　构建云负载均衡器

到目前为止，整个项目发布成功，业务网关 OpenResty 部署与测试联通也成功。但是，一级网关目前还没有，在之前的章节中，笔者使用 nginx 来作为一级网关，把请求分发到 OpenResty。那么在云服务器中也可以如此操作，也同样可以使用 nginx 来部署。

当然，除了 nginx 以外，其实也可以直接使用由云厂商提供的云负载均衡器来直接负责一级网关的功能。云负载均衡器本质上其实就是网关，可以是 nginx 也可以是 LVS+Keepalived 的结合，不管是 4 层负载均衡还是 7 层负载均衡，这两种类型都可以自由配置。例如，在腾讯云中，云负载均衡器称之为 CLB，可以参考其官方的产品链接：https://cloud.tencent.com/product/clb。

云负载均衡器的高可用度可以达到 99.9999%，要远比开发者自己独立部署可靠，不考虑成本的话一般企业都会采购。参照图 19-81 进行配置采购，需要注意，建议地域与自己的服务器主机在同一个地域，故笔者在此选择“南京”。

负载均衡

选择配置

计费模式　包年包月　按量计费

地域　南京

网络类型　公网　内网

所属网络　vpc-68bhye59 | Default-VPC（...

如果现有的网络不合适，您可以去控制台新建私有网络

实例规格　共享型

共享型负载均衡实例每分钟并发连接数50,000，每秒新建连接数5,000，每秒查询数5,000，详见文档说明

网络计费模式　按带宽计费　按使用流量

带宽上限　1Mbps　512Mbps　1024Mbps　2048Mbps　5　Mbps

所属项目　默认项目

标签　标签键　标签值　删除

+ 添加

键值粘贴板

如现有标签/标签值不符合您的要求，可以去控制台新建

实例名　留空则自动生成　你还可以输入60个字符，允许字母、数字、中文字符，'-'、'_'、'.'

服务协议　我已阅读并同意《腾讯云服务协议》和《负载均衡CLB服务等级协议》

图 19-81　腾讯云的 CLB 云负载均衡器购买

购买云负载均衡器成功后，可以通过菜单中的“负载均衡—实例管理”来查看，如图 19-82 所示。

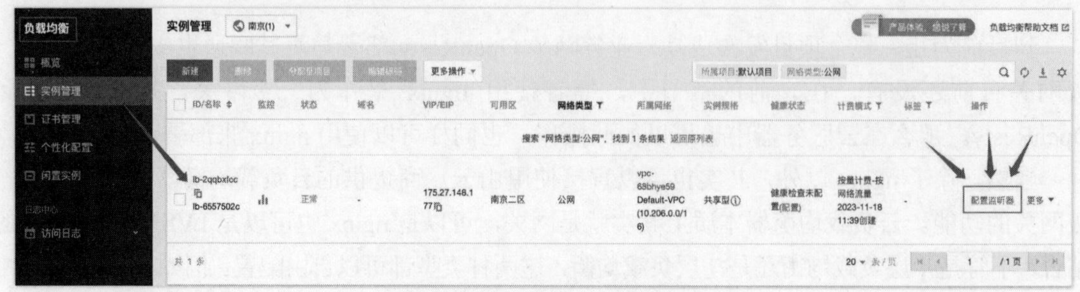

图 19-82　已购买的云负载均衡器

在图 19-82 中，点击“配置监听器”，在“HTTP/HTTPS 监听器”中新建一个监听器，这个监听器就是监听的浏览器请求端口号“80”，如图 19-83 所示。

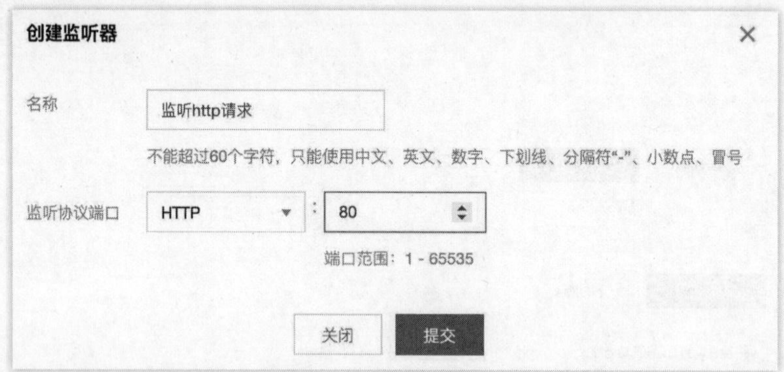

图 19-83　创建 http 请求监听

随后，为 CLB 配置安全组。首先需要“启用默认放通”，随后配置安全组，绑定一个现有的安全组即可，如图 19-84 所示。

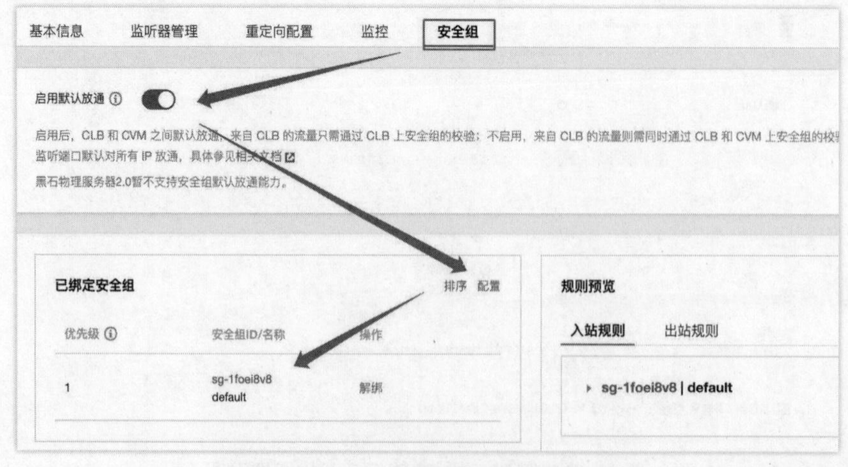

图 19-84　为云负载均衡器配置安全组

接下来，回到“监听器管理”，为监听的端口配置“转发规则”，如图 19-85 所示。

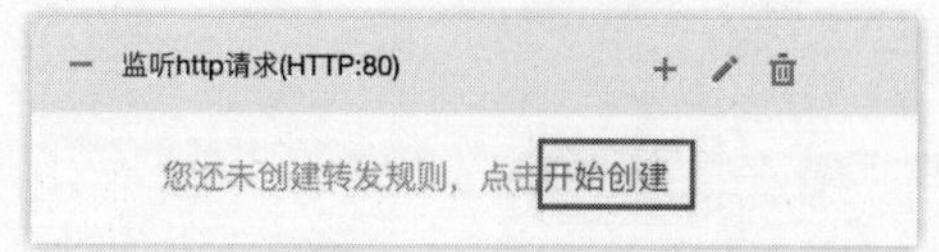

图 19-85　开始创建“转发规则”

在“转发规则”中需要填入监听的域名，如果没有域名直接填入 IP 即可，但是这个 IP 并不是云服务器的 IP，这里需要使用云负载均衡器的虚拟 IP，也就是“VIP(Virtual IP)”，如图 19-86 所示。

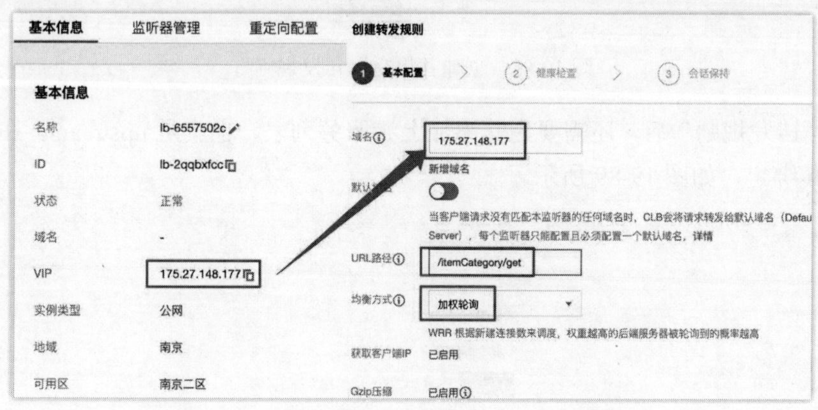

图 19-86　配置云负载均衡器的“转发规则”

随后“下一步”，在“转发规则”中的“健康检查”中保持默认即可，直接“下一步”，如图 19-87 所示。

图 19-87　配置默认的“健康检查”

在“会话保持”中，可以开启，保持时间为默认的 30 秒即可。最后提交创建规则，如图 19-88 所示。

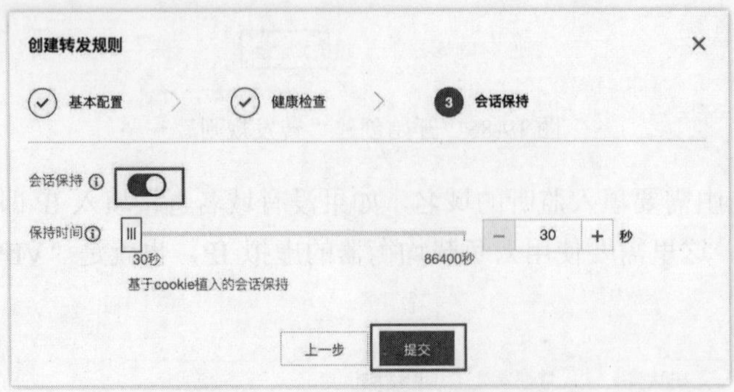

图 19-88　创建并提交“转发规则”

创建好“转发规则”后，还需要为其添加上游服务列表，也就是 upstream，在云负载均衡器中需要对其绑定，如图 19-89 所示。

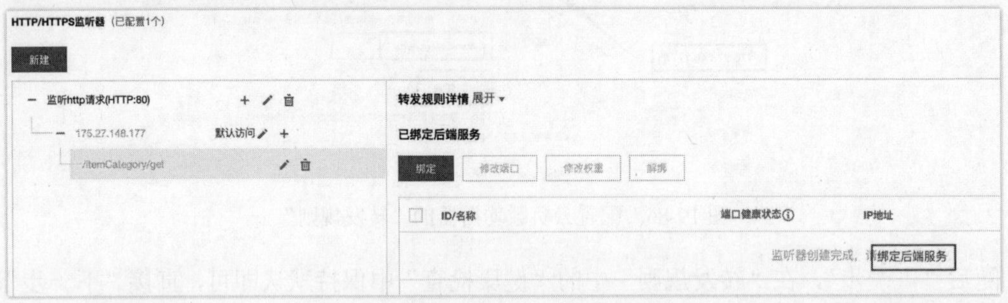

图 19-89　绑定后端服务进行反向代理

如图 19-90 所示，绑定一个服务器即可，如果有多个服务器，可以绑定多个作为反向代理中的上游服务器列表。此外，服务所对应的端口也需要填入，这里填写的为 OpenResty 的端口号 55。

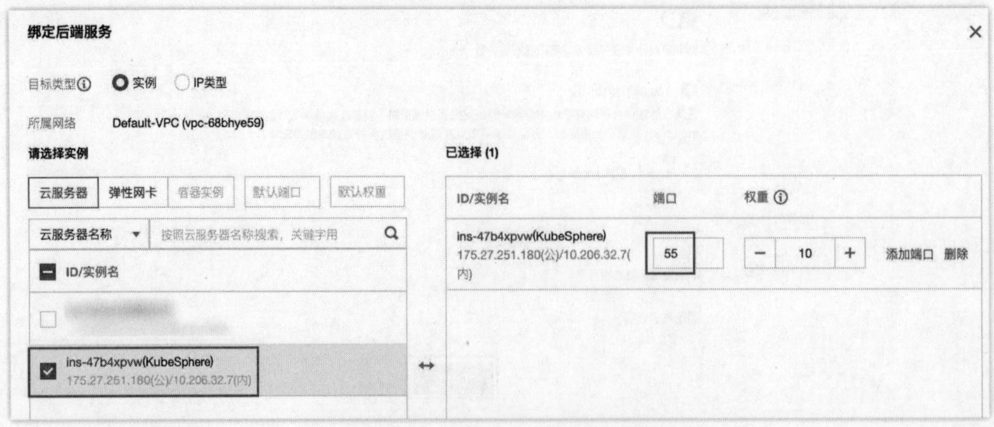

图 19-90　配置绑定的上游服务列表

配置成功后，如图 19-91 所示。

图 19-91 配置成功的 HTTP 监听器与服务绑定

最后，开启安全组的 80 端口，打开浏览器，直接通过云负载均衡器的 VIP 来进行访问测试，可以看到如图 19-92 所示，访问成功。也可以通过云负载均衡来直接访问 OpenResty，并最终转发请求到 KubeSphere 中的服务集群，请求到相应的数据。

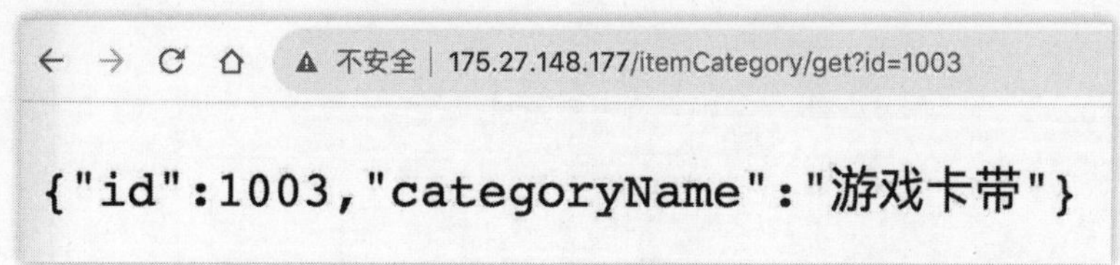

图 19-92 成功请求云负载均衡器的 IP 获得数据

至此，云负载均衡器配置成功（友情提醒：不使用云负载均衡器请删除，否则会持续扣费）。

19.5 本章小结

本章主要学习了针对 KubeSphere 进行的流水线发布，主要围绕“拉取代码—构建镜像—推送镜像—发布项目”这个流程进行了落地。其中，也包括 DevOps 与 CICD 原理，Dockerfile、Jenkinsfile、k8s 的描述文件等配置学习，并且也通过 KubeSphere 自身的扩容机制可扩展为多副本的集群的高可用。最终通过云负载均衡完成了请求的闭环，使得用户请求可以通过云负载均衡分发到业务网关 OpenResty，再由业务网关 OpenResty 转发请求到 KubeSphere 中的服务集群，实现了流程的闭环与落地。

至此，最终的项目成功发布到生产环境。